Innovative Unternehmenskommunikation im Zeitalter
von Internet und eBusiness

Ralph A. Müller

Innovative Unternehmenskommunikation im Zeitalter von Internet und eBusiness

Grundlagen und Voraussetzungen
für einen erfolgreichen Einsatz der Neuen Medien

PETER LANG
Frankfurt am Main · Berlin · Bern · Bruxelles · New York · Oxford · Wien

Bibliografische Information Der Deutschen Bibliothek
Die Deutsche Bibliothek verzeichnet diese Publikation in der
Deutschen Nationalbibliografie; detaillierte bibliografische
Daten sind im Internet über <http://dnb.ddb.de> abrufbar.

Zugl.: Berlin, Techn. Univ., Diss., 2001

Abbildung auf dem Umschlag:
Die Collage auf dem Umschlag symbolisiert die
konsequente Entwicklung der weltweit vernetzten
Kommunikationsgesellschaft entstanden aus der optischen
Telegrafie des 18. Jahrhunderts.

D 83
ISBN 3-631-39761-5

© Peter Lang GmbH
Europäischer Verlag der Wissenschaften
Frankfurt am Main 2003
Alle Rechte vorbehalten.

Das Werk einschließlich aller seiner Teile ist urheberrechtlich
geschützt. Jede Verwertung außerhalb der engen Grenzen des
Urheberrechtsgesetzes ist ohne Zustimmung des Verlages
unzulässig und strafbar. Das gilt insbesondere für
Vervielfältigungen, Übersetzungen, Mikroverfilmungen und die
Einspeicherung und Verarbeitung in elektronischen Systemen.

www.peterlang.de

Inhaltsverzeichnis

1. **EINLEITUNG** 11
1.1 Internet und neue Technologien auf dem Vormarsch in allen Bereichen 12
1.2 Neuausrichtung der Unternehmen 13
1.3 Birgt Risiken und bringt Probleme 14

2. **KAPITEL - PROBLEMSTELLUNG UND ZIELSETZUNG DER ARBEIT** ... 15
2.1 Einführung in die Problematik 15
2.2 Auflistung der Schwierigkeiten bei der Einführung der Neuen Medien 17
2.2.1 Fehlende Einbeziehung des Benutzers in die Programmentwicklung 17
2.2.2 Die unternehmenseigene EDV-Abteilung 18
2.2.3 Kompetenzprobleme in der Organisationsstruktur 19
2.2.4 Falsche Vorstellungen des Topmanagements 20

2.3 Aufbau der Arbeit 22

3. **KAPITEL - KOMMUNIKATION IN DER UNTERNEHMUNG** 25

3.1 Innovative Unternehmenskommunikation – Dimension Unternehmen 25
3.1.1 Kommunikationskultur im Unternehmen 27
3.1.2 Formelle Kommunikation im Unternehmen 30
3.1.2.1 Informationsfluß 30
3.1.2.2 Arten von Informationsvermittlung 33
3.1.2.3 Traditionelle Informationsmittel 33
3.1.2.4 Zusammenfassung 35
3.1.3 Informelle Kommunikation im Unternehmen 36
3.1.4 Innovation der Unternehmenskommunikation durch Neue Medien 37
3.1.4.1 Verbesserungspotentiale am Beispiel eines typischen Beschaffungsprozesses 40
3.1.4.2 Durch das Internet ausgelöste Unternehmenskrisen 44
3.1.4.3 Beispiel Krisenkommunikation mit Hilfe der Neuen Medien 45
3.1.5 Abschluß 50

3.2 Innovative Unternehmenskommunikation – Dimension Mensch 51
3.2.1 Mensch und Arbeitswelt 51
3.2.1.1 Arbeit, Leistung und Gewinn als persönliches Bedürfnis 51
3.2.1.2 Veränderung der Arbeitssituation 54
3.2.1.3 Konsequenz: Lebenslanges Lernen 62
3.2.2 Veränderte Bezüge in der Techniknutzung in den letzten 20 Jahren 68

3.2.2.1	Problem der Generationen	68
3.2.2.2	Wandel in der Technikbetrachtung Vom Elektronenhirn zur Künstlichen Intelligenz	69
3.2.2.3	Schrumpfende Distanzen	70
3.2.3	Merkmale der Mensch-Technik-Interaktion	72
3.2.3.1	Soziales Klima zur Innovation	72
3.2.3.2	Motivation zur Anwendung der Neuen Medien	73
3.2.3.3	Anwenderorientierte Schulung	74
3.2.3.4	Betreuung in der technischen Arbeitswelt (Service)	76
3.2.3.5	Technikakzeptanz	78
3.2.4	Zusammenfassung	83
3.3	**Innovative Unternehmenskommunikation - Dimension Kommunikation**	**85**
3.3.1	Grundmerkmale menschlicher Kommunikation	86
3.3.1.1	Definition aus dem Blickwinkel der Kommunikationswissenschaften	89
3.3.1.2	Definition aus dem Blickwinkel der Nachrichtentechnik	92
3.3.1.3	Definition aus dem Blickwinkel der Betriebswirtschaft	95
3.3.2	Menschliche Kommunikation und Neue Medien	101
3.3.2.1	Verschiebung der Kommunikationsebenen	102
3.3.3	Merkmale der Kommunikation mit Neuen Medien	103
3.3.3.1	Informationsgeschwindigkeit	105
3.3.3.2	Auffinden von Informationen	106
3.3.3.3	Informationsdichte	107
3.3.3.4	Fehlinformationen	107
3.3.3.5	Informationsqualität	108
3.3.4	Ausblick	109
3.4	**Innovative Unternehmenskommunikation - Dimension Neue Medien**	**110**
3.4.1	Entwicklung der Kommunikationsmedien	110
3.4.1.1	Ursprünge der Rechentechnik	115
3.4.1.2	Entstehung der Telekommunikationssysteme	120
3.4.2	Das Internet revolutioniert die Bürokommunikation	143
3.4.2.1	Der Auslöser	144
3.4.2.2	Das erste Rechnernetz entsteht	145
3.4.2.3	Entwicklung des Transmissions-Control-Protocol/ Internet Protocol (TCP/IP)	147
3.4.2.4	Der Domain Name Server (DNS) wird entwickelt	151
3.4.2.5	Verschiedene Netzformen	153
3.4.2.6	Das Internet entsteht	153
3.4.2.7	Das Internet in Europa	154
3.4.2.8	Die schnellen Datenverbindungen entstehen	155
3.4.2.9	Das World Wide Web	161
3.4.2.10	Internet 2 – Die neue Generation	166
3.4.3	Kommunikationsmedien im Vergleich	168
3.4.3.1	Brief	171
3.4.3.2	Telefon	172

3.4.3.3	Telefax	174
3.4.3.4	eMail	175
3.4.3.5	Diskussionsforen im elektronischen Medium – Newsgroups	177
3.4.3.6	Chat-Programme und Virtuelle Räume	179
3.4.3.7	Aushang / Schwarzes Brett / Elektronische Anzeigesysteme	181
3.4.3.8	Business-TV	183
3.4.3.9	Videokonferenz	185
3.4.3.10	Intranet / Extranet	186
3.4.4	Computergestützte Kommunikationssysteme im Unternehmen	188
3.4.4.1	Groupware-Systeme	188
3.4.4.2	Workflow Management	191
3.4.4.3	Management-Informations-Systeme	193
3.4.4.4	Computer Based Training (CBT) und Web Based Training (WBT)	195
3.4.4.5	Wissensmanagement	198
3.4.4.6	Customer Relation Management (CRM) / Data Mining	199
3.4.4.7	eCommerce / B2B Marktplätze	202
3.4.5	Merkmale der technischen Voraussetzungen für den Einsatz Neuer Medien im Unternehmen	205
3.4.5.1	EDV-Ausstattung im Unternehmensumfeld	207
3.4.5.2	Internet-Anbindung / Vernetzungsgrad	207
3.4.5.3	Übertragungskapazität	208
3.4.5.4	Funktionsumfang der Software (z.B. Groupware)	208
3.4.5.5	Einsatz angepaßter Software	208
3.4.6	Abschluß	208
3.5	**Empirische Untersuchungen zur Kommunikation mit elektronischen Hilfsmitteln**	**210**
3.5.1	Rückblick – Studien zur Einführung der „alten" Neuen Medien	210
3.5.1.1	Studie Bürokommunikation und Nutzerverhalten (1979-1982)	211
3.5.1.2	Ausgewählte aktuelle Studien	217
3.5.2	Studie well-Kom der Daimler-Benz-AG (1998)	223
3.5.3	Studie zur Einführung des Business TV in der DaimlerChrysler AG (1999)	226
3.5.4	Eigene Studien in der DaimlerChrysler AG	228
3.5.4.1	PR-Manager der Eisenbahntochter Adtranz	228
3.5.4.2	Adtranz eMail Untersuchung	234
3.5.5	Eigene Studie der Medienakzeptanz im Opel Autovertrieb	236
3.5.6	Ergebnis	240
3.6	**Modell zur innovativen Unternehmenskommunikation mit Neuen Medien**	**241**
3.6.1	Einflüsse der vier Dimensionen	241
3.6.1.1	Einflüsse durch das Unternehmen	242
3.6.1.2	Einflüsse durch den Menschen	242
3.6.1.3	Einflüsse der Kommunikation	243
3.6.1.4	Einflüsse der Nutzung der Neuen Medien	244
3.6.2	Der systemisch-kulturelle Theorieansatz	244

3.6.2.1	Der technisch-ökonomische Blickwinkel	245
3.6.2.2	Die sozio-kulturelle Perspektive	246
3.6.3	Modellentwicklung	246
3.6.3.1	Modell innovativer Unternehmenskommunikation	246

4. EMPIRISCHE UMSETZUNG DES MODELLS INNOVATIVER UNTERNEHMENSKOMMUNIKATION ... 249

4.1	**Methodologische Grundlagen zur Untersuchung**	**249**
4.1.1.1	Induktiv / deduktiver Forschungsansatz	250
4.1.1.2	Quantitative oder qualitative Forschungslogik	251
4.1.2	Untersuchungsmethode	254
4.1.3	Untersuchungsobjekte	256
4.1.4	Untersuchungsinstrumente	259
4.2	**Durchführung der Studie**	**261**
4.3	**Analyse der empirischen Studie**	**263**
4.3.1	Allgemeine Angaben zur Person	264
4.3.1.1	Rücklaufquoten	264
4.3.1.2	Altersverteilung	264
4.3.1.3	Geschlechtsverteilung	265
4.3.1.4	Ausgeübte Berufe	265
4.3.1.5	Untersuchte Tätigkeitsbereiche und Personalverantwortung	266
4.3.1.6	Persönlicher Schulabschluß	266
4.3.2	Angaben zur EDV-Ausstattung / Nutzung	267
4.3.2.1	Genutzte Funktionen im Groupware-System (Lotus Notes)	267
4.3.2.2	Auf die Benutzer angepaßte Software	268
4.3.2.3	Zur Verfügung stehende Anwendungen	269
4.3.2.4	Eingesetzte Hardware	271
4.3.3	Kommunikationsgewohnheiten	273
4.3.3.1	Nutzung elektronischer Medien	273
4.3.3.2	Arbeitszeitverteilung	275
4.3.3.3	Informationsquellen	276
4.3.3.4	Fehlinformationen	277
4.3.4	Kenntnisse und Beratung	278
4.3.4.1	Persönliche Anwendungskenntnisse	278
4.3.4.2	Schulungen	279
4.3.4.3	EDV-Probleme	280
4.3.5	Abschlußfragen	283
4.3.5.1	Erhöhung der Arbeitsmotivation durch die Neuen Medien	283
4.4	**Interpretation der empirischen Studie**	**285**
4.4.1	Einführung zur Interpretation	285
4.4.2	Interpretation wichtiger Untersuchungsergebnisse	286
4.4.2.1	Geringe Rücklaufquote in Hennigsdorf	286

4.4.2.2	Überprüfung auf Repräsentativität	287
4.4.3	Signifikanzuntersuchung der Metavariablen	287
4.5	**Abschluss**	**296**
5.	**PROTOTYPISCHE PROJEKTE INNOVATIVER UNTERNEHMENSKOMMUNIKATION**	**297**
5.1	**Projekt 1- Internationales Stellenausschreibungssystem**	**297**
5.1.1	Hintergründe	297
5.1.2	Ursprünglicher Zustand	297
5.1.3	Zielsetzung	298
5.1.4	Vorgehensweise	298
5.1.5	Umsetzung	299
5.1.6	Geplante Ausbaustufen	302
5.1.7	Zusammenfassung	302
5.1.8	Bewertung im Sinne des Modells innovativer Unternehmenskommunikation	304
5.2	**Projekt 2- Interaktive Kommunikationsplattform der DC Doktoranden**	**305**
5.2.1	Hintergründe	305
5.2.2	Ursprünglicher Zustand	305
5.2.3	Zielsetzung	305
5.2.4	Vorgehensweise	306
5.2.5	Umsetzung	306
5.2.6	Ergebnis	309
5.3	**Zusammenfassung**	**310**
6.	**PERSPEKTIVEN INNOVATIVER UNTERNEHMENSKOMMUNIKATION**	**311**
6.1	**Zusammenfassung der Arbeit**	**311**
6.1.1	Ausblick	312
7.	**ANHANG**	**315**
7.1.1	Abbildungsverzeichnis	315
7.1.2	Tabellenverzeichnis	316
7.2	**Literaturverzeichnis**	**317**
7.3	**Index**	**330**
7.4	**Anhang: Fragebogen der empirischen Untersuchung**	**333**

1. Einleitung

Seit Mitte der neunziger Jahre des letzten Jahrhunderts bewegt der Begriff „Internet" die Gesellschaft. Was zunächst schleichend mit der Präsentation einiger innovativer Unternehmen im Internet begann, weitete sich mit zunehmender Geschwindigkeit zu einem der wichtigsten das Wirtschaftsleben verändernden Entwicklungen des neuen Jahrtausends aus. Durch die Nutzung der sog. Neuen Medien sollen neue Kunden und damit neue Märkte gewonnen werden, grundlegende Kommunikationsgewohnheiten sich verändern und der Informationsaustausch eine noch nie da gewesenen Qualität erhalten. „Dabei sind das wirklich Neue an diesen Technologien weniger die Medien selbst als vielmehr die neuen Übertragungssysteme, die zur Herausbildung einer völlig neuen Kommunikationsstruktur im Arbeits- und Freizeitbereich führen werden" (Döring 1989, S. 27). Der Begriff „Neue Medien" erscheint in der Technikgeschichte in regelmäßigen Abständen immer wieder. Der daher als zeitlos anzusehende Begriff läßt sich somit nicht eindeutig einer bestimmten Technologie zuschreiben. Vielmehr ist der Begriff als ein Synonym für die jeweils aktuelle elektronische Kommunikationstechnik zu sehen. „NEW MEDIA are only relatively so, as all communication media were considered new at one time and generated research interest, whether slowly or quickly" (Rice 1984, S. 13). Wurde z.B. in den 80er Jahren des letzen Jahrhunderts die Einführung der BTX[1]-Technik als die Revolution der Neuen Medien gefeiert, wurde später in den 90er Jahren jegliche Interaktion mit dem PC damit umschrieben. Dazu gehörte z.B. die Nutzung von multimedialen CD-ROMs und der Einstieg in die Internet-Welt mit Hilfe der Browser-Technologie. Schon 1984 kommentierte Picot:

„Die Neuartigkeit der stärker vordringenden Kommunikationstechniken liegt in der enormen Steigerung der Leistungsfähigkeit in der Telekommunikation" (Picot 1984, S. 24). Picot definierte damals folgende Kriterien:

- Übertragungskapazität
- Horizontale Integration von Kommunikationsformen
- Vertikale Integration in der Informationsverarbeitung
- Miniaturisierung
- Preisentwicklung
- Dezentralisierung

In Entsprechung zu Roland E. Rice: „New media" is used ... to refer to a broad class of recently available communication technologies" (Rice 1984, S. 55) wird der vorliegenden Arbeit der Begriff *Neue Medien* als Sammelbegriff für alle Technologien im Zusammenhang mit elektronischer Kommunikation und elektronischem Informationsaustausch verwendet. Dazu gehört neben der Nutzung des Computers im Internet auch die Einbindung mobiler Endgeräte. Somit können auch alle gängigen Technologietrends, wie z.B. eCommerce, eBusiness oder eShops, als Teilmenge der Neuen Medien

---

[1] BTX: Bildschirm-Text-System, welches in Deutschland durch die Bundespost 1984 eingeführt wurde (s.a. Kapitel Technik 4.4.1)

angesehen werden. Auch die Interaktion automatischer Systeme mit Menschen oder anderen automatischen Systemen, z.B. Bestellsysteme oder Beschaffungssysteme, kann unter dem Begriff *Neue Medien* subsumiert werden. Durch diese neuen Medien entstehen völlig neue Kommunikationsformen, welche die traditionellen Wege des Informationsaustausches zunehmend verdrängen.

1.1 Internet und neue Technologien auf dem Vormarsch in allen Bereichen

Das Entstehen dieser neuen Kommunikationsstruktur ist mittlerweile in allen Bereichen des täglichen Lebens zu beobachten. Nach Schätzungen sollen im Jahr 2000 allein 18 Millionen Bundesbürger das Internet aktiv genutzt haben.

Wie die Abbildung zeigt, wird das Internet am häufigsten für die Versendung von Informationen (eMail) genutzt, an zweiter Stelle steht das Suchen von Informationen (Surfen) und an dritter Stelle das Online-Banking als bequeme Art seine Bankgeschäfte von zu Hause aus zu führen. Durch diese Auflistung wird deutlich, dass der private Nutzer des Internets neben der eigentlichen Informationssuche das Medium zur Kommunikation mit Partnern und zur Interaktion mit automatischen Systemen nutzt.

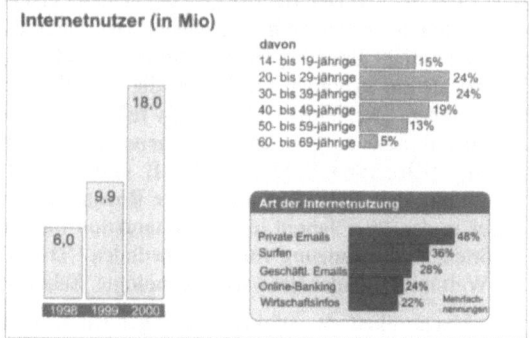

Abbildung 1.1-1: Internetnutzung in Deutschland (HH-Abendblatt 17.11.2000)

Diese Systeme werden durch die Unternehmen zur Verfügung gestellt, um eine direkte Kommunikation mit dem Kunden zu ermöglichen. Ein Großteil dieser Systeme bietet dem Kunden Dienstleistungen oder Waren an. Diese elektronischen Märkte, Internet-Shops, erfreuen sich immer größerer Beliebtheit, sie bieten mittlerweile das gesamte traditionelle Warenspektrum an und sind vor allen Dingen für den Kunden von überall auf der Welt aus und rund um die Uhr zu erreichen. Es entsteht dadurch ein völlig neuer Raum- und Zeit-Begriff:

„Hier ist überall" und „Jetzt ist jederzeit!"

Der Nutzer im Internet braucht keine Entfernungen oder Grenzen zu beachten, da jeder Bereich des Internets von jedem Punkt der Welt aus erreichbar ist. Das Internet reagiert sofort und ist 24 Stunden am Tag und sieben Tage in der Woche weltweit geöffnet (vgl. Zec 1996, S. 10). Dem Kunden im Internet stehen somit nie da gewesene Einkaufs- und Vergleichsmöglichkeiten zur Verfügung. Dieser gewaltige Bereich der Internet-Nutzung als weltweiter Marktplatz für Endkunden wird als Business to Consumer (B2C) bezeichnet.

Ein weiterer wichtiger, jedoch nicht in der Grafik dargestellter Bereich der Internetnutzung sind die betrieblichen Anwendungen. Zur Unterscheidung wird dieser Bereich als Business to Business (B2B) bezeichnet. Gemeint ist die Nutzung der Neuen Medien im betrieblichen Umfeld zur Erfassung und Bearbeitung unternehmensspezifischer Daten und zum Austausch betrieblicher Daten. Dieser Bereich gewinnt zunehmend an Bedeutung, da die Firmen vermehrt versuchen, ihre im Unternehmen eingesetzten EDV-Programme miteinander zu verknüpfen und definierte Schnittstellen zur Außenwelt zu schaffen. Dieser Verwendungszweck der Neuen Medien ist dabei, den inner- und zwischenbetrieblichen Informationsaustausch grundlegend zu verändern.

1.2 Neuausrichtung der Unternehmen

Der betriebliche Informationsaustausch wird durch die Nutzung dieser neuen Medien deutlich erleichtert und bietet durch eine entsprechende Vernetzung verschiedenster Informationsquellen Zugriff auf alle unternehmensrelevanten Daten innerhalb kurzer Zeit. Diese meist in Form eines firmeninternen Internets, dem sogenannten Intranet, realisierten Informationsplattformen bedeuten für die Unternehmenskommunikation eine bisher nie da gewesene Informationsqualität und Informationsgeschwindigkeit. „The Intranet promises to fundamentally change the way workers communicate to a degree not experienced since the telephone" (Campbell 1996, S. 1).

Auch die Kommunikation über die Unternehmensgrenzen hinaus, zum Beispiel zu Kunden oder Lieferanten, wird durch die Einführung der neuen Medien grundlegend verändert. Es bilden sich auch hier neue Kommunikationsformen zwischen den Handelspartnern heraus, welche in zunehmender Zahl einen automatisierten Datenaustausch ermöglichen. Bill Gates beschreibt in seinem Buch „Business @ The Speed of Thought" verschiedene erfolgreiche Szenarien der elektronischen Vernetzung von Firmen und sagt für die Zukunft noch viel weiter gehende Automatisierungen und Vernetzungen der betrieblichen Informationsflüsse voraus (vgl. Gates 2000).

Es entstehen weit über die Unternehmensgrenzen hinaus zusammenhängende Informationssysteme, die eine völlig neue Kommunikationsform ermöglichen. Diese neuen Formen der Unternehmenskommunikation sind Grundlage für die weitere Entwicklung des Electronic Commerce. „Electronic Commerce gilt als Handelsform der Zukunft. Experten glauben, daß die ungeheuren Potentiale der virtuellen Organisation und Abwicklung von Geschäftsprozessen im Internet erst zu einem geringen Bruchteil genutzt werden" (Schewe 2000, S. 55). Die nächste Zeit wird daher für einen konsequenten Ausbau dieser Systeme und eine weitestgehende Verknüpfung der einzelnen Teilbereiche genutzt werden. Diese technische Verknüpfung der einzelnen Teilbereiche hat jedoch auch Auswirkungen auf die eigentliche Organisationsstruktur der Unternehmen. So müssen sich zwangsläufig die gewachsenen Bereiche einer genauen Überprüfung der existierenden Prozesse unterziehen und ggf. ihre Struktur anpassen. Die klassischen Grenzen der Unternehmung beginnen zu verschwimmen, sich nach innen wie nach außen zu verändern, teilweise auch aufzulösen. An die Stelle von tief gestaffelten Unternehmenshierarchien, die primär nach Befehl und Gehorsam funktionieren, treten zunehmend dezentrale, modular zerlegte Gebilde, die von Autonomie, Kooperation und indirekter Führung geprägt sind (vgl. Picot 1996, S. 2).

1.3 Birgt Risiken und bringt Probleme

Diese sich grundlegend verändernden Organisationsstrukturen können nur durch den konsequenten Einsatz der Neuen Medien existieren. Die dadurch resultierende Abhängigkeit von der Funktionsfähigkeit der Technik birgt für die Unternehmen große Risiken. Besonders bei der Einführung neuer Systeme gibt es immer wieder Probleme. Sehr viele Projekte in diesem Bereich scheitern auf Grund einer unzureichenden Projektplanung oder fehlerhafter Realisierung. In der Vergangenheit wurde der Einsatz der Neuen Medien schwerpunktmäßig unter technologischen Gesichtspunkten betrachtet. Häufig wurden technische Innovationen von den unternehmenseigenen EDV-Spezialisten ausgewählt und für den betrieblichen Einsatz vorbereitet.

Die Anforderungen aus den Fachbereichen waren häufig nur in einem eingeschränkten Maße festgelegt und somit die Spielräume für die technischen Spezialisten entsprechend groß. Nicht selten verselbständigte sich die IT-Abteilung[2] aus den organisatorischen und unternehmerischen Prozessen und versuchte eine eigene, auf der Technik beruhende Identität aufzubauen. Das vorhandene Spezialwissen und die Tatsache, daß sie als einzige die notwendige technologische Kompetenz besaßen, unterstützten diese Entwicklung (vgl. Koch 1996, S. 60).

Die daraus resultierenden Anwendungen waren daraufhin meist nicht mit den eigentlichen im Unternehmen vorhandenen Prozeßabläufen vereinbar. Um die zum Teil hohen Investitionskosten zu schützen, wurden daraufhin die etablierten Prozesse an das neu erstellte EDV-System angepaßt. Für die Benutzer[3] bedeutete dies meist ein doppeltes Problem: Erstens mußten die neuen Prozeßabläufe erfaßt werden und zweitens der Umgang mit dem neuen EDV-System erlernt werden. Erschwerend kommt dabei die Tatsache hinzu, daß besonders wenig Interesse auf eine geeignete Benutzerführung in solchen Projekten gelegt wurde.

---

[2] **IT-Abteilung**: Informationstechnologie-Abteilung, neuere Bezeichnung für EDV-Abteilung; Zentralbereich, in dem alle EDV-Anwendungen koordiniert werden.

[3] Als Benutzer oder Endbenutzer werden diejenigen Personen (Sachbearbeiter, Sekretärin, Manager usw.) bezeichnet, die das System nach abgeschlossener Entwicklung im Rahmen ihrer täglichen Arbeit benutzen (Rauenberg 94, S.4). In diesem Buch wird fast ausschließlich die männliche Form (Benutzer, Entwickler usw.) verwendet. Ich gehen aber davon aus, daß beide Geschlechter gemeint sein können (BenutzerIn, EntwicklerIn usw.).

2. Kapitel - Problemstellung und Zielsetzung der Arbeit

2.1 Einführung in die Problematik

Die immer schneller werdenden Produktzyklen der Neuen Medien konfrontieren die Unternehmen mit einer Vielzahl von Problemen. „Aufgrund der hohen Dynamik des Marktgeschehens spricht man bereits von einer neuen Zeitrechnung – ein Internetjahr verläuft siebenmal so schnell wie ein normales Jahr – und altbekannte Strategiemodelle verlieren immer mehr an Gültigkeit. So verkündete der Chief Operating Officer von Yahoo im Juni 1998, daß der maximale Zeitvorsprung, den ein Unternehmen durch eine neue Technologie erlangen kann, auf mittlerweile 60 Tage gesunken ist" (Zerdick 1999, S. 136).

Bei genauerer Betrachtung lassen sich die durch diese Entwicklung resultierenden Schwierigkeiten in die Bereiche Unternehmen, Benutzer, Kommunikation und Technik aufteilen.

Bereich Unternehmen:

- Der Einsatz dieser umfangreichen EDV-Produkte fordert vom Unternehmen hohe Investitionsleistungen.
- Die in den EDV-Systemen zukünftig abgebildeten Unternehmensprozesse werden immer komplexer, so daß zunehmend die Schwierigkeit besteht, diese in geeigneter Form zu erfassen und in dem System abzubilden.

Bereich Benutzer:

- Die Beteiligungsmöglichkeiten des späteren Nutzers bei der Konzeption der Anwendungen sind sehr gering.
- Die Bedienung der umfangreichen Programmanwendungen ist meist schwierig und wird nicht durch einen intuitiven Programmaufbau erleichtert.
- Die für den Benutzer notwendigen Einführungen in neue Systeme sind meist nicht auf den Teilnehmerkreis ausgerichtet oder finden gar nicht erst statt.
- Nötige Unterstützungsmaßnahmen von Seiten der Unternehmen, wie z.B. Weiterbildungen, geeignete Dokumentation oder qualifizierte Ansprechpartner werden häufig nicht vorgehalten.

Bereich Kommunikation:

- Die Technik wird nicht nach den Kommunikationsbedürfnissen ausgesucht.
- Die Kommunikation mit den neuen Medien erfordert andere Verhaltensmuster, welche nur selten befolgt werden.
- Die Mitarbeiter werden nicht auf diese Veränderungen vorbereitet und die dadurch entstehenden Defizite nicht durch das Unternehmen kompensiert.
- Die technischen Möglichkeiten der Kommunikation mit den Neuen Medien, etwa Videokonferenzen, werden nicht konsequent genutzt, was u.U. zu Informationsmängeln führt.

Bereich Technik:

- Durch ein unüberschaubares Angebot von verschiedensten EDV-Anwendungen wird eine unternehmensspezifische Bewertung und Auswahl von entsprechenden Anwendungen immer schwieriger.
- Der Funktionsumfang der angebotenen Anwendungen wird immer größer, so daß eine Anpassung an die vorhandenen Unternehmensprozesse und -aufgaben immer aufwendiger wird.
- Meist sind diese Anpassungsarbeiten nur mit Hilfe entsprechend qualifizierter, externer Dienstleister möglich.

Für die Lösung der unter den Punkten Technik und Unternehmen exemplarisch aufgeführten Probleme werden große Anstrengungen unternommen. Der Markt für innovative EDV-Systeme wird überschwemmt von Anbietern, welche sich in der Funktionalität ihrer Anwendungen gegenseitig zu übertreffen versuchen. Fast täglich werden neue Produkte auf dem Markt präsentiert. Doch für EDV-Experten ist es schwierig, in diesem Angebot den richtigen Überblick zu behalten.

Auch der Unternehmensbereich ist mit Lösungsansätzen und Methoden zur Problembehebung gut ausgestattet. Besonders in diesem Bereich bieten sehr viele Beratungsfirmen den Unternehmen ihre Dienste an. Auf Grund wissenschaftlicher Herangehensweisen wurden in den letzten Jahren Methoden entwickelt, welche es erlauben, Prozesse im Unternehmen klar zu strukturieren und dann in EDV-Programmen abzubilden. In diesem Zusammenhang sind natürlich auch die Bestrebungen der Unternehmen zu sehen, durch den konsequenten Einsatz von Qualitätsmanagementmethoden die eigenen Prozesse zu straffen.

Trotzdem erzielen viele der realisierten Anwendungen nicht die erhofften Verbesserungen. Leidtragende sind dann meist die Anwender, welche mit den EDV-Programmen letztendlich arbeiten müssen, obwohl diese weder auf ihre Bedürfnisse Rücksicht nehmen noch versuchen existierende Kommunikationsgewohnheiten abzubilden.

Die Entwicklung in dem Bereich der benutzerangepaßten Software hat in der Vergangenheit wenig Fortschritte gemacht. Noch immer sind in der Entwicklung von modernen EDV-Systemen die Bedürfnisse der Benutzer unterrepräsentiert. Bei Projekten zur Computerunterstützung von Bürotätigkeiten stellt sich die Grundfrage: Wie können Benutzerbedürfnisse bzw. Anforderungen von Fachabteilungen nach Computerunterstützung von Arbeitsabläufen so in Software umgesetzt werden, daß diese den Anforderungen auch wirklich entspricht und dadurch eine echte Hilfe bei der Bewältigung der anfallenden Aufgaben darstellt? Allzu oft sind schon Entwicklungsprojekte gescheitert, oder die entwickelten Lösungen haben den Benutzern nicht die erwartete Unterstützung gebracht, weil ihre Bedürfnisse und ihre Aufgaben im Prozeß der Softwareentwicklung zu wenig berücksichtigt wurden.

Dieses ist meist auf das unterschiedliche technische Wissen der Entwickler und der Anwender und ihre stark differierenden Ansprüche zurückzuführen. Wie viele Beispiele zeigen, ist es für den Softwareentwickler sehr schwierig, sich in die Lage eines zukünftigen Systembenutzers zu versetzen und dessen Denkvorgänge sowie Handlungen im Arbeitsprozeß zu antizipieren. Dies ist besonders kritisch, da die Komplexität der Anwendungen immer schneller ansteigt, und es für den Softwareentwickler zunehmend schwieriger oder gar unmöglich wird, den fachlichen Hintergrund einer Anwendung zu durchschauen und zu verstehen. Diese Komplexität erfordert eine enge Zusammenarbeit zwischen Benutzern als Experten für das zu unterstützende Fachgebiet und Entwicklern als Experten für Informatikwerkzeuge, um optimale, auf die konkrete Situation angepaßte Lösungen zu finden. Über die Notwendigkeit einer Beteiligung von Benutzern bei der Softwareentwicklung besteht heute bei Fachleuten verschiedenster Disziplinen weitgehend Einigkeit. Probleme bereitet allerdings häufig die praktische Umsetzung (vgl. Rauenberg 1994, S. VII).

2.2 Auflistung der Schwierigkeiten bei der Einführung der Neuen Medien

Um die im vorherigen Kapitel genannten Schwierigkeiten zukünftig zu vermeiden und erfolgreiche Anwendungen zu entwickeln, ist daher besonders bei der Konzeption dieser Systeme eine erhöhte Sorgfalt zu beachten. Erfahrungsgemäß liegen die größten Schwierigkeiten in der genauen Analyse und Umsetzung der im Unternehmen vorhandenen Prozesse. Besonders im Bereich der Prozeßanalyse wurden in der Vergangenheit große Anstrengungen in der Entwicklung von geeigneten Methoden unternommen. Diese meist aus dem Bereich der Betriebswirtschaft stammenden Vorgehensweisen ermöglichen heute eine genaue Kenntnis über die im Betrieb vorhandenen Abläufe. Wie schwierig dennoch die Umsetzung in erfolgreiche Anwendungen ist, zeigt die hohe Anzahl von Beratungsunternehmen, die den Firmen bei der Konzeptionserstellung ihre Unterstützung anbieten. Die Erfahrung zeigt jedoch, daß eine genaue Umsetzung der Geschäftsprozesse noch keine erfolgreiche Anwendung garantiert. Vielmehr zeigt die Praxis, daß die Berücksichtigung des gesamten Umfeldes und dessen Einfluß einer der wichtigsten Erfolgsfaktoren ist. Im Folgenden sollen einige Probleme, welche die erfolgreiche Einführung und Nutzung von neuen Medien im Unternehmen erschweren, benannt werden. Diese Auflistung hat keinesfalls den Anspruch komplett zu sein. Vielmehr sollen die angeführten Schwierigkeiten zusätzlich für die Komplexität des Themas sensibilisieren.

2.2.1 Fehlende Einbeziehung des Benutzers in die Programmentwicklung

Keine noch so gute Anwendung kann erfolgreich im Unternehmenseinsatz bestehen, wenn diese nicht durch eine Akzeptanz der Benutzer und einfache Bedienung gekennzeichnet ist. In der anwendergerechten Entwicklung liegt der Schlüssel zur zukünftigen Verbesserung der täglichen Arbeit im Büro. Während in der Fertigung große Anstrengungen unternommen wurden, die vorhandenen Arbeitsschritte zu automatisieren, hat sich im Bürobereich nur eine sehr geringe Rationalisierungsstufe durchgesetzt. Zwar gehört heute der PC zur persönlichen Büroausstattung, jedoch ist die Bedienung für den durchschnittlichen Anwender zu kompliziert und der Benutzer meist nicht entsprechend geschult. So werden nur „leichte" Standardaufgaben durchgeführt, z.B. Textverarbeitung, also der Einsatz des Computers als bessere Schreibmaschine. Erweiterte Funktionen, wie das Formatieren einer Diskette, Ausdrucken von Serienbriefen oder das Erstellen einer Datenbank werden schon seltener genutzt und bedürfen z.T. entsprechender Anleitung erfahrener Kollegen, was wiederum die Arbeitsproduktivität mindert. Die Möglichkeiten moderner EDV-Systeme werden nur in den seltensten Fällen in vollem Umfang genutzt. Dabei ergaben schon Anfang der 80er Jahre Studien, daß durch den Einsatz moderner Bürosysteme 15 Prozent der Arbeitszeit von Führungskräften und Spezialisten „eingespart" werden könnten. „Neben den 15 Prozent an Zeiteinsparung an der Gesamtarbeitszeit sind die Verbesserung an Qualität des Arbeitsergebnisses und die Verbesserung der Qualität des Arbeitslebens zu sehen" (Kinder 1982; S. 16). Schon damals galt: „Unternehmen, die aktiv die neuen Möglichkeiten des Ausbaus ihrer Informationssysteme nutzen, gehören zu den erfolgreichen in ihrer Branche" (Sommerlatte 1982, S. 189). Ein Satz, der mit Sicherheit auch heute noch zutrifft. Werden jedoch die gängigen EDV-Programme auf ihre Benutzerfreundlichkeit hin untersucht, so zeigt sich sehr schnell, daß deren Entwicklung weniger durch den Anspruch, möglichst anwenderfreundlich zu sein, beschrieben werden kann, sondern vielmehr durch die Anzahl der Funktionen, welche sie in einem unübersichtlichen Programm vereinen. Da die Entwicklung der meisten Software-Programme weit entfernt vom späteren Nutzer stattfindet, richten die Entwickler ihren Ehrgeiz vollständig auf die Befriedigung ihrer eigenen Vorstellungen, die leider nicht sehr häufig mit den Erwartungen der Anwender korrespondieren.

2.2.2 Die unternehmenseigene EDV-Abteilung

In vielen Unternehmen sind die IT-Abteilungen als Zentralbereiche aufgestellt und somit von den jeweiligen Fachabteilungen unabhängig. Auf Grund der Distanz zum jeweiligen Fachbereich ist es den in der IT-Abteilung beschäftigten Mitarbeitern selten möglich, die korrekten Abläufe am Arbeitsplatz des zukünftigen Benutzers zu kennen. Hinzu kommt, daß von den jeweiligen Fachabteilungen auf Grund ihrer geringen eigenen Qualifikation im EDV-Bereich kein großes Interesse an der Entwicklung beigesteuert wird. Dies führt dazu, daß viele Projekte ausschließlich durch Mitarbeiter der internen IT-Abteilungen realisiert werden und die Fachbereiche dann häufig Probleme in der Umsetzung hinnehmen müssen.

Historisch betrachtet wurden viele EDV-Entwicklungen auf Initiative der IT-Abteilungen initiiert. Diese waren als die Know-How-Träger im Unternehmen für alle Weiterentwicklungen im Bereich der EDV zuständig. Meist wurden aufbauend auf den vorhandenen Systemen eigene Anwendungen weiterentwickelt und den Fachabteilungen zur Verfügung gestellt. Dabei wurden die betroffenen Fachabteilungen nicht selten erst bei der Einführung mit dem System vertraut gemacht. Mittlerweile hat sich auf Grund der dynamischen Entwicklung am Markt für EDV-Produkte die Situation im Unternehmen jedoch grundlegend verändert. Heute sind es meist die Fachabteilungen, welche auf Grund ihrer Nähe zum Kunden und zum Markt wichtigen Bedarf erkennen und die daraus notwendig werdenden Anforderungen definieren und neue Technologien einsetzen. Diesen innovativen Techniken stehen die internen IT-Abteilungen nicht selten skeptisch gegenüber, da es sich meist um Technologien handelt, welche weder im Unternehmen bereits eingeführt noch am Markt ausreichend getestet sind.

Erschwerend kommt hinzu, daß sich auf Grund historischer Entwicklungen nicht selten der EDV-Bereich sehr eigenständig entwickelt hat und heute über die gesamten im Unternehmen befindlichen EDV-Systeme wacht. Dadurch bedingt verstehen sich viele IT-Abteilungen nicht als interner Dienstleister und Berater der Fachabteilungen, sondern als zentrales Kontrollorgan für alle elektronischen Entwicklungen im Unternehmen. Diese Selbsteinschätzung führt zu erheblichen Problemen bei der Einführung innovativer Anwendungen der Neuen Medien. Aus dem traditionellen Aufgabenbereich der IT-Abteilungen resultiert ein Erfahrungsschatz, welcher mit den modernen elektronischen Kommunikationsformen im seltensten Fall korrespondiert. Das führt dazu, daß viele Innovationen, welche durch Mitarbeiter der Fachabteilungen eingebracht werden, durch die zentralen IT-Abteilungen verzögert oder sogar blockiert werden.

Die daraus resultierenden Probleme werden in den Unternehmen auf verschiedene Weisen gelöst. In manchen Unternehmen beauftragen die Fachabteilungen unter Umgehung der eigenen IT-Abteilungen externe Firmen mit der Realisierung ihrer Anwendungen. In anderen Unternehmen müssen auf hoher politischer Ebene erst die Kompetenzprobleme ausgeräumt werden, bevor die eigentliche Realisierung stattfinden kann.

Auch nach erfolgreicher Klärung dieser eher politischen Probleme bleibt es weiterhin schwierig, ein Projekt im Bereich der Neuen Medien erfolgreich im Unternehmenskontext zu verankern. Sehr viele Projekte in diesem Bereich scheitern durch eine unzureichende Projektplanung oder fehlerhafte Realisierung. In der Vergangenheit wurde der Einsatz der Neuen Medien schwerpunktmäßig unter technologischen Gesichtspunkten betrachtet. Häufig (nicht immer) waren es Spezialisten, die die technologischen Entwicklungen analysiert und Empfehlungen für realisierbare Nutzungsmöglichkeiten gegeben haben. Die Anforderungen aus den Fachbereichen waren häufig nur in einem eingeschränkten Maße festgelegt und die Spielräume für die technischen Spezialisten entsprechend groß. Nicht selten verselbständigte sich die IT-Abteilung aus den organisatorischen und unternehmerischen Prozessen und versuchte, eine eigene auf der Technik beruhende Identität aufzubauen. Das vorhandene Spezialwissen und die Tatsache, daß sie als einzige die notwendige technologische Kompetenz besaßen, unterstützten diese Entwicklung (vgl. Koch 1996, S. 60).

2.2.3 Kompetenzprobleme in der Organisationsstruktur

Diese Kompetenzprobleme bereiten nicht nur zwischen Fachabteilungen und zentralen IT-Abteilungen Probleme, sondern ziehen sich in vielen Unternehmen durch die gesamten Organisationsstrukturen. „Die Funktionsgliederung innerhalb der Organisationen hat sowohl bei Anwendern als auch bei Herstellern mit der technischen Entwicklung nicht Schritt gehalten. Bei den Herstellern ist inzwischen erkennbar, daß sie ihre bisher üblichen Zuständigkeiten für einzelne Techniksparten umstrukturieren und den „integrierten" Erfordernissen anpassen. Dies erfolgt durchgängig von Entwicklung über Produktion bis zum Vertrieb und ist bei weitem noch nicht abgeschlossen. Diese Umstrukturierung erfordert von den Entwicklern bis hin zu den Vertriebsleuten einen tief greifenden Umdenkprozeß, der nicht von heute auf morgen zu bewältigen ist. Je größer, „eingefahrener" und traditioneller ein Unternehmen ist, desto schwerer fällt und länger dauert die Umstrukturierung und Neuorientierung" (Picot 1983a, S. 92).

Aus diesem Grund herrscht in vielen Unternehmen noch heute Unklarheit darüber, welche Abteilung für den Einsatz der Neuen Medien zuständig ist. Häufig wird diese Diskussion zwischen den Bereichen für Öffentlichkeitsarbeit und Marketing, den Vertriebs- und Einkaufsbereichen und dem Vorstand bzw. der Geschäftsführung und deren Stabsabteilungen geführt. Solange keine klare Anweisung aus dem Topmanagement[4] zu einer Klärung der Situation führt, wird das Kompetenzgerangel mit zunehmendem Marktdruck, z.B. durch Mitbewerber, exponentiell zunehmen.

Besonders schwierig wird die Situation bei dem Versuch, einen ganzheitlichen Ansatz für die Nutzung der neuen Medien im Unternehmen zu finden. Sehr viele bereits vor-

---

[4] **Topmanagement**: Je nach Größe und Organisationsform des Unternehmens sind hiermit Vorstand, Geschäftsführung oder Direktionsbereiche gemeint.

handene elektronische Kommunikationssysteme müssen miteinander verknüpft und die Anforderungen sehr vieler verschiedener Fachbereiche im Unternehmen koordiniert werden (vgl. Maiss 1999).

Nur die wenigsten Unternehmen besitzen heute Organisationsstrukturen, welche in der Lage sind, solche komplexen Anforderungen zu koordinieren, die Entwicklung der Software zu steuern und die Anwendung erfolgreich im Unternehmen einzuführen. Neben einer durchgängigen, klaren Kompetenzzuordnung setzt diese Anforderung in hohem Maße eine überdurchschnittliche Qualifikation der einzelnen Mitarbeiter in diesen koordinierenden Bereichen voraus.

2.2.4 Falsche Vorstellungen des Topmanagements

Der Wechsel in das 21. Jahrhundert stellt für viele Unternehmen eine radikale Veränderung der Geschäftsprozesse dar. Durch die rasante technische Entwicklung der Neuen Medien entstehen völlig neue Technologien zur Geschäftsabwicklung. Aus diesem Grunde konzentriert sich das Interesse des Topmanagements immer mehr auf den Bereich der Büroarbeit. Da Büroarbeit hauptsächlich aus Kommunikation besteht (vgl. Picot 1984, S. 31) stehen hier besonders die Kommunikationsprozesse im Vordergrund. Der Markt suggeriert den Anwendern und damit natürlich auch dem Topmanagement, daß durch die Beschaffung elektronischer Kommunikationssysteme die meisten der im Unternehmen befindlichen Kommunikationsprozesse automatisiert werden können. Das daraus resultierende Einsparungspotential erscheint auf den ersten Blick gewaltig. Hinzu kommt, daß sich durch den Internet-Boom für die Firmenchefs völlig neue Märkte für eine Absatzsteigerung auftun.

Eine Auswahl von Gründen für den Einsatz innovativer Kommunikationstechnologien im Unternehmen (vgl. Eccles 1998, S. 291): Der Einsatz von Informationstechnologie macht es möglich, die Anzahl der Hierarchieebenen, speziell des mittleren Managements, zu reduzieren. Diese Positionen werden nicht länger für die Sammlung und Weiterleitung der Informationen im Unternehmen benötigt. Die Rationalisierung bewirkt eine Verringerung der bürokratischen Reibungsverluste zwischen Topmanagement und Arbeitnehmer. Ausgestattet mit Informationen wird der Arbeitnehmer an der Basis zum „knowledge worker" und damit motiviert, eigenständig zu arbeiten. Dem Topmanagement fällt damit die Möglichkeit zu, neue Visionen und weit greifende Strategien zu entwickeln.

„First information technology makes it possible to reduce the number of management levels in the hierarchy, especially middle-management ranks, since these people are no longer needed for processing information up and down the organization. Moreover, by providing a dramatically enhanced potential for control, information technology greatly increases the span of control" (Beniger 1986). „This reduction in the number of management levels reduces the amount of bureaucracy separating senior executives from workers. Empowered with information, the front-line workers become „knowledge workers," acting autonomously to deal with issues and events that they are closest to. Top management's role becomes one of providing broad vision and overall strategic direction" (Zuboff 1988; Drucker 1988).

Die Nutzung der Neuen Medien machte es den Angestellten leichter, z.B. mit eMail oder Videokonferenzsystemen unabhängig von Ort und Zeit miteinander zu kommunizieren. Die Zunahme des Informationsflusses bewirkt außerdem ein Öffnen der organisatorischen Grenzen, welche üblicherweise den Zugang zu Informationen erschwert oder kontrolliert haben.

„Second, information technology makes it easier for people to communicate directly with one another across time and space through such media as electronic mail (Sproull and Kiesler 1991) and videoconferencing (Fulk and Dutton 1984). Increases in capabilities for communication flows also help to break down existing authority structures and entrenched organizational boundaries that are usually reinforced by determining and controlling access to information" (Zuboff 1988; Drucker 1988).

Eine Kommunikation auch über Unternehmensgrenzen hinweg wird mit Hilfe der Neuen Medien ermöglicht. Dies weicht die traditionellen Grenzen auf und ermöglicht Beziehung zwischen Partnern, welche über die traditionellen Geschäftsbeziehungen hinausgehen.

„Third, information technology improves the ability of organizations to communicate with one another through interorganizational systems and other forms of electronic data interchange. This blurs the boundaries of the firm and increases the range of possible relationships between organizations beyond pure market or pure hierarchical exchanges" (Cash 1985; Malone 1991).

Ein hervorzuhebendes Merkmal von vernetzten Organisationen ist die Flexibilität, welche es durch den Einsatz von modernen Workstations und Datenbanken dem Management ermöglicht, schnell Kontrollsysteme auf die jeweilige Unternehmenssituation anzupassen. Auch das Speichern von Wissen in Form von offenen Datenbanken und Expertensystemen ermöglicht es den Organisationen, flexibler zu reagieren und weniger abhängig von einzelnen Mitarbeitern zu sein.

„And technology contributes to flexibility, a prominent feature of the network organization. Work stations, relational data bases, and prototyping systems-development methodologies have made it easier to design and redesign measurement and control systems, which facilitates structural change. Also, storing knowledge in the form of open data bases and expert systems enables organizations to be less dependent on particular employees and more able to respond with greater flexibility to a more diverse and dynamic labor market" (Walton 1989).

Leider sind diese genannten Vorteile nur ein Teil der Veränderungen, welche die Unternehmen während und nach der Einführung der neuen Medien beeinflussen. Nur zu gerne werden die Schwierigkeiten verschwiegen, die bei der Einführung entstehen. Wie viele Beispiele zeigen, werden viele EDV-Systeme auf Beschluß des Topmanagements ohne gründliche Bedarfsanalyse in den Unternehmen eingeführt. Offensichtlich erliegt das Topmanagement in diesen Fällen den Verheißungen der Neuen Medien. In vielen Fällen resultiert aus diesen überstürzten Einführungen eine große Anzahl von Problemen, welche nicht selten zum Projektabbruch führen.

2.3 Aufbau der Arbeit

Ausgehend von der Diskrepanz inzwischen realisierbaren technischen Innovationen und den realen Möglichkeiten einer Umsetzung im Unternehmen beschäftigt sich diese Arbeit mit einer sinnvollen Nutzung der Neuen Medien im Unternehmen. Auslöser für die Beschäftigung mit diesem Thema war die persönliche Erfahrung, daß, obwohl eine Großzahl der Unternehmen mit einer leistungsfähigen Infrastruktur ausgestattet sind, zum Beispiel modernen PCs und Netzwerken, diese vorhandene Technik nur in den seltensten Fällen umfassend genutzt wird. Den Unternehmen entstehen durch diese Mindernutzung der vorhandenen Systeme für Unternehmenskommunikation hohe Verluste.

Nur ein ganzheitlicher Blickwinkel auf die Hintergründe der Unternehmenskommunikation ermöglicht den erfolgreichen Einsatz der Neuen Medien im Unternehmen. Um die bestehenden Probleme richtig beurteilen zu können, ist eine genaue Untersuchung der die moderne Unternehmenskommunikation beeinflussenden Größen notwendig. Aus diesem Grund wird im folgenden Kapitel die Unternehmenskommunikation aus Sicht der Dimensionen Unternehmen, Mensch[5], Kommunikation und Neuen Medien untersucht.

Noch immer sind in der Entwicklung von modernen EDV-Systemen die Bedürfnisse der Benutzer unterrepräsentiert. Dies zeigt allein die Tatsache, daß sich in der Literatur nur vergleichsweise wenige Autoren mit den Problemen der Anwender beim Einsatz elektronischer Kommunikation im Unternehmen beschäftigen, wie bereits Booth bemerkte: „Surveying the literature concerned with 'Qualitative Measures for the Evaluation of IT-based Organisational Communication Systems' is not an easy task.

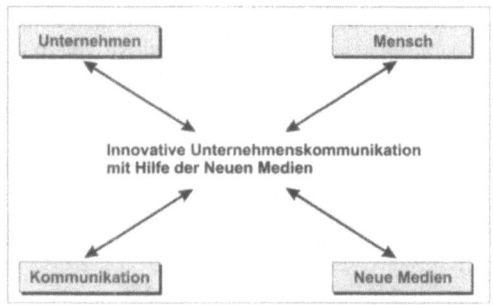

Abbildung 2.3-1: Untersuchte Dimensionen

A shortage of focussed research into this area makes a review of the literature a wide-ranging exercise. The major problem is deciding where to draw a line that represents a boundary of relevance around the topic" (Booth 1988, S. 3). Die Schwierigkeit liegt tatsächlich in dem Problem einer Abgrenzung zwischen Technik, Betriebswirtschaft und den eigentlichen Bedürfnissen der Benutzer.

---

[5] Da der Benutzer nicht ausschließlich als der Mitarbeiter im Unternehmen betrachtet werden kann, sondern vielmehr auch als persönliches Individuum anzusehen ist, wurde die Dimension mit dem Titel „Mensch" bezeichnet.

Viele der im Rahmen dieser Arbeit betrachteten Literaturansätze versuchen, spezifische Lösungen darzustellen. Meist werden einzelne Probleme untersucht und detaillierte Lösungswege aufgezeigt. Auf Grund der sich ständig verbessernden Technologien und der damit veränderten Ausgangssituationen ist jedoch solch eine einmal formulierte Theorie nicht ohne weiteres übertragbar. „One motivation concerns the need to reinvestigate and possibly revise certain components of organization theory. A large part of what is known about the factors affecting organizational processes, structures, and performance was developed when the nature and mix of communication technologies were relatively constant, both across time and across organizations of the same general type. In contrast, the capabilities and forms of communication technologies have begun to vary, and they are likely to vary a great deal in the future" (Fulk 1990, S. 234).

Daher ist das Ziel dieser Arbeit, eine modellhafte Herangehensweise zu formulieren, welche unabhängig von aktuellen Technologien oder betrieblichen Prozessen eine erfolgreiche Einführung und Nutzung von elektronischen Kommunikationssystemen ermöglicht. Neben den bereits genannten theoretischen Dimensionen sind auch verschiedene empirische Studien und praktische Erfahrungen aus real existierenden elektronischen Kommunikationssystemen in die Modellbildung eingeflossen.

Im Rahmen einer eigenen, empirischen Umsetzung des Modells innovativer Unternehmenskommunikation mit Hilfe der Neuen Medien wird die Praktikabilität des Modells in Kapitel 5 unter Beweis gestellt. In diesem Rahmen wurde im Jahre 1999 an verschiedenen Standorten eines großen Konzerns der Verkehrsindustrie eine Mitarbeiterbefragung durchgeführt.

Auf Grund der erzielten Ergebnisse wurde anhand von drei prototypischen Projekten das Modell in der Praxis überprüft. Die dazu erstellten Anwendungen werden in Kapitel 6 ausführlich erläutert. Die folgende Grafik dient zur Veranschaulichung des Aufbaus dieser Arbeit.

Besonderer Wert wurde bei der Erstellung der Arbeit auf eine fundierte, ganzheitliche Herangehensweise gelegt. Nur so kann der Leser für die komplexen, bei der Einführung von neuen elektronischen Medien auftretenden Probleme sensibilisiert werden.

Es wird verdeutlicht, wie viele verschiedene Aspekte für eine erfolgreiche Nutzung der Neuen Medien im Kontext der Unternehmenskommunikation eine Rolle spielen. Besonders im Hinblick auf die zunehmende Ausrichtung der Unternehmen für die elektronischen Märkte ist ein Wissen um die erfolgreichen Strategien notwendig. Keine noch so innovative eBusiness-Strategie wird zukünftig erfolgreich sein, wenn nicht rechtzeitig die Einflüsse auf das bestehende Unternehmen, die Menschen, existierende Kommunikationsprozesse und eine benutzerorientierte Technik in Einklang gebracht werden.

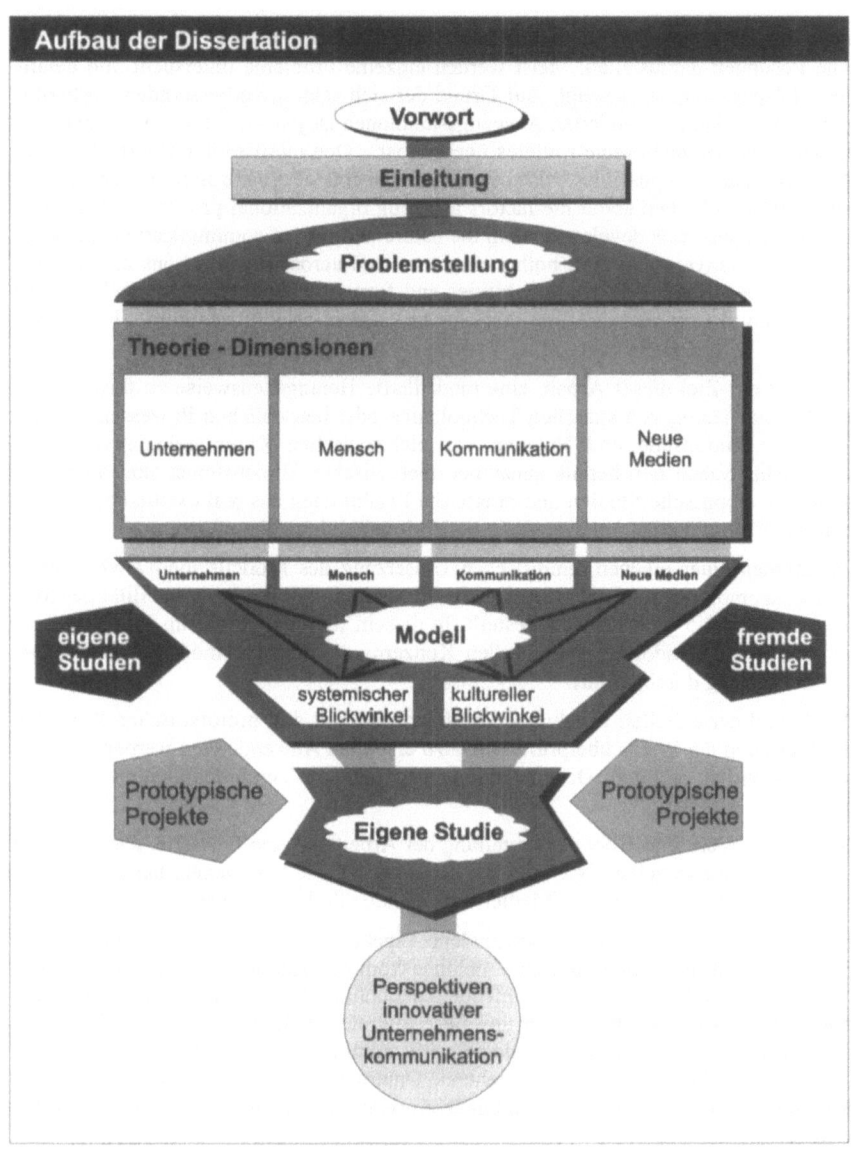

Abbildung 2.3-2: Aufbau der Arbeit

3. Kapitel - Kommunikation in der Unternehmung

3.1 Innovative Unternehmenskommunikation – Dimension Unternehmen

Seit der Gründung der ersten menschlichen Betriebe gehört die Weitergabe von Informationen zur ureigensten Steuerung eines Unternehmens. Der Stellenwert und die Ausrichtung haben sich jedoch im Laufe der Zeit grundlegend verändert. In frühesten Zeiten kleiner Handwerksbetriebe war der Austausch von Informationen durch die Größe der Betriebe und die Nähe zwischen Meister und Gesellen und auch zu Kunden kein Problem. Die Kommunikation konnte ungehindert stattfinden, zumal meist die Belegschaft unter einem Dach wohnte.

Erst die Einrichtung von Manufakturen änderte die über Jahrhunderte gepflegte Tradition der Handwerkszünfte. Die kleinen Betriebe wuchsen und wandelten sich zu arbeitsteiligen Unternehmen, in denen eine vom Militär entlehnte Führungsstruktur Einführung fand. Während der Entwicklung vom Handwerksbetrieb über die Manufakturen bis hin zu den Großindustrien zu Beginn des 20.Jahrhunderts veränderte sich die Beziehung zwischen Hersteller und Käufer grundlegend. Standen am Anfang Auftragsproduktionen als Auslöser für Fertigung und Innovation, so begann später das Angebot die Nachfrage zu regeln. Die Marktwirtschaft war erfunden. Da die Akteure in einer Marktwirtschaft unter Unsicherheit handeln müssen, kommt der Versorgung mit relevanten Informationen eine zentrale Rolle bei der Gestaltung von Transaktionsbeziehungen zu (vgl. Fischer 1993, S. 9). Die Information und damit deren Weitergabe bekam einen ganz neuen Stellenwert in der Unternehmung. Bauer führt dazu aus: „Informationen sind nicht nur notwendig, um arbeitsteilige Aktivitäten zu koordinieren, sondern Informationsvorsprünge vor der Konkurrenz bilden auch die wesentliche Grundlage für die Entstehung von Wettbewerbsvorteilen. Information neigt aufgrund ihrer speziellen Eigenschaften zur Diffusion, insbesondere im Rahmen der teilweise engen Kontakte, die in Transaktionsbeziehungen bestehen. Dadurch kann es zu einem Abfluß von Know-how kommen, der die Erfolgspotentiale des Unternehmens bedroht. Andererseits soll häufig durch die Entscheidung für einen Fremdbezug das spezielle Wissen eines Zulieferers genutzt oder durch Lernen angeeignet werden. Information und Wissen, Kommunikation und Lernen sind somit für die Koordination und Organisation von Transaktionsbeziehungen von besonderer Bedeutung ..." (Bauer 1997, S. 15).

Die Unternehmen lernten, daß der richtige Umgang mit Informationen mindestens ebenso wichtig ist wie die Erstellung eines gutes Produktes. Es wurde offenkundig, daß nicht nur die gute Verständigung mit Geschäftspartnern zum Erfolg beiträgt, sondern auch die Angestellten und Arbeiter einen entscheidenden Einfluß auf den Erfolg einer Unternehmung haben. Generell wuchs das Bewußtsein von der Wichtigkeit einer funktionsfähigen Unternehmenskommunikation:

„Als Unternehmenskommunikation bezeichnen wir die nach strategischen Aspekten organisierte Kommunikation von Unternehmen mit der Öffentlichkeit. Sie bildet somit die kommunikative Klammer eines Unternehmens mit seiner Umwelt und besitzt eine duale, also nach innen und außen gerichtete Funktion" (Beger 1989, S. 33)

Wie diese Begriffsdefinition zeigt, besteht eine „duale Funktion" der Unternehmenskommunikation in der Tatsache, daß sowohl das Unternehmen nach außen dargestellt werden, als auch eine funktionsfähige interne Kommunikation geregelt werden muß. Während Beger in seiner Definition nur die Notwendigkeit und Funktion betont, geht der Erklärungsansatz Bruhns als Marketingtheoretiker weiter:

„Unternehmenskommunikation bezeichnet die Gesamtheit sämtlicher Kommunikationsinstrumente und -maßnahmen eines Unternehmens, die eingesetzt werden, um das Unternehmen und seine Leistungen bei den relevanten Zielgruppen der Kommunikation darzustellen." (Bruhn 1992, S. 8; s. a. Derieth 1996, S. 25) Bruhn definiert die Unternehmenskommunikation über die Instrumente und Maßnahmen, die dazu beitragen, das Unternehmen darzustellen. In diesem Erklärungsversuch wird klar formuliert, daß es eine der jeweiligen Zielgruppe angepaßte Form der Unternehmenskommunikation geben muß. Die folgende Darstellung gibt einen Überblick über potentielle Zielgruppen der Unternehmenskommunikation.

In der Vergangenheit wurde durch die Unternehmen das Hauptaugenmerk auf die Kommunikation nach außen gelegt. In diesem Zusammenhang ist besonders die Abhängigkeit von Unternehmen mit der Rechtsform einer Aktiengesellschaft von den entsprechenden Anteilseignern zu nennen. Ohne eine gute, nach außen hin gerichtete Informationsqualität der Unternehmenskommunikation kann heute kein Unternehmen an der Börse mehr bestehen. Anders verhält es sich mit der nach innen gerichteten Unternehmenskommunikation.

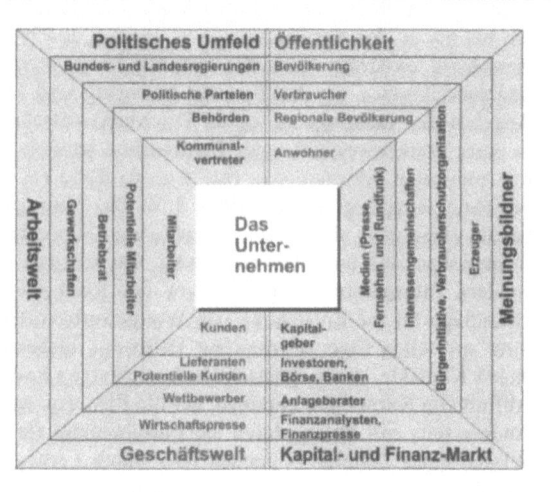

Abbildung 3.1-1: Potentielle Zielgruppen (nach Demuth 1988, S. 21)

Wie die vielen Beispiele der Vergangenheit zeigen, sind hier noch deutliche Verbesserungspotentiale zu finden. Nicht selten erfahren Mitarbeiter eines Unternehmens geplante Veränderungen zuerst aus der Tagespresse. Im Laufe der industriellen Entwicklung änderte sich die Stellung des Arbeiters ständig. War er als Geselle eines Zunftmeisters noch an vielen Entscheidungen direkt oder indirekt beteiligt und über alle Belange des Unternehmens informiert, so kann man den Industriearbeiter am Anfang des 19. Jahrhunderts nur als das „kleine Rädchen im großen Getriebe" des Industriebetriebes bezeichnen.

Für die Arbeiter in der Zeit der industriellen Revolution war die Kommunikation von Unternehmensinformationen keine Selbstverständlichkeit. Mit der Zeit wandelte sich auch das Interesse der Arbeitnehmer am Unternehmen. War es zuerst für die meist ungebildeten, vom Land stammenden Arbeiter nur der Platz zum Broterwerb, so wuchs durch die zunehmende Qualifizierung breiter Arbeitergruppen das Interesse an dem Betrieb. Die Arbeitsbereiche veränderten sich ebenfalls im Laufe der Jahre. Kamen die ersten Manufakturen noch mit wenigen Schreibern aus, so ist in modernen Unternehmen das Verhältnis zwischen produzierenden Arbeitern und Angestellten im Verwaltungsbereich deutlich verändert. „Büroarbeit ist Informationsarbeit und besteht vorwiegend aus Kommunikation" (Picot 1984, S. 31). Ein Großteil des Erfolges eines Unternehmens wird daher durch eine funktionierende Kommunikation im Unternehmen erreicht.

3.1.1 Kommunikationskultur im Unternehmen

Wurde früher ein Unternehmen ausschließlich durch objektiv faßbare und beschreibbare Kriterien wie die Rechtsform, Größe, Branche, Standort, organisatorische Strukturen bewertet, so treten seit der Diskussion um Corporate Identity (CI) und Corporate Culture (CC) in den 80er Jahren immer mehr Softfacts[6] in den Vordergrund. Auslöser dieser Diskussionen waren u.a. wissenschaftliche Ansätze der absatzwirtschaftlichen Imageforschung, der Unternehmensforschung und Managementwissenschaft sowie der Organisations- und Industrie-Soziologie (vgl. Döring 1988, S. 188). Obwohl die wissenschaftliche Aufbereitung dieses Themas erst sehr spät begann, ist die Entstehung der eigentlichen Unternehmenskulturen auf die jeweilige Unternehmensgründung zurückzuführen. Bei der Bildung der Unternehmenskultur zeigt sich häufig der Einfluß der Firmengründer mit ihrem persönlichen Führungsstil. In manchem mittelständischen Betrieb ist dieser Einfluß heute noch zu merken. Anders als diese eher als intuitiv zu bezeichnende Herangehensweise hat die wissenschaftliche Aufarbeitung einen grundlegenden Wandel in der Unternehmensführung bewirkt. Die folgende Tabelle stellt die Merkmale der Unternehmenskultur dar (gefunden bei Döring 1988, S. 192-193).

Worin zeigt sich Unternehmenskultur?

1. **Unternehmensorganisation**
   a) **Aufbauorganisation**: Hierarchische Struktur („Steilheit", Kontrollspanne), Formalisierungs- und Standardisierungsgrad, Ausmaß der Spezialisierung und Positions- bzw. Rollendifferenzierung; praktizierte Organisationsprinzipien (Linie, Funktionalisierung, Divisionalisierung . . .).
   b) **Ablauforganisation**: Eingesetzte „Systeme" (etwa der Information, Leistungs-, Qualitäts-, Anwesenheitskontrolle, Bezahlung, Beförderung, Aus- und Weiterbildung, Planung . . .).

2. **Unternehmenspolitik**
   Grundsätze und Strategien zum Beispiel im Bereich Marketing, Finanzierung, Produktion, Beschaffung, Personal, Forschung und Entwicklung . . . ; Verhalten gegenüber öffentlicher Hand, Tarifpartnern, Umwelt, Kapitalgebern, Lieferanten, Kunden . . .

---

[6] Softfacts: Nicht direkt in betriebswirtschaftlichen Zahlen darstellbare Einflüsse.

3. Tatsächliches Verhalten und aktuelle Erfolgsmaße
(in all den unter 2. genannten Aspekten) Beispiel aus dem Bereich „Personalpolitik": Welche Kriterien werden tatsächlich bei der Anwerbung, Auswahl, Beförderung, dem „Aufbauen" und „Kaltstellen", der Kündigung, Pensionierung, Schulung, Anerkennung etc. benutzt?

4. Praktizierter Führungsstil und Betriebsklima
Ausmaß von Offenheit, Reglementierung, Mitbeteiligung, Fairness, Feedback, Motivation, Entfremdung, Zufriedenheit, Engagement . . .

5. Handlungsstrukturen
(soweit nicht unter 1 b) Traditionen, Bräuche, Sitten; Riten und Zeremonien; „Spiele" (politics, Mikropolitik).

6. Verbales Verhalten
Geschichten, Slogans, Jargon, Sprachregelungen, Witze, Tabus, Anekdoten, „Moralen".

7. Corporate Identity
(äußeres Erscheinungsbild) Einheitliche Linie der Außendarstellung des Unternehmens, zum Beispiel Gebäude, Logo, Briefköpfe, Visitenkarten, Kantine, Produktdesign, System der Statussymbole und materiellen Auszeichnungen.

Abbildung 3.1-2: Beobachtbare Merkmale der Unternehmenskultur (vgl. Neuberger, 1987, S. 46)

Ähnliche Merkmale wie Neuberger et al. führt Körner in seinem Bezugsrahmen der Unternehmensphilosophie an. Er stellte deutlich den Zusammenhang zwischen Unternehmenskultur, Unternehmensidentität und Unternehmensphilosophie dar und präsentiert die daraus resultierenden Merkmale Verhalten, Design und Kommunikation. Diese anschaulich dargestellten Verbindungen zeigen, wie wichtig eine gute Unternehmenskultur für eine funktionsfähige Kommunikationskultur[7] im Unternehmen ist.

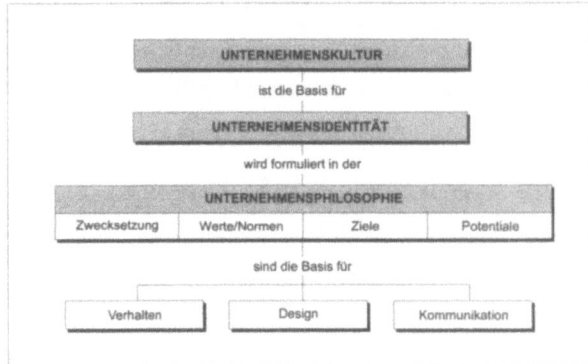

Abbildung 3.1-3: Bezugsrahmen Unternehmensphilosophie (vgl. Körner 1988, S. 253; Derieth 1996, S. 158)

Viele dieser durch Neuberger und Körner gefundenen Merkmale spielen auch in der Kommunikationskultur eines Unternehmens eine wichtige Rolle. Diese Kommunikationskultur ist als eine Untermenge der Unternehmenskultur anzusehen und soll im wesentlichen die Art und Weise des im Unternehmen gepflegten Informationsaustausches beschreiben.

---

[7] Die Begriffsbestimmung Kommunikationskultur soll im wesentlichen die Art und Weise des im Unternehmen gepflegten Informationsaustausches beschreiben.

Hierzu zählen Dimensionen wie Offenheit, Schnelligkeit und Ehrlichkeit. Außerdem ist klar zu differenzieren, ob es eine unterschiedliche Kommunikationskultur nach außen und im Konzern gibt. In diesem Zusammenhang sind die folgenden 15 Werte-Polaritäten von besonderer Wichtigkeit.

Wertepolaritäten der Unternehmenskultur

1.	Zivilcourage	⇔	Anpassung
2.	Ordnung	⇔	Improvisation
3.	Menschlichkeit	⇔	Sachlichkeit
4.	Kooperation	⇔	Individualismus
5.	Offenheit/Aufrichtigkeit	⇔	Vertraulichkeit/Diplomatie
6.	Erfolgsorientierung	⇔	Pflichterfüllung/Dienst
7.	Wandel/Risiko	⇔	Bewahrung/Sicherheit
8.	Hierarchie	⇔	Gleichheit
9.	Selbstbestimmung	⇔	Fremdbestimmung
10.	Nüchternheit/Bescheidenheit	⇔	Phantasie/Stolz
11.	Gelassenheit/Geduld	⇔	Aktivität/Tatendrang
12.	Theorie/Analyse	⇔	Praxis/Anwendung
13.	Puritanismus/Askese	⇔	Sinnlichkeit/Lebensgenuß
14.	Qualität/Profil	⇔	Quantität/Anonymität
15.	Größe/Expansion	⇔	Überschaubarkeit/Mäßigung

Abbildung 3.1-4: Wertepolaritäten der Unternehmenskultur (Döring 1988, S. 193-194)

Die in der Abbildung genannten Polaritäten geben den Rahmen möglicher Ausprägungen der Kultur eines Unternehmens wieder. Im Detail betrachtet, handelt es sich um Ausprägungen von Verhaltensmustern, an denen sich einzelne Mitarbeiter mental im Berufsleben orientieren. Aus Unternehmenssicht bildet sich aus der Summe der einzelnen Verhaltensmuster eine Richtung, welche der gesamten Unternehmung eine entsprechende Kultur verleiht. Auf Grund der Tatsache, daß diese Kultur aus dem Verhalten jedes einzelnen gebildet wird, ist die Frage berechtigt, wer oder was letztendlich das prägende Moment in der Ausbildung von Unternehmenskulturen ist.

Während in kleineren Betrieben die Geschäftsführung selbst für die Kommunikation mit dem Mitarbeiter zuständig ist, regeln dies in Großkonzernen eigene Abteilungen, welche für die Konzernkommunikation zuständig sind. Meist als Stabsabteilung am Vorstand angebunden, gehört zu ihren Aufgaben nicht nur die Kommunikation nach außen, sondern auch die konzerninterne Informationssteuerung. Unabhängig von den genannten Organisationsformen ist jedoch die Firmenspitze für die Inhalte, Häufigkeit und Wahrheit der Informationen verantwortlich. Je nach Führungsstil der Unternehmensleitung bildet sich die Qualität der Mitarbeiterinformation aus. Auch die Möglichkeit einer rückwärts gerichteten Kommunikation (Feedback) ist ausschlaggebend durch die persönliche Steuerung der Unternehmensführung motiviert.

Es erscheint einsichtig, daß Mitarbeiter eines Unternehmens sich je mehr mit dem Unternehmen beschäftigen, desto mehr Informationen sie über das Unternehmen erhalten. Die Kommunikationskultur stellt demnach eine Untermenge der eigentlichen Unternehmenskultur dar.

Daher soll im folgenden zuerst die formelle Kommunikation im Unternehmen untersucht werden. Im darauf folgenden Kapitel wird dann die informelle Kommunikation beleuchtet, welche, wie Studien belegen, eine sehr hohe Qualität und Wichtigkeit in der Weitergabe von Informationen im Unternehmen besitzt.

3.1.2 Formelle Kommunikation im Unternehmen

Um das Unternehmen als Ganzes zusammenhalten und führen zu können, sind besondere Maßnahmen notwendig. Die verschiedenen Handlungen, Rollen und Aufgaben müssen auf übergeordnete Ziele abgestimmt werden. Koordination, wie dieser Prozeß genannt wird, ist zwischen einzelnen Organisationsmitgliedern, Arbeitsgruppen, Abteilungen und größeren Organisationsbereichen notwendig. Ferner bedarf es einer laufenden Abstimmung mit Aufgabenträgern, die außerhalb der Organisation tätig sind (zum Beispiel Kunden oder Lieferanten). Koordination verlangt vor allem der Austausch von Informationen zwischen den jeweiligen Bereichen. Der Transport von Informationen wird als Kommunikation bezeichnet. Kommunikation ist als Prozeß des Erarbeitens, Codierens, Übertragens, Decodierens, Verstehens und Interpretierens sowie des Weiterverarbeitens von Informationen zwischen Aufgabenträgern zu verstehen (vgl. Picot 1983b, S. 29ff).

Der Kommunikationsfluß als Austausch von unternehmensrelevanten Informationen ist demnach Grundlage für die Existenz jedes Unternehmens. Um die Funktionstüchtigkeit der Unternehmung beizubehalten, wurden daher bestimmte Kommunikationsregeln und -methoden in die Unternehmensstrukturen integriert. Es handelt sich bei dieser formellen Kommunikation meist um genau definierte Informationsflüsse, welche auf vorgeschriebene Arten übermittelt werden.

Picot unterscheidet die Kommunikationsformen folgendermaßen: „Je nachdem, ob die Kommunikation geplant und offiziell geregelt ist oder nicht, ist zwischen formeller und informeller Kommunikation zu unterscheiden" (Picot 1983b, S. 39). Mit formeller Kommunikation verbindet sich aus Sicht von Picot die aus der Arbeitsteilung resultierende aufgabenbezogene Kommunikation, bei der bestimmte Kommunikationsregelungen zu beachten sind.

3.1.2.1 Informationsfluß

In Anlehnung an die berühmte Aussage von Watzlawick: „Der Mensch kann nicht *nicht* kommunizieren" (Watzlawick 1969, S. 51; s.a. Picot 1983, S. 37) kann für eine Unternehmung postuliert werden, daß ein Unternehmen, in dem keine Kommunikation stattfindet, als „nicht existent" bezeichnet werden muß. Die Kommunikation im Unternehmen stellt die Funktionsfähigkeit eines jeden Betriebes sicher. Zur reibungslosen Funktion ist eine Anzahl von etablierten Informationsprozessen notwendig. Hierbei wird zwischen horizontalen, vertikalen und diagonalen Informationsflüssen als Merkmal der Kommunikationsrichtung unterschieden (vgl. Picot 83b, S. 39).

Innovative Unternehmenskommunikation – Dimension Unternehmen 31

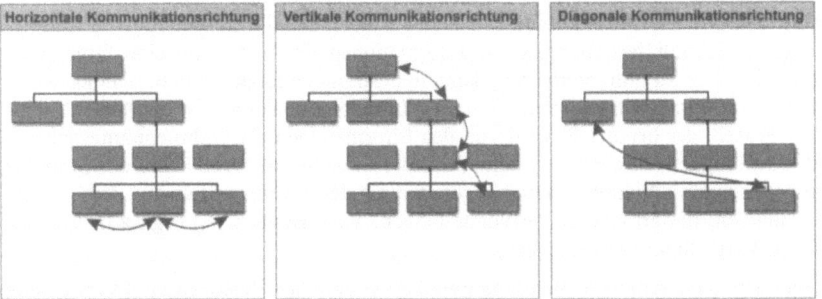

Abbildung 3.1-5: Ausrichtung von Kommunikation im Unternehmen

So ist z.B. die Weitergabe von Information vom Vorgesetzten an den Mitarbeiter als vertikaler Informationsfluß anzusehen, wohingegen ein Informationsaustausch unter Mitarbeitern einer Abteilung als horizontaler Informationsfluß bezeichnet wird. Eine unabhängig von vorgegebenen Organisationsstrukturen verlaufende Kommunikation über verschiedene Hierarchiestufen ist als diagonale Kommunikationsrichtung zu bezeichnen. Zusätzlich ist die Richtung des Informationsflusses ein weiteres wichtiges Kriterium. Ein Unternehmen, welches ausschließlich durch unidirektionale Informationsflüsse, d.h. ausschließliches Versenden von Nachrichten ohne jegliche Rückkopplung, geführt wird, wird deutlich weniger erfolgreich am Markt agieren können, als ein Unternehmen, in dem Informationen bidirektional ausgetauscht werden.

Eine weitere Betrachtungsform des betrieblichen Informationsaustausches ist die Untersuchung der verschiedenen Kommunikationsebenen.

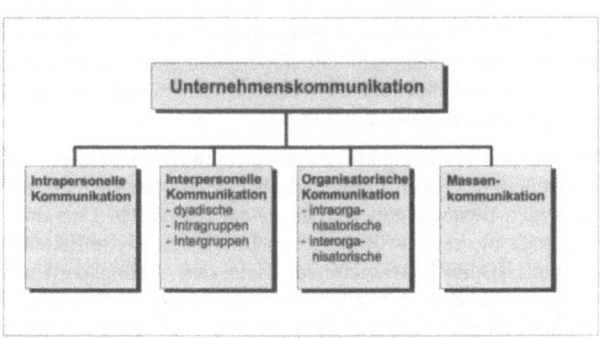

Abbildung 3.1-6: Aufteilung der Kommunikationsebenen im Unternehmen (vgl. Picot 1983b)

Folgende Ebenen der Kommunikation in und von Organisationen sind zu unterscheiden: Intrapersonelle Kommunikation, interpersonelle Kommunikation in verschiedenen Ausprägungen, organisatorische Kommunikation. Als zusätzliche Ebene ist die „Audience" beziehungsweise Massenkommunikation anzuführen (vgl. Picot 83b, S. 36). Die kleinste Einheit der sozialen Informationsverarbeitung und -übertragung ist das Individuum. Denkt man an die Definition von Kommunikation, scheint es ein Widerspruch in sich zu sein, über Kommunikation zu sprechen, wenn die Analyseeinheit ein Individuum ist. Der Begriff intrapersonelle Kommunikation sollte jedoch akzeptabel sein, um Kommunikationsprozesse innerhalb eines Individuums abzudecken. Auf der intrapersonellen Ebene kommt es zu der Aufnahme und Verarbeitung von wahrgenommenen Stimuli beziehungsweise Informationen durch das einzelne Organisationsmitglied. Die Stimuliverarbeitung kann in bestimmten Reaktionen beziehungsweise Kommunikationsaktivitäten resultieren. Die Intrakommunikation ist ein äußerst komplexer Prozeß, der beeinflußt wird von den Informationen als Wahrnehmungsgegenstand (Auffälligkeit, Intensität, Qualität, ...), der Situation der Aufnahme des Stimulus (Umwelt, soziale Situation, ...) und Eigenschaften der jeweiligen Person (Bedürfnisse, Einstellungen, Erwartungen, Wertvorstellungen, Verfassungen, ...) (vgl. z.B. Luthans 1973, S. 339ff; Sikora 1976, S. 135).

Im Rahmen der interpersonellen Kommunikation tauschen Personen direkt im Dialog miteinander Informationen aus. Sie ist in mehreren Variationen möglich. Dyadische Kommunikation ist als Kommunikation zwischen zwei Personen zu verstehen (A-B), wobei A und B zu einer Gruppe gehören können, aber nicht müssen. Innerhalb von Organisationen sind mehrere Formen von Gruppen möglich, die die Kommunikation innerhalb der Gruppen beeinflussen werden. Gruppen, die bewußt geplant, eingesetzt und rational organisiert werden – folglich im Organisationsplan auftauchen – sind formelle Gruppen. Sie können als unbefristete Einheiten (zum Beispiel Abteilungen, Divisionen, Ausschüsse) oder zeitlich befristet (zum Beispiel Task Forces, Projektgruppen) eingesetzt werden. Innerhalb der formellen Gruppe oder aber neben den formellen Gruppen können die sogenannten informellen Gruppen entstehen, die nicht geplant und offiziell vorgesehen sind. Informelle Gruppen bilden sich aus den Bedürfnissen der Mitglieder (Sympathie, Anerkennung, Geborgenheit, Prestige, etc.). Da die Normen und Statusdifferenzierungen in informellen Gruppen von den formalen Normen und Differenzierungen abweichen können, sind andere Kommunikationsgepflogenheiten wahrscheinlich. Die Kommunikation in informellen Gruppen kann aber durchaus aufgabenbezogenen Charakter haben und muß sich demnach nicht auf Hobbies oder ähnliches beschränken.

Kommunikative Kontakte zwischen jeweils mehreren Mitgliedern verschiedener Gruppen einer Organisation sind als Intergruppen-Kommunikation zu bezeichnen. Intergruppen-Beziehungen werden in der rezipierten Literatur vornehmlich im Zusammenhang mit der Bewältigung von Intergruppen-Konflikten diskutiert, die das Ergebnis zum Beispiel konfligierender Ziele, der Abhängigkeit von gemeinsamen Ressourcen und ähnlichem darstellen. Konflikte äußern sich in nachlassender Kommunikationsintensität und verzerrter Informationswiedergabe mit den negativen Konsequenzen für die organisatorische Zielerreichung. In Anlehnung an die bekannte These von Romans, daß Personen, die häufig miteinander kommunizieren, dazu neigen, sich zu mögen, ist der Pflege der Intergruppen-Kommunikation Beachtung zu schenken. Sie geht zusammen mit der Dyaden[8]- und Intragruppenkommunikation in die intraorganisatorische Kommunikation ein, die mit der interorganisatorischen Kommunikation die Kommunikationsebene Organisation ausmacht. Die Bedeutung der interorganisatorischen Kommunikation hat in den letzten Jahrzehnten insbesondere als Folge der Arbeitsteilung zwischen Betriebs- und Volkswirtschaften stetig zugenommen. Neben der

---

[8] **Dyadenkommunikation**: Hier Kommunikation zweier Personen (dyadisch: <griechisch> Zweiersystem).

Abwicklung der Koordination oder der gemeinsamen Abwicklung von Projekten führen auch weniger offizielle Anliegen zu unternehmensübergreifenden Kontakten (zum Beispiel Lobbyismus). „Audience" beziehungsweise Massenkommunikation ist als einseitige, von einem genau bestimmbaren Sender ausgehende, auf eine anonyme Personenzahl abzielende Kommunikation zu verstehen. Für Organisationen ist sie durchaus von Bedeutung. Man denke in diesem Zusammenhang nur an die Werbung von Wirtschaftsunternehmen.

3.1.2.2 Arten von Informationsvermittlung

In einer funktionstüchtigen Unternehmung sind verschiedenste Arten der Informationsvermittlung etabliert. Die häufigste Art des Kommunikationsaustausches findet in einer direkten Kommunikation zwischen Personen statt. Eine solche *1:1-Kommunikation* bietet die Grundlagen für eine ungestörte Kommunikation auf allen Ebenen (vgl. von Thun 1996, S. 13ff). Eine solche Kommunikation etwa unter zwei Kollegen bedeutet, aus dem kommunikationstechnischen Blickwinkel betrachtet, eine maximale Informationsweitergabe, da alle dem Menschen möglichen Kommunikationstechniken angewandt werden können. Aus Sicht eines Unternehmens jedoch ist eine solche Kommunikation mit organisatorischen Schwierigkeiten behaftet: So ist es zum Beispiel nicht möglich, im Rahmen solcher persönlichen Gespräche Informationen in einer schnellen Zeit von der Unternehmensführung an alle Mitarbeiter im Unternehmen zu kommunizieren. Für eine Informationsweitergabe dieser Art bieten sich statt dessen große Mitarbeiterversammlungen an. Auf Grund der Tatsache, daß dort Informationen von einer Person gleichzeitig an sehr viele Personen weiter gegeben werden können, spricht man hier von einer *1:n-Beziehung*. Bei dieser Art des Informationsaustausches geht bereits ein großer Teil der zwischenmenschlichen Kommunikation verloren, da der Redner nicht in der Lage ist, von allen Zuhörern Rückmeldungen zu empfangen und darauf entsprechend zu reagieren.

Noch geringer ist der Informationsgehalt bei der Kommunikation in einer *n:1-Beziehung*. Betrachten wir hier zum Beispiel eine Pressekonferenz, auf der sehr viele Journalisten gleichzeitig auf den Vorsitzenden einreden. Der Informationsgehalt, der in solchen lauten Veranstaltungen die Redner erreicht, ist sehr gering. Genauso wenig reichhaltig ist die Informationsübermittlung im Rahmen einer heftig geführten Diskussionsveranstaltung, in der sehr viele Teilnehmer gleichzeitig miteinander diskutieren. Hier ist von einer *n:n-Beziehung* auszugehen. Werden statt einer direkten Mensch-zu-Mensch-Kommunikation noch andere Kommunikationsmedien wie etwa das Telefon oder der Brief in den Kommunikationsfluß eingeschaltet, so verringert sich die Reichhaltigkeit der Informationen immer weiter[9].

3.1.2.3 Traditionelle Informationsmittel

Da es unmöglich ist, in einem Unternehmen Informationen nur mündlich an alle Mitarbeiter zu kommunizieren, wurden in den Betrieben schnell weitere Informationsmittel zur Unterstützung der Informationsverteilung herangezogen. Ältestes Kommunikationsmedium neben der menschlichen Sprache ist mit Sicherheit der Brief. „Schon vor über 5000 Jahren machten die Strichzeichen der Sumerer Sprache zur Konserve: In

---

[9] vgl. Kapitel 4.4.3 - Kommunikationsmedien im Vergleich.

Ton geritzt, löst sie sich vom Sprecher, wird unabhängig von Zeit und Raum. Und bereits 500 Jahre später stellen Ägypter aus der Papyrusstaude ein fast weißes, elastisches Gewebe her. Darauf werden mit Flüssigkeit Symbole gemalt. So können Nachrichten leichter transportiert werden" (Faller 1999, S. 14). Durch das Niederschreiben von Informationen konnten von nun an über Distanzen und zeitliche Abstände hinweg Botschaften transportiert werden. In unserem heutigen Sprachgebrauch ist die Nutzung des Briefes in einer *1:1-Beziehung* zu sehen. Die erweiterte Form, eine *1:n*-Beziehung, wird Rundschreiben oder Aushang genannt. Womit auch schon ein weiterer Unterschied in der Informationsverbreitung sichtbar wird. So ist ein Rundschreiben eine Informationsvermittlung, welche durch den Autor des Rundschreibens initiiert und dann den Empfängern dieser Nachricht z.B. mit der Hauspost zugestellt wird. Initiator dieser Informationsvermittlung ist demnach der Sender der Nachricht, in der Kommunikationstechnik wird hier von einem *PUSH-Verfahren* gesprochen.

Im Gegensatz dazu ist bei der Nutzung von Aushängen auf einem Schwarzen Brett der Empfänger der Initiator der Nachrichtenübermittlung. Durch den Sender ist bei Nutzung dieser Technik nicht vorherzubestimmen, wann der Empfänger sich die Informationen auf dem Schwarzen Brett anschaut. Dieser durch den Nachrichtenempfänger gesteuerte Informationsaustausch wird in der Kommunikationstechnik als *PULL-Verfahren* bezeichnet. Als weiteres traditionelles Informationsmittel eines Unternehmens ist die Mitarbeiterzeitung besonders hervorzuheben.

Abbildung 3.1-7: Typisches Schwarzes Brett

Große Unternehmen beschäftigen ganze Zeitungsredaktionen, um ihren Mitarbeitern in regelmäßigen Abständen Informationen zur Verfügung zu stellen. Die Qualität dieser Mitarbeiterzeitungen unterscheidet sich stark. Während einige Unternehmen lose Blättersammlungen an ihre Mitarbeiter ausgeben, publizieren andere umfangreiche Hochglanzmagazine. Davon völlig unabhängig ist jedoch der Informationsgehalt der einzelnen Mitarbeiterzeitungen zu sehen. Dieser begründet sich hauptsächlich auf der im Unternehmen vorherrschenden Informationskultur. Grundsätzlich ist daher eine ehrliche und offene Berichterstattung einem ansprechenden, aber nichtssagenden Hochglanzmagazin vorzuziehen.

Abbildung 3.1-8: Mitarbeiterzeitungen

Innovative Unternehmenskommunikation – Dimension Unternehmen

Neben den bisher beschriebenen Medien sind im Kontext traditioneller Medien auch schon einige elektronische oder besser elektrische Medien zu nennen. Neben dem Telefon, welches sicherlich das nach dem persönlichen Gespräch am häufigsten genutzte Informationsmedium ist, sind hier das FAX und die heute schon wieder fast vergessenen „alten" Neuen Medien - Telex und Teletex[10] - zu nennen. Diese waren über Jahrzehnte nicht aus dem Büroalltag wegzudenken. Heute jedoch sind sie durch die fortschreitende Vernetzung der Bürocomputer überflüssig geworden.

Die Abbildung soll einen entsprechenden Eindruck von den verschiedenen Kommunikationsmedien im Unternehmen geben. Besonders wichtig erscheint hier die Aufteilung in synchrone und asynchrone Kommunikationsformen. In der Steuerung des Informationsflusses im Unternehmen ist die Dauer und Form der Rückmeldung ein entscheidender Faktor. Nur die im rechten Bereich aufgeführten synchronen Kommunikationsformen lassen eine sofortige Rückmeldung zu. Für alle anderen ist eine zeitliche Festlegung, wann oder ob eine Rückmeldung passiert, nicht sofort zu bestimmen.

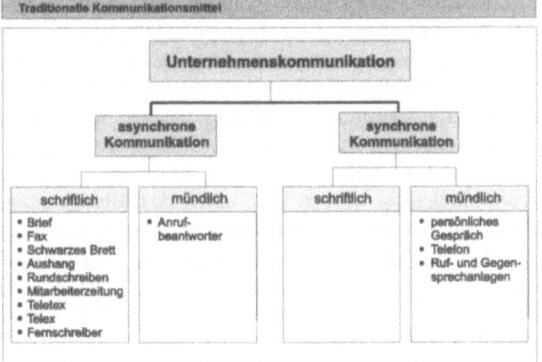

Abbildung 3.1-9: Gliederung traditioneller Kommunikationsmittel im Unternehmen

3.1.2.4 Zusammenfassung

Festzuhalten bleibt, daß für die Steuerung eines Unternehmens die Kommunikation einer der grundlegenden Erfolgsfaktoren ist. Dafür ist in allen Betrieben eine Art von Kommunikationskultur entwickelt worden. Diese ist z.T. sehr unterschiedlich ausgeprägt und reicht von minimaler Kommunikation im Rahmen von Geschäftsberichten bis zur regelmäßigen Information aller Mitarbeiter. In diesem Kontext ist auch die Mitbestimmung der Mitarbeiter zu sehen, welche eine Form der Rückäußerung für Unternehmensentscheidungen darstellt. Wichtig ist, daß im Rahmen der Unternehmenskommunikation verschiedene Informationswege im Unternehmen implementiert sind. Primär sind hier die meist hierarchisch aufgebauten Führungsstrukturen zu nennen. Über die „Baumstrukturen" werden Entscheidungen der Unternehmensführung in den Betrieb kommuniziert und die einzelnen Ergebnisse in umgekehrter Richtung zur Unternehmensspitze weitergegeben. Es würde den Rahmen dieser Arbeit sprengen, die einzelnen Inhalte dieser Kommunikation über Hierarchiegrenzen zu beleuchten, und zu untersuchen, wie viele Informationen auf dem Weg durch die Instanzen verändert werden oder sogar verloren gehen.

---

[10] vgl. Kapitel 4.4.1 – Entstehung der Telekommunikationssysteme.

3.1.3 Informelle Kommunikation im Unternehmen

Anders als die durch die Unternehmensführung vorbestimmte formelle Kommunikation ist die informelle Kommunikation im Unternehmen zu bewerten. Dieser informelle Informationsaustausch findet nicht in dem durch das Unternehmen organisatorisch vorgegebenen Kommunikationsrahmen statt, sondern spielt sich außerhalb aller Vorgaben ab. Hierzu ist zum Beispiel sämtliche Kommunikation der Mitarbeiter untereinander außerhalb von Abteilungsbesprechungen zu zählen. So beweist eine Studie der Firma Siemens, daß der Informationsgehalt von Pausengesprächen deutlich über dem von betrieblich organisierten Besprechungen oder Fortbildungen liegt (vgl. Berliner Morgenpost 31.01.98). Der prinzipielle Unterschied ist in dem Fehlen sämtlicher Rahmenbedingungen während des Informationsaustausches zu suchen. Der Informationsaustausch findet meist in ungezwungenem Rahmen mit Kollegen statt, welches eine Konzentration auf die Themen zuläßt, die die am Gespräch teilnehmenden Mitarbeiter interessieren. „Eine verkürzte Betrachtung wäre es, die informelle Kommunikation allein mit der Erfüllung der sozialen beziehungsweise sozio-emotionalen Funktion der Kommunikation − Schaffung sozialer Kontakte und Befriedigung menschlicher Bedürfnisse nach Zuwendung, Mitteilung usw. − gleichzusetzen. Denn formale Regelungen zur Gewährleistung von Stabilität, Voraussagbarkeit und Regularität der Kommunikation werden zum einen des öfteren nicht auf dem neuesten Stand sein. Zum anderen sind Nicht-Routinesituationen, die gerade im organisatorischen Büro- und Verwaltungsbereich anzutreffen sind, kaum formal zu strukturieren. Folglich hat die informelle Kommunikation neben der sozio-emotionalen teilweise auch die aufgabenbezogene Funktion der organisatorischen Kommunikation zu erfüllen" (Picot 1983b, S. 40).

Zusätzlich zu den von Picot ausgeführten Ausprägungen sind weitere Merkmale der informellen Kommunikation im Unternehmen anzutreffen. Neben den genannten Gesprächen in Pausen sind im Rahmen einer informellen Kommunikation auch nicht öffentliche Kommunikationskanäle zu finden. Durch persönliche Bekanntschaft kann z.B. ein direkter Informationsfluß unabhängig von allen Vorgaben im Unternehmen etabliert sein. Dadurch werden Informationen in ungeahnten Geschwindigkeiten quer durch ganze Großkonzerne übermittelt. Diese Form der Kommunikation birgt sehr viele Probleme in sich. Stellvertretend seien hier die Nicht-Information der im „organisierten" Informationsfluß befindlichen Mitarbeiter oder die Weitergabe vertraulicher Informationen zu nennen. Durch das bewußte Umgehen der im Unternehmen vorgesehenen „öffentlichen" Informationswege findet keine Weitergabe der Information an die offiziell benannten Personen statt. Diese meist politisch benutzte Wirkung hat bereits häufig zu unvorhergesehenen Schwierigkeiten geführt. In diesem Zusammenhang ist auch die Übermittlung von vertraulichen Daten an Außenstehende zu sehen. Besonders problematisch wird die Situation im Unternehmen, wenn diese Art der informellen Kommunikation durch Schlüsselfiguren unterstützt wird, wodurch Ängste und Befürchtungen bei den einzelnen Individuen unnötig geschürt werden. Monge führt dazu aus: „However, if key individuals in the social network express concerns over information security, this fear may diffuse and decrease system use throughout the organization. In this case, objective features of security have considerably less effect than the unfounded fears communicated in the social environment" (Monge 1987, S. 544).

Die Förderung dieser weder sozio-emotionalen noch aufgabenbezogenen Funktion der informellen Kommunikation führt zu einem negativen Betriebsklima und steht somit einer erfolgreichen Entwicklung des Unternehmens entgegen. Ganz verhindert werden kann diese negative Form der Informationsweitergabe sicher nicht, doch kann durch ein gutes Betriebsklima und eine ausgeprägte positive Kommunikationskultur diese Form der Kommunikation stark eingegrenzt werden, da zum einen die Notwendigkeit der „illegalen" Informationsbeschaffung nicht vorhanden ist und zum anderen Mitarbeiter keine Gründe für eine Auslassung der im offiziellen Informationswege eingesetzten Kollegen haben.

3.1.4 Innovation der Unternehmenskommunikation durch Neue Medien

Neue Technologien sind ein wichtiger Antriebsfaktor für die Entwicklung von Volkswirtschaften. Dies zeigte sich dann besonders offensichtlich, als Basisinnovationen wie die Dampfmaschine im 18. Jahrhundert oder die Elektrizität im 19. Jahrhundert zur Entstehung von gänzlich neuen Industriezweigen führten. Ein Beispiel aus dem Bereich der Informations- und Kommunikationstechniken sind Telegraph und Telefon, die im 19. Jahrhundert eine radikale Veränderung der Wertschöpfungsstrukturen ermöglichten. Als Folge entstanden völlig neuartige Handelsinstitutionen und Unternehmensstrukturen wie Warenterminbörsen oder distanzüberbrückende Systeme der Massenproduktion. Auch der gegenwärtige Übergang in eine Internet-Ökonomie ist zu einem großen Teil durch neue Informations- und Kommunikationstechniken angestoßen worden. Der grundlegende Unterschied zu den bereits erwähnten Technologien wie der Elektrizität oder der Dampfmaschine ist die Geschwindigkeit, mit der die Innovationen der Informations- und Kommunikationstechnik sich weltweit ausbreiten und die Transformation der Wirtschaftsabläufe vorantreiben. Die wichtigsten Merkmale dieser technologischen „Flutwelle" sind vor allem:

- Digitalisierung,
- Leistungssteigerung im Preis-Leistungsverhältnis,
- Miniaturisierung,
- Standardisierung.

Die Technologie, die all diese Veränderung ermöglicht hat, ist die Digitalisierung. Die Verwandlung von Informationen in digitale Einheiten, sogenannte Bits (ausgedrückt durch die logischen Werte 0 und 1) führt dazu, daß Informationen von Prozessoren be- und verarbeitet werden. Zudem können Informationen über Netzwerke transportiert werden, wobei die Kosten unabhängig von der Entfernung des zurückgelegten Informationsweges sind. Die Konsequenzen des Wechsels von physischen Atomen zu digitalen Bits sind radikal (vgl. Zerdick 1999, S. 139f).

Picot benennt das Nutzungspotential von Telekommunikationsmedien in der Büroarbeit wie folgt (Picot 1984, S. 58):

- Beschleunigter Informationstransport
- Bessere Erreichbarkeit
- Entlastung von aufwendigen Routineaktivitäten (z.B. Versand, Empfang, Anfertigung von Zeichnungen, Speichern)
- Erleichterte Dokumentation
- Verbesserte Kommunikationsqualität und Kommunikationsergebnisse

- Integration mit vor- und nachgelagerten Stufen der Informationsverarbeitung (Weiterverarbeitung, Speicherung, Wiedervorlage, Verteilung)
- Erleichterung der Vertraulichkeit

Trotz der vielfältigen Nutzungsmöglichkeiten ist die Einschätzung, welche Innovation die Einführung der Neuen Medien bringt, sehr schwierig. Wie immer bei Innovationen läßt sich der Gewinn nicht sofort in betriebswirtschaftlichen Zahlen ausdrücken. Einen Versuch, die Möglichkeiten, welche die modernen elektronischen Medien bieten, in Worte zu fassen, soll folgendes Zitat darstellen: „Neue Informations- und Kommunikationstechnologien eröffnen den Unternehmen durch Präsentation von Text, Graphik und Ton neue Möglichkeiten für Verkauf, Service, Marktforschung und Marketing. Die zunehmende kommerzielle Nutzung des Internet, das aufgrund seiner Entwicklung zu dem globalen Kommunikationsmedium zu werden verspricht, erfolgt in Deutschland bisher ganz überwiegend durch große Unternehmen; die Gründe für den geringen Anteil kleiner und mittlerer Unternehmen sind noch nicht ermittelt" (BMJ 1997, S. 5761).

Hier ist klar die Ausrichtung auf das Internet als Präsentationsmedium oder besser als modernes Kommunikationsmedium zu erkennen. Völlig vernachlässigt werden jedoch die Möglichkeiten des Wissensmanagements und der vereinfachten Informationssammlung. Verständlich wird die Zielrichtung des Zitates unter der beobachteten zeitlichen Entwicklung des Interneteinsatzes in deutschen Firmen. Unabhängig von der Unternehmensgröße läßt sich folgende Nutzung des Internets darstellen:

Die Größe des Unternehmens ist, anders als im Zitat angeführt, eher von untergeordneter Bedeutung. Sie spielt meist nur in der Frage der Finanzierung und damit in der Größe der möglichen Kapitalbindung eine Rolle. Jedoch ist davon nicht der Erfolg im virtuellen Markt abhängig, wie diverse kleine Internetfirmen, sog. „Start-Ups", gezeigt haben.

Mit Hilfe einer guten Idee und innovativer Technologien haben einige dieser Firmen mit minimalem Kapitaleinsatz hohe Gewinne erwirtschaftet. Die in der Abbildung 3.1-10 dargestellte Entwicklung kann für Deutschland mit Jahreszahlen unterlegt werden. So begannen sehr viele Firmen, sich in den Jahren 1994-1997 die Rechte an ihrer Internetadresse (URL[11]) zu sichern und die ersten zaghaften Präsentationen im Internet aufzubauen.

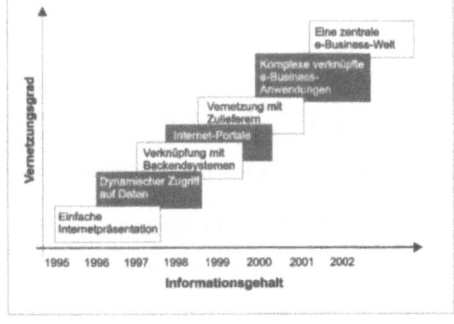

Abbildung 3.1-10: Entwicklung der Neuen Medien

---

[11] **Unified Resource Locator**: Eine eindeutige Adresse im Internet, welche sich aus dem Namen des Protokolls, dem Servernamen und der Verzeichnisstruktur zusammensetzt (vgl. Kapitel 4.4.2 - Entwicklung des Internets). Beispiel: http://www.beispiel-server.de/verzeichnis1/seite.html.

Innovative Unternehmenskommunikation – Dimension Unternehmen

Die damals statischen HTML-Seiten[12] zeigten meist nur kurze Unternehmensdarstellungen. Schnell wurde der Wunsch nach weitergehenden Informationen in diesem Medium laut.

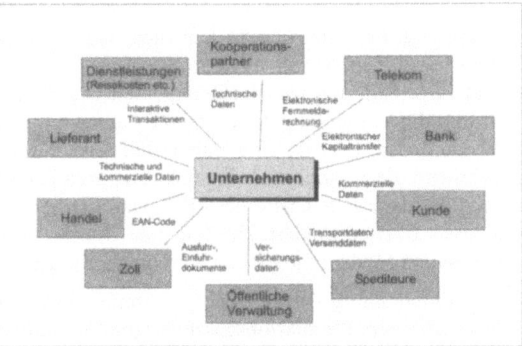

Abbildung 3.1-11: Elektronische Kommunikationsbeziehungen eines Unternehmens (Picot 1996, S. 299)

So wurden zwischen 1996 und 1998 die Internetpräsentationen mit dynamischen Inhalten verknüpft, welche auf Anforderung Informationen aus Datenbanken zur Verfügung stellen. Die Bereitstellung dieser Informationen im Internet brachte häufig redundante Systeme hervor, d.h. die eigentlichen Daten wurden in den angestammten EDV-Systemen im Unternehmen (z.B. Verwaltungssoftware der Firma SAP AG) und zusätzlich auf dem Webserver vorgehalten. Datenaktualisierungen auf dem eigentlichen Unternehmenssystem werden auf Grund dieses Systemaufbaus meist erst in der folgenden Nacht im Internet wirksam. Somit steht ein aktueller Informationsbestand für den Internetkunden nie zur Verfügung. Dies wirkt sich z.B. bei Bestellungen aus, wenn dem Kunden im Internet Liefertermine oder Verfügbarkeit auf Grund der nicht aktuellen Informationen zugesagt wurden, obwohl im Laufe des Tages im Unternehmenssystem die Ware bereits verkauft wurde.

Um den komplizierten und zeitaufwendigen Datenaustausch zwischen den verschiedenen Systemen und damit das Vorhandensein nicht aktueller Datensätze zu vermeiden, gingen die ersten Unternehmen mit Beginn des Jahres 1998 dazu über, die vorhandenen ERP-Systeme[13], Lager- und Bestellsysteme direkt mit dem Internet-Server zu verknüpfen, so daß jede Anfrage aus dem Internet direkt und zeitgleich über den Web-Server an das eigentliche Unternehmenssystem weitergeleitet und von dort beantwortet werden kann. Diese Technologie wird als Backend-Integration bezeichnet.

Im Jahre 1999 hatten sehr viele Unternehmen bereits große Informations- und Interaktionsangebote im Internet etabliert. Moderne eCommerce-Shops wurden gewinnbringend betrieben. Spätestens jetzt wurde klar, daß die Vielfalt der angebotenen Informationen zu einem für den Benutzer nicht mehr tragbaren Zustand wurde. Es entstanden daher sog. Portallösungen, welche die Aufgabe haben, dem Kunden als Start- und Auswahlpunkt für verschiedenste thematische Gebiete eine einzige Internetadresse zur Verfügung zu stellen. Zusätzlich können diese Portalsysteme von jedem einzelnen Benutzer seinen eigenen Bedürfnissen angepaßt werden.

---

[12] **HTML**: Hypertext Markup Language – Nähere Informationen im Kapitel 4.4.2 .
[13] **ERP-System**: enterprise resource planning: - Computersystem, welches alle unternehmensrelevanten Informationen verwaltet, bekanntester Hersteller ist die Firma SAP AG.

Diese sog. Personalisierung läßt nicht nur ein persönliches Design zu, sondern stellt dem jeweiligen Nutzer auch speziell auf seine Bedürfnisse zugeschnittene Angebote und Informationen zur Verfügung. Seit dem Jahr 2000 steht für die meisten Firmen primär die Vernetzung der eigenen Systeme mit den Systemen der Geschäftspartner im Vordergrund. Ziel ist eine Interaktion aller automatischen Systeme. Damit wird zunehmend die Ausrichtung der elektronischen Handelsbeziehungen vom Endkundengeschäft (Business to Customer - B2C) auf den reinen Geschäftsbereich (Business to Business - B2B) verändert. Die folgende Grafik verdeutlicht, wie vielfältig die mit Hilfe der Neuen Medien möglichen Kommunikationsbeziehungen sind.

Die Entwicklung der letzten Jahrzehnte zeigt einen eindeutigen Trend: Während – trotz erhöhtem Produktionsausstoß – die Beschäftigtenzahl in der industriellen Produktion sinkt, steigt die Beschäftigtenzahl im Büro- und Verwaltungsbereich stetig. In den hochentwickelten Industrieländern sind heute bereits 50 Prozent aller Beschäftigten in diesem Bereich tätig (vgl. Picot 1983a, S. 23 ff). Zu diesem Thema haben viele Untersuchungen festgestellt, daß die kommunikativen Vorgänge im Büro der entscheidende Engpaß in der Büroarbeit sind.

So formuliert Picot: „Verbesserte Möglichkeiten für die Abwicklung der schriftlichen Kommunikation effektivieren etwa ein Drittel eines Büroarbeitstages." (Picot 1984, S. 54-55).

Anders als in der Fertigung, in der, wie eine amerikanische Studie belegt, in 10 Jahren die Produktivität um 90% gesteigert werden konnte, wurde im Bürosektor in der gleichen Zeit nur ein Plus von 4% erreicht, obwohl der Verwaltungsapparat stark wuchs und somit seine Lohn- und Gehaltskosten fast verdoppelte (vgl. Koch 1996, S. 32-33). Die Firma Siemens hat bereits Mitte der achtziger Jahre festgestellt, daß 1990 25% der Verwaltungsarbeiten mit Hilfe der neuen Technik eingespart werden könnten (vgl. Huhn 1985, S. 45). Dennoch ist der große Durchbruch in der Vereinfachung der Büroarbeit noch nicht geschafft. „In dem Bemühen um die Neugestaltung der Abläufe und Strukturen von Büroarbeit kommt der Kommunikationstechnik eine Schlüsselrolle zu" (Picot 1984, S. 33).

3.1.4.1 Verbesserungspotentiale am Beispiel eines typischen Beschaffungsprozesses

Welche Einsparungspotenziale die Nutzung der Neuen Medien in der Bürokommunikation[14] bringen, soll folgendes Beispiel eines klassischen Beschaffungsvorganges aufzeigen:

---

[14] Mit der Unterstützung der Kommunikation innerhalb der administrativen Bereiche eines Unternehmens beschäftigt sich traditionell die Bürokommunikation (BK). Die Bürokommunikation, so beschreibt es der Gemeinschaftsausschuß des VDI, umfaßt die personellen, organisatorischen and technischen Aspekte des auf die internen und externen Aufgaben bezogenen Informationsaustausches (Koch 1996, S. 33).

Innovative Unternehmenskommunikation – Dimension Unternehmen 41

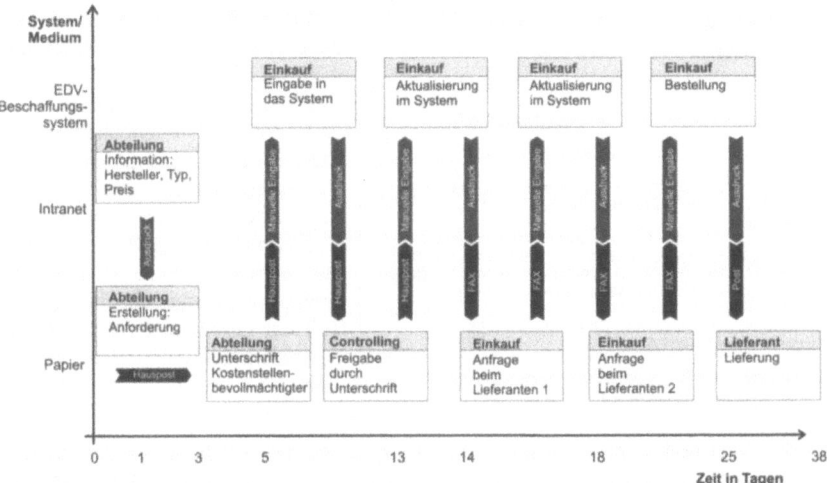

Abbildung 3.1-12: Typischer Beschaffungsprozeß

In dem beschriebenen Fall wurde die Beschaffung eines normalen PCs als Arbeitsplatzrechner für einen Mitarbeiter in einer Fachabteilung in einem großen deutschen Systemhaus untersucht. Für das Beschaffungsmanagement steht im firmeneigenen Intranet ein eCommerce-Shop zur Verfügung, welcher über die angebotenen Hardware-Komponenten, wie z.B. Computer, Bildschirme oder Drucker, informiert und sogar eine Zusammenstellung der ausgewählten Waren in einem Warenkorb zuläßt. Erst bei einer Bestellung merkt der Mitarbeiter, daß hier die elektronische Funktionalität beendet ist. Es kommt zum ersten Medienbruch[15], das System stellte nur die ausgewählten Informationen auf einem konzern-einheitlichen Bedarfsanforderungspapier zusammen und fordert den Besteller auf, dieses auszudrucken. Diesen Ausdruck muß der Besteller unterschreiben und dem Kostenstellenverantwortlichen per Hauspost zukommenlassen. Nach dessen Unterschrift wird das Blatt Papier ebenfalls per Hauspost an den Einkauf versandt, wo es dann in ein extra dafür erstelltes EDV-Beschaffungssystem aufgenommen wird. Nach der Erfassung wird ein Ausdruck von den Daten gemacht und an das Controlling zur Freigabe der Mittel geschickt. Mittlerweile sind bereits 13 Tage seit der Bestellung des Mitarbeiters vergangen. Nachdem das Controlling die Beschaffung genehmigt hat, wird das unterschriebene Blatt wieder zum Einkauf verschickt. Dort wird das EDV-System aktualisiert und das Genehmigungsblatt archiviert. Jetzt wird durch das EDV-System die Bestellung freigegeben und ein Mitarbeiter im Einkauf druckt entsprechende Preisanfragen aus und faxt diese an die bekannten Lieferanten. Dieser Vorgang kann sich mehrere Male wiederholen, etwa bei Lieferschwierigkeiten oder falschen Preisangaben. Sobald ein entsprechendes Angebot im Einkauf eingegangen ist, wird dem Zulieferer die Bestellung ausgedruckt und per Post übersandt. Bis die Ware beim bestellenden Mitarbeiter eintrifft, sind bei diesem Beispiel insgesamt 39 Tage vergangen.

---

[15] **Medienbruch**: Wechsel der Kommunikationsform; z.B. Empfang einer Email, Ausdruck derselben und Weiterleitung per Post.

Resultat der Statusabfrage von BA018703

File name (modification date), and list of matched lines

/bereiche/ccs/c:es zf/zf04/ek/ba/logbuch/logbucli, (Jan 112001)

- BA018703 05.12.00 KOMMISSIONS-NR ERFASST HERR MUSTERMANN
- BA018703 21.11.00 BESTELL - D R U C K HERR MUSTERMANN
- BA018703 21.11.00 BESTELL-BEARBEITUNG HERR MUSTERMANN
- BA018703 15.11.00 ANFRAGE GESTARTET HERR MUSTERMANN
- BA018703 14.11.00 ANFRAGE GESTARTET HERR MUSTERMANN
- BA018703 13.11.00 BA EINGETROFFEN HERR MUSTERMANN
- BA018703 07.11.00 BA-FREIGABE (UEBER POST) HERR MUSTERMANN
- BA018703 03.11.00 BA-EROEFFNUNG HERR MUSTERMANN
Summary for query „BA01870311"

Abbildung 3.1-13: Ausgabeinformationen des Bestellinformationssystems

Um dem Mitarbeiter Informationen über den Status seiner Bestellung während dieser langen Phase zur Verfügung stellen zu können, wurde eine Zugriffsmöglichkeit auf das EDV-Bestellsystem im Intranet zur Verfügung gestellt. Auf einer Intranetseite muß die Nummer der Bedarfsanforderung(BA) eingegeben werden. Hierbei ist darauf zu achten, dass nur ein bestimmter Teil der gesamten Bedarfsanforderungsnummer eingegeben werden darf.

Für den Mitarbeiter am Arbeitsplatz führt dies zu den ersten Schwierigkeiten, er muß die Nummer seiner Bedarfsanforderung kennen, eine Suche nach Abteilungsnamen oder Produktbezeichnung ist nicht implementiert worden, außerdem muß die BA-Nummer auf eine entsprechende Form reduziert werden. Die gesamte Eingabe ist stark verbesserungswürdig und führt zu häufigen Fehlbedienungen. Obwohl einfache Zusatzfunktionen die Nutzung stark vereinfachen würden, wurden diese trotz eines bereits langen Nutzungszeitraumes noch immer nicht implementiert, so könnte das System z.B. die Buchstaben „BA" automatisch hinzufügen, oder die Eingabe der vollständigen BA-Nummer könnte automatisch auf den entsprechenden Bereich reduziert werden.

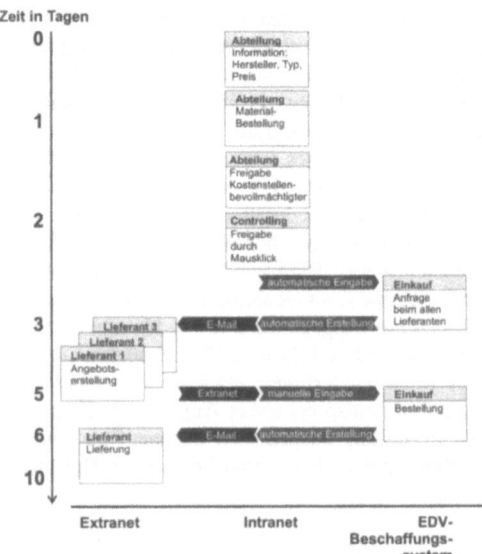

Die Abbildung 3.1-13 zeigt das Ergebnis einer aus dem bestehenden System generierten Suchanfrage. Für den normalen Mitarbeiter ist auf den ersten Blick eine genaue Interpretation der erhaltenen Informationen nicht möglich, da die einzelnen Zeilentexte wenig über die tatsächlichen Aktionen im Kontext der Bestellung aussagen: Beispielsweise ist ohne Erklärung nicht zu verstehen, warum eine BA-Freigabe vor dem Eintreffen der BA stattfinden kann.

Abbildung 3.1-14: Idealtypischer Bestellablauf mit Hilfe eines Workflowsystems

Wie dieses leider typische Beispiel zeigt, ist das Innovationspotenzial der Unternehmenskommunikation durch die Neuen Medien sehr hoch. Zur Veranschaulichung der Zeitersparnis durch konsequenten Einsatz der durch die Neuen Medien zur Verfügung stehenden Techniken soll die nächste Abbildung dienen. Es wurde bewußt in die Darstellung das vorhandene Bestellsystem integriert, um zu veranschaulichen, wie mit einfachsten Mitteln der oben beschriebene Prozeßablauf deutlich verkürzt werden könnte. Zur Implementierung der gezeigten Lösung sind wenige Wochen Projektarbeit nötig. Klar ist in der Abbildung 3.1-14 der gestraffte Prozeßfluß zu erkennen. Die zu bestellende Ware wird weiterhin direkt am Arbeitsplatz in einem intranetgestützten System ausgesucht und online bestellt. Direkt nach dem Abschicken der Bestellung wird der Kostenstellenverantwortliche informiert und kann ebenfalls online im Bestellsystem mit seiner digitalen Unterschrift die Bestellung freigeben. Ebenso wird der zuständige Mitarbeiter im Controlling informiert und genehmigt die Bestellung innerhalb kürzester Zeit. Danach wird die Bestellung in das vorhandene Bestellsystem (Altsystem) übertragen. Dieses kann weiter genutzt werden, nur mit dem Unterschied, daß nunmehr die Kommunikation mit dem Zulieferer via eMail automatisch abgewickelt wird. Durch die nunmehr fehlenden Medienbrüche, die automatische Freigaberoutinen und eine deutlich vereinfachte Benutzerführung lassen sich 75% der bisher benötigten Zeit einsparen!

Eine weitergehende Integration der beschriebenen Prozesse stellt das in Abbildung 3.1-15 gezeigte System dar. Hier wurden nicht nur die im Betrieb vorhanden Systeme miteinander gekoppelt, sondern auch die Informationssysteme der Zulieferer. Somit ist eine automatische Abstimmung der vorhandenen Systeme und auch ein vollautomatischer Prozeßfluß möglich. Durch entsprechende Programmierung der Prozeßlogik können sogar die Freigabefunktionen des Kostenstellenverantwortlichen und des Controllings automatisiert werden. So können z.B. bestimmte Freigrenzen oder der selbständige Abgleich mit dem geplanten Budget implementiert werden.

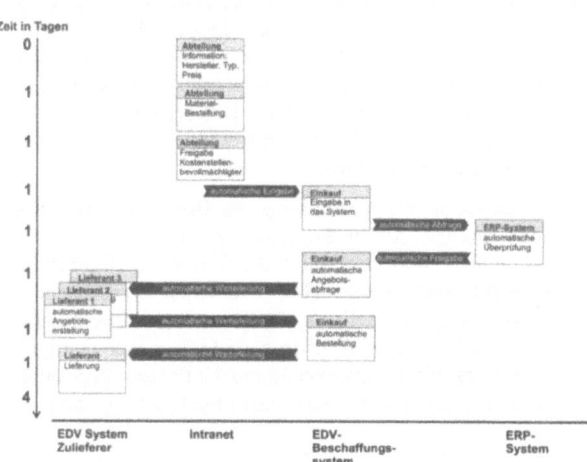

Dieser hier exemplarisch beschriebene Aufbau eines integrierten Beschaffungssystems mit Hilfe der Neuen Medien zeigt die Möglichkeiten auf, die der Einsatz der Neuen Medien unter einer möglichst weitgreifenden Integration bestehender Systeme ermöglicht.

Abbildung 3.1-15: Komplexe Prozeß-Integration in ein Workflow-System

Die Herausforderung ist dabei in der Konzeption und Abstimmung der Prozesse und weniger in der technischen Realisierung zu finden. Aus technischer Sicht sind den Verknüpfungsmöglichkeiten keine Grenzen gesetzt, ganz im Gegenteil. Durch das Zusammenwachsen elektronischer Medien, wie z.b. Computer, Fernsehen, Video und Telefon, werden in den nächsten Jahren noch viel komplexere Systeme entstehen können. Die gesamte Unternehmenskommunikation, d.h. alle Vorgänge des Informationsaustausches innerhalb und über die Grenzen des Unternehmens hinweg, wird sich in immer schnelleren Zyklen verändern und sich so den aktuellen Bedürfnissen anpassen. Einige Unternehmen, besonders in den USA, setzen bereits erfolgreich eine derart vernetzte Computer-Infrastruktur ein. Bill Gates führt in seinem Buch dazu interessante Beispiele verschiedener Unternehmen an, die sehr erfolgreich die beschriebenen Möglichkeiten nutzen (vgl. Gates 2000).

3.1.4.2 Durch das Internet ausgelöste Unternehmenskrisen

Welche Möglichkeiten und Gefahren für Unternehmen durch das Internet entstehen und wie schnell sie zu Krisensituationen werden können, sollen folgende Beispiele zeigen: Jahrelang hatten Ford-Besitzer in den Vereinigten Staaten die Rücknahme von mehreren Millionen Autos gefordert. Durch einen Fehler in der Zündanlage könnten die Fahrzeuge in Flammen aufgehen, behaupteten sie. Mit dem Internet stellten die Aktivisten, die sich zur „Association of Flaming Ford Owners„ zusammengeschlossen hatten, ein Foto eines ausgebranntes Ford-Modells mit auf die Homepage. Per eMail baten sie mehr als 8500 Betreiber von Internetpräsentationen einen Link zu ihrer eigenen Seite einzurichten. Die Firma Ford hatte keine Chance. Im April 1996 rief der Konzern mehr als 8,7 Millionen Autos in den Vereinigten Staaten und Kanada zurück. Die Kosten der bisher größten Rückrufaktion des Automobilherstellers beliefen sich auf rund 1,5 Milliarden DM.

Welches Macht-Potenzial das Internet besitzt, zeigt auch das folgende Beispiel. Als im Jahre 1994 die erste Generation des Pentium-Chips des Prozessorherstellers Intel auf den Markt kam, war diese mit einem Fehler behaftet. Ein einziger Mathematiker monierte bei der Herstellerfirma, daß bei einer bestimmten Rechenoperation bereits ab der fünften Stelle hinter dem Komma ein Rundungsfehler aufträte. Intel wiegelte ab: „Ein Insider-Problem, das Gros der Anwender sei nicht betroffen." Der Wissenschaftler ließ nicht locker, suchte per Internet Mitstreiter und löste damit eine wahre Lawine aus. Ende 1994 nahm Intel den High-End-Chip vom Markt.

Als drittes Beispiel soll hier die angekündigte Versenkung der Bohrinsel Brent Spar der Deutschen Shell AG angeführt werden. Als im Frühjahr 1995 die Firma die Versenkung offiziell ankündigte, wurde die Ölbohrinsel durch die Aktivisten-Organisation Greenpeace unter großem Medieninterese besetzt. Neben diversen Fernsehsendern wurde auch auf der Greenpeace-Homepage aktuell mit täglichen Tagebucheintragungen über die Aktion berichtet. Innerhalb weniger Wochen hatte Greenpeace den guten Ruf des Erdölmultis versenkt. Der Marktanteil sank von 60 auf 12 Prozent (vgl. Brand 1998) und die Bohrinsel wurde nicht versenkt, sondern umweltgerecht an Land entsorgt.

Während diese bisher aufgezeigten Beispiele[16] einen positiven und uneigennützigen Charakter haben, so ist bei anderen Publikationen im Internet nicht immer von einer entsprechenden Seriosität auszugehen. „Die dunkle Seite des Netzes besteht darin, daß jeder jederzeit alles über jeden sagen kann. Es existieren keinerlei Regulierungen und niemand muß seine Behauptungen verifizieren. Das Resultat ist, daß manche Leute online Dinge behaupten, die den Ruf einer Firma oder sogar den Abverkauf schädigen können" (vgl. Lipps 1998, S. 33). Da rein theoretisch jeder seine Meinung im Internet publizieren und sie damit einem Millionenpublikum zugänglich machen kann, ist es oft schwierig, die Relevanz einer Information zu beurteilen. Insbesondere Newsgroups sind ein beliebter Aufenthaltsort von Pseudo-Experten. Folglich wird es für den normalen Internetnutzer zukünftig immer schwieriger, Wahrheit und Lüge auseinander zu halten.

3.1.4.3 Beispiel Krisenkommunikation mit Hilfe der Neuen Medien

In den bisher dargestellten Beispielen nutzten Aktivisten das Internet als öffentliche Plattform, um ihren Protest gegen Großunternehmen vorzutragen. Die gleichen immensen Effekte könnte sich aber auch ein Unternehmen zu Nutze machen. Das folgende Beispiel stellt ein Konzept für eine internetgestützte Krisenkommunikation eines Unternehmens vor, welches weit über das traditionelle Verständnis von Public-Relations-Arbeit hinaus geht. Leipziger versteht unter Public Relations schlechthin Kommunikationsmanagement, als Kommunikation nach innen und nach außen und mit allen Teilöffentlichkeiten. Seine Definition lautet deshalb: „PR ist Kommunikations-Management. Es gestaltet den Prozeß der Meinungsbildung. Dies geschieht durch den strategisch geplanten, effizienten und gezielten Einsatz aller Kommunikationsmittel" (Leipziger 1993, S. 620). Mit Kommunikationsmitteln meint er sowohl die klassische Form der Werbung mit Plakaten, Anzeigen und Spots als auch innerbetriebliche Information, die Pressekonferenz, die Präsenz in öffentlichen Bereichen und den Dialog zu Teilzielgruppen, um nur einige Instrumente zu nennen.

Die eigentliche Aufgabe der Public-Relations-Arbeit liegt, wie die folgende Definition zeigt, in der Meinungsbildung verschiedener „Teilzielgruppen". Doch ist eine noch so gute PR-Arbeit eines Unternehmens nicht in der Lage, effizient und schnell in Krisensituationen die gesamte Unternehmenskommunikation zu kontrollieren.

Obwohl der Eintritt einer solchen prekären Situation nicht ausgeschlossen ist, sind viele Firmen auf diese Krisensituationen nicht vorbereitet. Ständig berichten die Medien über Unternehmen, die z.B. aus folgenden Gründen in die Schlagzeilen geraten:

- Betriebsversagen, Rückrufaktionen, schwere Unfälle
- Verspätete Auslieferung von Aufträgen
- Erpressungen
- Sabotage
- Ermittlungsverfahren gegen Führungskräfte

- Ständige Reorganisation, Verlagerung von Aufträgen,
- Schließung von Werken
- Vertrauensverlust in Shareholder Value
- Firmen-Fusionen
- Usw.

---

[16] Für eine Aufzählung weiterer Krisenfälle, welche Unternehmen erschütterten, sei auf den Artikel „Dolmetscher gesucht" im Capital 7/97 verwiesenen (Capital 1997; S. 37-45).

Folgendes Beispiel ist sicher dem aufmerksamen Zeitungsleser noch in Erinnerung. Es handelt sich um die Pannenserie des ehemaligen Eisenbahnherstellers Adtranz, welche die Tagespresse in den Jahren 1998-1999 häufiger kommentierte. Durch Produktionsfehler konnten Fahrzeuge nicht rechtzeitig ausgeliefert werden oder fielen immer wieder durch technische Mängel im Betrieb aus. Das hier dargestellte Konzept einer internetgestützten Krisenkommunikation wurde vorgeschlagen, um einer weiteren negativen Berichterstattung entgegenzuwirken und den Informationsfluß zu verbessern (vgl. Müller 1998a).

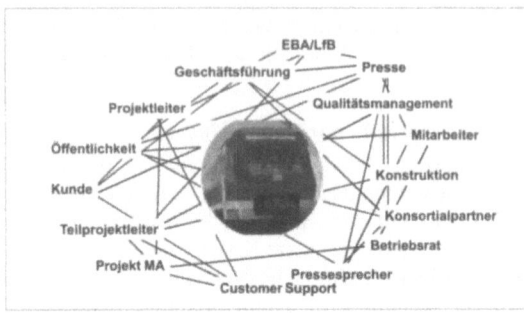

Abbildung 3.1-16: Beteiligte Personen - bisherige Kommunikationswege

Eines der Hauptprobleme in Krisenzeiten für Unternehmen ist die Steuerung eines einheitlichen Kommunikationsflusses. Durch die Komplexität der Informationsflüsse zwischen den Beteiligten entsteht ein unübersichtliches Geflecht. Die kurzen Reaktionszeiten ermöglichen es nicht, alle Beteiligte auf den gleichen Informationsstand zu bringen. Das führt dazu, daß verschiedene Personen gleichzeitig unterschiedliche Aussagen treffen.

Besonders in Krisenzeiten bedeutet dies für die Unternehmenskommunikation eine deutliche Herausforderung. Die folgende Grafik soll die Anzahl der beteiligten Parteien während der technischen Pannen des Neigetechnikzuges der Baureihe VT 611 darstellen. Auf den eingezeichneten Kommunikationslinien werden unterschiedlichste Informationen übermittelt. Neben kurzen Statements über die aktuelle Lage mußten auch komplizierte technische Informationen für mögliche Lösungsstrategien ausgetauscht werden. Durch Nutzung unterschiedlichster Kommunikationsmedien und damit Übertragungsgeschwindigkeiten kommt hier eine zusätzlich erschwerend wirkende Komponente hinzu. Die Tabelle zeigt einen Überblick über genutzte Kommunikationsformen und soll deren Nachteile aufzeigen.

Kommunikationsform	Nachteil
• Gespräche	Träge Reaktionsgeschwindigkeit
• Telefonate	Kaum Archivierung/Nachvollziehbarkeit
• Faxversand	Sehr dezentrale Informationen
• Skizzen	Sehr geringe individuelle Informationsdichte
• Pressemitteilungen	Langsame Reaktionsgeschwindigkeit durch Abstimmungsprozesse
• Austausch von eMail	Von Gerüchten getrieben
• Gerüchte	Wenig vertrauensfördernd

Ein weiteres großes Problem ist in der Tatsache zu sehen, daß ein Großteil der Kommunikation in einer *1:1-Kommunikation* stattfindet, das heißt nur die beiden direkt am Informationsfluß beteiligten Parteien sind über den Inhalt der Nachricht informiert. Wie die Abbildung 3.1-18 anschaulich darstellt, ist im Falle einer Krise auf Grund der Anzahl der verschiedenen Kommunikationslinien nie von einem gleichmäßigen, aktuellen Informationsstand auszugehen. Auch die Nachvollziehbarkeit der übermittelten Inhalte stellt ein großes Problem dar. Aus diesem Grunde erscheint es sinnvoll, mit Hilfe der Neuen Medien ein einheitliches, klar gegliedertes und für alle jederzeit nachvollziehbares Kommunikationsmedium zu schaffen. Die folgende Grafik stellt die Konzeptidee eines solchen Krisenkommunikations-Systems vor. Mit Hilfe klar geordneter Zuordnungen und entsprechender Zugangsrechte ist ein solches System in der Lage, alle im Krisenfall benötigten Informationen in kürzester Zeit an alle relevanten Partner zu übermitteln. Die Idee, mit Hilfe einer Datenbank die übertragenen Informationen zu speichern, ermöglicht allen Beteiligten sich jederzeit über den neuesten Sachstand zu informieren.

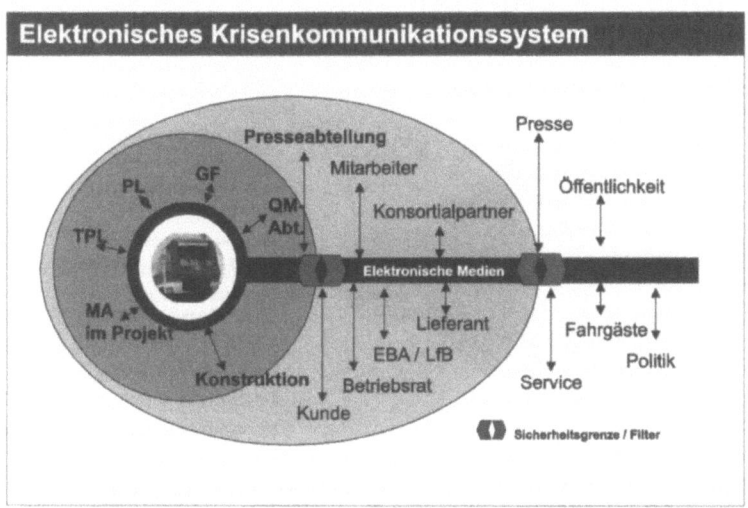

Abbildung 3.1-17: Geordnete Kommunikationswege durch ein Krisenkommunikations-System (Müller 1998a, S. 7)

Auf der Grundlage des oben geschilderten Problems des Eisenbahnherstellers ist die Grafik in drei verschiedene Informationsbereiche gegliedert. Der innerste Kreis repräsentiert alle direkt am Problemlösungsprozess beteiligten internen Bereiche. Dazu gehören in diesem Beispiel Projektleiter (PL), seine Stellvertreter (Teilprojektleiter-TPL), die Mitarbeiter im Projekt, die Konstruktionsbereiche, die Qualitätsmanagementabteilung und die Geschäftsführung. Diese sechs Parteien waren primär in Lösungsprozesse involviert, da hier der größte Informationsfluss zu erwarten ist. Außerdem werden in diesem Gremium Informationen mit Geheimhaltungsstatus ausgetauscht. Aus diesem Grunde ist zu den anderen am Kommunikationsprozess beteiligten Parteien eine Sicherheitsgrenze in der Grafik eingezeichnet. Diese Grenze dient als Filter für sicherheitsrelevante Informationen. Technisch könnte ein solcher Filter durch Zugriffsbeschränkungen oder entsprechend limitierte Informationsansichten realisiert werden. Die Steuerung dieses Filters könnte durch die Unternehmens-Presseabteilung übernommen werden, da diese am besten in der Lage sein sollte, nicht für die Weitergabe geeignete Informationen auszufiltern.

Die im Oval genannten Kommunikationspartner, wie z.B. Betriebsrat, Konsortialpartner oder Mitarbeiter, haben ein erhöhtes Interesse an Informationen, sind jedoch nicht direkt am Lösungsprozess beteiligt. Alle außerhalb des Ovals aufgezählten Parteien sind nicht am Lösungsprozess beteiligt, doch an den Fortschritten der Lösung interessiert. In diesem Beispiel einer nicht mehr funktionstüchtigen Fahrzeugflotte hat zum Beispiel der Fahrgast, der auf seinem täglichen Weg zur Arbeit auf dieses Nahverkehrsmittel angewiesen ist, ein berechtigtes Interesse über die Lösungsfortschritte unterrichtet zu werden.

Abbildung 3.1-18: Möglichkeiten einer Internet-gestützten Krisenkommunikation

Die Liste der neuen Kommunikationsformen, welche durch den Einsatz eines interaktiven Krisenmanagementsystems zur Verfügung gestellt werden würden, zeigt, welche Möglichkeiten einer schnellen, auf die jeweiligen Kommunikationsinhalte angepassten Informationsübermittlung ein solches System zur Verfügung stellen würde.

So könnten innerhalb kürzester Zeit die wichtigen Gesprächspartner auch über große Distanzen hinweg an Video-Konferenzen teilnehmen. Konstrukteure könnten mit Hilfe des Systems über Standortgrenzen hinweg an technischen Zeichnungen Änderungen vornehmen und diese gleichzeitig im Chat-Programm diskutieren. Durch das Speichern der Kommunikation entsteht eine Nachvollziehbarkeit, so daß synchrone und asynchrone Kommunikation und gleichzeitig eine *1:n-Kommunikation* ermöglicht wird.

Innovative Unternehmenskommunikation – Dimension Unternehmen

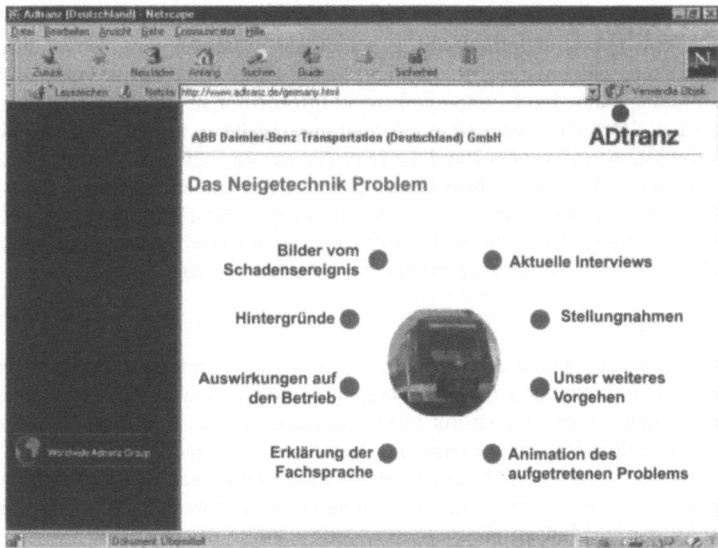

Abbildung 3.1-19: Mögliche Internetpräsentation des Krisenkommunikationssystems (Müller 1993a, S. 9)

Durch entsprechende FAQ- Bereiche[17] kann ein Großteil der Nachfragen entfallen und die somit nötigen Kommunikationsprozesse reduziert werden. In diesem Zusammenhang sind auch vorbereitete Kommunikationsmodelle für Krisensituationen zu nennen. „Darksites, vorbereitete Web-Seiten, die in brenzligen Situationen ins Netz geschoben werden und die Öffentlichkeit mit Informationen über Sicherheitsstandards, Videosimulationen, Bildern und Interviews mit Experten versorgen,..." (Brand 1998, S. 7).

Mögliche Inhalte einer solchen Kommunikation mit Hilfe der Neuen Medien könnten sein:

- Live-Interviews aus der Projektleitung, Geschäftsführung, etc.
- Links zu Test-Instituten, z.B. Eisenbahnbundesamt
- Multimedia-Präsentation von Tests und Prüfungen
- sorgfältige, grafisch und sprachlich ansprechende, für verschiedene Interessengruppen adaptierte Darstellungen der Fakten
- Darstellung von Änderungen in den Prozessen
- Schulungsmaßnahmen
- aktueller Plan der Trouble-Shooting-Maßnahmen
- Qualitätssichernde Maßnahmen (Darksites)
- Ersatzfahrpläne und sonstige betriebliche Änderungen beim Kunden

---

[17] **FAQ-Bereich**: Frequently Asked Questions - Elektronische Liste von häufig gestellten Fragen, in welcher Online-Benutzer zur Hilfestellung nachschlagen können.

Besonders vorteilhaft ist ein solches Krisenkommunikationssystem mit Hilfe der Neuen Medien, da es eine durchgehende, einheitliche Kommunikation ermöglicht. Dies ist besonders vor dem Hintergrund von gegenteiligen Aussagen zum Thema durch verschiedene Unternehmenssprecher wichtig. Die mit Hilfe des Systems entstehende Vertrauensbildung kann durch individualisierte Informationen noch gesteigert werden. Ebenso ist als Vorteil die dezentrale Informationseingabe zu nennen, welche es ermöglicht, Informationen aus erster Hand dem System zur Verfügung zu stellen. Ungenauen Informationen oder sogar Gerüchtebildung wird damit entgegengetreten. Wie wichtig ein solches Informationsmedium ist, zeigt das Beispiel der DaimlerChrysler AG, welche nach dem legendären „Elchtest" Informationen auf ihre Internet-Seite stellte, und deren Zugriffsrate schlagartig um 30 Prozent zunahm (vgl. Brand 1998, S. 8).

3.1.5 Abschluß

Diese genannten Beispiele zeigen eindrucksvoll, welche interessanten Entwicklungspotentiale in der Nutzung der Neuen Medien stecken. Durch die Geschwindigkeit der Systeme werden Informationen mit bisher nie dagewesener Schnelligkeit übermittelt. Durch einen hohen Vernetzungsgrad und leistungsstarke Programme können Unmengen an Informationen zusammengetragen und ausgewertet werden. Die Einführung der Neuen Medien in die Unternehmenskommunikation hat bereits dazu geführt, daß völlig neue Märkte und Industriebereiche entstanden sind.

Auch in den Unternehmen sind starke Veränderungsprozess im Gange. Das traditionelle, hierarchisch geführte Unternehmen verwandelt sich zunehmend in ein Gebilde aus amöbenhaften Gruppen, welche miteinander einzelne Projekte bearbeiten (vgl. Zerdick 1999, S. 139ff). Um am Markt bestehen zu können, werden die Unternehmen gezwungen, immer häufiger in elektronische Kommunikation zu investieren. Durch den vermehrten Einsatz von Neuen Medien im Unternehmen werden immer mehr traditionelle Organisationsformen in Frage gestellt. Es entstehen neuartige, auf die Bedürfnissen des Marktes und der Systemlandschaft abgestimmte Organisationsformen. Um eine erfolgreiche Zusammenarbeit dieser verschiedenen Gruppen zu ermöglichen und deren Ergebnisse kontrollieren zu können, werden die Unternehmen gezwungen sein, wieder in neue elektronische Anwendungen zu investieren. Es entsteht eine Spirale technischer Weiterentwicklungen mit ungewissem Ausgang.

Trotzdem bleibt den Unternehmen nichts anderes übrig, als an dieser Spiralbewegung teilzunehmen. Der Einsatz der Neuen Medien in den Bereichen der Unternehmenskommunikation wird aber nicht nur die unternehmensinterne Organisationsstruktur verändern, sondern ist dabei, die gesamten Kommunikationsprozesse zu verändern. Es bleibt abzuwarten, wie viele der traditionellen Kommunikationsformen zukünftig durch die Neuen Medien abgelöst, verändert oder wenigstens unterstützt werden.

3.2 Innovative Unternehmenskommunikation – Dimension Mensch

Das folgende Kapitel steht unter der Überschrift „Dimension Mensch"; der Mensch ist mit Sicherheit die zentrale Dimension der vorgenommenen vier Betrachtungsweisen. Hinter den anderen aufgeführten Dimensionen verbergen sich natürlich auch Menschen, die für die entsprechenden Blickwinkel verantwortlich zeichnen. Kein Unternehmen entwickelt ohne den Einfluß seiner Führungskräfte Strategien oder gar eine Unternehmenskultur. Auch der technische Fortschritt ist ein Produkt menschlichen Handelns.

Aus diesem Grunde erscheint an dieser Stelle eine Begriffsbestimmung notwendig, wie im Verständnis dieser Arbeit die „Dimension Mensch" zu verstehen ist. Um eine klare Abgrenzung zu den anderen Sichtweisen zu erhalten und trotzdem nicht die wichtige Komponente Mensch aus dem Blickwinkel zu verlieren, soll vorrangig der Mitarbeiter in der Unternehmung im Kontext dieser Dimension betrachtet werden. Diese Einschränkung soll dem Leser helfen einen klareren Blick für die Bedürfnisse desjenigen zu erhalten, der als Nutzer der Neuen Medien die wenigsten Möglichkeiten der Einflußnahme besitzt.

Obwohl aus beschriebenen Gründen ein Titel „Dimension Mitarbeiter" nahe liegen würde, ist doch bewußt die Dimensionsbezeichnung „Mensch" gewählt worden, da sich, wie im folgenden dargelegt, die Auswirkungen der veränderten Arbeitswelt nicht nur auf den Mitarbeiter im Unternehmen während seiner Arbeitszeit, sondern vielmehr auf den Menschen und seine gesamte Umgebung auswirken.

3.2.1 Mensch und Arbeitswelt

3.2.1.1 Arbeit, Leistung und Gewinn als persönliches Bedürfnis

Der Mensch wird letztlich deswegen wirtschaftlich tätig, weil ihn ein hoch differenziertes Mangelempfinden veranlaßt, sich Befriedigung zu verschaffen. Diese Gefühle des Mangels bezeichnen wir als Bedürfnisse. Bedürfnisse können ihren Trägern bewußt, aber auch unbewußt und damit (noch) verborgen sein. Sie treten mit unterschiedlicher Dringlichkeit in Erscheinung (vgl. May 2000, S. 3). In Anlehnung an den amerikanischen Psychologen Abraham H. Maslow lassen sich diese wie in der Abbildung 3.2-1 anordnen.

Die der Human Relations-Bewegung folgende, aus der Psychologie kommende Arbeitszufriedenheitsforschung geht speziell auf die individuellen Bedürfnisse und Motive des arbeitenden Menschen ein und entwickelt ein umfassenderes Menschenbild. Maslow baut diesen Theorien folgend seine Pyramide von unten nach oben auf, d.h. der untersten

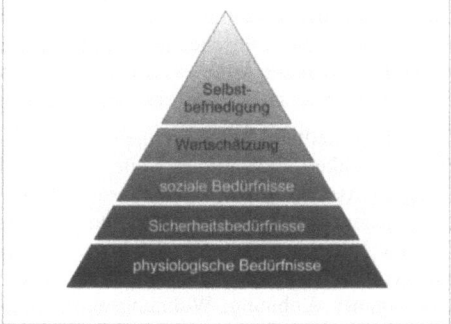

Abbildung 3.2-1: Bedürfnispyramide nach A.H. Maslow (Maslow 1954, S. 35; May 2000, S. 3)

Bedürfnisebene wird durch den Menschen die höchste Dringlichkeit zugeordnet (vgl. Reese 1979, S. 434). Diese leiblichen, auf Selbsterhaltung abzielenden Bedürfnisse nach Befriedigung umfassen das angeborene Verlangen nach Nahrung, Kleidung, Wohnung, Schlaf, Sexualität. Den elementaren Bedürfnissen nachgeordnet sind diejenigen, deren Befriedigung der Mensch erst erlernen muß. Diese erlernten Bedürfnisse treten in folgender Rangfolge in Erscheinung:

„Zunächst verlangen die Sicherheitsbedürfnisse nach Schutz in wirtschaftlicher (zum Beispiel Sicherung des Einkommens, des Arbeitsplatzes, der Altersversorgung, Schutz bei Krankheit und Invalidität) und politischer (zum Beispiel militärischer und vertraglicher Schutz vor fremdstaatlichen Übergriffen) Hinsicht. Diesen Sicherheitsbedürfnissen folgen die sozialen Bedürfnisse. Sie richten sich auf die Herstellung zwischenmenschlicher Beziehungen, wie Gemeinschaft, Geselligkeit, Zuneigung, Freundschaft. Diesen Bedürfnissen schließen sich solche nach Selbstachtung und gesellschaftlicher Wertschätzung an. So verlangt der Mensch auf mehr oder minder hohem Anspruchsniveau nach persönlichem Erfolg als Beweis seiner Fähigkeiten und damit als Voraussetzung seiner Selbstachtung; andererseits verlangt er gleichzeitig nach Aufmerksamkeit, Achtung, Wertschätzung und Bewunderung durch seine Mitmenschen. Das Streben nach Prestige, Macht, sozialem Ansehen folgt aus diesem Verlangen. Der Gipfel der menschlichen Bedürfnisse bildet das Verlangen nach Selbstverwirklichung, das heißt nach dem, was man nach seinen individuellen Anlagen sein könnte oder aber glaubt sein zu können" (May 2000, S. 3-4). Die fünf Hauptbedürfnisklassen der Hierarchie sind nach ihrer relativen Dringlichkeit aufsteigend geordnet. Maslow geht dabei davon aus, daß die Bedürfnisse höherer Bedürfnisebenen erst dann Einfluß auf das menschliche Verhalten haben, wenn die Bedürfnisse niedrigerer Ordnung erfüllt sind (vgl. Maslow 1954). Die Bedürfnishierarchie von Maslow ist ein gedanklich systematisierender Erklärungsansatz, der keinen Anspruch auf empirische Gültigkeit erhebt.

- **Maslows Bedürfnisbefriedigung im Wandel der Zeiten in Deutschland**

Im Wandel der Zeiten hat sich auch die Möglichkeit jedes einzelnen verändert, einige oder sogar alle dieser oben genannten Bedürfnisse zu erfüllen. Betrachtet man alleine die letzten 50 Jahre der Entwicklung der Arbeitswelt in Deutschland, so ist hier eine interessante Veränderung zu beobachten. Konnte die deutsche Bevölkerung in den ersten Nachkriegsjahren auf Grund der Mangelwirtschaft nur mit Mühe die elementaren Bedürfnisse sichern, so wandelte sich mit dem wirtschaftlichen Aufschwung auch die Zielrichtung der persönlichen Bedürfnisbefriedigung. Mit wachsendem Einkommen wuchsen auch die Wünsche und Vorstellungen. Wurden diese noch Ende der 50er Jahre durch ein eigenes Auto und den Urlaub an der Ostsee befriedigt, so gehörten bereits Ende der 60er Jahre Urlaubsreisen mit dem Düsenflugzeug zum normalen Leben.

Diese dargestellten Verbesserungen in der Urlaubsmöglichkeit stehen exemplarisch für die Möglichkeit, sich immer weiter wachsende Bedürfnisse zu erfüllen. Die frühere Mangelwirtschaft wurde durch unsere „Überfluß-Konsum-Gesellschaft" abgelöst, in der es jedem von uns offen steht, alle seine Bedürfnisse auf jeder der genannten Ebenen zu erfüllen. Auffällig ist, daß hier zwischen Individual- und Kollektivbedürfnissen unterschieden werden muß. Während Individualbedürfnisse (zum Beispiel Wunsch nach eigener Wohnung, Wohnungseinrichtung, PKW, Ferienreise) in der Regel vom Bedürfnisträger selbst befriedigt werden müssen beziehungsweise befriedigt werden können, ist dies bei Kollektivbedürfnissen (zum Beispiel Verlangen nach Krankenhaus, Straßen, Theater, Bildungseinrichtungen, innerer und äußerer Sicherheit) im allgemeinen nur kollektiv, das heißt durch den Staat möglich. Durch die gute wirtschaftliche Lage in der Bundesrepublik ist ein Großteil der Kollektivbedürfnisse unseres alltäglichen Lebens bereits erfüllt, so daß wir einen großen Teil unserer Energien in die Befriedigung der Individualbedürfnisse investieren können.

Daher tritt das einzelne Individuum immer stärker in den Vordergrund des Interesses. Dies gilt besonders für die Arbeitswelt, welche die eigentliche Grundlage für unsere Möglichkeit der Befriedung persönlicher Bedürfnisse darstellt. Dazu gehört nicht nur die reichliche Entlohnung, sondern beispielsweise auch die relative Arbeitsplatzsicherheit durch das Kündigungsrecht, die legitimierte Rolle der Arbeit in der Gesellschaft und natürlich die durch eigenständige Arbeit erworbene Kaufkraft. Alle diese Punkte zeigen, welche zentrale Rolle die Ausübung einer regelmäßigen Arbeit in unserer Gesellschaft spielt und welche grundlegenden Bedürfnisse für jeden einzelnen dadurch erfüllt werden.

- **Arbeitszufriedenheitstheorie nach Herzberg**

Die Arbeitszufriedenheitstheorie untersucht als betriebswirtschaftlicher Ansatz nicht nur die in Zahlen meßbare Produktivitätssteigerung jedes einzelnen, sondern betrachtet zusätzlich weiche Faktoren. Herzberg unterscheidet in seiner Zwei-Faktoren-Theorie der Arbeitszufriedenheit zwischen Motivatoren, welche zur Arbeitszufriedenheit, und Hygienefaktoren, die zur Arbeitsunzufriedenheit führen (vgl. Mausner 1959; Herzberg 1968):

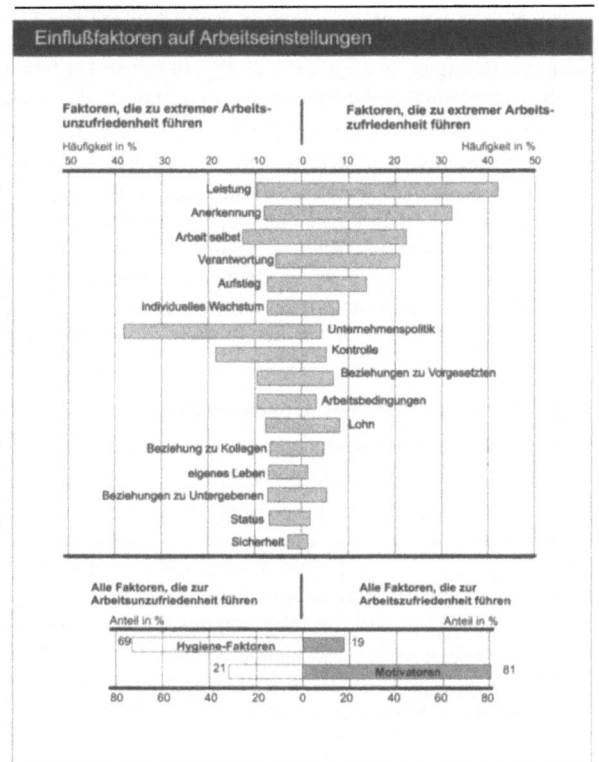

Abbildung 3.2-2: Einflußfaktoren auf Arbeitseinstellungen (Herzberg 1968, S. 57)

- Motivatoren, die den Arbeitsinhalt selbst betreffen, wie z.b. Leistung, Anerkennung, interessante Arbeitsinhalte, Verantwortung und Aufstieg;
- Hygienefaktoren, die sich vor allem auf Randbedingungen der Arbeit beziehen, wie z.b. Unternehmenspolitik, Arbeitsbedingungen, Entlohnung und soziale Beziehungen.

Herzberg stellt die Bedeutung des Arbeitsinhaltes als Haupteinflußfaktor für die Arbeitszufriedenheit und damit für die Motivation heraus und geht wie Maslow davon aus, daß menschliches Handeln wesentlich vom Streben nach Selbstverwirklichung bestimmt wird.

Die dargestellten Ergebnisse stammen aus einer Befragung von 1.685 Arbeitnehmern. Im oberen Teil der Abbildung beziehen sich die prozentualen Angaben zur Häufigkeitsverteilung der Faktoren auf insgesamt 1.844 Faktoren-Nennungen der Befragten zur Arbeitsunzufriedenheit und auf 1.753 Faktoren-Nennungen zur Arbeitszufriedenheit. Der untere Teil der Abbildung veranschaulicht die relativen Anteile aller Hygienefaktoren bzw. aller Motivatoren am Zustandekommen von Arbeitsunzufriedenheit bzw. von Arbeitszufriedenheit (vgl. Herzberg 1968, S. 56 ff.).

Besonders auffällig ist die hohe Bewertung der in der Maslowschen Pyramide weiter oben angesiedelten Bedürfnisse, so wurden Sicherheit, eigenes Leben und Lohn deutlich geringer bewertet als etwa Leistung und Anerkennung. Es ist daher zu vermuten, daß die Befragten in einem sozial abgesicherten Umfeld lebten und daher die für ihr Leben nach Maslow bedeutendsten Bedürfnisse, die leiblichen, sozialen und Sicherheitsbedürfnisse, nicht mehr vorrangig als bewußte Ziele vor Augen hatten.

Es bleibt festzustellen, daß die Motivation für betriebliche Innovationen grundlegend von der eigenen Arbeitszufriedenheit abhängt. Wie bereits aufgezeigt, ist die Erfüllung der subjektiven Bedürfnisse eines der wichtigsten Merkmale für diese Zufriedenheit. Mit unzufriedenen Mitarbeitern ist die Einführung Neuer Medien in Unternehmenskontext deutlich erschwert. Es ist, wie die Abbildung 2 zeigt, ein Irrglaube, daß die Einführung neuer Technologien zu mehr Arbeitszufriedenheit führt. Es scheint daher vorrangiges Ziel zu sein, vor der Einführung ein grundlegend positives Arbeitsklima zu schaffen.

3.2.1.2 Veränderung der Arbeitssituation

Historisch betrachtet veränderten sich die Arbeits- und Produktionsbedingungen erst vor ungefähr 300 Jahren grundlegend.

„As expected from this perspective, the earliest known formal organizations arose (about 3000 B.C.) with the earliest known social systems that exceeded – in both scope and complexity – the information-processing capabilities of the unaided human brain. Best known among such early systems were the ancient nation-states of Mesopotamia and ancient Egypt and the later empires of Rome, China, and Byzantium. Until the industrialization of the nineteenth century, formal organization appeared only when collective activities needed to be coordinated by two or more brains toward explicit and impersonal goals, that is, needed to be controlled" (Fulk 1990, S. 31).

Über Jahrtausende wurde die Produktion von Gütern durch Handwerksbetriebe durchgeführt, welche vom Rohstoff bis zum Endprodukt in durchgehender Fertigung alle Arbeitsschritte selbständig durchführten. Die Produktpalette war auf wenige Erzeugnisse eingeschränkt und die Produktion bedurfte keiner direkten Kontrolle. Jeder Handwerker war von Anfang bis Ende für die Warenerstellung verantwortlich.

Erst in den letzten drei Jahrhunderten hat sich die Produktionsweise mehrfach verändert – es wurde die Arbeitsteilung erfunden. Durch die Einführung der Manufakturen und somit einer vorindustriellen Produktionsweise veränderte sich das Angebot, erstmals wurden mehr Waren hergestellt, als Abnehmer vorhanden waren. Das Angebot fing an, die Nachfrage zu übersteigen. Drastisch änderten sich dadurch auch die Arbeitsbedingungen. Aus den wohlhabenden Handwerkern wurden Manufakturarbeiter und später einfache Hilfsarbeiter. Kein Berühmterer als Karl Marx hat in seinem Hauptwerk diese Veränderungen angeprangert. So beschreibt er die Funktion einer Manufaktur mit folgenden Sätzen:

„Die auf Teilung der Arbeit beruhende Kooperation schafft sich ihre klassische Gestalt in der Manufaktur. Als charakteristische Form des kapitalistischen Produktionsprozesses herrscht sie vor während der eigentlichen Manufakturperiode, die, rauh angeschlagen, von Mitte des 16. Jahrhunderts bis zum letzten Drittel des achtzehnten währt" (Marx 1968, S. 365).

- **Manufakturen**

„Die Manufaktur entspringt auf doppelte Weise. – Entweder werden Arbeiter von verschiedenartigen, selbständigen Handwerken, durch deren Hände ein Produkt bis zu seiner letzten Reife laufen muß, in eine Werkstatt ... vereinigt. Eine Kutsche z.B. war das Gesamtprodukt der Arbeiten einer großen Anzahl unabhängiger Handwerker, wie Stellmacher, Sattler, Schneider, Schlosser, Gürtler, Drechsler, Posamentierer, Glaser, Maler, Lackierer, Vergolder usw. Die Kutschenmanufaktur vereinigt alle diese verschiednen Handwerker in ein Arbeitshaus, wo sie einander gleichzeitig in die Hand arbeiten" (Marx 1968, S. 365).

Als zweiten Grund zur Entstehung der Manufakturen führt Marx die entstehende Arbeitsteilung an, er beschreibt, daß viele Handwerker der gleichen Zunft in einer Manufaktur nur noch einzelne Arbeitsschritte der Gesamtarbeit ausführen, eine klassische Arbeitsteilung, welche, so führt er weiter aus, dazu führt, das die einzelnen Arbeiter das Wissen zur Herstellung des Gesamtproduktes verlieren. „Der Schneider, Schlosser, Gürtler usw., der nur im Kutschenmachen beschäftigt ist, verliert nach und nach mit der Gewohnheit auch die Fähigkeit, sein altes Handwerk in seiner ganzen Ausdehnung zu betreiben. Andrerseits erhält sein vereinseitigtes Tun jetzt die zweckmäßigste Form für die verengte Wirkungssphäre. Statt die verschiednen Operationen von demselben Handwerker in einer zeitlichen Reihenfolge verrichten zu lassen, werden sie voneinander losgelöst, isoliert, räumlich nebeneinander gestellt, jede derselben einem andren Handwerker zugewiesen und alle zusammen von den Kooperierenden gleichzeitig ausgeführt" (Marx 1968, S. 358ff).

Wie beschrieben, wurde aus der Werkstattproduktion die arbeitsteilige Fertigung der Manufakturen. Trotzdem wurden hier noch handwerkliche Fähigkeiten von den Beschäftigten gefordert. Heute würde man den Arbeiter in einer Manufaktur vielleicht als

Facharbeiter bezeichnen. Die zur Produktion notwendige Qualifizierung des Menschen verlor mit der Zeit immer weiter an Bedeutung. Wie Marx ausführt, wird die Tätigkeit jedes einzelnen immer weiter auf kleine Arbeitspakete beschränkt, welche immer weniger persönliche Fähigkeiten erfordern. Bald reichte es aus, ungelernte Menschen mit diesen kleinen Tätigkeiten zu betrauen, der Hilfsarbeiter war geschaffen.

- **Fabriken**

Besonders kritisch wurde die Lage, als sich die Manufakturen in Fabriken verwandelten. War zuvor die Aufteilung des Produktionsflusses in kleine Arbeitspakete aus der Reihenfolge der Produktion entstanden, so wurde jetzt die Zerlegung des Produktionsflusses ausschließlich durch die eingesetzten Maschinen bestimmt. Marx führt dazu aus:

„Soweit in der automatischen Fabrik die Teilung der Arbeit wiedererscheint, ist sie zunächst Verteilung von Arbeitern unter die spezialisierten Maschinen und von Arbeitermassen, die jedoch keine gegliederten Gruppen bilden, unter die verschiednen Departements der Fabrik, wo sie an nebeneinander gereihten gleichartigen Werkzeugmaschinen arbeiten, also nur einfache Kooperation unter ihnen stattfindet. Die gegliederte Gruppe der Manufaktur ist ersetzt durch den Zusammenhang des Hauptarbeiters mit wenigen Gehilfen. ... Diese Teilung der Arbeit ist rein technisch. ... Alle Arbeit an der Maschine erfordert frühzeitige Anlernung des Arbeiters, damit er seine eigne Bewegung der gleichförmig kontinuierlichen Bewegung eines Automaten anpassen lerne. ... In Manufaktur und Handwerk bedient sich der Arbeiter des Werkzeugs, in der Fabrik dient er der Maschine" (Marx 1968, S. 443ff).

Die Industrialisierung mit allen ihren negativen Begleiterscheinungen verwandelte die gesamte bestehende Lebensweise. „As long as transportation moved at only a few miles per hour, the fact that neighboring towns often had slightly different times (differences in so-called „sun time") posed no problem in information processing – travelers could adjust watches at their leisure. With industrialization, however, steam moved complex rail networks, extending over thousands of miles of track, at upward of 40 miles per hour, thereby threatening – through information overload – organizational control of transportation. In 1883, at the initiative of the American Railway Association, North America was divided into five standardized time zones, thereby defining away almost all information about differences in sun time among cities (organization of world time into 24 zones came the following year)" (Fulk 1990, S. 39). Mit der immer weiter zunehmenden Geschwindigkeit der Industrialisierung wuchs der Regelungs- und Kontrollbedarf in den Organisationen. So bestand etwa im Jahre 1831 der Verwaltungsapparat Vereinigten Staaten von Amerika aus Präsident Andrew Jackson und weiteren 665 Angestellten. Bereits 50 Jahre später war die Bürokratie in Washington auf 13.000 Zivilangestellte angewachsen (vgl. Fulk 1990, S. 32-33).

Gleichzeitig entstanden große Fabriken, die eine Unzahl an ungelernten Arbeitern in die Städte lockten. Die sozialen Verhältnisse, unter denen gelebt und gearbeitet wurde, waren unbeschreiblich, die Armut weitverbreitet. Für die Fabrikarbeiter der damaligen Zeit stand die Befriedigung der elementarsten Bedürfnissen im Vordergrund, dazu gehörten Wohnung, Nahrung und Kleidung. Der Boom der Industrialisierung währte jedoch nicht für immer, spätestens mit dem ersten Weltkrieg geriet die wirtschaftliche Entwicklung in die Regression.

Die Unternehmen wurden gezwungen, ihren Produktionsprozeß zu verschlanken, die Durchführung der Arbeitsprozesse geriet in das Blickfeld von wissenschaftlichen Untersuchungen.

- **Taylorismus – Erste wissenschaftliche Ansätze**

Seit mehr als 100 Jahren gibt es unterschiedlichste wissenschaftliche Ansätze, die die Determinanten der menschlichen Arbeitsleistung erfassen. Einer der ersten Wissenschaftler, der sich in den achtziger Jahren des 19. Jahrhunderts mit diesem Problembereich systematisch auseinandergesetzt hat, war Frederick W. Taylor, der Begründer der sogenannten wissenschaftlichen Betriebsführung (Scientific Management). Seine Untersuchungen waren durch eine primär ingenieurwissenschaftliche Sichtweise geprägt, bei der der Mensch vorwiegend als Produktionsfaktor betrachtet, seine sozialen Eigenschaften aber weitgehend vernachlässigt wurden. Zentrales Element der wissenschaftlichen Betriebsführung bilden Arbeits- und Zeitstudien, deren Zielsetzung darin besteht, die Arbeitsbedingungen so zu gestalten, daß die menschliche Arbeitskraft optimal genutzt werden kann. Dabei vertrat Taylor das Postulat einer strikten Trennung von Planung und Ausführung.

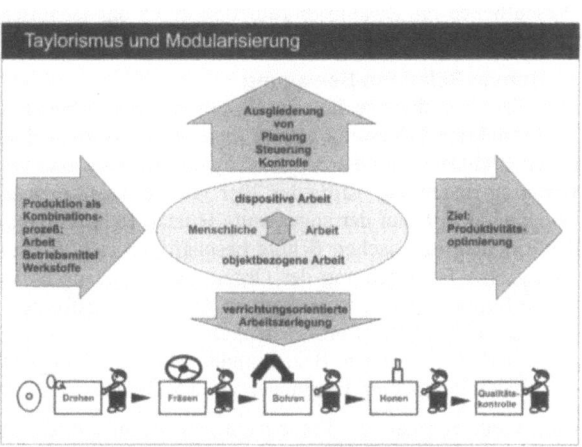

Abbildung 3.2-3: Modell tayloristischer Arbeitsorganisation (Picot 1996. S. 211)

Taylors „wissenschaftliche Betriebsführung" kam in Europa und insbesondere in Deutschland durch die mit dem Ersten Weltkrieg einhergehenden Rationalisierungszwänge verstärkt zur Anwendung. Er ging von der Forderung aus, daß das wesentliche Ziel einer Unternehmung darauf gerichtet sein sollte, sowohl den finanziellen Wohlstand der Arbeitnehmer als auch den des Arbeitgebers zu fördern. Taylor nahm an, daß die Arbeitnehmer nach möglichst hohen Löhnen trachteten, während der Arbeitgeber danach strebe, mit möglichst geringen Kosten zu produzieren.

Implizit ging Taylor also davon aus, daß der arbeitende Mensch ein Einkommensmaximierer ist. Demnach ist die Erzielung eines höchstmöglichen Lohnes der wichtigste Anreiz für den Arbeitnehmer. Taylor entwickelte ein entsprechendes Lohnanreizsystem, welches vom Arbeiter Höchstleistungen forderte, die Produktion ankurbelte und dem Unternehmer noch mehr Umsatz bescherte. Die industrielle Leistungserstellung sollte damit sowohl für die Arbeitgeber als auch für die Arbeitnehmer profitabler gemacht werden. Taylor ging dabei im wesentlichen von drei Prinzipien aus (vgl. Taylor 1913, S. 37ff):

- Personelle Trennung von leitender und ausführender Arbeit,
- Anwendung der Methodik der Arbeitszerlegung auf die ausführende Arbeit,
- Räumliche Ausgliederung aller planenden, steuernden und kontrollierenden Arbeitsinhalte aus der Fertigung.

Die Anwendung dieser Prinzipien sollte zu einer Reduzierung der Anforderungen an den ausführend arbeitenden Menschen und gleichzeitig zu einer quantitativ höheren Arbeitsleistung führen. Taylors ingenieurwissenschaftlich geprägte Auffassung von menschlicher Arbeit führte jedoch dazu, daß der Mensch in gleicher Weise in fertigungstechnische Abläufe eingeplant wurde wie jeder andere Produktionsfaktor auch. Letztendlich wurde der arbeitende Mensch also als maschinenähnlich funktionierender Mechanismus angesehen. Es entstand das „mechanistische Menschenbild im faktoriellen Optimierungsansatz der Betriebswirtschaftslehre" (Picot 1996, S. 432). Diese Auffassung vom arbeitenden Menschen fand ihre Ausprägung in der funktional gegliederten Industriearbeit. Taylors Prinzipien wurden von Henry Ford auf eine neue industrielle Produktionstechnik übertragen, die sich durch weitgehend mechanisierte Massenproduktion nach dem Fließprinzip auszeichnete. Im sogenannten Fordismus tritt an die Stelle der zuvor notwendigen Koordination der Arbeiter durch die Vorgesetzten im Wesentlichen die Zwangskoordination durch das technische Fördersystem, das Fließband (vgl. Picot 1996, S. 433ff).

- **Human Relations-Bewegung**

Der Glaube an diese technische Einbindung des Arbeiters in die Produktion als weiteres Produktionshilfsmittel währte nicht lange; bedingt durch die Rezession nach dem ersten Weltkrieg und die damit rückgängigen Gewinne verlor der Taylorismus immer weiter an Bedeutung. Mitte der 20er Jahre des letzten Jahrhunderts formierte sich der Widerstand in Form der sogenannte Human Relations-Bewegung[18]. Im Gegensatz zu der formalen klassischen Schule beschäftigen sich die Human Relations-Ansätze als zweitgrößte Denkrichtung der Organisationswissenschaft ausschließlich mit sozialen und informalen Gesichtspunkten in Organisationsformen. Die ursprüngliche Auslegung der Human Relations-Gedanken bestand darin, über die Pflege der nicht unmittelbar aufgabenzogenen Beziehungen zwischen Vorgesetzten und Mitarbeitern die Mitarbeiter zu höheren Leistungen zu motivieren (vgl. Picot 1983b, S. 31-33).

Hier wurde erstmals die Frage nach dem Arbeitsumfeld und dessen direktem Einfluß auf die Produktion untersucht. Zuerst wurde das technische Umfeld betrachtet, z.B. Beleuchtung, Lüftung der Arbeitsstätte, schnell wurde jedoch klar, daß die sozialen Beziehungen zwischen den Mitarbeitern einen weit wichtigeren Betrachtungspunkt darstellten. Es wurde entdeckt, daß neben der formellen Gruppen- bzw. Führungsstruktur auch eine informelle Gruppenstruktur[19] existierte, die weit wichtiger für den einzelnen zu sein schien, als eine Lohnerhöhung. Diese Behauptung läßt sich durch die Untersuchungsergebnisse von Herzberg belegen. Aus diesem Grunde versuchten die

---

[18] Sie hat ihren Ursprung in den durch Mayo und seine Mitarbeiter in den Hawthorne-Werken der Western Electric Company in Chicago durchgeführten und berühmt gewordenen Untersuchungen (Hawthorne-Experimente, vgl. Roethlisberger / Dickson 1939; Mayo 1945; nach Picot 1996).

[19] Informelle Gruppen entstehen neben der formal festgelegten Gruppenstruktur und funktionieren nach eigenen sozialen Regeln und Normen, deren Einfluß auf das individuelle Leistungsverhalten größer sein kann als beispielsweise in Aussicht gestellte Lohnsteigerungen (vgl. Picot 1996; S. 435).

Vertreter der Human Relations-Bewegung, die innerbetrieblichen zwischenmenschlichen Beziehungen bewußt zu gestalten und zu verbessern, indem sie Teamarbeit bzw. die zwischenmenschliche Kommunikation der Beschäftigten förderten (vgl. Roethlisberger 1939; Mayo 1945 nach Picot 1996).

- **Automatisierung und Wirtschaftswunder**

Völlig anders gestaltete sich die Entwicklung nach dem Ende des Zweiten Weltkrieges. Die Automatisierung der Produktion schritt weiter voran. Dies gilt besonders für Deutschland, welches durch die Reparationsleistungen (Demontage der veralteten Fabriken durch die Siegermächte) neue Fabrikationsanlagen anschaffen mußte und danach durch internationale Finanzspritzen (Marshall-Plan) die Möglichkeit zu einem weitestgehenden Neuanfang in der industriellen Produktion hatte.

Es wurden zunehmend hoch integrierte Fertigungsmaschinen in der industriellen Produktion eingesetzt, für deren Bedienung nunmehr speziell geschulte Facharbeiter erforderlich waren, welche in neu entstandenen Berufen für ihre Aufgaben ausgebildet wurden. Die noch zu Anfang des Jahrhunderts notwendigen Massen von Arbeitern wurden nun für die Fertigung nicht mehr gebraucht. Stattdessen wuchsen die Verwaltungsapparate der Unternehmen, was eine weitergehende Verlagerung der Beschäftigungsschwerpunkte bedeutete. Gleichzeitig veränderten sich die Lebensbedingungen der Menschen, welche durch den Konjunkturaufschwung in den Wirtschaftswunderjahren einen nie zuvor dagewesenen Lebensstandard erreichten. Die von der Human-Relations-Bewegung geforderten sozialen Bedingungen standen nicht mehr im Vordergrund der persönlichen Motivation, sondern höhere Bedürfnisbefriedigungen, wie Persönlichkeitsentfaltung (vgl. Abbildung 1) oder Statuszeichen, etwa ein eigenes Auto oder ein Fernsehgerät.

- **Wertewandel und persönliche Entfaltung**

Angeregt durch die öffentliche Diskussion und die Sättigung materieller Bedürfnisse, beginnt Anfang der 70er Jahre ein Wertewandel, welcher zunehmend die noch immer dem tayloristischen Weltbild entsprechende industrielle Arbeitsteilung in Frage stellt. In dieser Humanisierungsdebatte, welche grundlegend durch die Zwei-Faktoren-Theorie Herzbergs begründet wird, werden Forderungen nach menschengerechten Arbeitsstrukturen laut. Die Betonung des Arbeitsinhalts sowie der Arbeitsstrukturen als wichtigste Motivationsquellen stehen nunmehr im Vordergrund. Durch die Anwendung neuer Arbeitsstrukturierungsprinzipien wie Job Rotation (Aufgabenwechsel), Job Enlargement (Aufgabenerweiterung), Job Enrichment (Aufgabenbereicherung) oder die Bildung teilautonomer Arbeitsgruppen soll eine Ausweitung des Handlungsspielraums für den arbeitenden Menschen erreicht und somit die tayloristische Spezialisierung eingeschränkt werden. Ziel ist die weitergehende Persönlichkeitsentwicklung und Qualifizierung der Mitarbeiter.

Obwohl damals Studien belegten, daß durch die veränderten Arbeitsstrukturen bessere Leistungen ermöglicht werden, zeigte sich schnell, daß aus betriebswirtschaftlicher Sicht eine derartige Veränderung der Produktionsstruktur nur mit hohem Aufwand zu erkaufen war. Besonders in der auf Grund der etablierten Fließbandproduktionen auf eine sehr detaillierte Arbeitsteilung fixierten Automobilindustrie wurden diese Veränderungen nur sehr halbherzig ausgeführt. Picot führt dazu aus: „Im Ergebnis wurden die neuen Formen der Arbeitsstrukturierung deshalb überwiegend als betriebswirtschaftlich nicht zu rechtfertigende Vorschläge abgelehnt. Den „hohen Preis" für humane Arbeitsstrukturen leistete man sich, solange auf dem Markt gut verdient wurde und damit ökonomische Interessen nicht vorrangig waren. Zu Zeiten einbrechender Konjunktur wurden diese Konzepte aufgrund vorgegebener „Sachzwänge" allerdings wieder in Frage gestellt (vgl. z.B. Kern / Schumann 1986; Kappler 1992). Besonders für die Automobilindustrie in Europa und Nordamerika war die tayloristische Arbeitsorganisation aus betrieblicher Sicht nach wie vor die ökonomisch überlegene Form der Leistungserstellung. Die mit der tayloristischen Arbeitsorganisation einhergehende Arbeitssituation war als „notwendiges Übel" in Kauf zu nehmen" (Picot 1996, S. 441). Wie aktuell dieses Zitat ist, zeigt die Tatsache, daß DaimlerChrysler seine Fertigung im Bremer Werk gerade wieder von Gruppen- in Fließbandproduktion umwandelt.

- **Computerzeitalter**
Mit Beginn der 80er Jahre zeichnete sich eine weitere Wende ab. Durch den Einsatz von Computern wurden erstmals Bereiche, in denen bisher keine Automatisierung möglich war, durch technische Entwicklungen unterstützt. Die Informations- und Kommunikationstechnik ermöglichte neue Formen der Arbeitsteilung. So können Teilvorgänge, die bislang von jeweils funkti-

Abbildung 3.2-4: Horizontale und vertikale Integration von IuK-Systemen (Mertens / Griese 1991; nach Picot 1996, S. 442)

onal spezialisierten Arbeitsplätzen und Arbeitsgruppen bearbeitet wurden, mit Hilfe von multifunktionalen Informations- und Kommunikationssystemen integriert und objektbezogen abgewickelt werden. Eine Aufgabenintegration kann sowohl in horizontaler Richtung (Integration unterschiedlicher Tätigkeitsarten auf der Ausführungsebene) als auch in vertikaler Richtung (Einbeziehung von Planungs-, Entscheidungs- und Kontrollaufgaben) erfolgen (vgl. Picot 1996, S. 441). Mit immer leistungsfähigeren Geräten wurden digitale Planungs- und Entwicklungsmethoden umgesetzt, welche dann mit den gespeicherten Informationen direkt die ebenfalls computergesteuerten Fertigungsmaschinen in der Fabrikhalle versorgten.

Dieser grundlegende Wandel vollzog sich demnach nicht nur in den Zeichenbüros, wo die Zeichentische immer häufiger gegen den Computer ausgetauscht wurden, sondern auch in den Fabrikationshallen, in denen immer mehr Roboter die Arbeit von Menschen übernahmen. Die wenigen verbleibenden Arbeiter stellten meist nur noch die reibungslose Funktion der Roboter sicher. Auch für die Angestellten hinter den neuen Computern änderte sich ihre Arbeit grundsätzlich, sie mußten ihre Arbeitsweise an die

Computerprogramme anpassen. Ganze Organisationsstrukturen mußten an die Bedürfnisse der Technik angepaßt werden (vgl. Malone 1991). Gleichzeitig veränderten sich wiederum die Arbeitsbedingungen für die Angestellten. Es wurden reine Bildschirmarbeitsplätze geschaffen, welche durch das eintönige Starren auf den Bildschirm zu gesundheitlichen Problemen, wie z.b. Augenleiden, Rücken- und Kopfschmerzen oder Verspannungen, führten.

- **Heute**

Aus heutiger Sicht kann durch die Automatisierung der Fertigung und der fertigungsnahen Bereiche, wie Planung, Entwicklung und Forschung, der Wandel der Arbeitssituation der dort Beschäftigten als zunächst abgeschlossen gelten. Mit Hilfe ausgefeilter Technologien wie dem Computer Aided Design (CAD) und Computer Aided Manufacturing (CAM) werden durchgängig weitentwickelte EDV-Systeme eingesetzt. Die weiterführenden Veränderungen werden sich in der Nutzbarmachung neuer Computer-Technologien abspielen und die Situation am Arbeitsplatz nicht wesentlich verändern.

Gleichzeitig mit der Einführung der Computer in die oben beschriebenen Bereiche wurden auch die Verwaltungsbereiche von der neuen Technik durchdrungen. Seit den letzten 15 Jahren gehört ein Computer zur Ausstattung jedes Arbeitsplatzes, was natürlich zu den oben beschriebenen gesundheitlichen Problemen führt. Anders als die Automatisierung im Fertigungsbereich ist jedoch die Lage in den immer größer werdenden Verwaltungsbereichen zu bewerten. Schon Anfang der 80er Jahre zeigte eine Studie in führenden amerikanischen Unternehmen, daß die Produktivität in einem Zeitraum von zehn Jahren um 90% gesteigert werden konnte, während im Bürosektor nur ein Plus von 4% erzielt wurde (vgl. Grünewald 1981). Hierfür lassen sich zwei Gründe feststellen: Zum einen richtete sich das Augenmerk der Rationalisierungsspezialisten auf den kostenintensiven und in direktem Zusammenhang mit der Produktion stehenden Fertigungsbereich, zum anderen gab es bis Mitte der 80er Jahre nur wenige technische Möglichkeiten, den Büroalltag durch Technik zu rationalisieren.

Erst die Einführung des Personal Computers in den Büroalltag veränderte die Situation. Nunmehr standen Geräte mit universalem Funktionsumfang zur Verfügung. Somit stand die Möglichkeit offen, direkt am Arbeitsplatz mit digitalen Daten zu hantieren. Wieder entstanden neue Berufe, z.B. die Datentypistin. Von dem Zeitpunkt der Einführung des Computers in den Büroalltag an sollte nun alles anders werden, doch wie die Praxis zeigt, sind viele der damaligen Schlagwörter reine Illusion geblieben, so ist z.B. die Vision eines papierlosen Büros genauso wenig eingetreten, wie die digitale Sekretärin heute noch immer nicht dem Chef zur Verfügung steht. Meist wird der Computer im alltäglichen Büroeinsatz als intelligente Schreibmaschine mit digitalem Archiv und als eMail Postfach genutzt, d.h. die technisch möglichen Erleichterungen wie z.B. Workflow-Anwendungen werden noch nicht durchgängig eingesetzt (vgl. Kapitel 4.4.4 Workflowsysteme).

- **Abschluß und Konsequenzen**

Abschließend bleibt zusammenzufassen, daß sich im Laufe der letzten Jahrhunderte die Arbeitsbedingungen für die in den Unternehmen Beschäftigten grundlegend verändert haben. Die unmenschlichen, schweren und oft gefährlichen Arbeitsbedingungen haben sich zu Gunsten einer weitestgehend automatisierten, menschenleeren Produktion verändert.

Dafür teilt sich heute die Gruppe der Beschäftigten in die wenigen hochqualifizierten Arbeitnehmer, die die eingesetzte Technik beherrschen, und die vielen anderen, denen die entsprechende Qualifikation fehlt.

Durch die Einführung des Internets und die dadurch resultierende Möglichkeit, die Arbeit mit nach Hause zu nehmen, verschwindet die früher übliche Grenze zwischen Arbeits- und Privatleben. Auf der einen Seite bringt die Möglichkeit, im sog. Homeoffice zu arbeiten, für den einzelnen Arbeitnehmer enorme Vorteile, wie z.b. freie Zeiteinteilung, doch birgt diese fließende Grenze auch Gefahren, etwa die Tatsache, daß die meisten Menschen mehr Zeit für die Arbeit verbrauchen und der nötige Abstand zur Arbeit verloren geht. Freiräume und Freizeit zu genießen wird dadurch immer schwerer. Somit steht die tatsächlich gearbeitete Zeit im krassen Gegensatz zu den Bemühungen der Gewerkschaften, überall in Deutschland eine 35-Stundenwoche einzuführen.

Es bleibt daher festzustellen, daß die Einführung der Computer und die damit zusammenhängenden Veränderungen der Arbeitsstrukturen nicht für einen grundlegenden Wandel der Arbeitswelt ausreichten. Das Prinzip der funktionalen Arbeitsteilung blieb im Wesentlichen bis in die heutige Zeit erhalten (vgl. Martin 1992, S. 180; Blum 1992, S. 319f), die dargestellten Entwicklungen konnten insgesamt an der in Europa und Nordamerika vorherrschenden tayloristisch geprägten Industriekultur wenig verbessern. Im Gegenteil, einige sind sogar der Auffassung, daß wir uns langsam einem „Neo-Taylorismus" nähern (vgl. z.B. Ulrich 1986, S. 107 f). Auch Picot warnt: „In der wissenschaftlichen Diskussion wird bereits vor einem neuen Taylorismus gewarnt. Dabei wird eine weitgehende Analogie zwischen den Ansätzen des Scientific Management bei der Rationalisierung physicher Prozesse der industriellen Produktion und den Ansätzen der Rationalisierung von Informations- und Kommunikationsprozessen durch den Einsatz neuer Bürotechnologie vermutet. Mögliche Konsequenzen für den Bürobereich wären eine strenge Arbeitszergliederung und Standardisierung von Arbeitsprozessen der Informationsverarbeitung, verbunden mit einer zunehmenden Inflexibilität der Gesamtorganisation. Diesem Denkansatz liegt zugrunde, daß Informations- und Entscheidungsprozesse im Büro ähnlich der industriellen Klassenproduktion als Vorgänge gesehen werden, die in standardisierte Teilaufgaben zerlegt und durch weitgehende Spezialisierung und Automation zu erhöhten Produktivitäten gebracht werden können" (Picot 1979, S. 8).

3.2.1.3 Konsequenz: Lebenslanges Lernen

Diese Verschärfung der Arbeitssituation bedeutet für die Angestellten eines Unternehmens den ständigen Kampf, die entsprechenden Kompetenzen, welche für eine Tätigkeit in ihrem Umfeld notwendig sind, beizubehalten und sogar darüber hinaus auszubauen. Als Konsequenz für das Individuum bedeutet dies ein ständiges Lernen und Bemühen, um dem technischen Fortschritt und den damit gestellten Herausforderungen zu begegnen.

„Mit dem andragogischen Terminus des ‚lebenslangen Lernens' werden üblicherweise jene dialektischen Verarbeitungsprozesse der Realität erklärt, die sich im Laufe einer individuellen Biographie ergeben. Der Begriff bezeichnet den Aspekt, daß Bildung nicht etwa mit Erhalt eines ‚Reifezeugnisses' oder eines mittleren bzw. niedrigen schulischen Bildungsgrades ein für allemal individuell festgeschrieben ist, sondern über Schulabschlüsse und soziale Unterschiede hinweg eine permanente Anforderung darstellt. Der Mensch bleibt durch sie entwicklungs- und überlebensfähig, eine Eigenschaft, die besonders mit der beruflichen Sozialisation, aber nicht nur dort zum Tragen kommt" (Fredersdorf 1998, S. 62).

Diese Form des lebenslangen Lernens weicht völlig von der traditionellen Begriffsbestimmung ab: Unter Lernen ist nicht mehr der kontinuierlichen Prozeß eine Informationsführung durch Dozenten oder Trainer gemeint, sondern vielmehr ein eigenständiges, ganz einheitliches Begreifen von neuen Zusammenhängen durch den Schüler. Döring führt dazu aus: „Lernen als ein aktiver, verbindlicher Prozeß der Verinnerlichung ist mehr als nur passives Zuhören. Dieses neue Verständnis vom Lernen hat für das Lehren weitreichende Konsequenzen" (Döring 1995, S. 40).

Zum besseren Verständnis hat er sie in die folgenden fünf Schritte gliedert:

1. Schritt: Lernen ist ein ganzheitlicher Vorgang.
2. Schritt: Kopf, Herz und Hand sind dabei beteiligt.
3. Schritt: Verschiedene Aktivitäten sind zur erfolgreichen Verinnerlichung erforderlich.
4. Schritt: Dabei sind mehrere Anläufe nötig.
5. Schritt: Unterrichtliche Hilfsmittel sind unentbehrliche Helfer des Dozenten für die Lernenden.

Es wird deutlich, daß Lernen heute nicht mehr als Einbahn-Kommunikation, sondern vielmehr als Interaktionsprozeß zwischen Dozenten und Schülern gesehen werden muß. Dazu stehen heute unterschiedlichste Lehrmethoden zur Verfügung, um einen maximalen Lernerfolg des Teilnehmers zu gewährleisten. Nur durch intensive, eigene Erfahrungsbildung ist heute überhaupt eine Vermittlung der komplizierten, im Unternehmen geforderten Prozesse möglich. Aber die Notwendigkeit lebenslanger Bildung kann nicht durch gesellschaftliche Institutionen oder Unternehmen alleine initiiert werden. Vielmehr steht jeder einzelne in zunehmendem Maße in der Pflicht sich persönlich weiterzubilden (vgl. Fredersdorf 1998, S. 61).

- **Weiterbildung als Notwendigkeit**

Besonders auf dem Gebiet der Neuen Medien ist eine fortwährende Weiterbildung von Nöten. Bedingt durch die schnellen Technologiezyklen in diesem Markt ist einmal erworbenes Wissen in kürzester Zeit veraltet. Die Halbwertszeit für Technologien am Neuen Markt beträgt heute ungefähr drei Monate. Eine solch schnelle Veränderung der vorhandenen Technologien bedeutet, daß einmal in der Schule, Hochschule oder Berufsausbildung erworbenes Wissen für die tägliche Praxis im Berufsleben nicht mehr relevant ist.

Aus diesem Grunde ist eine berufsbegleitende Weiterbildung[20] die einzige Möglichkeit für einen Arbeitnehmer, mit der Entwicklung der Technologie schrittzuhalten. „Seit

---

[20] Aus diesem Begriffsverständnis ergibt sich dann, daß gern mit der Verknüpfung „Fort- und Weiterbildung" gearbeitet wird, weil die Grenzen zwischen Höherqualifizierung und Kompetenzanpassung fließend sind. (Stiefel 1983, S.182 u. 194; zitiert nach Döring 1988, S.22) – Fortbildung betrifft in Abgrenzung zum Begriff der Weiterbildung jene beruflichen Bildungsmaßnahmen, die eine berufliche Höherqualifizierung zum Ziel haben. – Weiterbildung betrifft in Abgrenzung zum Begriff der Fortbildung jene beruflichen Bildungsmaßnahmen, die eine Anpassung an die technische, ökonomische und soziale Entwicklung und die sich ändernden Arbeitsplatzerfordernisse zum Ziele haben.

über zwanzig Jahren wird Erwachsenenbildung/Weiterbildung als Teil des lebenslangen Lernens politisch und wissenschaftlich thematisiert. Der Deutsche Bildungsrat weist Weiterbildung seit Beginn der 70er Jahre offiziell als „quartären Bildungssektor" aus - neben primärem (Kindergarten, Vor- und Grundschule), sekundärem (weiterführendes Schulwesen) und tertiärem Bereich (Hochschule)" (Döring 1987, S. 24f). „Der quartäre Bildungssektor, die systemisch-betriebliche Bildung mit ihren Erfordernissen der Teilnahme an fachspezifischen Angeboten, ist der zentrale Ort, in dem „berufslebenslanges begleitendes Lernen" als andragogische Notwendigkeit festgeschrieben wird" (Fredersdorf 1998, S. 63).

Obwohl diese Forderung nach Weiterbildung in betrieblichen Prozessen bereits seit über 30 Jahren diskutiert wird, zeigt jedoch die Praxis, daß nur ein geringer Teil der Mitarbeiter die Möglichkeiten zur persönlichen Weiterbildung nutzt. Das Ergebnis einer aktuellen Umfrage belegt, daß 60 Prozent der Befragten die Durchführung von Bildungsmaßnahmen im Betrieb positiv bewerten, wohingegen nur insgesamt 10 Prozent auch tatsächlich von den Angeboten Gebrauch gemacht haben. Einer der Gründe hierfür könnte sein, daß die im betrieblichen Bereich dargebotenen Schulungsmaßnahmen nicht unbedingt den Anforderungen der Teilnehmer entsprechen.

Viele dieser Weiterbildungsmaßnahmen bergen aus didaktischer Sicht noch deutliche Verbesserungspotentiale (vgl. Döring 1988, S. 8). Zum anderen sind diese meist durch professionelle Dienstleister durchgeführten Schulungsmaßnahmen aus unterschiedlichsten Teilnehmerkreisen zusammengesetzt. Hierbei stehen immer mehr betriebswirtschaftliche als didaktische Gründe im Vordergrund.

Die daher entstehenden inhomogenen Teilnehmergruppen sind eine weitere Ursache für den zum Teil geringen Lernerfolg der Teilnehmer. Auch sollte hier kritisch beleuchtet werden, daß eine große Menge der Teilnehmer nicht freiwillig teilnimmt. Viele Weiterbildungsveranstaltungen sind aus unternehmenspolitischer Sicht Pflichtveranstaltungen, welche von Mitarbeitern aus bestimmten Bereichen durchlaufen werden müssen. Hierbei wird keinerlei Rücksicht auf eventuell vorhandene Vorkenntnisse oder Neigungen genommen. Aus eigener Anschauung ist hierzu zu bemerken, daß bei solchen Veranstaltungen der Lerneffekt nur als gering gekennzeichnet werden kann. Werden die im Unternehmenskontext angebotenen Weiterbildungen auf didaktische Qualität überprüft, so ist auffällig, daß ein Großteil der Schulungen mit sehr wenigen Lehrformen auskommt. Fast alle Schulungen im EDV-Bereich werden als Frontalunterricht durchgeführt. Die Stoffinhalte werden dabei häufig durch elektronische Folien mit Hilfe eines Video-Beamers[21] an die Wand geworfen. Auf Grund der Einfachheit dieser Methode sind standardisierte Präsentationen mit mehreren Hundert Folien pro Schulung heute keine Seltenheit.

Des weiteren sollte das Werbeargument, daß jeder Schüler einen eigenen PC für Übungszwecke in gut ausgestatteten Schulungsräumen zur Verfügung gestellt bekommt, kritisch hinterfragt werden. Aus didaktischer Sicht kann dieses als besonders positiv dargestelltes Ausstattungsmerkmal einen entscheidenden Mangel in der Unterrichtung darstellen. Durch die auch heute noch großen Bauformen der Computer und

---

[21] Video-Beamer: Präsentationsgerät, welches Computer- oder Videobilder, ähnlich einem Dia-Projektor, auf große Flächen projiziert.

Innovative Unternehmenskommunikation – Dimension Mensch 65

Bildschirme ist für die Teilnehmern häufig der freie Blick im Raum eingeschränkt und die Kommunikation mit anderen Gruppenmitgliedern fast unmöglich. Ein solcher Schulungsaufbau begünstigt in keinem Falle den Lernerfolg bei den Teilnehmern, die, statt im Lernteam ihr Wissen zu vertiefen, nunmehr eher zu Einzelkämpfern hinter ihren einzelnen Arbeitsplätzen werden. Bedingt durch die reihenweise Aufstellung der Gerätetische im Raum ist dem Dozenten auch der Weg zu den einzelnen Teilnehmern verbaut, so daß eine persönliche Hilfestellung des Dozenten fast ausgeschlossen ist. Abhilfe kann hier z.B. ein großzügiger Aufbau spezieller Computertische bieten, in die der Monitor liegend integriert ist und welche als durchsichtige Oberfläche eine Glasplatte besitzen.

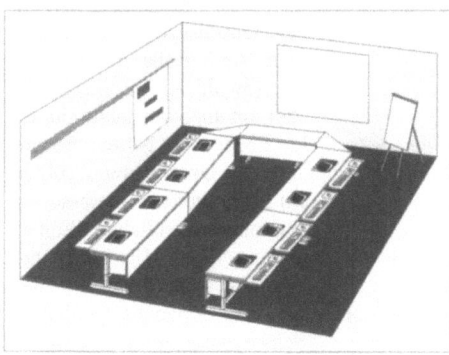

Abbildung 3.2-5: Idealtypischer Schulungsraum

Als weiterer Schwachpunkt ist zusätzlich noch die Qualifikation einiger im EDV-Bereich unterrichtenden Dozenten zu nennen. Ein Großteil dieser Klientel rekrutiert sich ausschließlich aus EDV-Experten, welche zwar technisch, jedoch nicht didaktisch auf dem neuesten Stand der Entwicklungen sind. Das durch diese Art von Dozenten unterrichtete Lernniveau übersteigt häufig die Teilnehmerfähigkeiten und hat wenig Bezug zur täglichen Arbeitsroutine der Teilnehmer. „Überblickt man das Feld der traditionellen Aus- und Weiterbildungsformen, so ergibt sich, daß spezifische aufgabenbezogene Förder- und Trainingsmethoden, die ein Lernen im direkten „Verbund" mit der Realpraxis ermöglichen, stark unterrepräsentiert sind" (Döring 1991, S. 189). Hinzu kommt, daß durch die geringe didaktische Qualifikation das Repertoire der Lehr- und Medienformen (vgl. Döring 1988, S. 147) sehr gering ist. Im Gegensatz zur folgenden Aufzählung werden EDV-Schulungen meist ausschließlich als Frontalunterrichtung mit elektronischen Folien durchgeführt.

Verschiedene Lernformen	
• Formen des Selbststudiums	• Erfahrungsaustausch-Seminare
• Unterrichtliche Lernformen	• Rollen- und Planspiel-Seminare
• Seminaristische Lernformen	• Betriebsbegehungen / Besichtigungen
• Theorie-bezogene Seminare	• Tagungen / Kongresse / Ausstellungen
• Trainings-bezogene Seminare	• Unterweisungsbezogene Lernformen

Tabelle 3.2-1: Verschiedene Lernformen (vgl. Döring 1988)

Besonders anschaulich wird die benötigte Dozentenkompetenz durch die modellhafte Kompetenzwanne nach Döring. Mit ihrer Hilfe ist ein grafischer Überblick über die einen guten Dozenten auszeichnenden Kompetenzbereiche gegeben. Es wird deutlich, daß eine hohe fachliche Qualifikation nicht allein dazu ausreicht, qualitativ hochwertigen Unterricht zu gestalten. Vielmehr zeichnet einen guten Trainer die Summe aller fünf Kompetenzbereiche aus.

- **Kritischer Ausblick**

Die im vorigen Kapitel dargestellte Weiterbildungssituation im EDV-Bereich zeigt im Hinblick auf die immer größer werdenden technischen Herausforderungen im täglichen Unternehmensalltag eine sich immer mehr zuspitzende Situation auf. Diese tickende Zeitbombe im Bildungsbereich wird, wenn sie nicht durch qualifizierte Maßnahmen entschärft wird, zu einer Zweiteilung der Gesellschaft führen. Einige wenige Fachkräfte mit entsprechenden EDV-Kenntnissen werden einer großen Masse von Mitmenschen gegenüber stehen, welche den Anschluß an die immer weiter fortschreitende Technologisierung verpaßt haben. Kurz gesagt wird es eine Trennung zwischen onlinern und offlinern[22] geben.

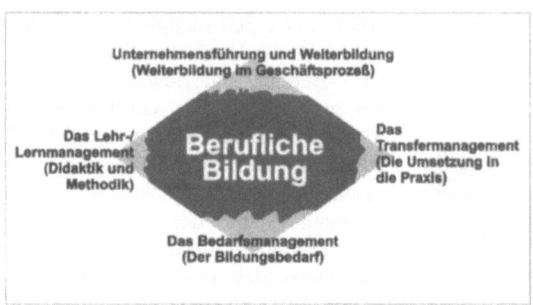

Abbildung 3.2-6: Die vier Schwachstellen der betrieblichen Weiterbildung (Döring 1991, S. 8)

Um eine solche Aufspaltung der Gesellschaft zu verhindern, sind große Anstrengungen sowohl auf gesellschaftlicher als auch auf institutioneller Ebene von Nöten. Besonders die Unternehmen sollten ein gesteigertes Interesse an der innerbetrieblichen Weiterbildung ihrer Mitarbeiter haben. Nur wenn die in der Grafik veranschaulichten Schwachstellen der betrieblichen Weiterbildung konsequent verbessert werden, kann der technologische Anschluß erreicht werden. Die bereits 1988 durch Döring formulierten Thesen zur Professionalisierung der Weiterbildung bekommen in diesem Kontext einer drohenden Spaltung der Gesellschaft eine noch größere Brisanz (vgl. Döring 1988, S. 73).

Die bildungspolitische Ebene

- Zum lebenslangen Lernen („lifelong-learning") gibt es keine Alternative, da in vielen beruflichen Bereichen ein Wissensumschlag innerhalb von weniger als 5 Jahren erfolgt.
- Weiterbildung als „vierter Bildungssektor" steht daher im Zeichen einer gigantischen Bildungsexpansion und Kostenexplosion im privatwirtschaftlichen wie öffentlichen Bereich. Begriffe wie „ausgelernt" und „Bildungsabschlüsse" sind daher zu Anachronismen geworden.
- Die berufliche Erstausbildung kann man heute nur noch als Fundament für regelmäßig wiederkehrende Weiterbildungsprozesse ansehen.
- Die Wissensexplosion (Brooks-Kurve) sowie die rasante technologische Entwicklung erfordern ein ständiges „Nach- und Weiterlernen".
- Aus bildungspolitischer Sicht wird mit dem Wandel der Beschäftigungsstruktur die Erhaltung der Lernfähigkeit der Mitarbeiter zu einer vorrangigen inner-institutionellen und -betrieblichen Aufgabe.

---

[22] **Online/Offline:** Technischer Fachterminus für direkten Zugang zu einem Computernetzwerk und/oder dem Internet.

Die subjektive Ebene

- Professionelle Kompetenz ist kein feststehender Begriff und keine fixe Größe mehr, auf die sich ein Mitarbeiter auf Dauer beziehen kann. Professionelle Kompetenz des einzelnen koppelt sich heute vielmehr mit individueller Lernbereitschaft, überdauernder Lernmotivation und betrieblich gestützter Lernfähigkeit.
- Personal- und Karriereplanung müssen für den einzelnen auf der Grundlage ständiger Weiterbildungsangebote der Betriebe und Behörden real möglich gemacht werden, um zwingende Lernanreize zu schaffen.
- Das Weiterbildungsangebot muß gewissen didaktischen Mindeststandards entsprechen, damit der einzelne davon auch vollen Gebrauch machen und individuell optimal profitieren kann. Denn Lernpsychologie, Anthropologie und Gerontologie haben als wichtige einschlägige Sozialwissenschaften gezeigt, daß die Lernfähigkeit des Menschen unter bestimmten Rahmenbedingungen bis ins hohe Alter hinein voll erhalten bleibt.

Die institutionelle Ebene

- Die Führungskräfte in Behörden und Betrieben sind gefordert, weiterbildungsbezogene Förderer des Wandels zu sein. Dies schließt die Verpflichtung zur eigenen Weiterbildung ebenso ein wie die zur systematischen Weitergabe ihres Wissens und ihrer Erfahrung.
- Weiterbildung läßt sich optimal und professionell nur managen, wenn ihre Voraussetzungen, Bedingungen und Folgen in einem Systemansatz angegangen werden. Das bedeutet, daß es wenig Sinn hat, an dieser oder jener Stelle anzusetzen, diesen oder jenen Faktor isoliert zu verändern, ohne an das Systemganze zu denken.
- Ebenso wie für ein angemessenes Lernangebot haben Führungskräfte dafür zu sorgen, daß ein gutes Lernklima sowie eine optimale Transfersicherung des in der Weiterbildung Gelernten gegeben ist.
- Zur Verbesserung der didaktischen Qualität des Weiterbildungsangebots ist die Formulierung didaktischer Mindeststandards erforderlich. Sie sollten ihre Begründung und Herleitung aus einer innerbehördlichen bzw. innerbetrieblichen Weiterbildungsphilosophie finden.
- Allgemeiner Grundsatz einer derartigen Weiterbildungsphilosophie sollte sein, daß der Verpflichtung des Mitarbeiters zur regelmäßigen Weiterbildung die Verpflichtung des Betriebes bzw. der Behörde entspricht, für ein qualitatives Mindestangebot im Bereich der Weiterbildung auch tatsächlich zu sorgen.
- Solche Mindeststandards für die Weiterbildungsangebote sind:
  1. **Didaktische Qualifizierung der Dozenten**
  („Niemand darf fortbilden, der dazu nicht die didaktische Qualifikation erworben hat.")
  2. **Einhaltung von Standards** in den Rahmenbedingungen: Teilnehmerzahl, Zeit, Raumangebot und -ausstattung, Medien.
  3. **Einhaltung didaktischer Binnenstandards wie:**
     - Abkehr vom eindimensionalen Vortragsmodell;
     - Orientierung an Handlungskonzepten des Lernens mit Simulationen, Übungen, Rollenspielen, Planspielen;
     - Durchgehender Theorie-Praxis-Bezug mit Fallorientierung und Teilnehmerzentrierung;
     - Wechsel der Lehr- und Sozialformen, stützender Medieneinsatz und Modellverhalten durch den Dozenten auf der Grundlage strukturierter, wechselvoller Lehr-/Lernprozesse.

Bedingt durch die immer schneller werdenden Technologiewechsel ist aus heutiger Sicht zu befürchten, daß die bereits erwähnte gesellschaftliche Aufspaltung durch technische Innovationen alle bisher da gewesenen Veränderungen, wie z.B. die Automatisierung im Fertigungsbereich, in den Schatten stellt. Die Kernfrage für die Unternehmen wird daher zukünftig lauten: Wird es gelingen, die Mitarbeiter für die Nutzung der Neuen Medien entsprechend zu qualifizieren und rechtzeitig vor Einführung der nächsten Technologie-Generation entsprechend weiterzubilden?

3.2.2 Veränderte Bezüge in der Techniknutzung in den letzten 20 Jahren

3.2.2.1 Problem der Generationen

- **Einführung**

Die Einführung der Neuen Medien in alle Gebiete des täglichen Lebens bewirkt bisher nie dagewesene Prozesse und Veränderungen im sozialen Kontext. Diese starken Einflüsse wirken sich im Gegensatz z.B. zu früheren Automatisierungswellen in der Industrie oder der Einführung heute nicht mehr wegzudenkender Technologien, etwa des elektrischen Stroms, besonders auf die soziale Struktur der Bevölkerung aus.

Durch die Komplexität und den Umfang der Technologie der Neuen Medien droht die Gefahr, daß ganze Bereiche der Bevölkerung von dieser technologischen Entwicklung abgeschnitten werden. Weiten Gruppen der Bevölkerung ist der Zugang zu dem Medium und allen seinen Vorzügen erschwert. Ursächlich hierfür ist meist das fehlende Verständnis und damit die fehlende Akzeptanz für das Medium. Wie viele Umfragen belegen, sind besonders Ältere und Menschen mit geringerer Bildung in der Nutzung der Neuen Medien unterrepräsentiert.

- **Traditionelle Erfahrung gegen aktuelles Wissen**

Als eine der Ursachen für die geringe Akzeptanz der Neuen Medien z.B. bei älteren Mitmenschen ist deren Umgang mit dem Erlernen und der Beschäftigung mit neuen Technologien zu nennen. Der Umgang mit Neuerungen scheint sich in den letzten ein bis zwei Generationen grundlegend gewandelt zu haben. Ein Jugendlicher unserer Zeit ist in die immer schneller werdende Technologieentwicklung hineingeboren und hat von Kindesbeinen an gelernt, sich mit neuen Entwicklungen zu beschäftigen. Dies hat zu zwei für die Zukunft besonders wichtigen Voraussetzungen geführt. Erstens wurde der natürliche Spieltrieb geweckt, welcher eine vorbehaltlose Beschäftigung mit Neuerungen ermöglicht und damit die Akzeptanzschwelle für neue Technologien deutlich herabgesetzt. Und zweitens wurde dem Jugendlichen dadurch die Notwendigkeit eines fortwährenden Lernprozesses nahegebracht. Durch die somit gewonnenen Fähigkeiten wird der Jugendliche auch in Zukunft ohne große Mühen den Umgang mit neuen Technologien erlernen.

Anders bei den älteren Generationen, deren Sozialisationsprozeß durch das Bewußtsein geprägt war, daß in jungen Jahren einmal Gelerntes für den gesamten Lebensweg ausreicht. Mit dem Sprichwort „Lehrjahre sind keine Herrenjahre" wurde u.a. verdeutlicht, daß nach einer anstrengenden Lernphase eine „ruhige" Lebensphase folgt, in der wenig Neues gelernt werden mußte. Dieses Bewußtsein führt in unserer heutigen Zeit zu Problemen – nicht nur für die älteren Generationen, sondern auch zwischen den Generationen. Diese unterschiedlichen Herangehensweisen und das unterschiedliche Wissen führen besonders im Berufsleben zu Spannungen. Der Erziehungswissenschaftler Dieter Lenzen attestiert: „Die Verhältnisse scheinen sich umzukehren: Es ist nicht mehr die ältere Generation, die mit ihren klassischen Medien, den familiären und staatlichen Erziehungs-Bildungswesen Wissen und Werte hegt und vermittelt, sondern die nachwachsende Generation verfügt tendenziell über weitere Informations- und andere Interaktionsmöglichkeiten als die ältere" (Laufer 1999, S. 50). Zur Verdeutlichung dieser Tatsache soll folgendes Beispiel aus dem Schulbereich dienen:

Die Bundesregierung hat festgestellt, daß der Informatikunterricht an den Schulen deutlich verbessert werden muß. Dafür sind bereits vor Jahren entsprechende Programme angelaufen. Mit hohen Investitionen wurden dafür Computer angeschafft. Vereinzelt wurden auch Weiterbildungsprogramme für Lehrer initiiert. Die zum Teil noch dem älteren Sozialisationsprozeß verhafteten Lehrer wurden meist nur einmalig in die neuen Technologien eingeführt, was ein rudimentäres Basiswissen vermittelt, jedoch nicht einen kontinuierlichen Weiterbildungsprozeß auf diesem Gebiet ermöglicht. Sobald diese Lehrkräfte nun auf die Schüler treffen, ist der Konflikt durch das klassische Bildungssystem vorprogrammiert. Ein großer Teil der Schüler, welche mit guten bis sehr guten Vorkenntnissen in die Informatikkurse kommen, sind in ihrem Wissen dem Lehrer, der eigentlich die Schüler unterrichten sollte, haushoch überlegen. Der Lerneffekt für die Schüler ist gering und die Frustration beim Dozenten vorprogrammiert.

Ein weiteres Beispiel aus dem Fertigungsbereich kennzeichnet den Generationskonflikt noch deutlicher. In einer Fertigungshalle mit verschiedenen Bearbeitungsmaschinen wird die erste computergesteuerte Fräsmaschine aufgestellt. Traditionsgemäß steht den älteren, erfahrenen Mitarbeitern das neueste Gerät zur Nutzung zur Verfügung. Auf Grund der völlig veränderten Bedienung und der durch die Computersteuerung viel präziseren Fertigungsabläufe stellt diese Maschine ganz andere Anforderungen an das Bedienpersonal. Während die älteren Kollegen erhebliche Schwierigkeiten haben das Gerät zu steuern, können die jüngeren auf Grund ihres intuitiven Herangehens und einer gewissen Neugierde das Gerät innerhalb kürzester Zeit bedienen und erreichen dabei durch die Technikunterstützung bessere Ergebnisse als die älteren Mitarbeiter mit ihrer jahrzehntelangen Erfahrung. Auch hier sind Konflikte zwischen den verschiedenen Altersgruppen vorprogrammiert.

Eine einfache Erklärung wäre es, die geringere Lernfähigkeit der älteren Generation mit deren vorgeschrittenem Alter und den damit verbundenen Einbußen an Aufnahme- und Lernfähigkeiten zu begründen (vgl. u.a. Döring 1988, S. 262-284; Haders 1998, S. 63- 85). Doch wie bereits beschrieben, scheint der unterschiedliche Sozialisierungsprozeß und der andersartige Umgang mit neuen Technologien einen signifikanten Unterschied zu bilden. Es ist daher zu vermuten, daß die beschriebenen Konfliktpotentiale sich zwischen zukünftigen Generationen verringern werden. Der Umgang mit immer neueren Techniken und das Erlernen neuer Fähigkeiten wird das Leben zukünftig weitaus mehr prägen, als bisher abzusehen ist.

3.2.2.2 Wandel in der Technikbetrachtung – Vom Elektronenhirn zur Künstlichen Intelligenz

Die damit verbundenen Veränderungen des sozialen Lebens sind genauso wenig abzusehen. Schon früh warnte z.B. Kubicek : „Wenn der Plan aufgeht, daß alle Verrichtungen im privaten und beruflichen Bereich nach diesem Muster der Datenverarbeitung ablaufen, dann wird von einigen befürchtet, daß auch menschliche Fähigkeiten verkümmern, weil nur noch diese eine Art des rechnenden Umgangs mit der Realität verlangt wird. Mehrdeutigkeit, gefühlsmäßige Verarbeitung von Realität, das Strukturieren von zunächst unstrukturierten Dingen und die Auseinandersetzung mit Wert- und Sinnfragen, kurz gesagt, alle Fähigkeiten für die vielfältigen Formen der Auseinandersetzung mit der sozialen Realität, die nicht Rechnen sind, könnten dann verkümmern. Es gibt Hinweise aus Versuchen mit Schulkindern, die in diese Richtung gehen" (Kubicek 1984). Aus heutiger Sicht kann diese Befürchtung nur unterstrichen werden. Viele Beispiele des täglichen Lebens weisen darauf hin, daß unser Leben immer mehr strukturiert wird. Dagegen wird der Raum für Kreativität und persönliche Entfaltung immer geringer.

Ein symptomatisches Beispiel zum Thema der veränderten Betrachtungsformen ist in der Beschreibung komplexer Zusammenhänge im Bezug auf menschliche und computerrelevante Prozesse zu beobachten. In den 70er Jahres des letzten Jahrhunderts, kurz nach der Einführung erster Rechenzentren, wurden diese Maschinen allgemein als „Elektronenhirn" beschrieben, obwohl deren Funktionen nur auf sehr wenige Rechenoperationen beschränkt waren. Die Menschen umschrieben demnach damals diese neuartigen Maschinen aus einer sehr humanoiden Betrachtungsweise. Im Gegensatz dazu beschreiben die heutigen Menschen Dinge aus einem technischen Blickwinkel. Daher wird zum besseren Verständnis der Funktionen des menschlichen Gehirns dieses heute an Hand eines Computers und seines Aufbaus erläutert. Die Betrachtungsweise hat sich demnach völlig umgekehrt.

3.2.2.3 Schrumpfende Distanzen

Eine weitere signifikante Veränderung, welche durch den Einsatz der neuen Technologien hervorgerufen wurde, ist ein völlig veränderter Bezug zu räumlichen Entfernungen. Bei der Betrachtung des beruflichen Wirkungskreises fallen primär zwei wichtige Veränderungen auf. Durch den Einsatz der Neuen Medien im täglichen Arbeitsprozeß schrumpfen geographische Entfernungen im Vorstellungsvermögen auf minimale Strecken. Hervorgerufen wird dieses Phänomen durch die kurzen Reaktionszeiten, welche die modernen Kommunikationsmedien ermöglichen. Besonders auffällig ist dies beim Vergleich der Bürokommunikation mit den Medien „traditioneller Brief" und „moderne eMail". Bedingt durch die langsame Zustellgeschwindigkeit des Briefes war für die an der Kommunikation Beteiligten die räumliche Entfernung deutlich wahrnehmbar. Die Zustellung der Briefpost ist annähernd proportional zur Entfernung der Kommunikationspartner, d.h. ein Brief aus Australien wird deutlich länger unterwegs sein, als ein Brief aus der Nachbarschaft. Früher war demnach durch die Zeitverzögerung die Entfernung deutlich wahrzunehmen, was sich dann auch im Vorstellungsvermögen der Menschen widerspiegelte (vgl. u.a. Nitschke 1996, S. 46f).

Heute ist für den Menschen die Verzögerung in der Nachrichtenübertragung nicht mehr ohne technische Unterstützung zu messen. Da sich die Übertragung im Millisekundenbereich abspielt, ist für die Kommunikationspartner kein Unterschied mehr zu merken, ob die Distanz zwischen ihnen nur wenige Meter oder Tausende von Kilometern bemißt. Das Gefühl für Entfernungen verschwimmt zunehmend. Nicht einmal die Zeitverschiebung bei größeren Entfernungen ist durch die asynchrone Kommunikation via eMail spürbar. Im Gegensatz zum Telefonat, einer synchronen Kommunikationsform, bei der der Sender sich über die Erreichbarkeit des Empfängers (verschobene Arbeitszeiten) Gedanken machen muß, antwortet der Kommunikationspartner zu einem ihm genehmen Zeitpunkt, im Falle weiter Entfernungen sicher während seiner Bürozeiten. Das bedeutet, daß sich bei der Kommunikation mit den Neuen Medien

Innovative Unternehmenskommunikation – Dimension Mensch

keiner der an der Kommunikation Beteiligten mehr Gedanken über die reale räumliche Entfernung machen muß. Die Distanzen verschwimmen zu einer virtuellen Nähe, welche sich auch in den Köpfen der Menschen festsetzt.

Alle anderen Bereiche der Arbeitswelt müssen daraus resultierend dieser irrealen Nähe angepaßt werden. Es werden z.b. Teams aus verschiedenen räumlich getrennten Niederlassungen gebildet, welche an einem Projekt zusammenarbeiten. Da jedoch häufig die ausschließliche Kommunikation mit den Neuen Medien nicht für den Projekterfolg ausreicht, müssen reale Treffen durchgeführt werden, und um eine akzeptable Reisezeit zu erreichen, bleibt das Flugzeug als einziges Verkehrsmittel. Der moderne Mensch versucht somit, seinem neuzeitlichen Verständnis von Entfernungen Rechnung zu tragen, auch weite Entfernungen zu überbrücken und in seinem Verhalten den Möglichkeiten der Neuen Medien nachzukommen.

Eine andere kritische Veränderung in den Lebensgewohnheiten der modernen Arbeitnehmer ist eine grundsätzlich veränderte Arbeitsumgebung. Waren über Jahrhunderte die Arbeiter durch die entsprechende Ausstattung mit Arbeitsgeräten an ihre Arbeitsstelle gebunden, so ist eine solche Bindung im Zeitalter der Miniaturisierung nicht mehr zwingend vorgegeben. Durch den Einsatz von Notebooks, Internet und virtuellen Räumen entfällt bei vielen Arbeitnehmern der Zwang ausschließlich am Arbeitsplatz tätig zu werden. Unter dem Stichwort Telearbeit preisen viele Unternehmen die Vorzüge eines flexibleren Arbeitslebens an.

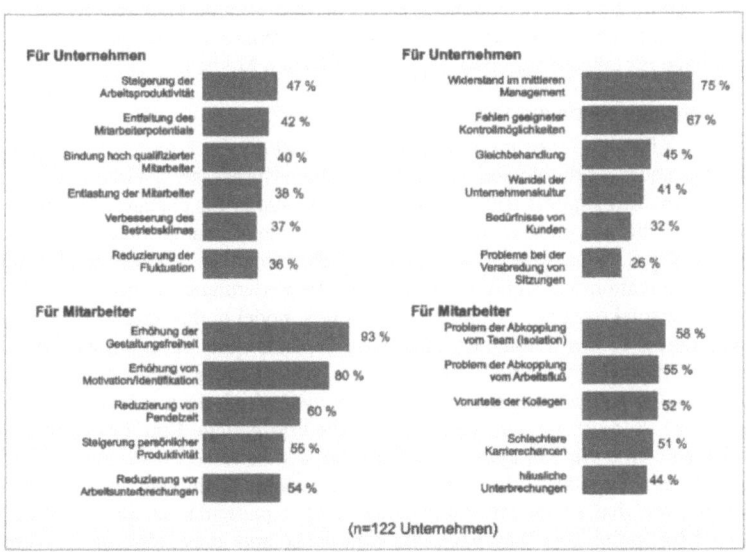

Abbildung 3.2-7: Nutzen und Barrieren von Telearbeit (Zusammengestellt nach Picot 1996, S. 376ff)

Sicher gibt es sehr viele Vorteile, wie z.B. eine individuelle Zeiteinteilung oder die Möglichkeit zu Hause zu arbeiten, doch sollten hier auch die kritischen Faktoren genannt werden. „Die größten sozialen Risiken sind Isolation, Vereinsamung, Selbstausbeutung, Motivationsverlust, Akzeptanzprobleme und die Meinung der anderen. Erstaunlich sind die letzten beiden Punkte – sie werden eher von europäischen Telearbeitern als von ihren US-Kollegen genannt, weil sich Europäer wesentlich strikteren gesellschaftlichen Richtlinien ausgesetzt fühlen. Besonders bei Telearbeitsprogrammen deutscher Unternehmen wurde eine abfällige Meinung der anderen als ein persönliches, durch Telearbeit verursachtes Problem genannt. Es gibt erschreckende Aussagen von Angestellten, die im Prinzip lieber zu Hause arbeiten würden, es aber vermeiden, weil ihre Nachbarn sie dann für arbeitslos halten" (Matthies 1997, S. 112).

Besonders im Hinblick auf schrumpfende Distanzen zwischen Arbeits- und Privatleben ist der Einsatz von Telearbeit zu untersuchen. Während bei nur am Arbeitsplatz durchzuführenden Arbeitsprozessen eine klare Trennung zwischen Freizeit und Arbeit stattfindet, verschwimmen bei der Möglichkeit der Telearbeit diese Grenzen. Die Arbeit unterminiert immer mehr das Privatleben, die persönlichen Arbeitszeiten verlängern sich, da eine konsequente Aufteilung in Schichten nicht vorhanden ist, häufig sogar wird das am Tage im Betrieb nicht erfüllte Arbeitspensum zu Hause in den Abend- und Nachtstunden nachgeholt, was zu einer deutlichen Verlängerung der täglichen Arbeitszeit führt.

3.2.3 Merkmale der Mensch-Technik-Interaktion

Bei der ganzheitlichen Betrachtung der Mensch-Technik-Interaktion ist weniger der einzelne technische Ablauf ausschlaggebend als die Summe aller das System beeinflussenden Faktoren. Besonders das in einen Unternehmen herrschende soziale Klima ist Grundlage für eine erfolgreiche Nutzung der Neuen Medien.

3.2.3.1 Soziales Klima zur Innovation

Das soziale Klima zu Innovation im Unternehmen ist die Grundvoraussetzung für eine Einführung neuer Technologien in die Unternehmensprozesse. „Without a social climate that provides support and meaningful justifications for changes in attitudes and behaviors, media use patterns may change little or may change much more slowly" (Monge 1987, S. 542). Monge sagt deutlich, daß ohne ein entsprechendes soziales Klima zu Innovation nur wenig oder gar keine Veränderungen möglich sind. Er führt folgendes Beispiel dazu an: „Thorn and Connoly's model in this special issue proposes that willingness to use a computer data base depends quite straightforwardly on the willingness of others to use that same data base. Also, there is a tendency for individuals to respond to media using the same medium over which the message was received" (Monge 1987, S. 539). Es wird deutlich, daß die erfolgreiche Einführung eines neuen EDV-Systems eine viel komplexere Aufgabe ist, als die reine Erstellung der Software zu sein scheint. Besonders erfolgskritisch ist die „soziale Stimmung" im Unternehmen. „... we propose that social information regarding a particular medium will be more influential for individuals who have less experience and knowledge of that medium" (Monge 1987, S. 539). Aus diesem Grunde sollte auch bei der Einführung neuer Medien das soziale Klima analysiert und ggf. bewußt verbessert werden.

Michael Müller hat in seinem Werk den Zusammenhang zwischen Arbeitszufriedenheit und Benutzerverhalten in folgendem Modell verdeutlicht.

> **Einstellung –> Verhalten –> Zufriedenheit**

Abbildung 3.2-8: Zusammenhang Arbeitszufriedenheit und Benutzerverhalten (Müller 1986, S. 30/33)

Er versucht damit darzustellen, welche Zusammenhänge zwischen der Einstellung, die primär auf dem sozialen Klima im Unternehmen beruht, dem jeweiligen Verhalten des Mitarbeiters und dessen Zufriedenheit am Arbeitsplatz bestehen. Diese Zufriedenheit besitzt natürlich eine Rückkopplung auf die Einstellung, so daß ein fortwährender Kreislauf entsteht, der als ausschlaggebend für die Innovationsmöglichkeiten eines Betriebes angesehen werden muß.

Diese Innovationsmöglichkeiten sind die Grundlage für jegliche Veränderung im Unternehmen. Im sozialen System des Unternehmens wird jeder Zustand durch treibende und hemmende Kräfte in einem Gleichgewicht gehalten. Eine Änderung des Gleichgewichtsniveaus kann nur dann ohne Störungen stattfinden, wenn sowohl die treibenden als auch die hemmenden Kräfte bereit sind, sich auf einem neuen Gleichgewichtsniveau einzupendeln. Über die Richtung der Veränderung, das heißt Innovation oder Rückschritt, bestimmt letztendlich das im Unternehmen herrschende soziale Klima, welches nicht unerheblich von der Unternehmenskultur geprägt ist (vgl. Kapitel 4.1).

3.2.3.2 Motivation zur Anwendung der Neuen Medien

Die Einführung und Nutzung der Neuen Medien am Arbeitsplatz unterscheidet sich grundsätzlich von allen vorher durchgeführten Rationalisierungsmaßnahmen bzw. technischen Innovationen. Der Unterschied zu allen vorhergehenden Entwicklungen ist darin zu sehen, daß sich die Einführung der Neuen Medien nicht nur auf den Arbeitsplatz, sondern auch auf das Privatleben der Mitarbeiter erstreckt. Nicht wenige Menschen sammeln im häuslichen Umfeld erste Erfahrungen mit den neuen Technologien, bevor diese am Arbeitsplatz eingeführt werden. Frühere technische Entwicklungen erstreckten sich ausschließlich auf das Arbeitsumfeld.

Aus diesem Grunde ist die Motivation der Mitarbeiter für die Nutzung der Neuen Medien eine besondere Herausforderung, gilt es, Mitarbeiter mit unterschiedlichstem Vorwissen für die Nutzung eines gemeinsamen Systems zu motivieren. Dabei stoßen häufig unterschiedlichste Herangehensweisen und damit Motivationsebenen aufeinander. Exemplarisch genannt seien hier zum einen die 55-jährige Sekretärin kurz vor dem Ruhestand, welche weder zu Hause noch im Dienst Erfahrungen im Umgang mit Computern gesammelt hat, und auf der anderen Seite ein 20-jähriger Sachbearbeiter, welcher sich in seiner Freizeit bereits intensiv mit der Nutzung des Computers und des Internets beschäftigt hat. Die Herausforderung für das Unternehmen besteht nunmehr darin, die verschiedenen Mitarbeitergruppen gleichermaßen für die Nutzung des neuen Systems zu motivieren.

Dies kann über verschiedene Methoden geschehen. Eine Vorgehensweise könnte zum Beispiel die Einbeziehung der mit Vorkenntnissen behafteten Mitarbeiter in die Projektgruppe zur Erstellung der neuen Anwendung sein. Dort könnten diese Mitarbeiter ihre Fachkenntnisse und Vorstellungen mit einbringen und würden so auf hoher Ebene weiter motiviert werden. Diese Mitarbeiter stehen dann im weiteren Einsatz des Systems als Multiplikatoren zur Verfügung und können somit andere Mitarbeiter zur Systemnutzung anlernen und bei Problemen Hilfestellung geben. Außerdem ist durch die Mitarbeit der aus den Fachbereichen kommenden Angestellten sichergestellt, daß das neue System den Bedürfnissen der zukünftigen Anwender Rechnung trägt.

3.2.3.3 Anwenderorientierte Schulung

Die Schulung der Benutzer wird in der Praxis leider oft vernachlässigt; es genügt keinesfalls, die Mitarbeiter mit einem oder mehreren Handbüchern ihrem Schicksal zu überlassen. Die Folgen sind in der Regel überforderte und frustrierte Benutzer; ursprünglich vorhandene positive Einstellungen zu Computersystemen können sich in Ablehnung und Abneigung umwandeln, Ängste vor Bedienungsfehlern können entstehen, letztlich kann die Systembenutzung überhaupt verweigert werden. Um diese Folgen zu vermeiden und den Benutzern eine effiziente Beherrschung der Systemfunktionalität zu ermöglichen, ist eine seriöse Schulung unumgänglich. Die Durchführung von Schulungen ist demnach ein weiteres wichtiges Kriterium zur erfolgreichen Einführung neuer Medien im Unternehmen.

Wie im vorigen Kapitel beschrieben, ist von einem stark unterschiedlichen Stand der Vorkenntnisse auszugehen. Die Herausforderung bei der Erstellung der Schulungsprogramme besteht demnach darin, den unterschiedlichen Wissensebenen gerecht zu werden und trotzdem jedem Mitarbeiter am Ende des Schulungsprogrammes annähernd das gleiche Fachwissen vermittelt zu haben. Rauenberg et al. stellen dafür Grundsätze zur EDV-Schulung von Benutzern auf und fordern, generell alle zukünftigen Nutzer in entsprechenden Schulungsprogrammen auf ihre Arbeit vorzubereiten. Sie verdeutlichen dies mit den folgenden vier Fragestellungen (vgl. Rauenberg 1994, S. 141-145):

- **Wer wird geschult ?**
  Grundsätzlich sollen alle Benutzer durch eine gründliche Ausbildung auf das neue System vorbereitet werden. Das heißt, daß auch gelegentliche Benutzer – wie z.B. Vorgesetzte, die das System nur einmal wöchentlich zur Abfrage von Statistiken benutzen – zumindest minimale Kenntnisse über den Umgang mit dem System erhalten sollten; sie werden dadurch unabhängiger von Hilfeleistungen geübter Benutzer.
- **Was wird geschult ?**
  Je besser die Ausbildung, desto besser ist auch die Nutzung der Systempotentiale! Die Vermittlung von Bedienungskenntnissen (sogenannte operative Kenntnisse) allein ist ungenügend! Es hat sich als sehr wichtig gezeigt, daß den Benutzern zusätzlich auch funktionale Kenntnisse über den Computer und die Software vermittelt werden. Erst diese Kenntnisse ermöglichen den Benutzern, sich ein realistisches gedankliches Modell - das heißt, ein vorstellungsmäßiges Abbild - der Funktionen und Zusammenhänge des Systems aufzubauen.
- **Wie wird geschult ?**
  Die erste Schulung findet vorzugsweise in Form eines ein- bis mehrtägigen, betriebsinternen Kurses mit Übungsmöglichkeiten am Bildschirm statt. Eine Mischung von Theorie mit eingestreuten praktischen Übungen des Gelernten hat sich bewährt. Online-Tutorials können der individuellen Vertiefung – im Selbststudium – und Einübung dienen, sollten aber keinen Ersatz für 'traditionelle' Schulung mit einem Lehrer bilden, da bei Unklarheiten und Rückfragen ein Lehrer bessere Erklärungsmöglichkeiten hat. Das Lernen in Kleingruppen mit gegenseitigen Unterstützungsmöglichkeiten ist empfehlenswert. Zwei Aspekte sind bei der Schulung besonders zu berücksichtigen:
  1. Aufgabenbezug   2. Den Kenntnissen angepaßte Schulung
- **Wann wird geschult ?**
  Die Schulung muß mit der Systemeinführung zeitlich so koordiniert werden, daß das Gelernte laufend angewendet bzw. geübt werden kann. Erfolgt die Schulung – wie im Beispiel ‚Schneeballprinzip' – zu früh, so gehen die operativen Kenntnisse infolge Nichtanwendung verloren; al-

Innovative Unternehmenskommunikation – Dimension Mensch 75

lenfalls können theoretische Grundbegriffe und funktionale Kenntnisse einige Zeit vor der Einführung vermittelt werden. Neben der Schulung in Kursen sollte für die Benutzer auch Literatur über das System wie z.b. verständliche, didaktisch aufbereitete Handbücher u.ä. verfügbar sein, damit sie im Selbststudium ihr Wissen erweitern bzw. vertiefen oder Gelerntes – aber bis anhin nicht Gebrauchtes – wiederholen können. Während der Einführungsphase sollte auch jederzeit ein Experte zumindest telefonisch erreichbar sein; in der Regel bevorzugen Benutzer gerade in dieser Phase menschliche Unterstützung gegenüber einer Unterstützung durch Handbücher, Hilfesysteme und Lernprogramme, weil ein Experte besser kontextbezogene, auf individuelle Bedürfnisse abgestimmte Hilfe leisten kann.

Darüber hinausgehend ist zu beachten, daß die Weiterbildung nicht nur die Mitarbeiter erfaßt, die von der Einführung neuer Techniken – u.a. neuer Informations- und Kommunikationstechniken – direkt betroffen sind, sondern auch diejenigen Mitarbeiter, die indirekt durch allgemeine Struktur- und Organisationsveränderungen in den Modernisierungsprozeß involviert werden. Insbesondere ist dabei auf die Qualifizierung von höheren und mittleren Führungskräften zu achten, die die Veränderungen mit tragen müssen.

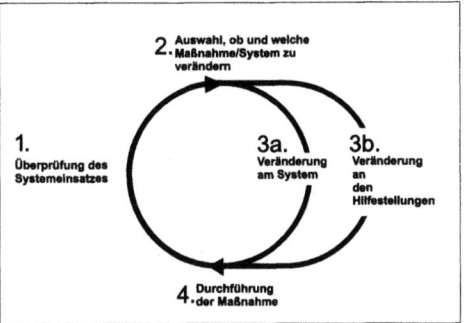

Abbildung 3.2-9: Regelkreis zur Erfolgsbestimmung von organisatorischen Hilfestellungen

Viele dieser Entscheidungsträger begreifen eben nicht, daß mit der Realisierung von technischen Innovationen auch organisatorische und strukturelle Veränderungen einhergehen müssen. Auf diese Weise wird die technische Innovation durch ein konservatives Verständnis des Technikumfelds gebremst. Die neuen Techniken allein machen noch keinen Fortschritt aus. Erst die Formen ihres Einsatzes, ihrer strukturellen und organisatorischen Einbettung sind entscheidend (vgl. Klimsa 1994, S. 6ff).

In diesem intraorganisatorischen Kontext sind auch die weitergehenden Betreuungs- und Unterstützungsmaßnahmen des Unternehmens während der Nutzung des eingeführten Systems zu verstehen. Dazu gehören u.a. folgende organisatorische Hilfestellungen:

- Gute Dokumentation in Form von Handbüchern
- Interaktive online-Hilfesysteme
- FAQ-Datenbank
- Diskussionsforum zum Erfahrungsaustausch der Nutzer
- Weiterbildungsveranstaltungen
- Service-Hotline mit fachkompetenter Besetzung
- Wissensbroker[23] in der Abteilung
- (Nach-)Evaluation

---

[23] Wissensbroker: Mitarbeiter, der, durch zusätzliche Trainings qualifiziert, als erste Anlaufstelle in der Abteilung bei Problemen weiterhilft.

Zusätzlich zu diesen dargestellten Möglichkeiten zur Hilfestellung während des laufenden Betriebes ist ein geeignetes Controlling zur Erfolgsbestimmung in regelmäßigen Abständen durchzuführen. Unter diese regelmäßige Evaluation fallen nicht nur die Schulungsmaßnahmen im Sinne eines modernen Bildungscontrollings, sondern auch die Beobachtung der erfolgreichen Unterstützungsleistungen etwa durch die Service-Hotline.

Die beschriebene Evaluation des Systemerfolges erscheint auf den ersten Blick als sehr aufwendig und kostenintensiv, doch bedingt durch den Einsatz der Neuen Medien bieten sich automatische Meßverfahren geradezu an. So sollte ein modernes EDV-System so ausgelegt sein, daß es Fehlbedienungen der Nutzer protokolliert. Werden diese Daten nun mit den Protokollen der Hotline, den Zugriffen auf die FAQ-Datenbank oder mit Fragebogenergebnissen verglichen, so lassen sich dezidiert Schwachstellen im System erkennen und durch verbesserte Schulungsmaßnahmen oder Veränderungen im System beheben. Besonders der letztgenannte Punkt wird nur sehr selten durch Entscheider in Erwägung gezogen, da durch eine Änderung am System hohe Kosten entstehen können. Das eigentliche Problem dabei ist jedoch, daß die durch Fehlbenutzung und Falscheingaben entstehenden Kosten nicht genau berechnet werden können. Somit schrecken Entscheider viel zu häufig vor Investitionen zurück, welche ein System verbessern würden, da ihnen nicht bewußt ist, daß durch eine Unterlassung der Verbesserung deutlich höhere Kosten auflaufen.

Zusammenfassend läßt sich zum Thema Schulungen sagen, daß die Durchführung von Weiterbildungsveranstaltungen vor, während und/oder nach der Einführung von Neuen Medien im Unternehmen einen der erfolgskritischsten Punkte ausmacht. Nur durch eine hohe fachliche und didaktische Qualität dieser Schulungsmaßnahmen kann der zukünftige Benutzer auf das neue System trainiert werden und dieses dann im Betrieb auch mit allen seinen Funktionen erfolgreich einsetzen. Es gibt darüber hinaus verschiedenste Methoden, dem Nutzer Hilfestellungen in Problemfällen zur Seite zu stellen, doch ist eine regelmäßige Überprüfung des Erfolges und der Leistungsfähigkeit geboten, da sonst wenig effektive Systeme über Jahre hinweg im Einsatz bleiben, ohne dem Nutzer einen Mehrwert zu schaffen.

3.2.3.4 Betreuung in der technischen Arbeitswelt (Service)

Die Unterstützung der Benutzer bei Problemen zum Zeitpunkt der Einführung und während des laufenden Betriebes ist ein weiteres wichtiges Kriterium für einen erfolgreichen Einsatz des Systems im Unternehmen. Wie bereits im vorigen Abschnitt erläutert, stehen dafür unterschiedliche Methoden zur Verfügung. Eines der genannten organisatorischen Mittel ist der Betrieb einer Service-Hotline, mit einem Team von EDV-Experten, welche bei Problemen oder Fragen für den Nutzer zur Verfügung stehen. Diese „Neudeutsch" als „Helpdesk" bezeichneten Gruppen werden meist durch die hauseigene IT-Abteilung besetzt und sind über eine Service-Telefonnummer für den Endanwender erreichbar. Dort wird versucht, die Probleme des Nutzers im Dialog am Telefon zu lösen. Können dessen Fragen nicht am Telefon beantwortet werden, so stehen heute Systeme zur Verfügung, welche eine Fernwartung der eingesetzten Geräte vor Ort ermöglichen. Der Service-Mitarbeiter kann damit von seinem Computer direkt auf den problembehafteten Computer des Anwenders zugreifen und dort ggf.

Änderungen vornehmen. Das Konzept sieht vor, daß nur in seltenen Fällen ein Servicemitarbeiter direkt am Arbeitsplatz des Nutzers Hilfestellung geben muß. Lange Wege und Wartezeiten sollen so verhindert werden.

Soweit die Theorie. Leider sieht die Wirklichkeit in vielen deutschen Unternehmen anders aus. Die Probleme beginnen meist bereits mit der Erreichbarkeit der Helpdesk-Mitarbeiter. Nicht selten ist die Telefonleitung besetzt oder der Service überhaupt nicht erreichbar. Hat man dann einen Mitarbeiter am Telefon, so ist dieser nicht selten ein Fachmann für einen ganz anderen Bereich oder er versucht, in langen Diskussionen eine Lösung zu finden, indem er den Benutzer am Telefon verschiedenste Einstellungen ausprobieren läßt. Diese wenig zielführende Herangehensweise ist der Tatsache geschuldet, daß die Fernwartungsmöglichkeiten heute nur sehr selten genutzt werden. Da aus Kosten- und Zeitgründen das persönliche Erscheinen des Servicemitarbeiters vom Management nicht gewünscht wird, werden nicht selten fadenscheinige Ursachen für die Störung herangezogen und so der persönliche Besuch beim Mitarbeiter für unnötig erklärt.

Ein sehr beliebtes Beispiel dafür ist die Aktualität des Betriebssystems. Da das Windows-Betriebssystem[24] noch nie fehlerfrei ausgeliefert wurde, müssen in regelmäßigen Abständen sog. Servicepacks eingespielt werden. Tritt bei einem Computer nun ein Fehler auf, und die Problemlösung kann nicht sofort am Telefon gefunden werden, so lautet die nächste Frage nach der Version des Servicepacks. Antwortet der hilflose Nutzer, so ist es meist die falsche Version, entweder die installierte Software ist noch nicht für die neue Version zugelassen oder arbeitet erst ab Version X mit dem System fehlerfrei zusammen. Statt nun eine Erneuerung, ein sog. Update, zu veranlassen erfährt der Nutzer nur, daß seine Systemkonfiguration angeblich so nicht funktionsfähig ist und das Gespräch wird beendet. Dieses Beispiel zeigt, wie kompliziert eine wirklich hochwertige benutzerorientierte Hilfestellung ist. Der richtige Weg wäre entweder die Erneuerung des Betriebssystems gewesen oder, wie die Praxis oft zeigt, eine einfache Änderung der Einstellungen, da die oben beschriebene Begründung meist nur eine Ausrede darstellt, wenn die richtige Lösung dem Servicemitarbeiter nicht bekannt ist. Aus diesem Grunde versuchen viele Benutzer erst sehr lange, alleine mit ihrem Problem fertig zu werden, bis sie sich an den Helpdesk wenden.

Gute Erfahrungen sind stattdessen mit entsprechend geschulten Multiplikatoren gemacht worden, Mitarbeitern in den Fachabteilungen, die für die alltäglichen Hilfestellungen geeignet sind. Diese Mitarbeiter können im Gegensatz zum Angestellten im Helpdeskbereich ihre Kollegen und deren Vorwissen viel besser einschätzen und wissen um die nicht selten mehrfach in den Bereichen auftretenden kleinen Probleme. Auf diese Weise ist eine schnelle, effiziente und qualitativ hochwertige Hilfestellung möglich. Für darüber hinaus gehende Fragestellungen muß jedoch zusätzlich ein zentraler Servicebereich vorgehalten werden, welcher den sog. „Second Level Support" durchführt, also bei schwierigen Problemen tätig wird, welche die Multiplikatoren nicht mehr alleine lösen können. Bei der Durchführung des „Second Level Support" ist auf eine sehr hohe Qualifikation des Personals zu achten, da die dort auftretenden Fragen meist besonders detailliertes Spezialwissen voraussetzen.

---

[24] Windows ist ein eingetragenes Warenzeichen der Firma Microsoft.

3.2.3.5 Technikakzeptanz

Schon seit Urzeiten betrachten Menschen Veränderungen, z.B. die Einführung neuer Techniken, mit großer Skepsis. So wurde z.B. die Einführung der Eisenbahn im 19. Jahrhundert von vielen Zeitgenossen sehr skeptisch aufgenommen. Die wissenschaftliche Zeitung *Quarterly Review* schrieb zum Beispiel im Jahre 1819: „Wir verspotten die Idee einer Eisenbahn als praktisch unausführbar. Gibt es etwas Lächerlicheres als das Projekt eines Dampfwagens, welcher zweimal so geschwinde gehen soll als unsere Postwagen? Eher ließe sich erwarten, daß man sich im Artillerie-Laboratorium zu Wootwich mittels einer Rakete befördern läßt, als durch die Gnade einer doppelt so schnell als unsere Postwagen laufenden Lokomotive" (Staisch 1977, S. 29). Zur gleichen Zeit stellte ein Flugblatt, die folgenden Behauptungen zum Thema Eisenbahn auf: „...alle Häuser in der Nähe der Bahn werden in Brand gesteckt, das Getreide reift nicht mehr, die Wiesen werden verdorren, die Kühe hören auf zu weiden, Hühner werden keine Eier mehr legen, die Vögel in der Luft ersticken, Fuhrleute und Kutscher müssen samt ihren Pferden verhungern, der Luftdruck tötet die Passagiere..." (Staisch 1977, S. 30).

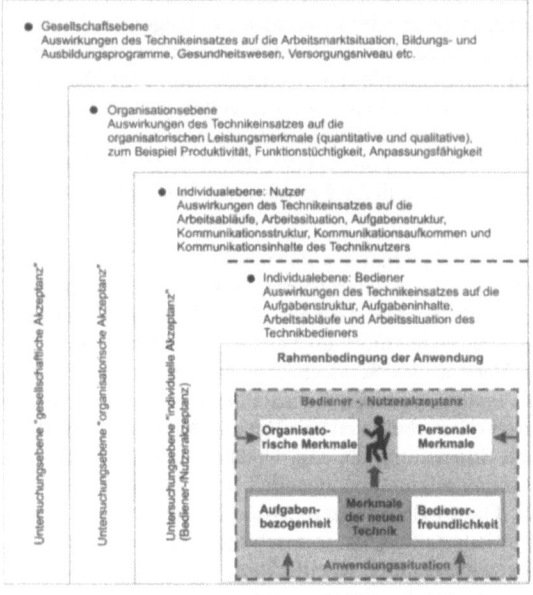

Abbildung 3.2-10: Allgemeines Akzeptanzmodell für die Annahme neuer Technik am Arbeitsplatz (Picot 1984).

Auch in unserem Jahrhundert lassen sich solche Verhaltensweisen beobachten. Als Anfang der 80er die ersten Industrieroboter in Betrieb genommen wurden, wurde diese Technologie öffentlich als der Arbeitsplatzkiller Nummer eins in Europa verdammt und die Einführung der Personalcomputer am Arbeitsplatz wurde Ende der 80er Jahre mit ebensolcher Skepsis betrachtet. Obwohl der PC am Arbeitsplatz heute nicht mehr wegzudenken ist, gibt es noch immer einzelne Mitarbeiter in den Firmen, die die Arbeit mit einem Computer schlichtweg ablehnen. Aber auch bei vielen anderen Beschäftigten haben sich Ängste gegenüber der Einführung von elektronischer Datenverarbeitung am Arbeitsplatz aufgebaut. Nur ein geringer Anteil von Beschäftigten geht ohne Ängste mit der Technik um und ist durch Schulungen bzw. autodidaktische Fähigkeiten in der Lage, einen Großteil der angebotenen Funktionen auch zu nutzen. Entscheidend für den persönlichen Umgang mit der Technik ist die Akzeptanz, die jeder einzelne dem Medium entgegenbringt. Diese Technikakzeptanz kann auf drei Ebenen aufgegliedert werden: Auf die gesellschaftliche, auf die organisatorische und auf die Individualebene (vgl. Picot 1984, S. 159ff).

1. Gesellschaftliche Akzeptanzebene

Obwohl es kritische Stimmen zur Technik in allen Lebensbereichen gibt, zeigen Befragungen der Bevölkerung, daß die überwiegende Mehrheit nicht gerade technikfeindlich ist, wohl aber wird eine deutliche Skepsis und ein erhebliches Unbehagen zum Ausdruck gebracht. Die gesellschaftlichen Akzeptanzfaktoren überlagern alle übrigen auf der Organisations- und auf der Individualebene. Sie betreffen Auswirkungen des Technikeinsatzes auf die Arbeitsmarktsituation, Bildungs- und Ausbildungsprogramme, Gesundheitswesen, Versorgungsniveau etc.

2. Organisatorische Akzeptanzebene

Vom Standpunkt der Organisation hängt die Bereitschaft zur Aufnahme neuer Technik entscheidend davon ab, welchen ökonomischen Nutzen sie für die Aufgabenerfüllung stiften und welche zusätzlichen Kosten entstehen, das heißt von Wirtschaftlichkeitsüberlegungen. Der ökonomische Nutzen neuer Kommunikationstechnik ist nicht leicht feststellbar und kann häufig nur langfristig in Rechnungsgrößen ausgedrückt werden. Für die Auswirkungen der Kommunikationstechnik auf Kosten und Leistungen, ja sogar auf die Organisationsstruktur und die Arbeitsabläufe, ist weniger die Technik selbst als vielmehr die organisatorische Anwendung der Technik bestimmend. Mit den unterschiedlichen Einsatzkonzepten fallen auch unterschiedliche Folgewirkungen für Mensch und Organisation zusammen. Eine positive Tendenz organisatorischer Folgen der Anwendung neuer Kommunikationstechnik im Büro bildet eine wesentliche Voraussetzung für die Akzeptanz der Kommunikationstechnik auf der organisatorischen Ebene, im einzelnen aber auch auf der Ebene der Aufgabenträger (Individualebene).

3. Individualebene der Akzeptanz

Auf der Individualebene, auf der Ebene der betroffenen Menschen im Büro, sind technische Innovationen dann mit positiver Aufnahmebereitschaft verbunden, wenn sie den Arbeitsplatz nicht in Frage stellen, den Arbeitsvollzug effizienter machen und zu einer Verbesserung der Arbeitssituation beitragen. Positive und negative Technikfolgen am Arbeitsplatz werden im Falle der Mikroelektronik besonders in Bezug auf physische und psychische Belastung, die Arbeitsinhalte und Arbeitsstrukturen, Qualifikation und Ausbildung und auf die Sozial- und Gruppenstruktur diskutiert. Damit sind die wichtigsten Akzeptanzfaktoren auf der Ebene der Mensch-Maschine-Beziehung am Arbeitsplatz angesprochen. Auf der Individualebene sind für die Fragestellungen der Akzeptanz zwei Anwendergruppen zu unterscheiden, diejenigen, die unmittelbar mit der Technik interagieren und über das Technikhandling ihre Aufgaben erfüllen. Und diejenigen, die nur mittelbar (zum Beispiel über eine Sekretärin) mit Hilfe der Kommunikationstechnik ihre Aufgaben erfüllen.

Für eine hohe Akzeptanz Neuer Medien am Arbeitsplatz lassen sich folgende Faktoren identifizieren:

- Den Bedürfnissen der Nutzer angepaßte Technik
- Gezielter Entwicklungs- und Einführungsprozeß (Umfassendes Projektmanagement)
- Einbeziehung der Anwender während des Implementierungsprozesses
- Gezielte Information der Benutzer (Internes Marketing für das Projekt)
- Qualitativ hochwertige Schulung und Einweisung
- Unterstützendes Verhalten von Vorgesetzten
- Einbeziehung der Technik in alle organisatorischen Abläufe (Durchgängigkeit)
- Klare Arbeitsteilung und Aufgabenorganisation
- Mensch-Computer-Funktionsteilung
- Ausreichendes Anwendungspotential der Technik
- Leichte Bedienbarkeit – Benutzungsoberfläche (Softwareergonomie)
- Verfügbarkeit der Kommunikationssysteme in unmittelbarer Arbeitsplatznähe
- Gute Dokumentation und Hilfestellung
- Ergonomie von Hardware sowie Arbeitsplatz und -umgebung
- Stabile Funktionalität
- Zeitnahe Unterstützung bei Problemen

Durch diese Liste wird deutlich, daß eine hohe Akzeptanz nur dann erzielt werden kann, wenn die Erwartungshaltung des eigentlichen Nutzers mit in den gesamten Integrationsprozeß aufgenommen wird. „Eine an den Ansprüchen und Wünschen des Bedieners orientierte Gestaltung der Hardware wie der Software von Bürotechnik ist notwendige Bedingung für die Akzeptanz" (Picot 1984, S. 164). Ohne die Einbeziehung dieser Akzeptanzfaktoren ist jedes noch so innovative Projekt von vorne herein zum Scheitern verurteilt.

Die von Picot geforderte Rücksichtnahme auf die Ansprüche und Wünsche der späteren Nutzer kann nur durch einen kontinuierlichen, klar gegliederten Entstehungsprozeß gewährleistet werden. Durch eine enge Einbeziehung von Benutzern in diesen Entwicklungsprozeß werden die folgenden Ziele verfolgt (vgl. Rauenberg 1994, S. 7):

- **Innovation**
  Es werden innovativere Lösungen entwickelt, in welche neben dem technischen Wissen der Entwickler auch das Fachwissen der Benutzer einfließt.
- **Identifikation**
  Die Entwickler wie auch die Benutzer können sich mit der Entwicklungsarbeit sowie mit der Lösung besser identifizieren. (Akzeptanz!)

Zur Erreichung dieser Ziele müssen nach Rauenberg folgende Grundbedingungen erfüllt sein:

- **Integration**
  Aufgabenspezifische, benutzerspezifische und technische Anforderungen müssen integrativ analysiert und in der Umsetzung berücksichtigt werden.
- **Interaktion**
  Entwickler und Benutzer müssen die Möglichkeit haben, direkt miteinander zu interagieren, damit sich gegenseitiges Verständnis entwickeln kann.
- **Iteration**
  Der Entwicklungsprozess muß so angelegt sein, daß innerhalb einzelner Phasen wie auch über Phasen hinweg iteriert werden kann. Nur so können Veränderungen in den Anforderungen aufgefangen, getroffene Entscheidungen überprüft, Gestaltungsvorschläge, Konzepte evaluiert und gegebenenfalls frühzeitig korrigiert werden.

- **Akzeptanzbarrieren der Anwender**

Werden diese Akzeptanzfaktoren und die damit zusammenhängenden Herangehensweisen nicht beachtet, so entsteht Widerstand gegen die Neuerung. „Allgemein gesprochen entsteht Widerstand gegen Veränderung, weil oft das Gleichgewichtsniveau als Ausdruck einer „sozialen Gewohnheit" selbst einen Wert bekommen hat" (Lewin 1963). Im Einzelnen können als Ursachen für Widerstand unterschieden werden (vgl. Ulrich 1993, S. 14):

- Generelle Unsicherheit gegenüber Neuem
- Gefühl von Kontrollverlust
- Selektive Wahrnehmung der Vorteile des alten Zustands/der Nachteile der Veränderung
- Verlust von Privilegien und „liebgewonnenen" Gewohnheiten

Wenn dazu noch einzelne Mitarbeiter ihre persönlichen Befürchtungen nach außen kommunizieren, dann kann dies weitreichende Folgen haben, wie das folgende Zitat belegt: „However, if key individuals in the social network express concerns over information security, this fear may diffuse and decrease system use throughout the organization. In this case, objective features of security have considerably less effect than the unfounded fears communicated in the social enviroment" (Monge 1987, S. 544).

Innovative Unternehmenskommunikation – Dimension Mensch 81

Zustimmung Begeisterung Aktive Mitarbeit Bereitwilligkeit Mitarbeit unter Druck Duldung Gleichgültigkeit Fehlende Lernbereitschaft Ausweichen Protest Mißbrauch Sabotage **Ablehnung**	Es zeigt sich demnach, daß vor, während und nach der Einführung Neuer Medien-System im Unternehmen aktiv an einem positiven sozialen Umfeld gearbeitet werden muß. *Abbildung 3.2-11: Akzeptanzspektrum nach Helmreich (Helmreich 1980, S. 21-22; Müller 1986, S. 14)*

Zur Verdeutlichung, welche Formen von Mitarbeiteraktionen durch fördernde und hemmende Faktoren ausgelöst werden können, ist im Folgenden das Akzeptanzspektrum nach Helmreich dargestellt. Viele der genannten negativen Erscheinungsformen werden durch die verschiedensten beim Anwender vorhandenen Akzeptanzbarrieren ausgelöst. Alleine Hoffmeister benennt über zwanzig solcher Innovationsbarrieren, die allgemein sowohl den Entstehungs- als auch den Anwendungsprozeß erheblich behindern können:

Innere Barrieren	Äußere Barrieren
• Fehlende Motivation, häufig als Folge eines falschen Führungsstils oder fehlender Anreize • Innovationshemmende Organisationsstrukturen wie z.B. zu große räumliche und hierarchische Distanz zwischen Innovationseinheiten und Entscheidungszentrum • Unzureichende Kommunikation und damit fehlender Informationsfluß • Trägheit, hervorgerufen durch Unkenntnis der Innovationsnotwendigkeit • Ungenügend fundierter Innovations-Entscheidungsprozeß • Fehlende Strategie und Zielsetzung • Mangelnde Durchsetzungskraft • Fehlender Arbeitskräftespielraum („Slack") vor allem in der Ideengenerierungsphase • Fehlende Flexibilität der Systemstrukturen und fehlende Personalbewegung • Zieldivergenzen zwischen Subsystemen • Fehlendes Fachpersonal • Fehlende Finanzmittel	• Eingriffe in die Marktfreiheit • Übertriebene und umständliche Genehmigungsverfahren • Gesetzesflut • Rationalisierungs-Schutz • Kosten aus kollektiven Abkommen • Unkenntnis der wirtschaftlichen und technischen Zusammenhänge, die Widerstände aufbauen • Unternehmerfeindlichkeit • Technikfeindlichkeit • Fehlende Fachkräfte • Fehlende steuerliche Anreize • Schwierige Finanzmittelbeschaffung • Kleiner Heimmarkt

Tabelle 3.2-2: Allgemeine Neuerungsbarrieren (Vgl. u.a. Hofmeister 1981, S. 103ff u. S. 120; Picot 1983a, S. 30)

Zusätzlich zu diesen allgemeinen Akzeptanzbarrieren benennen Picot und Reichwald spezielle Akzeptanzbarrieren, welche ihrer Meinung nach bei der Einführung neuer Kommunikationssysteme hervortreten:

Innere Barrieren	Äußere Barrieren
• Fehlendes Bedarfsbewußtsein der Anwender • Mangelndes Analyseinstrumentarium • Fehlende Einsatzkonzepte • Fehlendes Netzwerkdenken • Problem der Zuständigkeiten • Verkürzte Wirtschaftlichkeitsbetrachtungen • Mangelnde Implementierungsstrategien • Fehlende Benutzerfreundlichkeit der Technik • usw.	• Mangelnde Bedarfsorientierung der Hersteller • Technikvielfalt und „imaginärer" Markt • Ungeeignete Vertriebswege • Software-Engpaß • Neuerungsdynamik • Problem der „kritischen" Masse • Mangelnde Kompatibilität der Technik • Medienbrüche • Wertewandel und Wirkungsdiskussion • usw.

Tabelle 3.2-3: Spezielle Akzeptanzbarrieren (Picot 1983a, S. 16)

Die Vielzahl dieser Barrieren beweist eindrucksvoll, wie wichtig es ist, hemmende Faktoren von vorne herein in die Systemplanung einzubeziehen. Die Herausforderung für alle Entwicklungsprojekte liegt demnach in einer Symbiose technischer Innovation, benutzergerechter Anpassung und traditioneller Funktionsweise in ein ganzheitliches System.

- **Akzeptanzbarrieren des Managements**

Viele der bereits genannten Akzeptanzbarrieren treffen auch auf die Entscheider im Management zu. Ausschlaggebend ist, ob sie mittelbar oder unmittelbar mit dem System in Berührung kommen, d.h. es selber nutzen oder nicht. Nutzt ein Manager selber das System, so treffen alle zuvor genannten Barrieren der Anwender auch auf ihn zu.

Darüber hinaus bestehen gewisse Akzeptanzbarrieren, auch wenn die Mitglieder des Managements weder direkt noch indirekt mit dem System arbeiten. Diese Barrieren sind für die technische Innovation im Unternehmen noch viel bedeutender als die oben aufgeführten. Das Herausragende an diesen Barrieren ist die Tatsache, daß eine einzelne Person oder Personengruppe durch die aufgebauten Barrieren den Innovationsprozeß für das gesamte Unternehmen verzögern oder schlimmstenfalls verhindern kann. Eine weitere Besonderheit dieser Akzeptanzschwierigkeiten ist darin zu sehen, daß durch die Entfernung zum eigentlichen System (Nicht-Nutzung, etc.) auch keine direkte Möglichkeit besteht, Ängste abzubauen und Kenntnisse zu erlangen. Vielfach werden mit der Einführung neuer Technologien regelrechte Existenzängste besonders im mittleren Management ausgelöst, welche technologische Entwicklungen über Jahre aufhalten können.

Ein typisches Beispiel ist die Einführung eines Intranets bei der Firma Adtranz in Deutschland. Über mehr als vier Jahre hinweg wurde durch verschiedenste Mitarbeiter und Stellen dem Management die Einführung eines einheitlichen Intranets vorgeschlagen (vgl. u.a. Haders 1996; Müller 1997), um die Flut von verschiedensten elektronischen Kommunikationsmedien unter einem Dach zu vereinen und so besser zu strukturieren. Dazu wurden in diversen Konzeptpapieren, Entscheidungsvorlagen und Prototypen die Wirtschaftlichkeit und Machbarkeit belegt, jedoch ohne Erfolg, bis heute besitzt die Firma kein browsergestütztes, einheitliches Intranet. Statt dessen wurden hochmotivierte Mitarbeiter vor den Kopf gestoßen und verließen zum großen Teil das Unternehmen. Verlierer hierbei sind die im Unternehmen verbleibenden Mitarbeiter, welche mit den unzulänglichen Informationsmitteln weiter arbeiten müssen, sowie das Unternehmen, welches sich die Chance auf eine grundlegende, zukunftsweisende Innovation genommen hat. Ließen sich die zusätzlichen Aufwände, die weiterhin durch mehrfache Datenhaltung, komplizierte Bedienung des Systems und erhöhte Wartung entstehen, in Zahlen ausdrücken, so wäre diese Entscheidung vielleicht anders ausgefallen.

3.2.4 Zusammenfassung

Wie dieses Kapitel eindrucksvoll beschreibt, werden durch die Einführung der Neuen Medien in den verschiedenen Bereichen unseres Lebens grundlegende Veränderungsprozesse angestoßen. Vieles vom traditionellen Verständnis verliert seinen Wert und muß durch lebenslanges Lernen ergänzt werden. Es eröffnen sich für die Anwender völlig neue Möglichkeiten der Kommunikation und des Wissenserwerbes. Diese neuen Möglichkeiten werden sich nicht nur auf den Austausch von Informationen, sondern auch auf das zwischenmenschliche Zusammenleben beziehen. Es werden virtuelle Welten erschlossen werden, welche dem Individuum persönliche Entfaltungsmöglichkeiten noch nicht dagewesenen Umfanges ermöglichen werden.

Die Unternehmenslandschaft wird sich diesen Entwicklungen anpassen müssen. Die traditionell hierarchiegeprägten Organisationsformen werden sich zu amöbenhaften, temporär zusammenarbeitenden Einheiten verändern. Aufgabenbereiche werden zum großen Teil eigenverantwortlich durch die Mitarbeiter ausgeführt werden müssen.

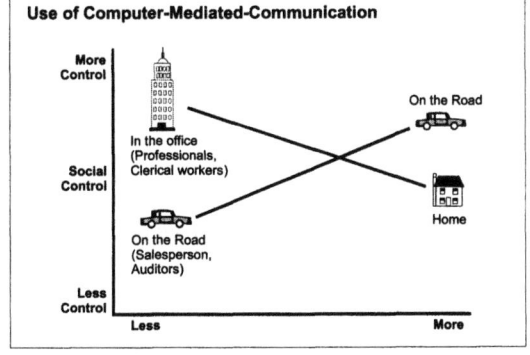

Abbildung 3.2-12: Zusammenhang zwischen Technisierung und sozialer Kontrolle (Sproull 1991a, S. 118)

Für die optimale unternehmerische Nutzung der Potentiale neuer Techniken und neuer Marktchancen ist es von zentraler Bedeutung, welche neuen Rollen der Mensch im Rahmen neuer Unternehmenskonzepte (wie z. B. modularisierte, vernetzte, symbiotische oder virtuelle Strukturen) sowohl als Mitarbeiter im Wertschöpfungsprozeß als auch als Manager im Führungsprozeß einnimmt. Offensichtlich sind zur Ausfüllung der neuen Unternehmensstrukturen neue Rollenverständnisse und damit verbunden neue Qualifikationen sowie Motivationsmuster notwendig. Das Wissen über die menschliche Motivation, die Ursachen von Arbeitszufriedenheit und den Zusammenhang von Mensch, Arbeit und Leistungsprozeß wird damit zu einer essentiellen Voraussetzung für die erfolgreiche Einbindung und Führung der Ressource Mensch im Rahmen der neuen Unternehmensstrukturen.

Dazu stehen ihnen eine freie Zeiteinteilung und die Möglichkeit, außerhalb der Arbeitsräume tätig zu werden zur Verfügung. „Mit der Überwindung von technischen, organisatorischen, rechtlichen, marktlichen und räumlichen Grenzen der Unternehmung wird es für die Mitarbeiter einerseits notwendig, sich neue Kenntnisse, Fähigkeiten und Qualifikationen anzueignen. Andererseits entstehen dadurch für die Menschen auch neue Möglichkeiten zur Entfaltung von Persönlichkeits-, Leistungs- und Verantwortungspotentialen in ihrer Arbeit" (Picot 1996, S. 432). Durch den zunehmenden Einsatz von Telearbeit werden die Grenzen zwischen Arbeit und Privatleben zunehmend verschwimmen, zukünftig wird demnach jeder selber verantwortlich für die Einhaltung seiner persönlichen Arbeitszeit sein.

Durch das Internet entstehen völlig neue Märkte und Konsumgewohnheiten. Schon heute ist es möglich, nur mit Hilfe des Internets zu überleben, in dem die gesamte Kommunikation über das Netz abgewickelt wird und alle benötigten Waren im Internet bestellt werden. Reale Entfernungen schrumpfen durch die neuen Technologien zu einer virtuellen Nähe. In der menschlichen Vorstellung werden sich diese virtuellen Distanzen zu „realen" Kurzstrecken formen und so auch dazu beitragen, daß durch diese virtuelle Nähe eine Verständigung auch über

Landes- und Kulturgrenzen hinaus entstehen wird. Zunehmend werden landestypische Kulturen verschwimmen und zu einem weltweiten interkulturellen Leben führen. Aber diese neuen Technologien bergen auch immense Gefahren in sich. Die Erschaffung einer persönlichen virtuellen Welt kann sehr schnell zu einer Vereinsamung des Individuums führen, reale Kommunikationspartner werden durch perfekte, virtuelle Wesen ersetzt und eine Kommunikation mit der problembehafteten Welt unnötig werden. Die sachliche, virtuelle Kommunikation im Internet könnte den zwischenmenschlichen, emotionalen Kontakt ersetzen. Traditionelle Sicherheiten, wie z.B. feste Arbeitsplätze, werden zunehmend verschwinden und weitere Unsicherheiten z.B. durch die zunehmende Verantwortung jedes einzelnen Mitarbeiters entstehen.

Der Einsatz der Technologien kann die auf jedes Individuum ausgeübte Kontrolle deutlich verstärken. Die Abbildung verdeutlicht, daß vormals unabhängige Arbeitsaufgaben, wie z.B. im Außendienst, mit Zunahme der Technisierung einer steigenden Kontrolle ausgesetzt werden. Schon heute ist es technisch möglich, bei Telearbeitsplätzen jede Aktivität im Netz und auf dem Computer zu protokollieren. Der Arbeitgeber erhält so die Möglichkeit, eine totale Kontrolle der Arbeitsleistung jedes seiner Angestellten durchzuführen

Die Einführung der Neuen Medien wird für den Menschen demnach nicht nur Positives mit sich bringen. Sie trägt auch besondere Risiken. Im Spannungsfeld zwischen Tradition, Aufbruch und Ankommen muß daher das Bestreben der Menschen darauf gerichtet sein, möglichst viel Innovation zuzulassen, ohne allzu technikgläubig unnötige Risiken einzugehen. Die Herausforderung besteht im Fortschritt, ohne die Wurzeln aufzugeben.

3.3 Innovative Unternehmenskommunikation – Dimension Kommunikation

Die grundlegende Bedeutung der menschlichen Kommunikation zeigt sich auch darin, daß sie in Form der Sprache am Beginn der Entwicklung der menschlichen Kultur stand. Über sehr lange Zeit war die Sprache das einzige Medium zum Informationsaustausch. Erst viel später wurde die Sprache durch die Schrift ergänzt. Somit standen dem Menschen erstmals Möglichkeiten zur Verfügung, Informationen[25] für längere Zeit zu speichern oder über weite Entfernungen zu übertragen. In der Neuzeit wurden immer weitere Kommunikationsmittel erfunden, von denen einige fast schon wieder vergessen sind, wie z.B. die Rohrpost[26], welches bis in die 70er Jahre zwischen ganzen Stadtteilen als schnelles Übertragungsmedium diente (vgl. Faller 1999, S. 47-49).

In dem folgenden Kapitel wird die Kommunikation als weitere Dimension der Neuen Medien betrachtet, denn genaugenommen sind die Neuen Medien nichts weiter als ein sehr komplexes Kommunikationsmittel zur Übertragung, Speicherung und Analyse von Informationen.

---

[25] **Information**: (1) Im qualitativen Sinn das, was sich aus der Beobachtung eines Informationsträgers (dem Wahrnehmen eines Anzeichens oder Zeichens) über den Informationsgegenstand erschließen läßt, z.B. trägt eine vereiste Fensterscheibe die Information, daß es friert. (2) Im technisch definierten Sinn der Informationstheorie quantifizierbare Größe, die mit der Wahrscheinlichkeit des Eintretens eines Ereignisses korreliert: Je kleiner die Wahrscheinlichkeit des Eintretens des Ereignisses ist, um so höher ist der I.-Wert dieses Ereignisses. (Der I.-Wert. wird in 1-Bit gemessen.) Im Unterschied zur umgangssprachlichen Verwendung von I. im Sinne von »Auskunft« wird in der nachrichten-technischen Verwendung von der inhaltlichen Bedeutung der I. abstrahiert. (Bußmann 1990, S. 337)

[26] Die **Rohrpost** entwickelte sich Mitte des 19. Jahrhunderts. Latimer Clark installierte 1853 im Telegrafenamt in London die erste Rohrpostanlage. Die Firma Siemens & Halske baute 1865 die erste Stadtrohrpost in Berlin. Damals wurde damit begonnen, Rohrpostlinien von Postamt zu Postamt, von Stadtteil zu Stadtteil zu legen. Zwölf Jahre später hatte die Berliner Rohrpost eine Streckenlänge von 26,3 Kilometern, an die 15 Rohrpostämter angeschlossen waren. 1944 betrug die unterirdische Netzlänge gar 245 Kilometer! Auf 27 Linien zischten Büchsen mit einer Geschwindigkeit von zehn Metern pro Sekunde. Auch in anderen Städten wurde der Ausbau der Rohrpost vorangetrieben. Da man bereits Ende des 19. Jahrhunderts glaubte, Post werde wegen des enormen oberirdischen Verkehrsaufkommens nicht mehr rasch genug zum Empfänger gelangen, wurden in New York, Paris, Mailand ebenso Stadtrohrpostlinien gelegt wie in Köln, Wien oder Prag.

Das technische Prinzip ist stets dasselbe: Verschließbare zylindrische Rohrpostbüchsen ... werden in einem Rohrpostnetz zwischen Sende- und Empfangsstation transportiert. Die Rohrpostbüchsen werden zuvor an der Sendestelle mit einer Zielangabe versehen. Sind sie büchsengesteuert ... so wird das Ziel an einem Zahlenring an der Büchse eingestellt, der wiederum an der Schleuse einer gewünschten Zielstation abgetastet wird. Bei neueren Anlagen wird das Ziel über Mikroprozessoren an der Station elektronisch eingegeben. Mit einer Geschwindigkeit zwischen vier und acht Metern pro Sekunde rasen die entsprechenden Büchsen durch die PVC-Fahrrohre in Richtung ihres Bestimmungsortes. Was die Büchsen mit bis zu 40 Stundenkilometern Höchstgeschwindigkeit bewegt, ist das Urprinzip des Saugens, der Anfang allen Lebens. Irgendwo im Bürohaus steht ein Gebläse, „Verdichter" genannt. Den Rest erklären alle Rohrpostfanatiker mit der Begeisterung von Modelleisenbahnern: „Man saugt die Büchse aus dem Kopfbahnhof heraus und fährt sie über eine Weiche. Diese meldet, daß die Büchse passiert hat. Das Gebläse schaltet dann um, und die Luft drückt die Büchse, an deren Seiten Gleitflächen aus Filz oder Schaumstoff sind, durch das enge Rohr zur Zielstation." (vgl. Faller 1999, S. 47-49).

„Kommunikation in der Büroarbeit hat sehr vielfältige Funktionen, etwa die der Anregung, der Absicherung, der Überprüfung, der Bestätigung, der Auskunft oder der Entscheidungsfindung und -durchsetzung. Geht man davon aus, daß zwei Drittel aller Tätigkeiten im Büro mit Kommunikation verbunden sind, so wird deutlich, daß Verbesserungen der mündlichen und der schriftlichen Kommunikation etwa durch den Einsatz Neuer Medien eine Steigerung der Produktivität im Büro nach sich ziehen werden" (Picot 1984, S. 32). Was Picot damals als Bürokommunikation beschrieb, hat sich heute durch die weite Verbreitung des Internets längst auch auf das private Lebensumfeld ausgeweitet. Kommunikation ist lebensnotwendig und Grundlage für jeglichen Informationsaustausch, aus diesem Grunde muß sich jeder, der an der Einführung Neuer Mediensysteme beteiligt ist, grundlegende Kenntnisse über menschliche Kommunikationsweisen aneignen. Nur mit einem weitgehenden Verständnis der natürlichen Kommunikationsabläufe kann es gelingen, den menschlichen Informationsaustausch mit Hilfe neuer elektronischer Medien zu automatisieren.

3.3.1 Grundmerkmale menschlicher Kommunikation

Die menschliche Kommunikation ist eines der komplizierten Gebilde im Zusammenleben von Individuen. Unzählige Wissenschaftler aus den verschiedensten Fachgebieten haben sich mit dem komplexen Thema beschäftigt und versucht, den Begriff Kommunikation zu definieren. In der Literatur liegt für diesen Begriff eine kaum überschaubare Vielfalt von Definitionen vor. Klaus Merten hat alleine in seinem Werk eine Sammlung von 160 verschiedenen Definitionen zusammengestellt (vgl. Merten 1977, S. 160ff). Ziel dieses Abschnittes soll es sein, ein grundlegendes Verständnis der während der Kommunikation ablaufenden Prozesse zu erlangen. „Kommunikation soll hier also verstanden werden als ein Prozeß des Austausches von Informationen zwischen Kommunikationspartnern zum Zwecke der Verständigung" (Picot 1983, S. 38).

Sender → Nachricht → Empfänger

Abbildung 3.3-1: Elementares Kommunikationsmodell

Generell kann die menschliche Kommunikation in die zwei großen Teilgebiete *bewußte* und *unbewußte Kommunikation* gegliedert werden. Jedes menschliche Individuum ist in der Lage, Botschaften an andere zu versenden, ohne es überhaupt beabsichtigt zu haben. Watzlawik hat dies in dem berühmten Zitat „Der Mensch kann nicht *nicht* kommunizieren" (Watzlawick 1969, S. 51) sehr treffend ausgedrückt. Mit jeder Bewegung seines Körpers sendet der Mensch seiner Umwelt Botschaften, so z.B. wird durch ausgiebiges Gähnen eine Form der Müdigkeit signalisiert. Obwohl diese zur zwischenmenschlichen Kommunikation gehörenden, nur bedingt bewußt gesteuerten Sendungen für das Zusammenleben sehr wichtig sind, wurde dafür bisher kein Übertragungsmedium geschaffen. Der Wunsch des Menschen war es statt dessen, bewußt zu entscheiden, welche Informationen übertragen werden sollen. Daher sind alle bisher entwickelten Übertragungsformen so konzipiert, daß von den gesendeten Informationen eine möglichst große Menge bis zum Empfänger transportiert werden kann.

Die Abbildung eines Kommunikationsmodells[27] verdeutlicht den Prozeß einer Nachrichtenübertragung. Ein solcher Übertragungsprozeß besteht im einfachsten Falle aus zwei Personen, dem Sender der Nachricht und dem Empfänger. Zwischen ihnen wird eine wie auch immer geartete Nachricht übermittelt. Obwohl dieses Modell auf den ersten Blick sehr einfach wirkt, zeigt eine genauere Betrachtung des Modells bereits die grundlegenden Schwierigkeiten der Nachrichtenübermittlung.

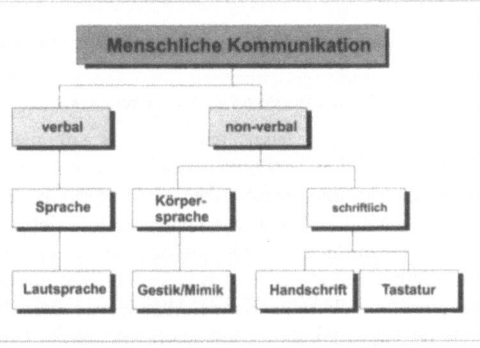

Abbildung 3.3-2: Übertragungskanäle der menschlichen Kommunikation

Der Sender als Initiator der Nachrichtenübertragung stellt die für ihn relevanten Informationen zusammen und wählt einen Übertragungskanal aus. Je nach gewähltem Übertragungskanal muß der Sender den Inhalt der Nachricht codieren, um diese für den Transport in dem gewählten Kanal vorzubereiten (vgl. u.a. Bußmann 1990, S. 388). Der Sender benutzt für die Codierung einen eigenen Schlüssel, der seinem persönlichen Individuum entspricht. Das individuelle Kodieren und Dekodieren werden beeinflußt durch (vgl. Medifan 1998):

- Selbstbild
- Motivation
- Assoziationen
- Grundeinstellungen
- Erfahrung

- Situation
- Sprache
- Kultur
- und vieles mehr

Daraufhin wird die Nachricht über den Kanal an den Empfänger verschickt, welcher diese durch einen Filter empfängt und dekodiert. Der Empfänger verändert durch seinen Filter den Inhalt der Nachricht und dechiffriert mit Hilfe seines eigenen Schlüssels die Botschaft. Die Schwierigkeiten bei der Übertragung bestehen daher darin, den Inhalt der Nachricht möglichst unverändert durch den Filter zu schicken und in einen Code zu übersetzen, welcher sowohl vom Sender generiert als auch vom Empfänger verstanden werden kann. Nur wenn beide Kommunikationspartner den gleichen Code benutzen ist eine erfolgreiche Kommunikation möglich.

---

[27] **Kommunikationsmodell**: „Schematische (meist graphische) Darstellung von Bedingungen, Struktur und Verlauf von Kommunikationsprozessen nach der Grundformel: ‚Wer sagt was mit welchen Mitteln zu wem mit welcher Wirkung?' (Lasswell 1948). Grundlage der meisten Kommunikationsmodelle ist das 1949 von C. E. Shannon und W. Weaver für nachrichtentechnische Zwecke entworfene K. Grundkomponenten des K., die je nach Erkenntnisinteresse differenziert werden, sind (a) Sender und Empfänger (Sprecher/Hörer), (b) Kanal bzw. Medium der Informationsübermittlung (akustisch, optisch, taktil), (c) Kode (Zeichenvorrat und Verknüpfungsregeln), (d) Nachricht, (e) Störungen (Rauschen), (f) pragmatische Bedeutung, (g) Rückkoppelung. Die meistdiskutierten K. unter sprachwiss. funktionalem Aspekt stammen von K. Bühler (vgl. Organonmodell der Sprache) und R. Jakobson" (Bußmann 1990, S.392).

> **Sender → Codieren → Nachricht → Filter → Decodieren → Empfänger**

Abbildung 3.3-3: Erweitertes Kommunikationsmodell

Da in der Praxis Menschen nur sehr selten über genau die gleichen Schlüssel zur Kommunikation verfügen, entwickelte der Mensch die Fähigkeit, den Erfolg seiner Kommunikationsbemühungen zu überprüfen. „Häufig machen Sender und Empfänger von der Möglichkeit Gebrauch, die Güte der Verständigung zu überprüfen: Dadurch, daß der Empfänger zurückmeldet, wie er die Nachricht entschlüsselt hat, wie sie bei ihm angekommen ist und was sie bei ihm angerichtet hat, kann der Sender halbwegs überprüfen, ob seine Sende-Absicht mit dem Empfangsresultat übereinstimmt. Eine solche Rückmeldung heißt auch Feedback" (von Thun 1996; S. 25). Der Austausch dieses Feedbacks geschieht in den meisten Fällen in Form von unterbewußten Aktionen, bei welchen der Mensch non-verbale Übertragungskanäle einsetzt. Zusätzlich können diese verschiedenen non-verbalen Formen zur Kommunikation, z.B. Mimik oder Gestik, den Sinn der verbalen Kommunikation unterstützen, aber auch ins Gegenteil verdrehen (vgl. Luhmann 1973).

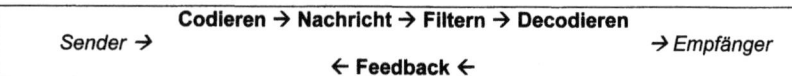

Abbildung 3.3-4: Modell interaktiver menschlicher Kommunikation

In jedem Fall wird der Empfänger der Nachricht in irgendeiner Form auf die erhaltene Information reagieren. „Ganz allgemein läßt sich sagen, daß eine Information dann eine Wirkung hat, wenn sie in irgendeiner Form Erlebnis- oder Verhaltensprozesse eines Menschen beeinflußt. Diese noch relativ abstrakte Kennzeichnung kann in einem ersten Schritt präzisiert werden, wenn man ... direkte und indirekte Wirkungen der Informationen differenziert: Die direkten Wirkungen bestehen in der Hervorbringung informationeller Prozeßergebnisse intraindividueller Art; wirken sich diese intraindividuellen Ergebnisse auf das beobachtbare Verhalten des Individuums aus, wird von indirekten Wirkungen der Informationen gesprochen" (Hildebrand 1983, S. 122f). Der Empfänger reagiert in einer entsprechenden Form, nachdem er die übermittelte Nachricht entschlüsselt hat, und entscheidet dann auf Grundlage der Situation und seiner persönlichen Erfahrungen über eine geeignete Reaktion. Sollten dem Empfänger weitere Informationen zu seiner Entscheidungsfindung fehlen, so wird er das Feedback als (Rück-) Kommunikationskanal nutzen, um weitere entscheidungsrelevante Informationen vom Sender zu erlangen. „Kommunikation hat immer zwei Funktionen: Eine inhaltliche (Übertragung einer Sachinformation) und eine soziale Funktion (Entwicklung der persönlichen Beziehung)." Die „inhaltliche(n) Aspekte des Informationsaustausches können in großem Umfang durch digitale Kommunikation übermittelt werden. Für die soziale Komponente, für die zwischenmenschlichen Beziehungen, braucht man analoge Kommunikationsformen" (Picot 1984, S. 41). Picot drückt damit aus, daß bei der Nutzung digitaler Übertragungskanäle weniger die zwischenmenschliche Interaktion als der reine sachliche Inhalt der Nachricht übermittelt werden kann. So ist z.B. bei der Übermittlung von Nachrichten via eMail ein non-verbales Feedback unmöglich.

Diese eingeschränkte bzw. fehlende Möglichkeit, auch non-verbale Rückmeldungen mit Hilfe der Neuen Medien an den Kommunikationspartner zu senden, kann in der Praxis zu Störungen der Kommunikation führen. Für ein besseres Verständnis dafür, wie diese Störungen entstehen können, soll im folgenden ein kurzer Exkurs stattfinden, welcher die Kommunikation aus der Sicht der Kommunikationswissenschaften beleuchtet.

3.3.1.1 Definition aus dem Blickwinkel der Kommunikationswissenschaften

- **Aufgaben der Kommunikationswissenschaften**

Die Kommunikationswissenschaft beschäftigt sich primär mit der Untersuchung der Bedingungen, der Struktur und des Verlaufs des Informationsaustauschs. Damit umfaßt das Forschungsgebiet sowohl gesellschaftswissenschaftlich orientierte Forschungsrichtungen, die sich mit Kommunikationsprozessen unter psychologischen, soziologischen, ethnologischen, politologischen oder sprachwissenschaftlichen Aspekten beschäftigen, als auch die nachrichtentechnischen Disziplinen der Informationsverarbeitung mittels datenverarbeitender Maschinen. „Im engeren Sinne gilt Kommunikationswissenschaft als Oberbegriff für alle Untersuchungen zu Bedingungen, Struktur und Verlauf von zwischenmenschlicher Verständigung, die in enger Beziehung stehen zu Psychologie, Soziologie, Anthropologie, Sprachwissenschaft u.a. und sich vor allem mit der Erforschung von (a) Kommunikationsmitteln, (b) Motivation und Verhalten von Kommunikationsteilnehmern sowie (c) den soziokulturellen Rahmenbedingungen von Kommunikation beschäftigen" (Bußmann 1990, S. 393).

Ohne die grundlegende Forschung der Kommunikationswissenschaft wären heute viele Zusammenhänge der zwischenmenschlichen Kommunikation noch immer im Dunkeln. Im Hinblick auf die Verwendung Neuer Medien für Zwecke einer innovativen Unternehmenskommunikation steht die Abbildung realer Kommunikationsprozesse auf elektronische Medien im Vordergrund. Dafür scheint es wichtig zu sein, sich genauer mit der Kommunikation als solcher und deren Inhalten auseinander zu setzen. Das Wort Kommunikation kommt aus dem Lateinischen „communicatio" und bedeutet übersetzt „Mitteilung". Im heutigen Sprachgebrauch ist unter Kommunikation „jede Form von wechselseitiger Übermittlung von Information durch Zeichen oder Symbole zwischen Lebewesen (Menschen, Tieren) oder zwischen Menschen und datenverarbeitenden Maschinen" (Bußmann 1990, S. 392) zu verstehen. Dafür können sprachliche und nichtsprachliche Mittel, wie Gestik, Mimik, Stimme u.a., eingesetzt werden. Somit ist der Mensch in der Lage, auch komplexe Informationspakete (bestehend aus verschiedenen verbalen und non-verbalen Informationsinhalten) zu versenden oder aufzunehmen.

Zum besseren Verständnis der komplexen Zusammenhänge eines Kommunikationsvorganges werden durch die verschiedenen Wissenschaften Kommunikationsmodelle benutzt. Kommunikationsmodelle sind schematische, zumeist grafische Darstellungen, welche Sender und Empfänger sowie die Nachricht und ggf. weitere Einflüsse auf die Kommunikation zeigen. Ursprünglich wurde das erste mathematische Kommunikationsmodell 1948 unter dem Titel „Mathematical Theory of Communication" durch die Mathematiker Claude E. Shannon und Warren Weaver für nachrichtentechnische Zwecke entworfen.

Beide arbeiteten damals im Laboratorium der Bell Telefongesellschaft. Ihre Aufgabe bestand in der Entwicklung theoretischer Werkzeuge zum Optimieren der Telefontechnik. Die Situation, die sie zu untersuchen hatten, war also die zweier Menschen, die miteinander telefonieren. Vergegenwärtigen wir uns diese Situation bildlich. Telefone wurden damals vorzugsweise in geschlossenen Räumen

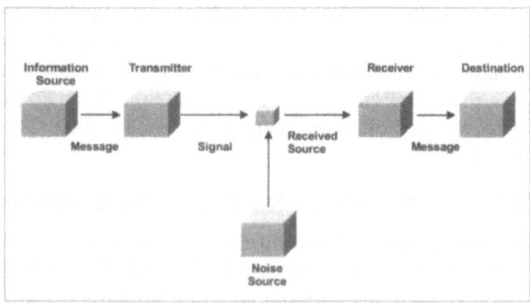

Abbildung 3.3-5: Kommunikationsmodell nach Claude E. Shannon und Warren Weaver (Shannon 1976, S. 16)

benutzt. Wir haben also zwei Menschen in zwei getrennten Zimmern. Verbunden sind die beiden Menschen in den beiden Räumen durch ein Kabel. In einem grafischen Schema könnte man das darstellen durch zwei Kästen, die durch eine Linie verbunden sind: „Dieses Modell beherrschte die wissenschaftlichen Studien bezüglich der Kommunikation trotz erheblicher Mängel über Jahrzehnte und wird auch heute noch bei vielen Untersuchungen verwendet. So nehmen beispielsweise sämtliche auf Laborexperimenten basierenden Untersuchungen zur menschlichen Kommunikation in ihrem Aufbau, wenn auch zum Teil unbewußt, Rückgriff auf dieses Modell" (Nitschke 1996, S. 48). Aufbauend auf diesem Modell entstanden Überlegungen, welche Inhalte über die Verbindung zwischen den Kommunikationspartnern vermittelt werden. Ende der 60er Jahre definierten Watzlawick, Beavin und Jackson die folgenden fünf Axiome, welche die Kommunikation aus sozialpsychologischer Sicht beleuchten.

Axiome der Kommunikation	
1.Axiom	Man kann nicht nicht kommunizieren.
2.Axiom	Jede Kommunikation besitzt einen Inhalts- und einen Beziehungsaspekt.
3.Axiom	Die Beziehung zwischen Kommunikationspartnern ist durch die Interpunktion von Kommunikationsabläufen geprägt.
4.Axiom	Menschliche Kommunikation bedient sich digitaler und analoger Modalitäten.
5.Axiom	Kommunikation kann auf symmetrischen und komplementären Beziehungen beruhen.

Tabelle 3.3-1: Axiome der Kommunikation nach Watzlawick, Beavin, Jackson (Watzlawick 1969)

Für den Einsatz Neuer Medien sind die beiden ersten Axiome von grundlegender Bedeutung. Daß „man nicht nicht kommunizieren kann" zeigt z.B., daß auch die Nichtbeantwortung einer eMail eine Form der Antwort darstellt. Das zweite Axiom weist darauf hin, daß nicht nur Sachinformationen übermittelt werden. Der Mensch transferiert in jedem Kommunikationsprozeß ebenfalls Informationen, welche die Beziehung zwischen den Kommunikationspartnern betreffen. Für die Schaffung digitaler Kommunikationsmedien bedeutet dies, daß besonderes Augenmerk auf diese Tatsache ge-

Innovative Unternehmenskommunikation – Dimension Kommunikation

legt wird. Angenommen, es wird nur noch mit Hilfe eines Mediums gearbeitet, welches nur die Sachinformation transportieren kann, so wird dies über kurz oder lang zu Störungen im Kommunikationsprozeß führen. Die an dem Prozeß teilnehmenden Kommunikationspartner werden auf Unsicherheiten stoßen oder Fehlinterpretationen begehen, da der Mensch daran gewöhnt ist, nicht nur auf die Sachinformation zu vertrauen. Der Hamburger Psychologe Friedemann Schulz von Thun hat Anfang der 70er Jahre das Modell „Vier Seiten einer Nachricht" geschaffen, welches mit einfachen Mitteln die Komplexität der zwischenmenschlichen Kommunikation ausdrückt.

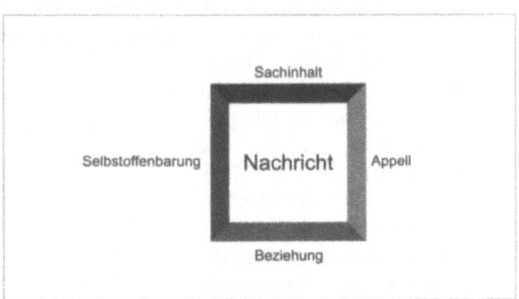

Aufbauend auf das Axiom von Watzlawick hat Schulz von Thun zwei auf den Sender gerichtete Komponenten hinzugefügt. Er teilt den Inhalt der Nachricht in die Sachebene, Beziehungsebene, die Selbstoffenbarung des Senders und den Appell an den Empfänger auf. In dem Sachaspekt berücksichtigt er die Übertragung der reinen Sachinformation, welche sehr stark kontextabhängig ist, wie er in anschaulicher Weise in seinem Werk anhand von Beispielen darstellt (vgl. von Thun 1996).

Abbildung 3.3-6: Vier Seiten einer Nachricht – ein Modellstück der zwischenmenschlichen Kommunikation (von Thun 1996, S. 14)

Unter dem Beziehungsaspekt soll die Art und Weise verstanden werden, welche Wertschätzung des anderen in der Nachricht übermittelt wird. Durch den „gewissen Unterton" können so Informationen ins genaue Gegenteil verdreht werden. Gleichzeitig steckt in jeder Nachricht eine Information, was der Sender mit dem Verschicken der Nachricht bezweckt und was er vom Empfänger als Reaktion erwartet, dies ist der Appellaspekt. Außerdem gibt jeder Mensch eine gewisse Information über sich selbst preis, wenn er kommuniziert. So läßt sich demnach aus jeder Nachricht ablesen, warum ein Sender eine Nachricht abschickt, was er damit erreichen möchte, wie er zum Empfänger steht und welches die eigentliche (Sach-)Information ist.

Mit Hilfe dieses Modell lassen sich Störungen in der menschlichen Kommunikation leichter nachvollziehen. Dies ist, wie bereits angesprochen, besonders wichtig beim Einsatz Neuer Medien, da viele der bisher eingesetzten Kommunikationshilfsmittel nur non-verbalen, schriftlichen Informationsaustausch zulassen (z.B. eMail, Newsgroups, etc.). Für einen genauen Vergleich der Möglichkeiten der einzelnen Medien sei auf das nächste Kapitel verwiesen (vgl. 4.4.3). Aus Sicht der Geisteswissenschaften wurden noch weitere Modelle und Theorien zur zwischenmenschlichen Kommunikation geschaffen, welche aber über die Untersuchung der eigentlichen Nachrichtenübermittlung weit hinausgehen. So untersuchte z.B. der Soziologe Habermas Beziehungen und Grundmuster menschlicher Interaktion. Er analysierte das soziale Handeln des Menschen (vgl. Habermas 1981). Ein weiterer Ansatz zur Informationsverarbeitung wird durch den radikalen Konstruktivismus dargestellt (vgl. Picot 1996, S. 82). „Der Informationsverarbeitungsansatz beschäftigt sich mit der Gesamtheit von Aufnahme, Verarbeitung, Speicherung und Wiedergabe von Informationen. ... Der konstruktivistische Ansatz geht (dabei) von folgender Grundthese aus: Die Wirklichkeit wird von uns nicht gefunden, sondern erfunden" (Durand 1997, S. 45ff). Für einen weiteren Exkurs in die Bereiche der menschlichen Informationsverarbeitung sei an dieser Stelle auf die einschlägige Fachliteratur verwiesen.

3.3.1.2 Definition aus dem Blickwinkel der Nachrichtentechnik

Einen anderen Ansatz zur Untersuchung der Informationsübertragung geht die Nachrichtentechnik. Mit Hilfe der Informationstheorie (auch: Nachrichtentheorie) wurde eine mathematische Theorie begründet, die sich mit den statistischen Gesetzmäßigkeiten (formaler Aufbau und Störfaktoren) bei der Übermittlung und Verarbeitung von Information beschäftigt. Heute ist diese Informationstheorie als eine Grundlagendisziplin für verschiedene Wissenschaften (u.a. Biologie, Psychologie, Theoretische Linguistik) anzusehen (vgl. Bußmann 1990, S. 338).

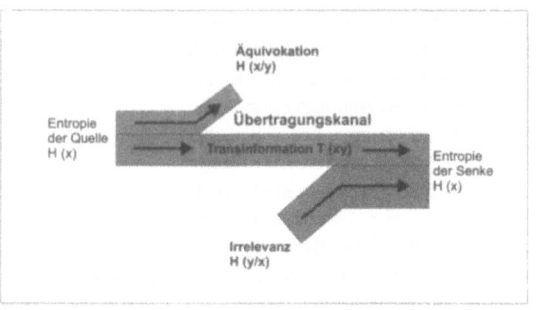

Abbildung 3.3-7: Modell des gestörten Übertragungskanals (Fellbaum 1992. S. 2-4)

Die Nachrichtentechnik legt ihr Hauptinteresse auf die technische Nachrichtenübertragung, also das Problem, das Shannon und Weaver als Mathematiker schon damals zu lösen suchten. Die Nachrichtentechnik untersucht demnach primär, wie sich ein Übertragungskanal verhält. Dazu werden die zu übertragenden Informationen in einzelne Teile zerlegt. Für eine digitale Datenübertragung ist das kleinste zu übertragende Teilchen [1] Bit[28]. Es repräsentiert die Zustände „ein" oder „aus" bzw. „ja" oder „nein". Am einfachsten läßt sich dies am Beispiel einer modernen Anzeigetafel beschreiben. Diese Tafel besteht aus einer großen Anzahl von Leuchtdioden, welche durch eine Elektronik gesteuert werden. Je nachdem, welche Dioden gleichzeitig leuchten, entsteht ein unterschiedliches Schriftbild auf der Tafel. Mit Hilfe der binären Zustände einzelner Dioden wird so dem Betrachter eine komplexe Information dargeboten.

Den Nachrichtentechniker interessiert, wie viele dieser Bits über einen Kommunikationskanal übertragen werden können. Die einfachste Methode hierfür ist die Bestimmung der Übertragungsgeschwindigkeit, welche durch die maximal mögliche Geschwindigkeit bestimmt wird, die die Bits auf einer Datenleitung zurücklegen können. Diese Übertragungsgeschwindigkeit wird primär durch die zur Verfügung stehende

---

[28] **Bit** [Abk. von engl. bi(nary digi)t >binäre Ziffer<]: Kleinste Maßeinheit für den Informationsgehalt einer Nachricht, bzw. für die Anzahl von Binär-Entscheidungen: jede Einheit mit der Basis einer einzigen Ja/Nein-Entscheidung zu ermitteln ist (->Binarismus). So gibt es beim Fall einer Münze zwei Möglichkeiten, welche Seite nach oben weist; die entsprechende Information beträgt ein Bit, während die Kenntnis einer gewürfelten Zahl ca. drei Bit beträgt.

Übertragungstechnik (z.B. Verstärker oder Vermittler) bestimmt und in der Maßeinheit [1 baud] gemessen. Gebräuchlicher ist heute die Benennung 1 Bit pro Sekunde, wobei [1 baud = 1bit/s] entspricht. Moderne Übertragungsmedien, z.b. Glasfaserleitungen, lassen heute Geschwindigkeiten im Bereich bis zu mehreren Gbit/s zu. Die Beschreibung der maximal möglichen Geschwindigkeit drückt jedoch nicht die reale Datenübertragungsgeschwindigkeit aus. Durch Störungen auf dem Übertragungsweg werden Informationen verändert, so daß die zu übertragende Information nicht korrekt übermittelt wird. Das folgende Modell veranschaulicht dies:

Nur die als Transinformation T(xy) gekennzeichnete Menge an abgeschickten Informationen ist für den Empfänger relevant, es wird deutlich, daß die Breite der Transinformation geringer ist als der zur Verfügung stehende Übertragungskanal, die sog. Bandbreite. Die Verminderung der Bandbreite kann zum Beispiel durch Störgeräusche bei der Funkübertragung, Widerstände bei der drahtgebundenen Übertragung oder durch unsaubere Verbindungen einzelner Lichtwellenleiter entstehen. Betrachten man ein komplexes Netzwerk, so sind die häufigsten Engpässe an den Knotenpunkten und/oder in der Menge der gleichzeitig übermittelten Datenpakete zu finden. Eine tiefergehenden Beschreibung der technischen Abläufe findet sich im Kapitel 3.4.2.

Die nachrichtentechnische Informationstheorie beschreibt noch drei Fachbegriffe, welche auf mathematische Weise einen Sender definieren. Der Entscheidungsgehalt H_0 stellt die Anzahl der binären Zeichen zur Verfügung, welche notwendig sind, um eine bestimmte Anzahl von unterschiedlichen Zeichen (z.B. Buchstaben) zu übertragen:

$$H_0 = ld(n) \text{ in bit/Zeichen}$$

Hierbei gibt n die Anzahl der verschiedenen Zeichen an, aus welcher mit Hilfe des 2er Logarithmus der Entscheidungsgehalt errechnet werden kann. Das folgende Beispiel zeigt, daß insgesamt vier Bits notwendig sind, um die Zahlen von 1 bis 10 zu codieren:

$$H_0 = ld(10) = 3{,}32 \qquad \text{aufgerundet 4 bei n= 10}$$

Für eine möglichst schnelle Datenübertragung ist die Länge der binären Codes entscheidend, d.h. je mehr Bits notwendig sind, um ein Zeichen zu beschreiben, desto länger dauert die Übertragung. Aus diesem Grunde werden Codierungen unterschiedlicher Länge für unterschiedlich häufig auftretenden Zeichen benutzt. Das folgende Beispiel von Shannon-Fano verdeutlicht eine solche Codierung[29]. Bei dieser Codierung werden häufig vorkommende Zeichen kürzeren Codes zugeordnet als selten vorkommende. Die Geschwindigkeit der Übertragung kann so deutlich erhöht werden.

In diesem Beispiel sind 5 Zeichen (symbolisiert durch die Buchstaben A bis E) und die zugeordnete Vorkommenswahrscheinlichkeit W $p(x_i)$ gegeben. Der als $p(x_i)$ angegebene Wert zeigt die Häufigkeit des Vorkommens des Zeichens, z.B. kommt der Buchstabe „A" mit einer Wahrscheinlichkeit von $p(x_i) = 0{,}30$ vor. Vereinfacht gesprochen

---

[29] „**Codierung** [engl. *encoding*]: (1) In der »Informationstheorie Vorgang und Ergebnis der Zuordnung von Zeicheninventaren mit spezieller Information zu anderen Zeicheninventaren, durch die die gleiche Information dargestellt werden kann (vgl. den Vorgang des Morsens). (2) In der Sprachwiss. (auch: Enkodierung): Umsetzung von Gedanken bzw. Intentionen in das sprachliche Zeichensystem des Sprechers, dem der Hörer beim komplementären Vorgang der –.Dekodierung konventionalisierte Bedeutungen zuordnet." (Bußmann 1990, S.388).

X_i	$p(X_i)$	$\Sigma p(X_i)$	Unterteilung			Codierung
A	0,30	1,00	0	0		00
B	0,24	0,70		I		0I
C	0,20	0,46		0		I0
D	0,15	0,26	I	0		II0
E	0,11	0,11		I		III
		0,00				

bedeutet das, daß 30% aller Zeichen A's sind. Somit werden den beiden wahrscheinlicheren Buchstaben A und B kürzere Codierungen zugeordnet als den seltener vorkommenden anderen. Die Übertragungsgeschwindigkeit kann so deutlich erhöht werden. Ein weiterer häufig erwähnter Fachbegriff im Zusammenhang der Informationstheorie ist die Entropie[30].

Abbildung 3.3-8: Codierungsverfahren nach Shannon-Fano (Fellbaum 1991, S. 2-9)

Der Begriff der Entropie stammt eigentlich aus der Thermodynamik und ist dort ein Maß für die Ungeordnetheit von Molekülen. In der Nachrichtentechnik steht Entropie H(x) für den mittleren Informationsgehalt eines Kommunikationsmediums.

Da, wie in

Abbildung 3.3-8 gezeigt, einzelne Zeichen unterschiedliche Erscheinungswahrscheinlichkeiten besitzen, ist die Information, die ein einzelnes Zeichen trägt, gleich dem Informationsgehalt I_i :

$$I_i = \text{ld} \left[1/P(x_i)\right], \quad i=1,2,...,n \text{ in bit / Zeichen.}$$

Da die Zeichen jeweils einen unterschiedlichen Informationsgehalt haben können, definiert man einen mittleren Informationsgehalt oder die Entropie H(x) wobei H(x) ebenfalls in bit/Zeichen angegeben wird.

$$H(x) = \sum_{i=1}^{n} P(x_i) I_i = \sum_{i=1}^{n} P(x_i) \text{ ld } [P(x_i)]$$

Man kann zeigen, daß die Entropie dann maximal ist, wenn alle n Zeichen die gleiche Wahrscheinlichkeit haben. In diesem Fall ist $P(x_i)$ = const = 1/n und die Entropie sowie der Informationsgehalt sind gleich dem Entscheidungsgehalt H_0. Hiervon kann man sich leicht überzeugen, indem man in der Gleichung $P(x_i)=1/n$ einsetzt. Für weitere, noch effizientere Codierungsverfahren und die damit im Zusammenhang stehenden mathematischen Verfahren sei an dieser Stelle wieder auf die einschlägige Fachliteratur verwiesen.

---

[30] **Entropie** [griech. *en* >in(nerhalb)<, *trope* >Umkehr<]. In der Informationstheorie mittlerer Informationsgehalt einer Zeichenmenge. Der Terminus entstammt der Thermodynamik und wird häufig synonym verwendet mit Information (Bußmann 1990, S.214).

3.3.1.3 Definition aus dem Blickwinkel der Betriebswirtschaft

- **Begriffsdefinition**

Im Gegensatz zur Nachrichtentechnik faßt die Betriebswirtschaftslehre den Kommunikationsbegriff deutlich weiter. „Unter der Kommunikation wird ein Prozeß verstanden, bei dem Informationen zum Zwecke der aufgabenbezogenen Verständigung ausgetauscht werden" (Picot 1984, S. 33). Das Hauptaugenmerk liegt demnach im Austausch von Informationen und deren Inhalten zur konkreten Aufgabenbewältigung.

„Zur weiteren Kennzeichnung der Dimension erscheint es an dieser Stelle erforderlich, kurz auf den Begriff der Information einzugehen, der in der betriebswirtschaftlichen Literatur unterschiedlich definiert wird, und zwar einmal als nachrichtenorientierter und zum zweiten als wissensorientierter Informationsbegriff, wobei häufig noch die Entscheidungsrelevanz oder der Zweckbezug der Nachrichten bzw. des Wissens als begriffskonstitutive Merkmale genannt werden" (Hildebrand 1983, S. 88). Eine weitere für die Betriebswirtschaftslehre klassische Definition der Information bietet Wittmann als: „(...) zweckorientiertes Wissen, als solches Wissen, das zur Erreichung eines Zweckes, nämlich einer möglichst vollkommenen Disposition eingesetzt wird" (Wittmann 1959, S. 14).

Einen umfangreichen Definitionsversuch für Kommunikationsprozesse bietet Peters: „Sie sind nicht durch die Eigenschaft der Informationsverarbeitung, sondern durch die des Informationstransfers bzw. -austausches charakterisiert. Solche Kommunikationsprozesse laufen einerseits zwischen den Menschen als Elementen des soziotechnischen Systems Betrieb ab, andererseits aber auch zwischen dem System Betrieb und seiner Umwelt. Die Bedeutung der Kommunikationsprozesse liegt darin, daß Kommunikation im Sinne von Informations- oder Nachrichtenübertragung im allgemeinen notwendige Voraussetzung für alle im Betrieb ablaufenden Entscheidungs-, Realisations- und Kontrollprozesse ist. Aus diesem Grunde ist es auch im Sinne der betrieblichen Zielerreichung erforderlich, daß die kommunikativen Beziehungen im Betrieb wie auch zwischen dem Betrieb und seiner Umwelt bis zu einem gewissen Grade institutionell und bezüglich des Inhaltes der Kommunikationsprozesse festgelegt werden. Nur so kann sichergestellt werden, daß Informationen in quantitativer, qualitativer, örtlicher und zeitlicher Hinsicht stets dann verfügbar sind, wenn sie benötigt werden" (Peters 1991, S. 54). Darüber hinaus können Informationen als betriebliche Ressource betrachtet werden, die durch Knappheit gekennzeichnet ist und somit rationalem Allokationskalkül unterworfen werden kann. Im Gegensatz zum analogen Vorbild der materiellen Ressource muß die Betrachtung jedoch um einige wesentliche Eigenschaften von Informationen ergänzt werden (vgl. Schneider 1990a, S. 93). So sind Informationen beliebig teilbar, d.h. die Verwendung dieser Ressource führt nicht zu ihrer Zerstörung. „Des weiteren unterliegen Informationen i.d.R. keinen Abnutzungserscheinungen durch ihren Gebrauch, solange die Kontextfaktoren, auf welche die Informationen bezogen sind, sich nicht ändern. Dies schließt allerdings nicht aus, daß der subjektive Wert der Information bei exklusiver Nutzung am höchsten sein kann, was wiederum zu tendenziell hierarchisch organisierten Informationsverteilungen und Verhaltensweisen der Geheimhaltung führt" (Nitschke 1996, S. 39f). In einer anderen Betrachtungsweise werden Informationen als Produktionsfaktor verstanden (vgl. Martiny 1990, S. 13ff). Diese Perspektive beinhaltet die folgenden Erkenntnisse:

Informationen die Basis sämtlicher Entscheidungsprozesse in der Unternehmung sind und somit die zentrale Achse der Managementtätigkeit darstellen;
Die Sammlung, Verarbeitung, Speicherung und Übertragung von Informationen Kosten verursachen; Informationen einen entscheidenden Beitrag zur Koordination und Integration sämtlicher Aufgabenerfüllungsprozesse liefern; Die Qualität von Informationen von ihrer Genauigkeit, Vollständigkeit und vor allem zeitgerechten Verfügbarkeit abhängt.

Auf einer gänzlich anderen Betrachtungsweise beruht der Begriff von Information aus einer konvergenztheoretischen Perspektive der Kommunikation. Hierbei wird die Tatsache anerkannt, daß ein Austausch von Informationen auch durch non-verbale Kommunikationsformen erfolgen kann und somit mehr darstellt als eine Aneinanderreihung von Buchstaben und Ziffern. Als fundamentales Element der sozialen Kommunikation ist Information „(...) a difference in matter-energy which affects uncertainty in a situation where choice exists among a set of alternatives." (Rogers 1981, S. 48) „Das Wort „Information" enthält nicht zufällig den Bestandteil „Form". Das lateinische Wort „forma" bedeutet soviel wie Kontur, Figur, Gestalt, Modell oder Muster. Die Wahrnehmung einer Form beruht auf ihrer Differenz, die sich als die kennzeichnende Anordnung von Materie manifestiert. Um eine Materie als spezifische Form wahrnehmen zu können, muß sie sich in ihrer Gestalt von anderen Formen unterscheiden" (Nitschke 1996, S. 40). Die Wahrnehmung von Wort, Bild oder Text als eine bestimmte Form oder eben Information ist somit abhängig von demjenigen, der diese Unterscheidung vornimmt. Information ist aus diesem Blickwinkel „a difference which makes a difference" (vgl. Rogers 1981, S. 48f).

- **Information und Entscheidung**

Zwischen Information und Entscheidung besteht aus dem Blick der Betriebswirtschaft ein enger Zusammenhang insoweit, als generell postuliert werden kann, daß eine Verbesserung des Informationsstandes zu einer Verbesserung der Entscheidungssituation führt. Da aber eine Entscheidungssituation durch einen gegebenen Informationsstand allein nicht vollständig charakterisiert wird, hat die Information bei der Entscheidungsbildung die Eigenschaft einer unter mehreren Entscheidungskomponenten, wenn auch eine sehr bedeutende. Das Problem der Entscheidungsfindung läßt sich somit allgemein definieren als ein Koordinierungsproblem unterschiedlicher Komponenten zu dem Zweck, ein vom Entscheidenden (Aktor) gesetztes Ziel mit größtmöglicher Effizienz zu erreichen. Aus dieser allgemeinen Definition wird ersichtlich, daß beim Zustandekommen einer rationalen (= bewußten) Entscheidung sowohl subjektive als auch objektive Merkmale beachtet werden müssen, wobei eine Wechselwirkung insoweit gegeben ist, als zunehmende objektive Tatbestände einer Entscheidungssituation die subjektiven Komponenten in dem Sinne positiv beeinflussen, als dadurch der Entscheidende mit größerer Sicherheit eine Bewertung der durch ein rationales Kalkül nicht eindeutig bestimmbaren Variablen (z. B. die Erwartungsgrößen) vornehmen kann. Eine Entscheidungssituation kann wie folgt dargestellt werden (vgl. Koreimann 1971, S. 118ff):

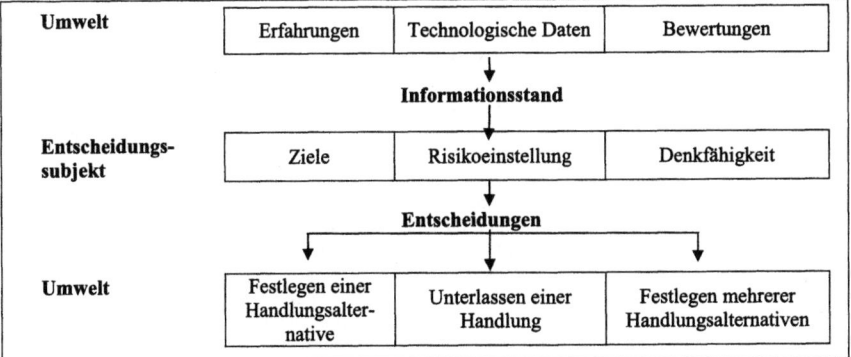

Abbildung 3.3-9: Entscheidungsprozeß (Koreimann 1971, S. 118)

Koreimann versucht den Entscheidungsfindungsprozeß als Formel darzustellen:

$$E = f(l, I_{to-n}, I_{to+n}, Z)$$

Dabei bedeuten: E = Entscheidung, Z = Ziel, I = vorhandener Informationsgrad des Entscheidenden, I_{to-n} = Informationen über die Vergangenheit (t_o = Entscheidungszeitpunkt, n = 1, 2, 3, ... Perioden), I_{to+n} = Informationen über die Zukunft.

Gleichzeitig geht der Autor auf die Gefahr solcher verallgemeinernden Formeldarstellungen ein: „Das Aufstellen von Entscheidungsfunktionen der angegebenen Art birgt erhebliche Probleme in sich" (Koreimann 1971, S. 119). Er führt die folgenden Punkte zur Verdeutlichung an (vgl. Koreimann 1971, S. 119f):

a) Entscheidungen unter Ignoranz:
Der Entscheidende verzichtet auf eine systematische Sammlung, Auswahl und Bewertung von Informationen über die Vergangenheit, die Gegenwart und die Zukunft und trifft die Entscheidung nach Maßgabe seines vorhandenen Wissens bzw. seiner Intuition (Intuitiv-Entscheidungen). Die Ignoranz kann erzwungen sein, z. B. aufgrund zeitlicher Limitationen, die eine systematische Informationsarbeit nicht zulassen oder aufgrund echter organisatorischer Mängel, die einen langen Informationsweg erzwingen.

b) Mangelhafte Repräsentanz:
Die Informationen über die Vergangenheit bzw. über das Ist und die Zukunft (Planperiode) sind unvollständig bzw. nicht adäquat entsprechend der vorliegenden Entscheidungssituation oder gar manipuliert.

c) Wahrscheinlichkeitsrisiko:
Insbesondere Zukunftsinformationen (z. B. Prognosen, Trends) sind mit einem Wahrscheinlichkeitsfaktor unbekannter Größe behaftet. Nicht die Tatsache der Wahrscheinlichkeit ist das Entscheidende, sondern vielmehr die Tatsache der Ungewißheit über die Höhe des Wahrscheinlichkeitsfaktors. So sind nahezu alle offiziellen Prognosen nicht mit den entsprechenden Planungsansätzen (den Voraussetzungen bzw. Annahmen) und deren Gültigkeitsgrenzen angegeben.

d) Zuordnung und Selektion:
Die quantitative Zuordnung (Verknüpfung) von Informationen zu einer bestimmten Entscheidungssituation ist nicht eindeutig lösbar, d. h. die Klärung der Frage, wieviel und welche Informationen heranzuziehen sind, gelingt nur in den seltensten Fällen. Der klassische Fall einer Kapazitätserweiterungs-Investition (z. B. Bau eines neuen Werkes, Aufnahme eines neuen Produkts, Übernahme eines Unternehmens) macht das Problem deutlich, das auf die entscheidende Frage gebracht werden kann: Welche Informationen werden benötigt, um eine Simulation im Hinblick auf das gesetzte Ziel durchzuführen, um damit auch gleichzeitig einen Optimierungsprozeß zu gewinnen? Erst ex post kann festgestellt werden, ob die Informationsausbeute tatsächlich zufriedenstellend war.

e) Vertrauensgrad:
Eng mit der quantitativen Selektion und Zuordnung ist das Problem der Bewertung, der qualitativen Überprüfung des vorhandenen Informationsmaterials verbunden. Es muß davon ausgegangen werden, daß innerbetriebliche Informationen manipuliert bzw. durch falsche oder undeutliche Aufgabenstellung nicht problemadäquat erstellt sind, daß externe Marktinformationen lanciert sein können, und daß offizielle Informationen, insbesondere in Bereichen, wo politische Aspekte eine Rolle spielen (z. B. EWG-Agrarmarkt, Aufwertungs- und Zinsdiskussionen, etc.) mehr den Charakter einer Orientierungshilfe als den einer operativen Größe haben.

Koreimann betrachtet den Kommunikationsprozeß und damit den Informationsaustausch im Unternehmenskontext ausschließlich als Grundlage für eine betriebswirtschaftliche Entscheidungsfindung. „Die bisherigen Ausführungen haben deutlich gemacht, daß der eigentliche Entscheidungsakt nichts anderes darstellt als den Endpunkt eines Informationsprozesses, der aus den Phasen Sammlung/Erhebung, Bewertung und Verknüpfung besteht" (Koreimann 1971, S. 120). Dem tritt Hildebrand entgegen: „Es wird z.B. darauf hingewiesen, daß die Entscheidungsrelevanz von Nachrichten letztlich erst im Entscheidungsfall selbst (oder gar nicht) erkennbar und deshalb als Definitionsmerkmal abzulehnen ist" (Hildebrand 1983, S. 88). Aus diesem Grunde beschränken sich andere Autoren auf die Beschreibung des Kommunikationsprozesses in allgemeiner gehaltenen Modellen.

- **Betriebswirtschaftliche Modelle des Kommunikationsprozesses**

Das zuerst vorgestellte Kommunikationsmodell aus Sicht der Betriebswirtschaftslehre zeigt einen sehr allgemeinen Blick auf die Thematik. Picot unterscheidet in seinem Modell nicht mehr zwischen Sender und Empfänger, sondern zeigt durch die Anordnung der Pfeile, daß ein bidirektionaler Informationsaustausch zwischen den sog. Kommunikationssubjekten stattfinden kann. Er unterscheidet im Modell einzelne Strukturmerkmale der Kommunikation: Kommunikationssubjekt, Kommunikationsinhalte und Kommunikationsweg (vgl. Picot 1984, S. 34).

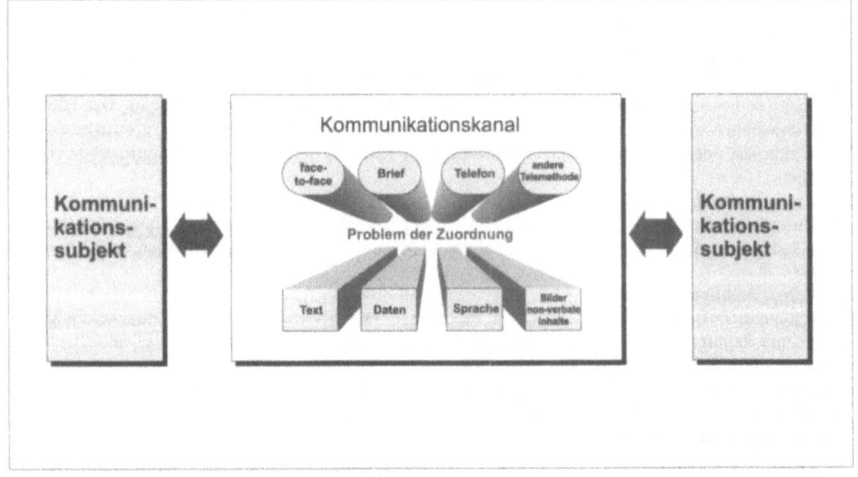

Abbildung 3.3-10: Allgemeine Darstellung des Kommunikationsmodells (Picot 1984, S. 34)

Innovative Unternehmenskommunikation – Dimension Kommunikation

Neben den erwähnten Kommunikationssubjekten wird das Problem verdeutlicht, den Kommunikationsinhalt dem entsprechenden Kommunikationskanal anzupassen und vice versa. Um die Schwierigkeit der richtigen Kanalwahl zu verdeutlichen, definiert Picot Grundanforderungen an einen Kommunikationskanal aus Sicht des Anwenders (vgl. Picot 1984, S. 46ff).

Vier Anforderungen für jede organisatorische Kommunikation:

1. Schnelligkeit / Bequemlichkeit oder auch dispositive Reaktionsfähigkeit bezieht sich vor allem auf den ungeregelten, täglichen Abstimmungs- und Informationsbedarf zwischen den diversen internen und externen Aufgabenträgern.
2. Komplexität oder auch Klärung schwieriger Inhalte im Kommunikationsprozeß betrifft die Bewältigung komplizierter sachlicher oder personenbezogener Fragen, an denen verschiedene Aufgabenträger beteiligt sind.
3. Vertraulichkeit oder auch Erzielung einer wertorientierten Übereinkunft spricht die zahlreichen Fälle interpersoneller Vertrauensbildung zwischen internen und externen Arbeitspartnern an.
4. Genauigkeit oder auch administrative Exaktheit und Arbeitsfähigkeit läßt an die vielfältigen geplanten, quasi bürokratischen Prozesse des Informationsaustauschs und der Weiterverarbeitung denken.

Tabelle 3.3-2 : Vier Grundanforderungen an jeden Vorgang der Bürokommunikation (Picot 1984, S. 46ff)

Diese Grundanforderungen treten in Abhängigkeit von der Aufgabe (und von der jeweiligen Arbeitssituation) mit unterschiedlicher Gewichtung auf und erfordern deshalb besondere Lösungen für die Bürokommunikation. Bereits 1984 stellte Picot fest: „Kein Kommunikationsweg kann alle Anforderungen gleich gut erfüllen ... Schnelligkeit, Komplexität, Vertraulichkeit und Genauigkeit sind die vier wichtigsten Anforderungen, die bei Kommunikationsprozessen in der Büroarbeit auftreten" (Picot 1984, S. 47).

Schnelligkeit / Bequemlichkeit	Komplexität
• Kurze Übermittlungszeit • Kurze Erstellungszeit • Wunsch nach schneller Rückantwort • Bequemlichkeit des Kommunikationsvorganges • Übertragung kleiner Informationsmengen	• Wunsch nach eindeutigem Verstehen des Inhalts • Übermittlung schwieriger Sachzusammenhänge • Klärung von Kontroversen • Problemlösung

Vertraulichkeit	Genauigkeit
• Übertragung vertraulicher Inhalte • Schutz vor Verfälschung der Nachricht • Identifizierbarkeit des Absenders	• Übertragung des exakten Wortlauts • Dokumentierbarkeit der Nachricht • Einfache Weiterverarbeitung • Große Informationsmengen

Tabelle 3.3-3: Grundanforderungen an einen Kommunikationskanal aus der Sicht des Anwenders (Picot 1984, S. 47)

In Fällen, in denen es auf Schnelligkeit oder Bequemlichkeit mit weniger komplizierten Kommunikationsinhalten ankommt, dominiert das Telefonat bei weitem, in einigem Abstand gefolgt von der Gruppe elektromechanischer beziehungsweise elektronischer Medien (eMail oder Telefax). Weit abgeschlagen rangieren für diesen Zweck die persönliche face-to-face-Kommunikation und die Briefpost[31]. Kommunikative Aufgaben, die komplizierte Inhalte und schwierige Klärungen umfassen, verlangen offensichtlich vor allem nach dem Telefon und erst dann, in einem größeren Abstand, nach textorientierten Medien. Aus diesem Beurteilungsprofil und den Ergebnissen über die dominierenden Gründe für die Nutzung von Kommunikationskanälen können aber noch weitergehende Schlußfolgerungen gezogen werden, die Zusammenhänge zu den Aufgaben herstellen: Die folgende Tabelle verdeutlicht die Beziehungen zwischen der Formalität eines Kommunikationsmittels (-kanals) und den Büroaufgaben.

Aus dem Beurteilungsprofil der bestehenden Kommunikationskanäle können Schlußfolgerungen über den Bedarf nach neuen Kommunikationsmedien abgeleitet werden:

- Es gibt keinen Kommunikationskanal, der alle vier Grundanforderungen gleichermaßen gut erfüllt. Es besteht Bedarf nach einem Kommunikationsmedium, das sowohl schnell und bequem ist als auch das Merkmal der Genauigkeit, Vertraulichkeit und Dokumentierbarkeit erfüllt.
- Das Substitutionspotential für neue Kommunikationsmedien liegt auf absehbare Zeit vorwiegend im Bereich der schriftlichen und weniger im Bereich der persönlichen Kommunikation.
- Für die Textkommunikation besteht ein hohes Anwendungspotential mit guten Akzeptanzchancen.

Tabelle 3.3-4: Beurteilungsprofil und Schlußfolgerungen über Kommunikationsmedien (Picot 1984, S. 49)

Ein ähnliches Modell präsentiert Nitschke: „Das Basismodell der mediatisierten Kommunikation ermöglicht die Identifizierung der grundsätzlichen Bestandteile eines Informations- und Kommunkationssystems. Der Aufbau dieses Kommunikationsmodells ist in Anlehnung an die Konzeption von Shannon und Weaver

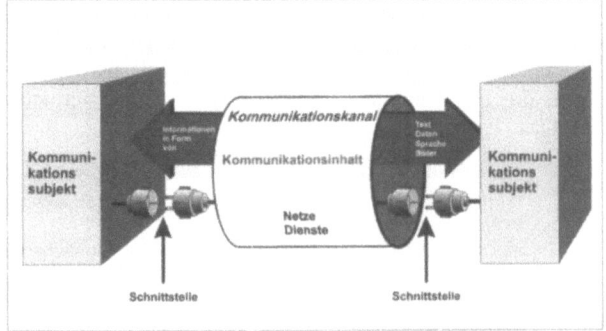

Abbildung 3.3-11: Basismodell der medialisierten Kommunikation (nach Nitschke 1996. S. 51)

linear und fokussiert auf den Transport von Informationen. Die Kommunikationssubjekte sind zwar Bestandteil des Modells, sie werden jedoch zunächst als eher passive Informationsquellen (Sender) bzw. -senken (Empfänger) behandelt. Informationen sind innerhalb dieser Betrachtungsweise auf ihre Form (d.h. äußere Gestalt) reduziert, ihre Bedeutung und Sinnstiftung für die Kommunikationssubjekte wird zunächst ausgeklammert" (Nitschke 1996, S. 51).

---

[31] Für einen ausführlichen Vergleich der Kommunikationsmedien sei auf das folgende Kapitel 4.4.3 verwiesen.

Innovative Unternehmenskommunikation – Dimension Kommunikation 101

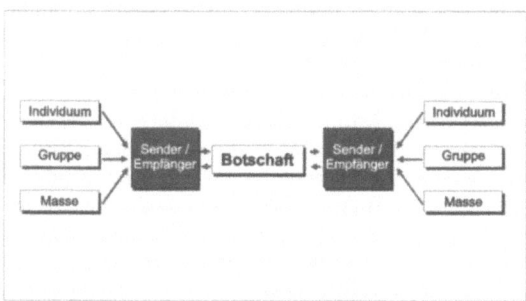

Abbildung 3.3-12: Interaktives Marketing-Kommunikationsmodell (Neuburger 1998, S. 4.2.1-3)

Viele andere Kommunikationsmodelle der Betriebswirtschaft vernachässigen die eigentliche Informationsübertragung und beschäftigen sich stattdessen mit den an der Kommunikation beteiligten Personen. Eines dieser Modelle ist das „interaktive Marketing-Kommunikationsmodell" nach Neuburger. Er differenziert im neuen Kommunikationsmodell die Rollen von Sender und Empfänger.

„Ein Kommunikationsprozeß kann zwischen einzelnen Personen stattfinden, aber auch auf mehrere Teilnehmer bzw. kleine Gruppen ausgedehnt werden. Darüber hinaus berücksichtigt das Modell auch die interaktive Kommunikation mit breiten Massen" (Neuburger 1998, S. 4.2.1ff). Weitere Betriebswirtschaftler haben Modelle im Bezug auf die Neuen Medien entwickelt. Zec z.B. versucht in seinem Modell, auf die unterschiedlichen Auslöser von Kommunikationsprozessen im Hinblick auf Marketingkommunikation hinzuweisen.

Zec stellt in seinem Modell den Unterschied zwischen den sog. PULL- und PUSH-Medien dar. Unter einem Broadcast versteht er die durch den Sender initiierte Versendung von Informationen an diverse Empfänger, den PUSH-Betrieb. Im Gegensatz dazu zeigt er den PULL-Betrieb als Interaktion zwischen Anbieter und Nachfrager, dem sog. Pointcasting. Es handelt sich demnach um eine durch den Nachfrager, den klassischen Empfänger angestoßene Aktion.

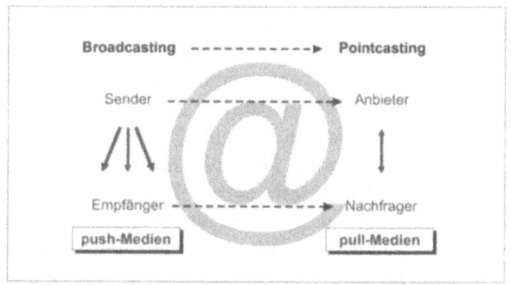

Abbildung 3.3-13: Das neue Kommunikationsmodell (in Bezug auf Neue Medien) (Zec 1996, S. 11)

3.3.2 Menschliche Kommunikation und Neue Medien

Der Umgang mit den Neuen Medien verändert die menschliche Kommunikation nachhaltig. Bei der Kommunikation mit dem Computer stellt sich bei einer genauen Betrachtung die Frage, ob es sich dabei um ein Kommunikationsmedium oder nur einen Übertragungsweg handelt, und ob eine durch Computer übermittelte zwischenmenschliche Kommunikation nicht eher die Kommunikation zwischen Mensch und Maschine als von Mensch zu Mensch ist? „Hewcs wonders whether some new media, such as computers, are indeed media, in that we do not really communicate with another person when using them. This demurral would apply to programming, videotext, online delphi analysis, interactive cable, and the like. Specifically, his comments imply that we communicate with the original system designers, programmers, and data-base indexers when we use such new media. This is, of course, a crucial and raging controversy in the fields of information processing, learning theory, artificial intelligence, cognitive psychology, and computer science. The question is, do we actually „communicate" with computers? This topic is a bit of a red herring for our purposes: Insofar as we view new media as facilitating interactive (but mediated) communication for instrumental as well as entertainment purposes, this very important philosophical question may be kept in the wings. We mention here only a few aspects of the question, which may provide opportunities for communication researchers to contribute to the debate" (Rice 1984, S. 65). Dieser eher philospohische Diskurs soll einen grundlegenden Gedankenansatz kennzeichnen, der sich mit der Frage befaßt, inwieweit wir die Kommunikation mit den Neuen Medien untersuchen müssen oder inwieweit es sich lediglich um einen neuen Kommunikationsweg für traditionelle Kommunikationsprozesse handelt.

3.3.2.1 Verschiebung der Kommunikationsebenen

Wie bereits im Kapitel 3.3.1 (Grundmerkmale menschlicher Kommunikation) beschrieben, drückt jede Kommunikation neben dem Sachinhalt auch eine zwischenmenschliche Beziehung aus. Sons warnt im Zusammenhang mit der Kommunikation mit den Neuen Medien: „Elektronische Kommunikation durchführen heißt sich den persönlichen Kontakt eliminieren" (Sons 1997, S. 48). Wenn nun Sons fürchtet, daß der persönliche Kontakt bei der Kommunikation mit Hilfe der Neuen Medien Schaden nimmt, so ist das nicht ganz unbegründet, wie die Tatsache zeigt, daß Menschen versuchen, ihre sonst non-verbal übermittelten Beziehungsinformationen durch andere, nunmehr direktere Hilfsmittel ausdrücken. Bekanntestes Beispiel hierfür sind die berühmten Smilies, mit Hilfe der Tastatur erzeugte Gesichter, welche emotionale Zusatzinformationen in ein Textdokument integrieren. „Einen kleinen Ersatz für Mimik und Tonfall stellen im Internet die Smilies dar. Smilies bestehen aus drei oder mehr Zeichen, die von der Seite her betrachtet wie das Gesicht eines Strichmännchens aussehen. Beispielsweise läßt sich in der Zeichenfolge :-) ein lächelndes Gesicht erkennen. Neigen Sie dazu einfach den Kopf zur linken Seite" (April 1996, S. 76).

„Gesicht"	Bedeutung	„Gesicht"	Bedeutung
:-)	Fröhlich, nicht ganz ernst, zufrieden	:-II	Wütend
;-)	Zwinkern, ironisch	;-(o)	Schreien
:-(	Traurig, verärgert, schlechter Scherz	(: -\	Sehr traurig
:->	Glücklich	:-[	Schmollen
:-]	Sarkastisch	:-/	Skeptisch
:)	Grinsen, glücklich	(: - (	Stirnrunzeln
:'-)	Vor Freude weinen	:(	Traurig
:-D	Breites Grinsen	:'(	Weinen
:-)))	Ha, ha, ha	:-O	Erschrocken, erstaunt, oh
:-|	Gleichgültig, gelangweilt	8-O	Entsetzt, oh mein Gott
:-I	Hmmm	:-*	„Ooops..."
:-@	Fluchen, sehr verärgert		

Tabelle 3.3-5: Bedeutung der bekanntesten Smilies

Von der Seite gelesen, versuchen diese Smilies, den Gesichtsausdruck des Absenders des Textes nachzuempfinden. Die Tabelle 3.3-5 zeigt eine Auswahl der gebräuchlichsten Smilies, welche hauptsächlich in eMail- und elektronischen Chat-Programmen genutzt werden. Eine weitere Ausdrucksform, welche Emotionen durch spezielle Schreibweisen ausdrückt, ist die Großschreibung. „Groß geschriebene Textpassagen werden im Internet als SCHREI verstanden. Dies ist genauso unangenehm, als ob man in einer „echten" Unterhaltung sein Gegenüber anschreit. Deshalb sollte diese Möglichkeit gar nicht erst in Betracht gezogen werden" (April 1996, S. 76). Die Beispiele zeigen, daß die Fehlinterpretation einer reinen Sachinformation ohne dazugehörige Beziehungsebene nicht unwahrscheinlich ist (vgl. von Thun 1996, S. 14ff).

Eine weitere Veränderung in den Kommunikationsgewohnheiten ist die z.T. starke Vereinfachung der Schriftsprache in elektronisch übermittelten Dokumenten. Unter dem Titel „Geschrieben, wie Verona spricht – Mike Krüger über den schwierigen Umgang mit elektronischem Gerät" macht der Kabarettist auf die unvollständige Verwendung der Sprache aufmerksam (vgl. Faller 1999, S. 51). Während in der klassischen Briefform nur in den seltensten Fällen von einer vollständigen, grammatikalischen Satz- und Wortkonstruktion abgewichen wird, werden in eMails häufig nur unzureichend konstruierte Sätze verwendet. Andere verwenden für ihre gesamte eMail-Kommunikation nur noch die Kleinbuchstaben. In der Vorstellung vieler scheint diese rudimentäre Kommunikationsform dem schnellen Medium geschuldet und damit legitim zu sein, doch was auf den ersten Blick zur Zeitersparnis führen soll, führt genauer betrachtet nicht selten zu noch größeren Mißverständnissen und damit zu erhöhtem Kommunikationsaufwand. Aus diesem Grunde fordern nicht nur Sprachwissenschaftler einen „Kommunikations-Knigge" für die Neuen Medien (vgl. Freyermuth 2000, S. 96).

3.3.3 Merkmale der Kommunikation mit Neuen Medien

Im Gegensatz zu den traditionellen Kommunikationsmedien bieten die Neuen Medien eine schier unübersichtliche Vielfalt von verschiedenen Kommunikationsformen. Während in den alten Medien eine Zuordnung des Kommunikationsmediums zu den entsprechenden Anforderungen des Kommunikationsvorganges leicht fiel, erschwert die Unübersichtlichkeit der technischen Möglichkeiten heute die Auswahl. Die Frage, welches elektronische Kommunikationsmedium für ein bestimmtes Anforderungsprofil das Richtige ist, beherrscht zunehmend die innerbetriebliche Diskussion.

In der einschlägigen Fachliteratur finden sich diverse Versuche, die wichtigsten Unterscheidungsmerkmale zusammenzustellen. Ulrich z.B. zitiert die Merkmale der e-Kommunikation nach Kiesler, Siegel, McGuive (vgl. Ulrich 1993, S. 20):

- Die Beschleunigung der Informationsübermittlung
- Reduzierte Kommunikationsregulation (non-verbale Information wie z.B. zustimmendes Kopfnicken oder fragender Gesichtsausdruck fehlt)
- Reduzierte „Dramaturgie" (non-verbale Information wie z.B. betonende Gesten oder Sitzverteilung) fehlt, weniger Hinweise auf den Status der Kommunikationspartner (z.B. keine Information durch Kleidung)
- Art des Büros, (Nicht-)Vorhandensein einer Sekretärin, Art der persönlichen Umgangsformen
- Soziale Anonymität (die Gesprächspartner sind nicht präsent, im Fall von elektronischen Anschlagbrettern unter Umständen noch nicht einmal bekannt)

- Fehlende „Etikette" (z.B. Regeln für Anrede, Grußformeln und Schreibstil müssen in jedem neuen Kommunikationsnetz erst entwickelt werden)

Auch Picot nennt für die aufgabengerechte Unterstützung von Prozessen der Informationsverarbeitung im Büro mit neuer Kommunikationstechnik[32] die folgenden vier grundlegenden Merkmale (vgl. Picot 1984, S. 63):

- Die Komplexität der Aufgabe,
- Die Planbarkeit des Informationsbedarfs,
- Die Kooperationsbeziehungen,
- Die Regelung des Lösungsweges.

Im Gegensatz dazu formuliert Schrader die folgenden Thesen für erfolgreichen Informationstransfer (vgl. Schrader 1990, S. 16-18):

- Ein einzelner Informationstransfer ist Bestandteil einer komplexen, auf dem Prinzip der Gegenseitigkeit beruhenden Austauschbeziehung zwischen den beteiligten Parteien.
- Eine gute persönliche Beziehung zwischen den Transferpartnern ist eng verbunden mit der Bereitschaft, Informationen zur Verfügung zu stellen.
- Die Führungskräfte sind bestrebt, Informationen im wirtschaftlichen Interesse ihrer Unternehmen auszutauschen.
- Ein Informationstransferprozeß beginnt mit der Nachfrage nach Information.

Eine besonders interessante Gegenüberstellung der grundlegenden Axiome nach Watzlawick mit den Besonderheiten der Mensch-Maschine-Kommunikation zeigt Cyranek auf, in dem er zu jedem durch Watzlawick definierten Axiom die entsprechende Beschreibung im Mensch-Maschinen-Dialog ergänzt. Er zeigt damit anschaulich die Stärken und Schwächen der Kommunikation mit den Neuen Medien auf.

	Zwischenmenschliche Kommunikation	Mensch-Rechner-Dialog
(1)	Man kann nicht nicht kommunizieren.	Der Zwang zur Kommunikation ist mit dem Rechner nicht gegeben.
(2)	Jede Kommunikation hat einen Inhalts- und einen Beziehungsaspekt, derart, daß letzterer den ersteren bestimmt und daher eine Metakommunikation ist.	Durch eine „Vermenschlichung" des Rechners wird eine einseitige Beziehung aufgebaut, die im Extremfall zum Ersatz für zwischenmenschliche Beziehungen werden kann.
(3)	Die Natur einer Beziehung ist durch die Interpunktion (Strukturierung in Ursache-Wirkungs-Ketten) der Kommunikationsabläufe seitens der Partner bedingt.	Die Unterscheidung von Ursache und Wirkung ist durch die starke Strukturierung des Rechnerdialogs erleichtert, besonders dann, wenn das System sinnvolle Zustands- und Fehlermeldungen gibt. Gleichzeitig ist damit aber auch ein hoher Grad an Standardisierung und Formalisierung gegeben.

---

[32] **Kommunikationstechniken** sind Hilfsmittel, die den Prozeß der Kommunikation unterstützen. Sie dienen damit der Informationsübertragung und Verständigung zwischen Menschen. Sie werden sowohl im Bereich der face-to-face-Kommunikation (Gespräch, Konferenz) als auch im Bereich der Telekommunikation (z.B. Ferngespräch, Post) eingesetzt. .... Im Bereich der FTF-Kommunikation können Kommunikationstechniken in vielfältiger Form eingesetzt werden. Sie können als Sprachverstärker (zum Beispiel Mikrofon und Lautsprecher), als Visualisierungshilfe (z.B. Projektionsgeräte, Zeichengeräte, Tafeln) oder als Gestaltungshilfe für die räumliche Umgebung der Kommunikation (z.B. Mobiliar, Raumausstattung) dienen." (Picot 1984, S.14).

(4)	Menschliche Kommunikation bedient sich digitaler und analoger Modalitäten. Digitale Kommunikationen haben eine komplexe und vielseitige logische Syntax, aber eine auf dem Gebiet der Beziehungen unzulängliche Semantik. Analoge Kommunikationen dagegen besitzen dieses semantische Potential, ermangeln aber der für eindeutige Kommunikationen erforderlichen logischen Syntax.	Der Mensch-Rechner-Dialog ist auf digitale Information beschränkt. Dies gilt auch dann noch, wenn Sprachein-/ausgabe, Zeigeinstrumente wie eine Maus etc. vorhanden sind.
(5)	Zwischenmenschliche Kommunikationsabläufe sind entweder symmetrisch oder komplementär, je nachdem, ob die Beziehung zwischen den Partnern auf Gleichheit oder Unterschiedlichkeit beruht.	Die Mensch-Rechner-Interaktion ist grundsätzlich komplementär. Der Mensch sollte im Idealfall durch das System unterstützt werden, also die Interaktion entsprechend seinen Bedürfnissen dominieren.

Tabelle 3.3-6: Kommunikationsbezogene Merkmale des Mensch-Rechner-Dialogs (nach Cyranek, 1988) (vgl. Ulrich 1993, S. 19)

Diese Liste von in der Literatur angeführten Merkmalen für die elektronische Kommunikation könnte beliebig erweitert werden. Allerdings ist davon auszugehen, daß dem Mitarbeiter, der in der Situation ist, über eine neue Technik-Einführung zu entscheiden, dies in keinem Falle weiterhelfen würde. Aus diesem Grunde soll im Folgenden versucht werden, die relevantesten Merkmale herauszuarbeiten. Dabei steht weniger die komplexe Betrachtung eines einzelnen elektronischen Kommunikationsmediums im Vordergrund, als der pragmatische Versuch, Kriterien zu benennen, die eine Vergleichbarkeit verschiedener Medien miteinander zulassen.

3.3.3.1 Informationsgeschwindigkeit

Das sicherlich am häufigsten angeführte Merkmal der Kommunikation mit den Neuen Medien ist die im Vergleich zu den traditionellen Medien atemberaubende Informationsgeschwindigkeit, die Geschwindigkeit, mit der Informationen zwischen Kommunikationspartnern übermittelt werden. Statt des klassischen Vergleiches zwischen der Transportgeschwindigkeit von Briefpost und eMail soll hier ein weiteres interessantes Beispiel aufgezeigt werden. Seit über 100 Jahren ist ein enormes Wachstum der wissenschaftlichen Literatur sichtbar. Die Produktion verdoppelt sich alle 16 Jahre, in der Mathematik und in den Naturwissenschaften schon alle 10 Jahre. Wenn sich dieser Trend fortsetzt, wird von heute bis zum Jahre 2010 ebensoviel publiziert, wie in der Geschichte der Wissenschaften insgesamt. „Die großen Bibliotheken, die den Anspruch haben, die gesamte relevante Literatur vor Ort zur Verfügung zu stellen, müßten ihre Archivkapazität verdoppeln – und das nach weiteren 15 Jahren erneut. Aber welche Bibliothek kann das leisten?" (Grötschel 1996, S. 2). Das traditionelle wissenschaftliche Publikationswesen, auf gedruckten Zeitschriften basierend, stößt hier an seine Kapazitätsgrenzen, nicht nur, weil ihm digitale Information verschlossen bleibt. Es ist vor allem schwerfällig und teuer. In der Mathematik z.B. treten exorbitant lange Wartezeiten von 2 bis 3 Jahren und auch beklemmend hohe Ablehnungsraten (bis zu 80%) auf, und das oft nur, weil Zeitschriften aus Kosten- und Marketinggründen die Seitenzahlen beschränken. Aus diesem Grunde suchen Wissenschaftler nach neuen Wegen, die Geschwindigkeit der Informationsverbreitung ihrer wissenschaftlichen Arbeiten deutlich zu erhöhen.

Ein berühmtes Beispiel hierzu ist der Preprint-Server des Los Alamos National Laboratory. Paul Ginsparg hatte dieses System am Institut für Theoretische Hochenergiephysik ursprünglich im Alleingang nur eingerichtet, um einigen Fachkollegen dadurch zu helfen, daß er mittels eMail die von ihnen eingeschickten Preprints elektronisch an alle Interessenten kostenfrei verteilt. Innerhalb eines halben Jahres nahmen Tausende Physiker aktiv und passiv an diesem Dienst teil. Heute speichert das System eingeschickte Artikel in einem absuchbaren Internet-Server, und verschickt Abstracts an Abonnenten, inzwischen an über 30.000 Personen. Es versorgt nicht nur die gesamte Gemeinschaft der Hochenergiephysiker mit aktuellen Forschungsergebnissen, sondern macht auch in anderen Bereichen der Physik Schule, ebenso in der Mathematik und Informatik (vgl. Grötschel 1996, S. 3).

3.3.3.2 Auffinden von Informationen

Ein weiterer sehr wichtiger Punkt zur Unterscheidung verschiedener Systeme der Neuen Medien ist das Auffinden von Informationen. Wer heute im Internet mit Hilfe von Suchmaschinen versucht, an bestimmte Informationen zu gelangen, sieht sich häufig großen Schwierigkeiten gegenüber. Zum einen bieten die einschlägigen Suchmaschinen bei nur leicht ungenauer Formulierung der Suchanfrage Trefferquoten von über 10.000 Internet-Seiten, zum anderen verläuft die Suche häufig ergebnislos, wenn eine zu genaue oder nicht hundertprozentig übereinstimmende Suchanfrage gestellt wurde. Schon heute sind selbst die größten Suchmaschinen im Internet nicht mehr in der Lage, die auf 3 Milliarden Seiten zum Jahresende 2000 angewachsene Komplexität des Internets in einer geeigneten Weise zu katalogisieren (vgl. Schimmeck 2001, S. 135).

Selbst in den firmeninternen Intranets entstehen ähnliche Engpässe. Heute sind Intranets mit über 30.000 Seiten keine Seltenheit mehr. Die Firmen sehen sich einer täglich ansteigend Zahl von Intranet-Seiten gegenüber, welche eigenständig durch die einzelnen Abteilungen erstellt werden. Nur in den seltensten Fällen aber haben es Unternehmen geschafft, die Informationswut ihrer eigenen Mitarbeiter in geeignete Bahnen zu lenken. Vielmehr ist davon auszugehen, daß durch den unsystematischen Aufbau eine stark redundante Datenhaltung in den meisten Intranets vorherrscht (vgl. Kroker 1998, S. 31).

Einen weiteren Aspekt des Merkmals *Auffinden von Informationen* bietet die Tatsache, daß auch heute noch eine große Anzahl von Informationen nur durch verschiedene Medienbrüche den Empfänger erreicht. So steht zum Beispiel im Büroalltag nur selten die Möglichkeit zur Verfügung, nicht digital vorhandene grafische Vorlagen auf digitalem Wege an einem Kommunikationspartner zu übermitteln. Während mittlerweile ein Großteil der täglichen Bürokommunikation durch eMails abgewickelt wird, muß der Mitarbeiter für die Übertragung einer einfachen Handskizze oder Rechnungskopie noch heute das analoge Fax benutzen. Aus technischer Sicht wären diese Medienbrüche schon lange nicht mehr notwendig, da es verschiedene elektronische Werkzeuge und Geräte gibt, welche das Einscannen und Übertragen solcher primär nicht digital vorhandenen Informationen zulassen. Trotzdem haben sich bis heute diese Systeme nicht in der täglichen Arbeit durchsetzen können.

3.3.3.3 Informationsdichte

Für eine Klassifizierung der Neuen Medien steht außerdem das Merkmal der Informationsdichte zur Verfügung. Verschiedene Autoren haben Modelle und Theorien zur Informationsreichhaltigkeit von Medien entwickelt (vgl. u.a. Nitschke 1996, S. 99). Unter Informationsreichhaltigkeit ist ein abstraktes Maß zu verstehen, welches die in einer bestimmten Zeiteinheit übermittelten Informationen pro Kommunikationsmedium bemißt (vgl. Kapitel 4.4.3 – Vergleich der Kommunikationsmedien). Bei der Übertragung von Informationen mit Hilfe der Neuen Medien sind zwischen den einzelnen Systemen sehr viele unterschiedliche Informationsdichten (Informationsreichhaltigkeiten) zu beobachten. Die Übertragung einer textbasierenden Bildbeschreibung via e-Mail besitzt zum Beispiel eine deutlich geringere Informationsdichte als das Übermitteln eines hochauflösenden Fotos des Gemäldes.

Ein anderer Gesichtspunkt der Informationsdichte ist in Analogie zum Auffinden von Informationen in den Ergebnissen einer Suchanfrage zu sehen (vgl. Sproull 1991a, S. 115f; Hildebrand 1983, S. 65ff). Ist z.B. ein Mitarbeiter an bestimmten Informationen aus dem Intranet interessiert und erhält trotz seiner genauen Anfrage Tausende von Suchergebnissen als Resultat zurück, dann ist die relative Informationsdichte, das heißt die Informationsdichte bezogen auf die Suchanfrage bzw. das Intranet, sehr gering, obwohl vielleicht ein Dokument unter den Suchergebnissen ist, welches alle Fragen des Mitarbeiters mit einem Mal beantworten könnte. Die Informationsdichte ist hier demnach als Merkmal für ein gesamtes elektronisches Kommunikationsmedium und nicht für einzelne Inhalte zu sehen.

3.3.3.4 Fehlinformationen

Für den Einsatz in Unternehmen ist das Merkmal der Fehlinformationen besonders wichtig, da durch fehlerhafte Resultate im schlimmsten Falle geschäftskritische Fehlentscheidungen getroffen werden könnten. Hildebrand hat in seiner Untersuchung der Kommunikation zwischen Händler und Handelsvertretern viele dieser durch Fehlinformationen resultierenden Probleme beschrieben (vgl. Hildebrand 1983, S. 65-72). Viele dieser aufgezählten Ursachen, wie z.B. Verletzung der Geheimhaltung oder Fehlinformation, führten zu einer zum Teil immensen Störung der Kommunikation in den Absatzkanälen, was wiederum wirtschaftliche Konsequenzen hervorrief.

Auch Rice bemerkt zu dieser Problematik: „One problem with many current adoption and impact studies is an unbalanced emphasis on the amount and functionality of information" (Rice 1984, S. 68) und führt in der folgenden Liste Punkte zum Thema Fehlinformationen durch Neuen Medien auf:

- Much of the information that is gathered and communicated by individuals and organizations has little decision relevance.
- Much of the information that is used to justify a decision is collected and interpreted after the decision has been made, or substantially made.
- Much of the information gathered in response to requests for information is not considered in the making of decisions for which it was requested.
- Regardless of the information available at the time a decision is first considered, more information is requested.
- Organizational members complain that an organization does not have enough information to make a decision, while they ignore available information.

- The relevance of the information provided in the decision-making process to the decision being made is less conspicuous than is the insistence on information.

Wie groß die Angst vor falschen Entscheidungen durch Fehlinformationen ist, zeigen Experimente, welche die Intragruppenkommunikation und die daraus resultierende Entscheidungsfindung untersuchen. „Die zunehmende Demokratisierung im Zusammenhang mit elektronischer Kommunikation beeinflußte in unserem Experiment die Entscheidungsfindung. Wir beobachteten, daß Dreiergruppen durchschnittlich viermal so lange Zeit mit Hilfe der neuen Medien brauchten, Entscheidungen zu finden als im persönlichen Gespräch" (Sproull 1991, S. 87). Ähnliche Ergebnisse berichtet auch Malone, der über eine elektronisch kommunizierende Gruppe berichtete: „In one case, a group never succeeded in reaching consensus, and we were ultimately forced to terminate the experiment. Making it impossible for people to interrupt one another slowed decision making and increased conflict as a few members tried to dominate control of the network" (Malone 1991, S. 89).

3.3.3.5 Informationsqualität

„Paradoxerweise bewirkt die Informationsflut einen gleichzeitigen Informationsmangel" (Grötschel 1996, S. 2). Das Merkmal der Informationsqualität ist demnach ebenfalls relativ zu verstehen, das heißt, auch wenn die Informationsqualität eines jeden einzelnen in einer Datenbank gespeicherten Dokumentes enorm hoch ist, muß die Informationsqualität des gesamten Systems als gering bezeichnet werden, wenn keine geeigneten Suchmechanismen zur Verfügung gestellt werden.

Als ein weiteres Beispiel für unterschiedliche Informationsqualität der Neuen Medien soll die Nutzung von eMail kritisch beleuchtend werden. Im Gegensatz zur üblichen Kommunikation via eMail, welche in einer 1:n-Beziehung stattfindet, wobei die Anzahl n und die Identität der Kommunikationspartner bekannt ist, wird die eMail-Kommunikation auch in ähnlicher Form zur freien Diskussion mit unbekannten Kommunikationspartnern genutzt. Dafür wird eine zentrale eMail-Adresse angeschrieben, welche im eigentlichen Sinne kein Empfänger, sondern nur eine Weiterleitung an eine hinterlegte Liste einzelner eMail-Empfänger ist. Eine eingehende eMail wird automatisch an die gesamte Gruppe gesendet. In Unternehmen wird dies normalerweise zur schnellen Kommunikation von Nachrichten im traditionellen Verständnis von Abteilungs- oder Firmen-Rundschreiben genutzt.

Im folgenden Beispiel schickte eine Mitarbeiterin eines großen Elektronikherstellers eine eMail mit folgendem Inhalt mit Hilfe einer solchen zentralen eMail-adresse an die gesamte Firma (vgl. Sproull 1991a, S. 135-136):

EMAIL
Sent: 88-02-18 From: Dolly Hendricks (North Carolina) To: All Tandem Subject: 2:?? MIIS, MEES (COUSIN TO MUMPS)??
Howdy, Anybody ever heard of this thing which I cannot spell?
Thanks! Dolly

Der Inhalt der Mail zeugt von einer sehr geringen Informationsqualität, trotzdem erhielt Dolly elf Antworten, von denen ihr sechs weiterhelfen konnten. Die Frage nach der Informationsqualität ist in diesem speziellen Falle sehr schwierig zu beantworten, da zwar die ursprüngliche eMail nur rudimentäre Informationen enthielt, doch die erhaltenen Antworten mindestens zu 54 % richtig waren. Insgesamt betrachtet muß die Informationsqualität dieser Kommunikation demnach als befriedigend beschrieben werden, obwohl die eigentliche Frage überhaupt nur rudimentäre Informationen beinhaltete. Aus diesem Grund stellt Sproull die Frage nach der Sinnhaftigkeit solcher eMail-Kommunikation: „One can imagine that the electronic does-anybody-know procedure could generate a flood of questions and no answers, thereby completely defeating its purpose" (Sproull 1991a, S. 135). Wie Sproull folgerichtig formuliert, ist eine solche Kommunikationsform sehr ressourcenintensiv.

3.3.4 Ausblick

Das vorhergehende Kapitel der Dimension Kommunikation beleuchtete die Grundlagen der menschlichen Kommunikation und versuchte, die beim Informationsaustausch stattfindenden Prozesse aus den Blickwinkeln der Kommunikationswissenschaften, Nachrichtentechnik und Betriebswirtschaft zu beschreiben. Ohne eine tiefgreifende Kenntnis der komplexen Zusammenhänge des Informationsaustausches ist es schwierig, erfolgreich innovative Anwendungen der Neuen Medien in Unternehmen zu implementieren, da alle Anwendungen der Neuen Medien auf der Grundlage der zwischenmenschlichen Kommunikation basieren. Besonders die Tatsache, daß mit Hilfe digitaler Medien in den meisten Fällen nur eine Übermittlung neutraler Sachinformationen möglich ist, führt, wie Studien belegen, in einem ausschließlich digital geführten Zusammenarbeitsprozeß zu unüberwindbaren Schwierigkeiten (vgl. u.a. Malone 1991, S. 89).

Das Wissen um die Kommunikationsgewohnheiten der Mitarbeiter ist ausschlaggebend, um eine drohende Veränderung der Kommunikationsformen zu verhindern. Die mit der Verwendung digitaler Medien einhergehende Versachlichung des Informationsaustausches kann im schlimmsten Falle zu einer Ausgrenzung des Individuums führen. Viel wahrscheinlicher ist jedoch die Annahme, daß die nicht kommunizierten, aufgestauten Emotionen sich an ungeeigneten Stellen entladen. Diese ungeplante, plötzliche Freisetzung wird zu Konflikten in der Zusammenarbeit der Teams führen und kann bei nicht vorhandener Kompensation geschäftskritische Situationen verursachen.

Eine genaue Analyse der vorhandenen Kommunikationsstrukturen, eine Beteiligung der späteren Anwender und eine in höchstem Maße benutzerorientierte Funktionalität vermeiden die beschriebenen Kommunikationsstörung und sind Garant für einen erfolgreichen Betrieb der Neuen Medien im Unternehmen.

3.4 Innovative Unternehmenskommunikation - Dimension Neue Medien

Der Begriff *Neue Medien* für Informations- und Kommunikationstechnologie ist nicht neu. Spätestens seit Mitte der siebziger Jahre wird diese Benennung für die jeweils aktuellen elektronischen Medien bewußt eingesetzt.

„Der Begriff ‚Informations- und Kommunikationstechnologie' umfaßt ... sämtliche Techniken, die der Speicherung, Verarbeitung und Übertragung von Informationen dienen. Dieser Begriff schließt im allgemeinen Sprachgebrauch die Unterhaltungselektronik und die Nachrichtentechnik (Funk, Fernsehen, Radar) mit ein, so daß die Notwendigkeit einer engeren Begriffsfassung besteht" (Nitschke 1996, S. 43 ff).

Die von Nitschke geforderte Eingrenzung der Beschreibung soll im folgenden geschehen. Die für diese Arbeit relevanten Gebiete der Neuen Medien sind Technologien, welche aus Blick der neunziger Jahre als neuartig und zukunftsweisend angesehen und primär in der Unternehmenskommunikation eingesetzt werden. Um zu belegen, daß jede Technikepoche ihre „Neuen Medien" hatte, wird im folgenden ein Abriß über die Geschichte der elektronischen Kommunikationsmedien[33] gegeben. Daraufhin wird die Entwicklung des Internets bis zu seiner heutigen beherrschenden Stellung beschrieben, um einen Einblick in die spannende Geschichte dieser Technik zu gewähren.

Im Anschluß werden die für die Unternehmenskommunikation gebräuchlichsten Kommunikationsmedien miteinander verglichen. Durch einen solchen Vergleich soll es dem zukünftigen Anwender ermöglicht werden, für seine individuelle Arbeitsaufgabe das beste Kommunikationsmedium auszuwählen. Zum Abschluß werden einige innovative Anwendungen vorgestellt, welche in den nächsten Jahren die Arbeitsabläufe in den Unternehmen stark verändern werden.

3.4.1 Entwicklung der Kommunikationsmedien

Keine andere technische Entwicklung hat jemals so schnelle Innovationszyklen besessen wie die Digitaltechnik. „Die treibende Kraft dieser Miniaturisierung ist die zunehmende Integrationsdichte von Mikroprozessoren, das heißt eine steigende Anzahl von Bauteilen auf einem Chip. Anhand der Entwicklung des Intel-Prozessors lassen sich die Auswirkungen aufzeigen. Der erste Mikroprozessor 4004 von Intel im Jahr 1971 enthielt 2.300 Transistoren, während der 1997 eingeführte Pentium II Prozessor rund 7,5 Millionen Transistoren Platz bietet. Damit konnte die Zahl der Transistoren auf einem Chip innerhalb von 26 Jahren um den Faktor 3.260 erhöht werden. Als Folge dieser Miniaturisierung der Informations- und Kommunikationskomponenten ist eine kontinuierliche Reduktion des Material- und Energieeinsatzes zu beobachten. Dadurch entstehen räumlich-organisatorische Einsatzmöglichkeiten, die eine nahezu beliebige Portier- und Implementierbarkeit von Informations- und Kommunikationsleistungen zur Folge hat" (Zerdick 1999, S. 141). Die folgenden Bespiele belegen diese rasante Entwicklung: „Durch die kostengünstige Verfügbarkeit von Rechenleistung kam es zu einer Verbreiterung des Anwendungsbereiches der Mikroelektronik, die in allen Industrien spürbar ist – mit bemerkenswerten Ergebnissen. So ist in einem Mobilfunkte-

---

[33] Eine umfangreiche Sammlung wichtiger geschichtlicher Ereignisse befindet sich im Anhang.

lefon von 1998 mehr Rechnerleistung vorhanden als in den NASA-Rechnern, die bei der nicht einmal 30 Jahre zurückliegenden Mondlandung verwandt wurden. Mit einem normalen PC von 1998 wäre man in der Lage gewesen, die gesamte Apollo-Mission zu steuern" (Zerdick 1999, S. 140). Solche enormen Technologiesprünge sind jedoch nicht nur auf den Bereich der Hardware beschränkt. Die damit einhergehende Softwareentwicklung verzeichnet mittlerweile noch schnellere Innovationszyklen. „Die gegenwärtigen Veränderungen senden Schockwellen durch die Medien- und Kommunikationsmärkte und rufen bei allen Marktteilnehmern große Unsicherheiten hervor. Aufgrund der hohen Dynamik des Marktgeschehens spricht man bereits von einer neuen Zeitrechnung – ein Internetjahr verläuft siebenmal so schnell wie ein normales Jahr – und altbekannte Strategiemodelle verlieren immer mehr an Gültigkeit. So verkündete der Chief Operating Officer von Yahoo im Juni 1998, daß der maximale Zeitvorsprung, den ein Unternehmen durch eine neue Technologie erlangen kann, auf mittlerweile 60 Tage gesunken ist" (Zerdick 1999, S. 136). Fast hat es den Anschein, daß diese zitierten 60 Tage mittlerweile noch weniger geworden sind. Fast täglich werden besonders für den Entwicklungsbereich von internetgestützten Anwendungen neue, innovative Softwarewerkzeuge (sog. Tools) auf den Markt gebracht.

Die Schwierigkeit für den Anwender und Entwickler besteht somit darin, zum einen den Überblick über die am Markt befindlichen Technologien zu behalten und zum anderen innovative Techniken von weniger sinnvollen Entwicklungen zu unterscheiden. Wie schwierig eine solche Einschätzung ist, zeigt die folgende Abbildung. Deutlich ist zu erkennen, daß in keinem Falle die erwarteten Prognosen für die Marktentwicklung mit der realen Entwicklung übereinstimmten. So sind heute BTX und Teletex völlig vom Markt verschwunden, obwohl ihnen eine glänzende Zukunft vorhergesagt wurde. Dafür haben sich Telefax und Mobilfunk deutlich besser am Markt durchsetzen können als erwartet.

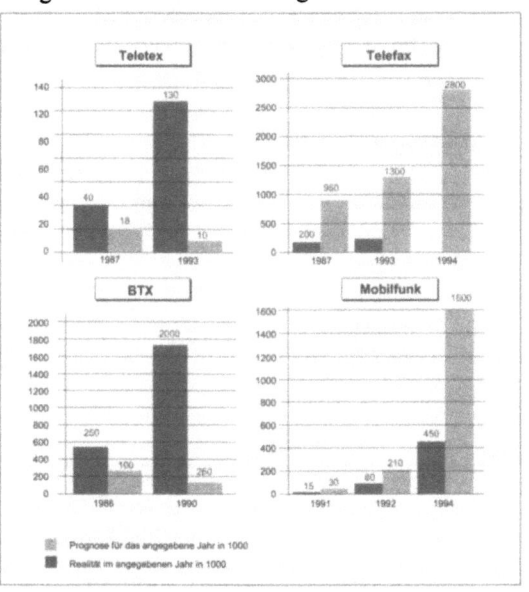

Abbildung 3.4-1: Marktprognose und reale Marktentwicklung im Bereich der Telekommunikation (Lütge 1995 nach Picot 1996, S. 118)

Für die weitere Entwicklung der Unternehmenskommunikation ist eine Verzahnung verschiedener elektronischer Informationsmedien wahrscheinlich. Dieses Zusammenwachsen verschiedener vormals eigenständiger Technologien zu einem komplexen Gebilde hat lange Tradition, wie die folgende Übersicht eindrucksvoll darstellt. Interessant ist die Tatsache, daß diese Grafik von Grünewald und Koch (Anfang der achtziger Jahre entwickelt) völlig andere Zukunftserwartungen darstellt als später eingetreten sind. Als Beispiel sei hier die Entwicklung unserer heutigen Neuen Medien, des Internets, genauer beleuchtet: Nach der Grafik sollte sich ein integriertes Informationsverarbeitungssystem auf Grundlage der Bildschirmtext (Btx)-Technologie entwickeln, stattdessen wurde unser heutiges Internet auf Grundlage der in der Grafik als elektronische Briefübermittlung dargestellten Technologie des eMails entwickelt.

Eine weitere heute kaum noch vorstellbare Tatsache ist die ursprünglich komplette Trennung der drei Technikbereiche Textverarbeitung, Nachrichtentechnik und Datenverarbeitung, welche erst später in die uns heute bekannte Form zusammengeführt wurden. Besonders eingängig hat Ledin diesen Prozeß des Zusammenwachsens in drei Phasen gegliedert. Er unterteilt dabei die Entwicklung in die zeitlich begrenzten Phasen der reinen Datenverarbeitung zwischen 1955 und 1970, der Phase der Datenverarbeitung mit Datenspeicherung zwischen 1970 und 1985 und der darauf folgenden Phase mit zusätzlichem Datentransport über Computernetze. Eine genauere Beschreibung der wichtigsten Entwicklungen auf dem Feld der Informationstechnologien soll im folgenden Abschnitt versucht werden.

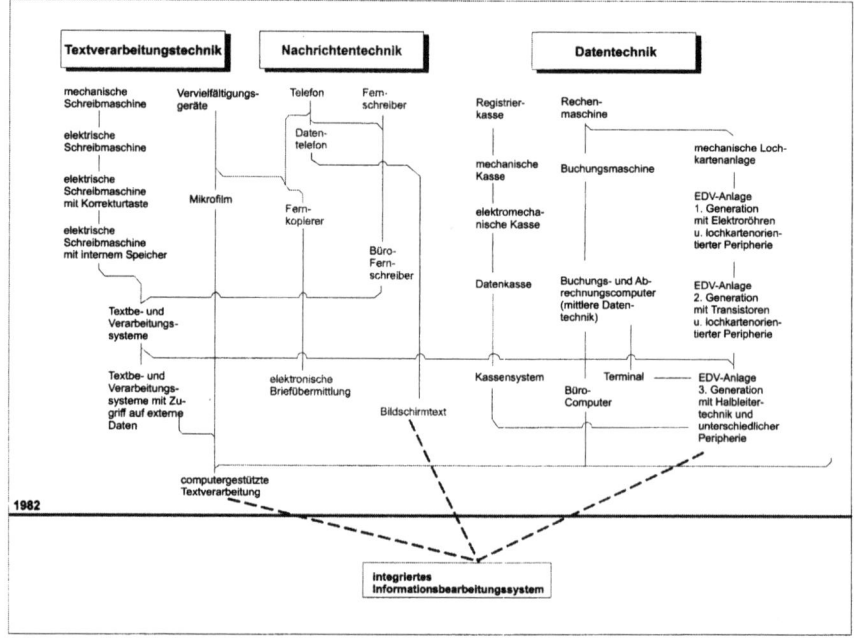

Abbildung 3.4-2: Techniksystematisierung nach Grünewald und Koch (Grünewald 1981, S. 21)

Einen Ausblick auf die weitere Entwicklung, d.h. das weitere Zusammenwachsen bisher separater Kommunikationsmedien, versucht die Grafik nach Martiny und Klotz darzustellen. Beide unterscheiden die Bereiche Datenverarbeitung, Bürotechnik und

Telekommunikationstechnologie und sehen in der Symbiose der Systeme die zukünftige multimediale Telekommunikation und einen multifunktionalen Arbeitsplatz. Auffällig an dieser Darstellung ist die Tatsache, daß ausschließlich leitungsgebundene Kommunikationsnetze benannt werden.

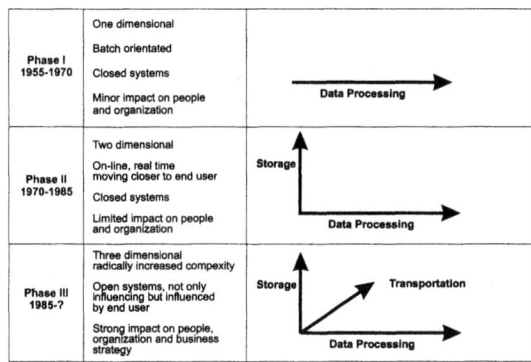

Aus heutiger Sicht müssen noch weitere Basistechnologien in die Betrachtung moderner Unternehmenskommunikationstechnologien einbezogen werden. So ist besonders die Nutzung mobiler Telekommunikationsdienste, zum Beispiel SMS[34] oder die WAP[35]-Technologie,

Abbildung 3.4-4: Technologieverzahnung (vgl. Martiny 1990, S. 38; Nitschke 1996, S. 46)

zu nennen. Zukünftig wird der Arbeitnehmer durch den Einsatz der Funkübertragung immer unabhängiger von seinem Arbeitsplatz werden. Mit der Einführung der neuen Mobilfunk-Generationen (GPRS[36] und UTMS[37]) stehen dem Anwender schnellere funkgestützte Übertragungsmethoden

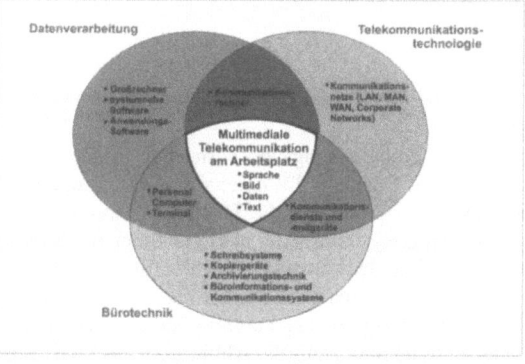

Abbildung 3.4-3: The evolution of modern information technology (Nitschke 1996, S. 46)

---

[34] **SMS**: Short Message Service: Kurznachrichtendienst zur Übermittlung von bis zu 160 Zeichen langen Textmitteilungen zwischen Mobiltelefonen.

[35] **WAP**: Wireless Application Protocol: Standardisiertes Anwendungsprotokoll für den Zugriff von Mobiltelefonen auf Internet.

[36] **GPRS**: (General Packet Radio Services) ist eine neue Mobilfunktechnik die eine schnellere Datenübertragung ermöglicht als der heutige GSM-Standard. Die Daten werden nicht wie bisher in Kanalform, sondern als Pakete zwischen Mobiltelefon und Basisstation übermittelt. Die sog. paketvermittelte Datenübertragung ermöglicht nicht nur höhere Übertragungsgeschwindigkeiten (bei GPRS bis ca. 115 kbit/s) sondern auch den AoA-Betrieb („Always on Air").

[37] **UMTS**: (Universal Mobile Telecommunications System) gegenüber GSM zeichnet sich UMTS vor allem durch eine höhere Bandbreite und Kapazität aus. Infolgedessen soll mittels UMTS über die Funkschnittstelle erstmals tatsächlich die gleichzeitige Übertragung von verschiedenen Multimedia-Anwendungen (z.B. Bildtelefonie, Fax) zu einer akzeptablen Geschwindigkeit möglich sein. Die

zur Verfügung, als der leitungsgebundene Standard-ISDN-Anschluß technisch ermöglicht.

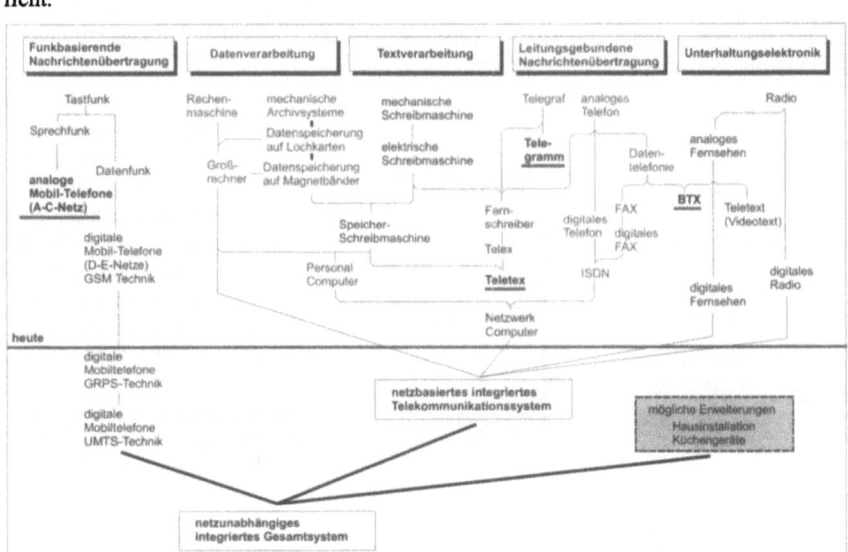

Abbildung 3.4-5: Aktuelle Techniksystematisierung und zukünftige Entwicklung zum Gesamtsystem

Auch die Einbeziehung von Fernsehen in die Unternehmenskommunikation ist heute in Form des Business-TV bereits Realität. Große Konzerne, wie z.B. DaimlerChrysler, Deutsche Telekom und die Deutsche Bahn AG, besitzen eigene Fernsehsender und Übertragungssysteme. Aus heutiger Sicht ist davon auszugehen, daß alle in Moment existierenden elektronischen Kommunikationsmedien im Laufe der nächsten Jahre zu einem großen integrativen Gesamtsystem zusammenwachsen werden. Eine Darstellung der wichtigsten Telekommunikationsmedien in Deutschland und deren geschichtliche Entwicklung stellt die Abbildung 3.4-5 dar. Besonders gut ist das zukünftige Zusammenwachsen der verschiedenen Technologien zu erkennen, welches für die nächste Dekade zu erwarten ist. Die unterstrichenen Technologien sind nicht weiterentwickelt worden und haben aus technischer Sicht keinen direkten Nachfolger erhalten. Die Funktionalität hingegen wurde in allen Fällen durch andere Systeme übernommen und weiterentwickelt. Im Folgenden soll die geschichtliche Entwicklung der von Menschen zur Kommunikation genutzten Medien aufgezeigt werden. Es wird deutlich dargestellt, wie die einzelnen Entwicklungen sich nacheinander ergänzen und daß die heute existierenden Medien bereits eine lange Vorgeschichte haben. Zum Überblick befindet sich im Anhang ein umfangreicher tabellarischer Zeitabriß der Entwicklung.

---

heutige GSM-Technik erlaubt lediglich eine maximale Übertragungskapazität von 9,6 kbps; UMTS erlaubt dagegen aufgrund der neuen CDMA-Technologie eine Bandbreite von bis zu 2 Mbit/s.

3.4.1.1 Ursprünge der Rechentechnik

Anders als wir es heute kennen, waren die Geräte früherer Generationen nicht in der Lage verschiedene Aufgaben zu erfüllen. So war die Kombination von Textverarbeitung, Datenberechnung und Nachrichtenübertragung nicht immer Bestandteil eines einzigen Gerätes, des Personal Computers. In den Anfängen der Technik waren diese Teilaufgaben voneinander völlig losgelöst und wurden sogar durch unterschiedliche Berufe ausgeführt. Betrachtet man den geschichtlichen Hintergrund bis in die Anfänge, d.h. bis vor den Zeitpunkt, an dem sich die Menschen Hilfsmittel zu Nutze machten, so sind hier Schreiber, Boten und menschliche Rechenknechte als ursprüngliche Berufsgruppen zu benennen. Letztere sind die mit Abstand jüngste Berufsgruppe, da erstmals 1766 eine Gruppe von Männern ausschließlich dafür beschäftigt wurden, komplizierte Berechnungen für die britische Admiralität zur Erstellung des „Nautical Almanac" zu erstellen. Diese menschlichen Rechner – COMPUTER genannt – waren somit die erste „Form" eines verteilten Rechensystems, da dort zur Ermittlung der Kurstabellen für die britische Navy arbeitsteilige Rechenschritte durchgeführt wurden (vgl. Polatschek 1999, S. 66).

Später wurden immer mehr mechanische Hilfsmittel erfunden, um die Kommunikation zu vereinfachen. So wurden z.B. die reitenden Boten durch optische Telegrafenlinien abgelöst, welche eine deutlich schnellere Übertragungsgeschwindigkeit von Nachrichten zuließen. Für das Berechnen von einfachen und komplexen Aufgaben wurden immer neue Maschinen erfunden. Vom Abakus (1. Jahrtausend v. Chr.) über die mechanische Rechenmaschine bis zur Registrierkasse sind diese Maschinen auch heute noch vielen bekannt. Die erste bekannte mechanische Rechenmaschine ist das Werk des Tübinger Professors Wilhelm Schickard aus dem Jahre 1623, welche bereits alle vier Grundrechenarten beherrschte.

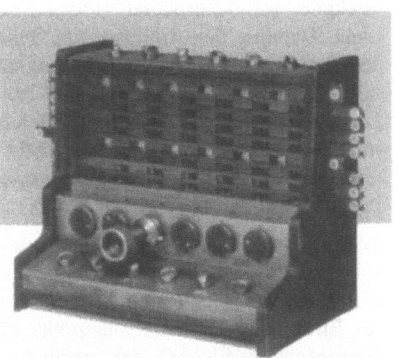

Abbildung 3.4-6: Nachbau der Rechenmaschine von Wilhelm Schickard 1623 (Polatschek 1999, S. 62)

Auch für das Verfassen von Schriftstücken wurde eine Maschine konstruiert. Die erste mechanische Schreibmaschine[38] konstruierte Peter Mitterhofer (1822-1883) und erlaubte erstmals das einheitliche Erstellen von Geschäftspapieren. Eine andere Schwierigkeit entstand durch die immer größer werdende Bürokratisierung im Laufe der Industrialisierung. Die zu erfassenden Datenmengen wuchsen ins unermeßliche, so benötigten z.B. 1500 Angestellte mehr als sieben Jahre für die Auswertung der amerikanischen Volkszählung des Jahres 1880. Daraufhin wurde durch das zuständige Amt ein

---

[38] Nach verschiedenen Versuchen zur Herstellung mechan. Schreibgeräte, bes. für Blinde (etwa seit 1714), baute der Tiroler Peter Mitterhofer (1822-1883) die erste Schreibmaschine aus Holz, die der Amerikaner Charles Glidden kennenlernte. Mit seinen Landsleuten Sholes und Soulé schuf er 1867 eine Schreibmaschine, die der Waffenfabrikant Remington 1873 fabrikmäßig herzustellen begann (DBG-Lexikon 1957, S. 404).

Wettbewerb ausgeschrieben, mit dem Ziel die Erhebung neu zu organisieren. Diesen gewinnt ein junger Ingenieur namens Hermann Hollerith mit der Idee, die Datenerfassung durch Lochkarten zu vereinfachen. Auf sein Patent aufbauend entsteht im Jahre 1924 eines der größten Unternehmen im Bereich der Datenverarbeitung, IBM – International Business Machines Corporation. Mit Hilfe mechanischer Lochkartenlesegeräte gelingt es, die nach der Volkszählung 1890 angefallenen Daten in „nur noch" zweieinhalb Jahren auszuwerten. Interessant ist die Tatsache, daß diese Technik sich bis heute in einigen Staaten der USA halten konnte. Erst als Konsequenz aus dem Wahldebakel der US-Präsidentenwahl 2001, bei der fast 180.000 Stimmzettel verloren gingen, weil sie nicht registriert waren oder wegen doppelter Lochung ungültig wurden, hat der Bundesstaat Florida beschlossen, ab November 2001 die Stimmabgabe per Lochkarte abzuschaffen (vgl. AFP 2001).

Der Beginn des Computerzeitalters läßt sich auf das Jahr 1936 datieren, als Konrad Zuse in Berlin den ersten programmgesteuerten Rechenautomaten baute. Parallel hierzu entwickelte der Amerikaner Howard Aiken – ohne Kenntnis der Arbeiten von Zuse – zusammen mit der Firma IBM Anfang der vierziger Jahre den Rechenautomaten MARK 1. Dennoch dauerte es noch rund 20 Jahre, bis mit der Markteinführung des IBM S/360 Großrechners das moderne Computerzeitalter begann (vgl. Zerdick 1999, S. 100f).

Abbildung 3.4-7: Altair 8800 aus dem Jahre 1975

War der erste von Zuse gebaut Computer Z1 im Jahre 1936 noch ein rein mechanisches Gerät, so wurden alle folgenden Generationen schon durch eine Unzahl von elektrischen Relais gesteuert. Der nächste Schritt in der Evolution der Computer war die Einführung der Elektronenröhre zur schnelleren Berechnung. Im Jahr 1943 baute John Mauchly ENIAC, den ersten funktionsfähigen Elektronenrechner der Welt. Auf einer Länge von 24 m befanden sich 18.000 Elektronenröhren und übertrafen die Rechenleistung des MARK 1 um das über 2000fache. Die bisher letzte Evolutionsstufe der Computerära wurde 1955 begonnen, als der Transistor, ein Halbleiter aus Silizium, erfunden wurde. Bereits 1962 war der Transistor so klein geworden, daß er zum Aufbau eines Computers benutzt werden konnte. Nur rund sechs Jahre später beginnt sich der Mikrochip durchsetzen, ein aus mehreren Transistoren bestehendes Halbleiterkristall. Mit Hilfe dieser immer kleiner werdenden Technologie ist es der Firma Intel im Jahre 1971 möglich, den ersten Chip, den Intel 4004 mit 2300 Transistoren, vorzustellen. Dieser Chip integriert erstmals alle für einen Prozessor notwendigen Funktionen in einem Bauteil. Von nun an beginnt der industrielle Wettlauf um immer höhere Integrationsraten, das heißt es werden immer mehr Transistoren auf immer kleinerer Fläche untergebracht und bilden so immer leistungsfähigere Prozessoren. „Für die Zunahme der Transistoren pro Stück formulierte Gordon Moore bereits 1965 das Gesetz, nachdem sich die Anzahl der Transistoren pro Chip – und damit grob auch dessen Geschwindigkeit, die Befehle auszuführen – alle anderthalb bis zwei Jahre verdoppeln werde. Seine Aussage hat als sich als erstaunlich präzise erwiesen: Die Zahl der Intel-

Transistoren hat sich alle 26 Monate auf heute 19 Millionen verdoppelt." (Polatschek 1999, S. 64) Schätzungen zufolge werde dieser Trend mindestens bis zum Jahre 2011 weiter anhalten. Zu diesem Zeitpunkt wäre mit einer Milliarde Transistoren in einem Prozessor zu rechnen.

Abbildung 3.4-8: Apple II mit Diskettenlaufwerken und Akustikkoppler aus dem Jahre 1982 (Eigenes Foto)

Betrachtet man die anfängliche Entwicklung der Informationstechnologie, so wird deutlich, daß es sich hierbei fast ausschließlich um Großrechenanlagen handelt. Auf Grund des Preises und deren Größe wurden diese Systeme ausschließlich durch Großunternehmen und staatliche Institutionen eingesetzt. „In den Anfängen der Computer waren ausschließlich Großrechner im Einsatz, deren Bedienung über Terminals, Ein- und Ausgabegeräte ohne eigene Rechenleistung, stattfand.

Eine Anwendung mußte immer auf dem Großrechner ausgeführt werden, so daß dort eine große Rechenkapazität von Nöten war. Zusätzlich wurden die Datenleitungen durch die ständigen Ein- und Ausgaben hoch beansprucht" (Müller 2000, S. 12). Mitte der siebziger Jahre begannen verschiedene Gruppen, sich für eine einfachere Nutzung der Computertechnologie auch für Privatanwender einzusetzen. Durch Einführung des ersten Intel-Prozessor wurde es erstmals möglich, preiswerte Geräte für den Privatgebrauch anzubieten. Im Jahre 1975 wird der erste Computer für diese Zwecke unter dem Namen Altair 8800 für 400 Dollar auf den Markt gebracht. Der Altair 8800 hatte weder Monitor noch Tastatur und wurde nur als Bausatz angeboten. Die Eingabe wurde über Schalter bewerkstelligt und nur im eingeschalteten Zustand gespeichert, da noch kein geeignetes Speichermedium zur Verfügung stand.

Erst langsam erkannte die Industrie, daß sich mit einem komplett montierten Rechner auch Geld verdienen ließe. Der Tandy TRS-80 war der erste PC, der im April 1977 in einem Katalog erschien und im Warenhaus verkauft wurde. Mit Monitor, Kassettenlaufwerk[39] und Tastatur kostete er rund 600 Dollar. Bahnbrechend war er nicht. Das war erst der Apple II – der „erste wirkliche Heimcomputer" - "Der Volkswagen unter den Computern" (Polatschek 1999, S. 76). Bereits 1978 (im Jahr seines Erscheinens) wurden von ihm 2500 Exemplare verkauft, innerhalb von zwei Jahren steigerte sich die Zahl auf 125 000. „Schon von außen war erkennbar, daß es sich um ein Konsumgut handeln sollte: Ein beiges Kunststoffgehäuse mit abgerundeten Ecken", erklärt der Computerhistoriker Friedewald (Dufner 2000). Man mußte ihn nur an den heimischen Fernseher anschließen und konnte nach dem Einschalten sofort loslegen; Betriebssys-

---

[39] **Kassettenrekorder**: Zur damaligen Zeit war für die private Nutzung das Aufzeichnen von Daten auf einem handelsüblichen Kassettengerät die einzige mögliche Archivierungsform von digitalen Daten. Erst der IBM-PC bot als Zusatz ein Diskettenlaufwerk an.

tem und BASIC-Interpreter waren fest eingebaut. „Ein Homecomputer zum Spielen, zum Sammeln von Kochrezepten, zur Kontrolle des Biorhythmus oder des Bankkontos", das versprach der damalige Werbeslogan.

Waren zuallererst Spiele die hauptsächlichen Anwendungen auf diesen ersten Homecomputer-Generationen, so erschienen Anfang der achtziger Jahre die ersten brauchbaren Bürosoftware-Systeme. Damals entstand z.B. VisiCalc, der Urahn aller Tabellenkalkulationsprogramme. Diese Entwicklung konnte fortan auch nicht mehr durch die alteingesessenen Hersteller für Großrechensysteme ignoriert werden.

Zum ersten Mal fand der Computer auch Einzug in mittelständische Unternehmen – und IBM wollte natürlich nachziehen. Im August 1981 stellte IBM den ersten Personalcomputer vor. Ein 64-Kilobyte-Speicher, keine Festplatte, aber mit Tastatur, einer Schnittstelle zu Drucker und Kassettenrecorder. Sogar ein Diskettenlaufwerk und ein schlecht auflösender Bildschirm wurden mit angeboten. Mit einer BASIC-Software und dem von Microsoft neu entwickelten Betriebssystem DOS war das IBM-Produkt ebenfalls ausgestattet.

Dieses Gerät setzte damals Standards, welche noch heute – sehr zum Leidwesen vieler Anwendungsentwickler – die Grundlage unserer modernen Personalcomputer bilden. So sind zum Beispiel alle modernen Pentium-Prozessoren mit ihrem Befehlssatz abwärtskompatibel zum Intel 8088, dem Prozessor des ersten IBM PCs. Mit zunehmender Rechenleistung der Computer wurden diese auch in Netzwerke mit zentraler Datenhaltung integriert. – Die Client-Server-Technologie war erfunden. Dabei werden die Daten und z.T. die Anwendungen auf einem Computer, dem sogenannten Server[40], zentral gespeichert, doch die Programme auf dezentralen Computern, den sogenannten Clients, ausgeführt.

Diese Technologie verringert die im Netz übertragenen Datenströme und erhöht die Ausführungsgeschwindigkeit der Anwendungen, da die PC-Clients über eine eigene Rechenleistung verfügen. Persönliche Daten können außerdem dezentral auf dem Client gespeichert werden, wie auch Peripheriegeräte, wie z.B. Scanner oder Bandlaufwerke, dezentral angeschlossen und bedient werden können.

Abbildung 3.4-9: IBM PC aus dem Jahre 1981

---

[40] **Server**: Leistungsstarker Computer, der für eine zentrale Datenhaltung und/oder administrative Aufgaben im Computernetzwerk zuständig ist.

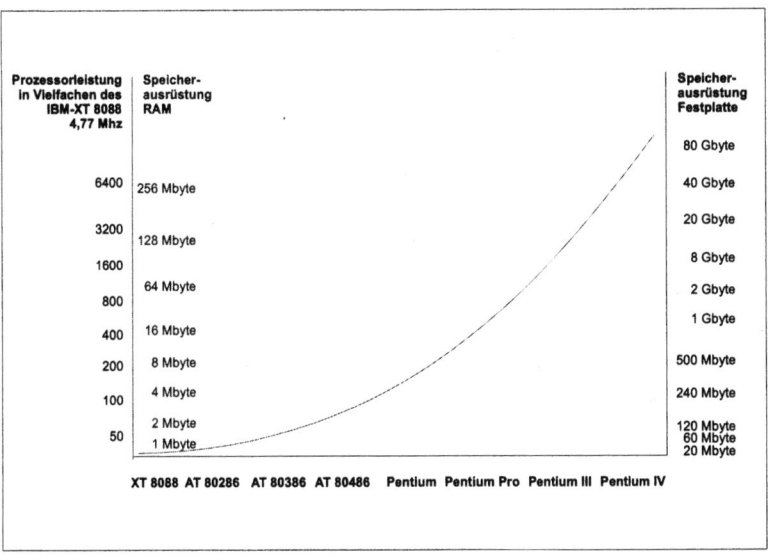

Abbildung 3.4-10: Die Entwicklung von Prozessorgeschwindigkeit und Speicherausstattung von Mikrocomputern (in Fortschreibung nach Picot 1996, S. 138)

Die Abbildung 3.4-10 zeigt, mit welchem enormen Zuwachs die Leistungsfähigkeit der Personalcomputer und ihrer Speichermedien zugenommen hat. „Die technische Entwicklung und der Preisverfall auf dem Festplattenmarkt machen es möglich. Heute kann jeder PC-Besitzer über Festplattenkapazitäten verfügen, die noch vor zehn Jahren allenfalls in Großrechneranlagen zu finden waren. Die Gigabyte-Schwemme eröffnet ganz neue Perspektiven im Umgang mit Daten aller Art" (Weiner 2000, S. 78f).

Der Preisverfall und die Erstellung immer besserer Anwendungsprogramme (z.B. in den Bereichen Textverarbeitung, Tabellenkalkulation oder Grafikanwendungen) führte zu einem verstärken Einsatz im betrieblichen Umfeld. Die Nutzung von Computern war nicht mehr nur einigen wenigen Fachleuten, sondern nunmehr der gesamten Belegschaft möglich. Die Entwicklung der grafischen Bedieneroberfläche und die Erfindung der Computermaus durch Alan Kay (1973) erleichterten die Nutzung der Personalcomputer. Innerhalb eines knappen Jahrzehnts setzt sich diese Technik soweit durch, daß der Computer zur Standardausrüstung eines jeden Arbeitsplatzes gehörte. Heute ist der „Kollege Computer" aus den Betrieben nicht mehr wegzudenken. Wie abhängig die Betriebe durch den Computereinsatz geworden sind, zeigen vereinzelte Stromausfälle, welche heute zu kompletten Arbeitsausfällen führen, da ohne den Computer kaum noch ein Angestellter seiner Arbeit nachgehen kann.

Mit Zunahme des Computereinsatzes wurde auch der Wunsch nach einer entsprechenden Vernetzung der einzelnen Arbeitsplatzgeräte laut. Basierend auf den von den Großrechnern bekannten Computernetzen wurden für die Personalcomputer ähnliche Netzwerke gebaut. Nunmehr war ein Datenaustausch, die zentrale Datenhaltung auf Servern und sogar ein Anschluß an die vorhandenen Großrechnersysteme möglich.

3.4.1.2 Entstehung der Telekommunikationssysteme

- **Fackeltelegrafie**

Der Austausch von Nachrichten gehörte schon immer zu den entscheidenden Dingen, welche über das Fortbestehen eines Volkes oder Landes entscheiden konnten. Über lange Zeit konnten Nachrichten nur mit Hilfe von Boten transportiert werden. Der berühmteste Lauf eines Boten ist wohl das Überbringen der Siegesnachricht der Griechen über die Perser von Marathon nach Athen im Jahre 490 v.Chr. Die Erinnerung an diesen Lauf wird noch heute durch den Marathonlauf hochgehalten.

Obwohl man heute annimmt, daß über Tausende von Jahren Botschaften nur mit der Geschwindigkeit eines Läufers, Reiters oder Segelschiffes übermittelt werden konnten, ist zu bemerken, daß die Völker des Altertums bereits Feuerzeichen zur Kommunikation verwendeten. „Die Geschichtsschreibung des Altertums ist reich an Darstellungen über verwendete Nachrichtensysteme. Auch die verschiedenen Sagen und Mythen bieten eine Fülle von Hinweisen hierüber. Aischylos (525-456 v. Chr.) berichtet in seinem Drama „Agamemnon" von einer Depeschenübertragung über eine Entfernung von mehr als 500 km (das entspricht der Strecke von Köln nach Berlin). Es ging dabei um die wichtige Meldung von der Einnahme Trojas" (Oberliesen 1987, S. 24).

Anfangs beschränkte sich die Verwendung von Feuersignalen auf das Melden von Ereignissen, deren Eintreffen man erwartete, wie in dem Drama von Aischylos. Dabei handelte es sich in der Regel um ganz einfache, nicht mißzuverstehende Meldungen, die in den meisten Fällen als Kommandos für militärische Operationen galten, wie z.B. Aufbruch, Sammeln, Rückzug und so weiter. Hinzu kamen Not- und Alarmsignale wie „Feind in Sicht". Gegenüber Boten und Läufern hatte diese Art der Nachrichtenverbindung den großen Vorteil, daß sie im Prinzip nicht zerstörbar war. Läufer konnten abgefangen oder aufgehalten werden, Lichtzeichen nicht. Häufig gingen Nachrichten auf diese Weise über den Kopf des Gegners hinweg, ohne daß er es verhindern konnte – bei Belagerungen ein außerordentlicher Vorteil. „Gleichwohl wissen die zeitgenössischen Geschichtsschreiber von Begebenheiten zu berichten, bei denen Mißverständnisse, unabsichtliche Täuschungen oder auch Nachrichtenfälschungen schwerwiegende Folgen hatten. So verwechselte das Heer des Mithridates beim Angriff gegen Rhodos die Alarmsignale der Rhodier, die die Gefahr frühzeitig bemerkten, mit dem Angriffssignal, das dem Heer vom Berge Atabyrus gegeben werden sollte. Der Angriff mißlang. In einem anderen Fall verwechselte Miltiades auf Paros einen Waldbrand mit einem Alarmsignal. Irrtümer im Lesen und Verstehen von

Abbildung 3.4-11: „Schnell wie eine Lauffeuer" – signalisierten griechische Feuertelegrafen erwartete Nachrichten über große Entfernungen" (Oberliesen 1987, S. 27)

schnell verschwindenden Lichtern sind verständlich, zudem hinterlassen Feuersignale keine bleibenden Dokumente, die nachträglich kontrolliert werden können" (Oberliesen 1987, S. 28). Die Nachrichtenübertragung hing wesentlich von den verwendeten Lichtquellen ab, in der Regel Holz- oder Reisigfeuer, die mit an Ort und Stelle befindlichem Material und gegebenenfalls mit Salzen oder Ölen als Zusatz verstärkt wurden. Nachgestellte Versuche mit Holzstößen, die teilweise mit pflanzlichen Ölen übergossen wurden, ergaben, daß man bei etwa 10 m Höhe des Holzstoßes und guten Sichtverhältnissen diese Lichtquellen auf 150 bis 200 km wahrnehmen kann. Trotzdem konnten diese Signale leicht mißverstanden oder absichtlich gestört werden, wie das Beispiel von Miltiades zeigt.

An die Stelle des unbeweglichen Feuerzeichens durch brennende Holzstöße oder Reisighaufen traten mehr und mehr willkürlich veränderbare Lichtquellen wie Fackeln oder Laternen, die sich in Intervallen verdecken und aufdecken ließen. Agamemnon mußte zehn Jahre vorher verabreden, daß die an einem bestimmten Punkt aufleuchtende Flamme das zu erwartende Ereignis anzeigt. Mehr konnte die Botschaft mit den geschilderten Mitteln nicht aussagen. Ob etwa Troja mit List oder Gewalt erobert worden, ob es zerstört oder unversehrt in die Hände der Achäer gefallen, ob Priamus, ob Helena getötet oder gefangen sei, blieb auf diese Weise unvermittelbar.

Durch das Differenzieren der Lichtsignale erreichte die Nachrichtenübermittlung eine neue Dimension. Die zeitweilig aussetzende Sichtbarkeit oder veränderliche Zahl oder Stellung von Zeichen ermöglichte die inhaltliche Abstufung von Meldungen. Der griechische Geschichtsschreiber Thukydides (470-402 v. Chr.) beschreibt die Bedeutung der Fackelzeichen etwa so: „Das Licht, das nur einfach in die Höhe gehalten wird, ohne bewegt zu werden, bedeutet das Herannahen von Verbündeten oder das Eintreffen von Ersatztruppen, also Nachrichten zwischen befreundeten Armeen, Personengruppen usw. Das Hin- und Herschwenken der Fackeln signalisierte dagegen das Heranrücken der Feinde. Die Sichtung von feindlichen Schiffen im Gegensatz zur Sichtung von Landtruppen konnte bequem durch Hinzufügen der dritten Art der Bewegung, der Kreisschwingung, unterschieden werden. Dazu gab es Verabredungen über gewisse Aufeinanderfolgen von Signalen wie auch Unterscheidungen von verschiedenen räumlichen Stellungen" (vgl. Oberliesen 1987, S. 30f).

Aristoteles (384-322 v. Chr.) berichtet über den persischen König Darios I. (550-485 v. Chr.), daß dieser sein Reich gegen Aufstände mit einer gut organisierten Fackeltelegrafie sicherte. Während der Perserkriege setzten die Griechen mit viel Erfolg die Fackeltelegrafie zur schnellen Information über Kriegsereignisse ein. Von Philipp III. von Mazedonien (Regierungszeit 220-179 v. Chr.) und auch von seinem Sohn Perseus (Regierungszeit 179-168 v. Chr.) ist bekannt, daß sie eine Anzahl festgelegter Signallinien unterhielten, die über eine Zentralstation miteinander verbunden waren und die sie in den Stand setzten, in ihr Land einfallende Gegner sozusagen in einem Überraschungsangriff aus der Lauerstellung heraus zu vernichten. Durch ein-, zwei- oder dreimaliges Aufflammen eines Feuerzeichens hintereinander oder durch gleichzeitiges Aufflammen von ein, zwei oder drei Feuerzeichen nebeneinander ließen sie „Landung", „Plünderung" oder „Belagerung" signalisieren. Nach einem kürzeren Intervall konnten mit denselben Mitteln auch Stärke und Nationalität des Feindes (Römer, Ätoler, Pergamener o. a.) mitgeteilt werden.

Während die Signale der unbeweglichen Feuerfanale über ziemlich weite Strecken erkennbar waren, verringerte sich bei nebeneinander bewegten Feuerzeichen der Übermittlungsabstand, weil schon bei relativ kurzen Entfernungen die zugleich dargebotenen Lichtquellen vom menschlichen Auge ohne die noch nicht erfundenen Fernrohre nicht mehr getrennt werden können. Hinzu kam, daß wegen der besseren Handhabung generell nur schwächere Lichtquellen verwendet werden konnten. Zwangsläufig bestanden daher derartige Signallinien aus einer Vielzahl von Relaisstationen, was zugleich einen erheblichen Personalaufwand erforderte. In der Folgezeit versuchten die Griechen, das System der optischen Telegrafie mit Feuer zu vervollkommnen, indem sie die Bedeutung der Lichtzeichen nicht mehr von einzelnen Aktionen bzw. Ereignissen abgängig machten, sondern auf Basis der Buchstaben des Alphabets Nachrichten übermittelten. Der griechische Geschichtsschreiber Polybios entwickelte hierfür um 180 v.Chr. eine differenzierte Feuertelegrafencodierung.

„Man teilt das ganze Alphabet nach seiner gewöhnlichen Ordnung in 5 Reihen von je 5 Buchstaben; es wird zwar die letzte einen Buchstaben weniger haben, das tut aber dem Gebrauch keinen Schaden. Hierauf schaffen sich die beiden, welche einander signalisieren wollen, jeder 5 Täfelchen an und schreiben auf jedes Täfelchen eine solche Reihe nach der gewöhnlichen Ordnung; dann machen sie miteinander aus, daß, wer signalisieren will, die Feuerzeichen alle auf einmal und auf beiden Seiten zugleich erhebt und dann wartet, bis der andere das Zeichen erwidert; dies geschieht, um durch die Signale einander anzuzeigen, auf welches Täfelchen man sehen soll; wie z. B. ein Feuerzeichen, wenn auf das erste, zwei, wenn auf das zweite usw.; die zweiten aber rechts nach derselben Weise, um anzuzeigen, welche Buchstaben vom Täfelchen der aufzuzeichnen hat, welcher das Signal aufnimmt. Haben nun beide nach solcher Verabredung ihre Plätze eingenommen, so muß man zuerst einen Diopter mit zwei Röhren haben, um mit der einen die rechte, mit der andern die linke Seite des Telegraphierten zu beobachten; in der Nähe des Diopter aber müssen die Täfelchen der Reihe nach gerade aufgepflanzt sein; ferner muß sowohl die rechte als die linke Seite der Länge nach auf zehn Fuß, der Tiefe nach auf Manneshöhe gehörig eingefriedigt sein, damit die Feuerzeichen ebenso gut, wenn man sie erhebt, gesehen, als, wenn man sie senkt, verdeckt werden. Sind nun diese Anstalten beiderseits getroffen und will man z. B. signalisieren: Einige Soldaten, ungefähr hundert, sind zu den Feinden übergegangen; so muß man zuerst unter den Formeln diejenigen auswählen, welche mit möglichst wenigen Buchstaben dasselbe anzeigen können; wie z. B. statt des oben Gesagten: Kreter, hundert sind uns desertiert. Jetzt nämlich haben wir um die Hälfte weniger Buchstaben, und sie werden doch dasselbe sagen. Hat man dies nun auf eine Tafel geschrieben, so wird es folgendermaßen durch die Feuerzeichen signalisiert werden: Der erste Buchstabe ist K; dieser befindet sich in der zweiten Reihe und auf dem zweiten Täfelchen. Man muß also auch zwei Feuerzeichen zur Linken erheben, so daß der Beobachter erfährt, er müsse auf das zweite Täfelchen sehen. Dann erhebt man 5 Feuerzeichen zur Rechten, um anzuzeigen, daß es K ist; denn dies ist der fünfte Buchstabe in der zweiten Reihe, und das muß nun derjenige, welcher das Signal aufnimmt, auf seine Tafel schreiben; dann (erhebt man) vier (Feuerzeichen) zur Linken; denn R gehört zur vierten Reihe; dann wiederum zwei zur Rechten; denn es ist der zweite Buchstabe der vierten Reihe; und so schreibt dann derjenige, welcher das Signal aufnimmt, das R auf. Und so fort auf gleiche Weise. Durch diese Erfindung wird jedes vorkommende Ereignis bestimmt mitgeteilt" (Riepl 1913, S. 92; Oberliesen 1987, S. 34ff).

Nach diesem Verfahren dürfte die Weitergabe der Nachricht „Hundert Kreter desertiert" mit einer Übermittlungszeit von annähernd einer halben Stunde zu rechnen sein.

Abbildung 3.4-12: Codierte griechische Fackeltelegrafie (Oberliesen 1987, S. 35)

Innovative Unternehmenskommunikation – Dimension Neue Medien

Da die einzelnen Fackelzeichen jedoch nur auf eine bestimmte Entfernung unterscheidbar waren, wären für die Übertragung einer Depesche über eine größere Entfernung eine Vielzahl von Relaisstationen nötig gewesen. Die Gesamtübertragungszeit hätte sich damit möglicherweise so verlängert, daß ein Bote unter Umständen schneller gewesen wäre. Eine große Anzahl von Relaisstationen stellte zudem auch einen viel zu hohen Personal-, Material- und Arbeitsaufwand für eine einzelne Nachrichtenübertragung dar. Es wird daher vermutet, daß diese Art von Feuertelegrafie wohl kaum eine praktische Bedeutung erlangte, abgesehen von den Ausnahmen wie bei der Belagerung von Festungen oder über Wasserflächen. „Der Tatsache, daß Polybios selbst nichts aussagt über Entfernungen und Fackelabstände, was ja für die Übertragungsqualität von außerordentlicher Bedeutung wäre, ist vielleicht auch indirekt zu entnehmen, daß der Autor (Anm.d.V. Polybios), bei der bestehenden Abneigung des Altertums gegenüber experimentellen Verfahrensweisen überhaupt, keine praktischen Versuche zu seiner sehr geistreichen technischen Idee ausführte. Er hat vermutlich nie versucht, seine Idee zu realisieren" (Oberliesen 1987, S. 36).

Das von Polybios beschriebene und von Oberliesen dargestellte[41] Telegrafiersystem gestattete es gegenüber allen anderen bis dahin bekannten Systemen, die nur vorausgesehene oder im voraus verabredete Mitteilungen durch Feuerzeichen übertragen konnten, jede beliebige, auch unvorhergesehene Begebenheit, Tatsache oder Weisung über jede Entfernung zu übermitteln, sofern sie in Schriftform vorlag. Das von ihm verwendete Verfahren, welches die Nachrichtenelemente (Buchstaben) durch vereinbarte Kombinationen von einfach zu übertragenden Signalelementen(Codezeichen) darstellt, wird als Codeverfahren bezeichnet.

Fackelzeichen links - l	Fackelzeichen rechts - r					
		1.	2.	3.	4.	5.
	I	A	B	C	D	E	A= 1 x r, 1 x l
	II	F	G	H	I	K	H= 3 x r, 2 x l
	III	L	M	N	O	P	O= 4 x r, 3 x l
	VI	Q	R	S	T	U	U= 5 x r, 4 x l
	V	V	X	Y	Z		Z= 4 x r, 5 x l

Abbildung 3.4-13: Differenzierte griechische Fackeltelegrafie in einer Codierung, wie sie Polybios vorschlug (Oberliesen 1987, S. 35)

Polybios hat damit das Grundprinzip unserer heutigen Nachrichtentechnik bereits theoretisch vorweggenommen: „Eine leistungsfähige Nachrichtenübertragung wird möglich, wenn Sender und Empfänger im Besitz eines geeigneten Zeichenalphabets sind, das die Elemente für den Aufbau jeder Nachricht stellt. Welcher Art die Übertragung ist, ob zum Beispiel optisch oder akustisch, ist dabei zunächst zweitrangig. Polybios stellte seine Idee als eine Verbesserung eines ursprünglichen Systems (450 v. Chr.) dar. Demokleitos und Kleoxenes hatten versucht, die einzelnen Buchstaben des Alphabetes durch optische Fackelzeichen auszudrücken (die Stellung in der alphabeti-

---

[41] Obwohl Polybios Grieche war, stellt diese Abbildung kein grichisches Alphabet dar. Es ist zu vermuten, daß der Autor aus didaktischen Gründen hier lateinische Buchstaben gewählt hat.

schen Reihe entsprach der Anzahl der Feuerzeichen, also a = 1, (b = 2, c = 3 usw.). Es konnte gleichzeitig nebeneinander oder aber auch nacheinander signalisiert werden (w = 24 Fackeln sind zugleich sichtbar, oder w = 1 Fackel, die 24mal hintereinander gezeigt wird). Polybios reduzierte die Vielzahl der Zeichen, indem er das Unterscheidungsprinzip für die einzelnen Buchstaben auf das Nebeneinander der Zeichen anwandte (Höchstzahl der Zeichen für einen Buchstaben sollte zehn, die Durchschnittszahl fünf sein). Die einzelnen Buchstaben wurden nacheinander übertragen. Damit übernahm Polybios das Sukzessivitätsprinzip, das zu einem Seriencode führt, der erheblich an Raum, Personal und apparativem Aufwand einspart. Tatsächlich liefen alle erfolgreichen Bemühungen, wie in der weiteren Geschichte der Informationstechnik noch zu zeigen sein wird, von der Mehrdimensionalität auf eine Beschränkung hinsichtlich der Dimension der Zeit hinaus. Damit stand der Grieche Polybios (2. Jahrhundert v. Chr.) der Punkt-Strich-Telegrafie Morses (19. Jahrhundert) viel näher als etwa die optischen Telegrafen des 18. / 19. Jahrhunderts.

Der folgerichtige Schritt von zehn auf eine einzige Fackel (von zehn auf ein Zeichenelement), der Übergang zu einer linearen Darstellung in der Zeit, wurde erst 2000 Jahre später vollzogen. Der entscheidende ideengeschichtliche Schritt des Polybios war der Übergang von der Nachrichtendarstellung in Form von Bildern (durch die Normung der Bilder waren ja auch die diskreten Bildelemente der Bilderschrift entstanden) in die Darstellung durch Buchstaben eines Alphabets. Daß nun mit Hilfe von nur etwa zwei Dutzend leicht dokumentierbaren Elementen jedes beliebige Wort, jeder beliebige Satz, jeder beliebige Text zusammensetzbar war, stellte einen außerordentlichen Rationalisierungsschritt dar. Indem die Griechen mit der Einführung des ostgriechischen Alphabets den Konsonanten der phönizischen Schrift auch noch Schriftzeichen für die Vokale hinzufügten und dadurch das Alphabet schufen, das den Schriften der westlichen Hemisphäre zugrunde liegt, war diese Entwicklung in den Grundzügen vorbereitet. Was gesprochen werden kann, konnte nunmehr auch schriftlich dokumentiert werden, gleich, ob es sich um konkrete Aussagen oder abstrakte Ideen handelte. Polybios erkannte völlig richtig, daß diese Art der Nachrichtendarstellung auch eine gute Möglichkeit für eine Nachrichtenübertragung eröffnete, was sich in späteren Entwicklungsschritten der Nachrichtentechnik noch bestätigen sollte" (Oberliesen 1987, S. 40).

Nach dem Auseinanderbrechen des römisch-christlichen Reiches und dem sich langsam herausformenden System von Einzelstaaten versuchten zwar die Herrscher Europas, zentralisierte Nachrichtensysteme einzuführen, im Vergleich zu den Hochkulturen des Altertums gelang dies aber nur sehr unvollkommen. Bemühungen, etwa das Postwesen auszubauen, scheiterten an den komplizierten Verhältnissen (unterschiedliche Währungen, Zölle, Kompetenzen u.a.) und den Herrschaftsgewalten. Völlig anders verlief dagegen die Entwicklung zum Beispiel in China und Japan. In Japan bestand noch im 7. Jahrhundert n. Chr. eine staatlich eingerichtete Feuertelegrafie über mehrere Inseln hinweg im durchschnittlichen Abstand von 60 km. In China und im Mongolenreich war das gesamte Postwesen weit entwickelt. So gab es um 1400 neben der staatlichen Post, die allein der Regierung und dem Kaiser zustand, bereits private Posten, die Pakete, Zahlungsanweisungen, Briefe, sogar Silberbarren in engster Zusammenarbeit mit Bankanstalten beförderten. Bevorzugt wurden hierbei die Schiffswege.

Im Vorderen Orient bildete das Brieftaubenwesen während des Mittelalters die Grundlage für die Nachrichtenübermittlung. Sultan Nur-Ed-Din eröffnete 1171 einen Liniendienst mit Brieftauben über sein Reich. Während seiner Regierungszeit (1146-1173) richtete er eine eigene staatliche Brieftaubenzucht ein. Im Mameluckenreich des 15. Jahrhunderts überbrachten Brieftauben über feste Linien, die durch Zwischenstationen in Abständen von 100 km unterbrochen waren, die staatlichen Nachrichten. Die Strecke Kairo-Damaskus etwa war in zwölf Teilstrecken aufgeteilt. So konnte der Regierungsmacht in allen Teilen des Reiches Ausdruck verliehen werden.

- **Zeigertelegrafie**

Der nächste große Schritt in der Entwicklung der Nachrichtentechnik konnte erst 500 Jahre später mit der Entwicklung des Fernrohres vollzogen werden. In Holland konstruierte Jan Lippershey 1608 und in Italien 1609 Galileo Galilei (1564-1652) ein Fernrohr, welches durch das Zusammenwirken einer konvexen und konkaven Linse die vergrößerte Darstellung von entfernteren Objekten ermöglichte. In seiner Schrift „Secreta oder verborgene geheime Künste" lieferte 1615 Franz Kessler erstmals eine ausführliche Beschreibung eines optischen Telegrafen, bei dem mit Feuer von Pechkränzen telegrafiert werden sollte.

Abbildung 3.4-14: Vorschlag zur Konstruktion einer optischen Telegrafie von Franz Kessler 1615 (Oberliesen 1987, S. 46)

Die Gegenstation wurde mit einem Diopter anvisiert, vermittels „des rohren perspektivischen Brillens", wie Kessler dies beschrieb. Eine ganze Reihe ähnlicher Vorschläge für optische Telegrafensysteme bis hin zu solchen, die mit Flügeln von Windmühlen oder dreieckigen Figuren an Signalmasten bereits Telegrafenzeichen darstellten, schlossen sich an. Die Vorschläge kamen sowohl von dem Engländer Robert Hooke (1684), dem Franzosen Guillaume Amontons (1690), als auch später von dem Deutschen Johann Andreas Benignus Bergsträsser (1784), dem Iren Richard Lowell Edgeworth (1767) und anderen mehr. Sämtlichen Vorschlägen war gemeinsam, daß sie allenfalls als geistreiche Spielereien angesehen wurden. Die naturwissenschaftlichen Erkenntnisse für ein leistungsfähiges optisches Telegrafiersystem waren zwar gegeben, jedoch fehlten die Bedingungen für einen technischen Durchbruch.

Erst durch die Entfaltung der Warenproduktion, das Aufblühen des Handels und der Städte sowie der Herausbildung nationaler Staaten wuchs das Bedürfnis nach schnelleren Kommunikationsmöglichkeiten wieder. Die Spitze der Reichsgewalt hatte zwar den Willen zur Verbesserung des Verkehrssystems, konnte diesen aber infolge des komplizierten Charakters der Herrschaftsgewalten nicht realisieren. Es entstanden Territorialherrschaften, die immer wirksamer auf die Entwicklung von eigenen Nachrichtensystemen hinzielten, weil sie sich davon den Ausbau ihrer Herrschaftsmacht versprachen. Den Durchbruch der optischen Nachrichtenübertragung brachte die französische Revolution. Von allen Seiten sah sich Frankreich zu jener Zeit von Invasionsheeren bedroht. Daher fand der Vorschlag von Claude Chappe (1763-1805), der zusammen mit seinen Brüdern bereits einige Jahre mit optischen Telegrafensystemen experimentiert hatte, große Aufmerksamkeit, als er am 22.3.1792 vor der französischen gesetzgebenden Versammlung seinen Telegrafen vorstellte. Begünstigt wurde er dabei durch den Umstand, daß sein Bruder Ignace Urban den verschiedenen Revolutionsorganen beigeordnet war. Im März 1791 hatten die Gebrüder Chappe bereits den Bewohnern der 15 km voneinander entfernten Orte Parce und Boulon einen ersten Telegrafen vorgeführt.

Am 26.7.1793 beschloß der Konvent den Ausbau einer Versuchsstrecke von Paris nach Lille über 60 Wegstunden.

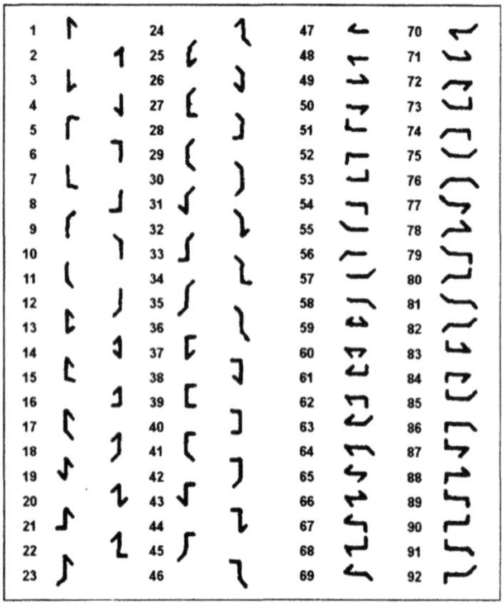

Abbildung 3.4-15: Zifferncodetafel von Claude Chappe (Oberliesen 1987, S. 53)

„Die Befürworter dieser kostenintensiven Maßnahme argumentierten im Konvent vor allem damit, daß mit diesem Nachrichtensystem eine einheitliche, planmäßige Leitung der auf den verschiedenen, weit voneinander entlegenen Kriegstheatern operierenden Heere möglich werde, daß endlich die Heerführer mehr als es bisher der Fall gewesen, unter den Einfluß der Regierungsautorität gebracht würden" (Schöttle 1883, S. 149; Oberliesen 1987, S. 48). Unter der Leitung von Abraham Chappe (1773-1849) wurde im August 1794 die Linie von Paris nach Lille mit 22 Stationen dem Dienst übergeben. Mit dieser Linie war es möglich, Nachrichtenzeichen über die gesamte Strecke innerhalb von wenigen Minuten zu übertragen. Claude und Abraham Chappe erhielten die Ernennung zu Telegrafeningenieuren. Zwei wichtige Übermittlungen kurz nach der Eröffnung der Linie waren es, die deren Leistung in den Blickpunkt der Öffentlichkeit rückten:

Am 15.8.1794 ging über diese Linie dem Nationalkonvent während einer Sitzung die Meldung von der Eroberung von Le Quesnoy zu, nur eine Stunde nach dem Einmarsch der Franzosen. Die Regierung beglückwünschte die Truppe telegrafisch, und diese bedankte sich auf dem gleichen Weg: alles an einem Tag. Chappe wurde großes Lob zuteil. Die Tatsache, daß der Telegraf am 30. August die wichtige Nachricht von dem Sieg der Republikaner in Condé innerhalb von zwei Minuten übermittelte, Stunden bevor der Bote mit der schriftlichen Nachricht in Paris eintraf, mußte dann vollends von der Leistung des Telegrafen der Gebrüder Chappe überzeugen.

Das zuerst als „Tachygraph" (Schnellschreiber), später als „Telegraph" bezeichnete System bestand aus verschiedenen Signalarmen, welche an einem hohem Mast befestigt waren. Dieser wurde erhöht an Türmen angebracht oder auf extra errichteten Stationshäusern aufgestellt. Diese Gebäude, in Sichtweite voneinander platziert, bildeten eine Übertragungskette zwischen den Städten. Chappe definierte für die Arme des Signalmastes einen aus 92 verschiedenen Stellungen bestehenden Übertragungscode. Um Verwechslungen auszuschließen, wurden nur gerade, d.h. waagerechte oder senkrechte Armstellungen für die Übertragung genutzt. In der Praxis wurden die Stellungen der drei Arme in der sog. Einstellungsphase auf den entsprechen Code eingestellt. Die Stellung des mittleren Armes (Regulator) war in dieser Phase 45° zur waagerechten. War das entsprechende Zeichen richtig eingestellt, so wurde der Regulator um 45° in die senkrechte bzw. waagerechte Lage gedreht. Dieses Zeichen wurde von der nächsten Station abgelesen und ebenfalls am eigenen Turm eingestellt. Somit konnte der korrekte Empfang von der sendenden Station überprüft werden. Zunehmend wurde die Telegrafentechnik als militärisches Machtinstrument eingesetzte. Napoleon Bonaparte (1769-1821) nutzte mit großem Geschick die gesellschaftlichen Veränderungen, die durch die Revolution entstanden, um den französischen Staat neu zu ordnen und Frankreich eine Vormachtstellung in Europa zu sichern. Als eine seiner ersten Maßnahmen forderte er eine neue Telegrafenlinie von Paris über Lyon nach Mailand. Für seine militärischen und politischen Blitzaktionen verwendete er später immer wieder mit Erfolg die optische Telegrafie. Kein Wunder, daß die Telegrafenlinien zunehmend selbst Ziel feindlicher Angriffe wurden und militärisch zu sichern waren (siehe Abbildung 20 (c)).

Mit der Abdankung Napoleons (1814) und seiner endgültigen Niederlage (1815) brach das französische Telegrafennetz zunächst für einige Jahre zusammen. Doch schon 1821 wurde der Betrieb wieder aufgenommen und erweitert. Um 1845 bestanden in Frankreich 534 optische Telegrafenstationen, die 29 Städte nachrichtlich mit Paris verbanden. Die Nachrichten von den schnellen militärischen Erfolgen Frankreichs im Zusammenhang mit der Telegrafie wurden mehr und mehr für ganz Europa von aktuellem Interesse. Die Übertragung von Nachrichten in kürzester Zeit direkt von den Fronten in das Zentrum der politischen und militärischen Führung nach Paris machte auf alle anderen Länder großen Eindruck. Die optische Telegrafie hatte sich schließlich 20 Jahre bewährt.

Abbildung 3.4-16: Optische Telegrafenstationen (links das preußische (a,b) – rechts das französische System (c)) (Oberliesen 1987, S. 60 & S. 65).

Auf einen Vorschlag Carl Heinrich Pistors (1777-1847) hin, zu dem der preußische Generalstab ein günstig lautendes Gutachten abgab, wurde durch eine Kabinettsverordnung vom 21. Juli 1832 die Errichtung einer optischen Telegrafenlinie für Preußen beschlossen, die die Westprovinzen nachrichtendienstlich enger an Berlin binden sollte. Preußens Staatsgebiet war damals durch das Königreich Hannover in zwei Hälften geteilt, in die Teile Westfalen / Rheinland im Westen und Brandenburg/ Pommern im Osten. Nachdem sich mit der Inbetriebnahme der Teilstrecke Berlin-Magdeburg gute Erfolge zeigten – die Linie verfügte über 19 Stationen –, erstellte Preußen bis zum Herbst 1834 mit Unterstützung der astronomisch-mechanischen Werkstatt von Pistor in Berlin die damals längste optische Telegrafenlinie der Welt von Berlin über Köln nach Koblenz. Die jeweils etwa 15 km voneinander entfernten 61 Stationen gaben ihre Nachricht bei günstiger Witterung binnen 15 Minuten an den Rhein weiter, über rd. 600 km hinweg (vgl. Oberliesen 1987, S. 60ff).

- **Drahtgebundene, elektrische Telegrafie**

Nach der Entdeckung der Elektrizität wurde die optische Telegraphie Mitte des 19. Jahrhunderts durch die elektromagnetische Telegraphie zur Nachrichtenübertragung abgelöst. Die ersten Vorschläge zur elektrischen Nachrichtenübertragung basierten auf elektrostatischen Gesetzen. Die erste Version wurde 1753 vermutlich von dem Schotten Charles Marshall veröffentlicht. Dieser schlug vor, an Isolatoren so viele Drähte aufzuhängen, wie das Alphabet Buchstaben hat. Dann sollte auf den Draht, der dem zu übertragenden Buchstaben entsprach, eine Ladung aufgebracht werden die bewirkt, daß am Empfängerende ein Papierblättchen mit dem Buchstabenzeichen angezogen wird. Der Spanier Francisco Salva y Campillo (1751-1828) versuchte, diese Idee mit einer Telegrafenlinie zwischen Madrid und Aranjuez 1796 unter Verwendung einer großen Elektrisiermaschine zu realisieren. Louis Lesage (1724-1803) konstruierte in Genf eine ähnliche Apparatur, die er 1782 in Berlin vorstellte. Die Funktion seines Telegrafen beschreibt er in einem Brief: „Man denke sich ein glasiertes Tonrohr unterirdisch gelegt und in die Höhlung desselben von Toise zu Toise Scheidewände aus glasiertem Ton oder Glas mit je 24 Löchern eingesetzt, durch diese Löcher aber ebenso viele Messingdrähte eingezogen, welche von den Scheidewänden getragen und voneinander getrennt werden. An beiden Enden des Rohres laufen die 24 Drähte horizontal aus, so angeordnet wie die Tasten eines Klaviers. Über den Enden der Drähte werden die 24 Buchstaben des Alphabets deutlich angeschrieben, während sich darunter eine mit 24 kleinen Goldblättchen oder anderen leicht anziehbaren und gut sichtbaren Körpern belegte Tafel befindet. Der Absender der Mitteilung berührt die Enden der Drähte mit einer gut geriebenen Glasröhre, der Empfänger aber schreibt auf ein Papier die Buchstaben nieder, unter denen er die Anziehung hat auftreten sehen" (Oberliesen 1987, S. 86). Den entscheidenden Fortschritt brachte die Entdeckung der galvanischen Elektrizität durch Luigi Galvani (1737 bis 1798) und systematische Erschließung der durch die Wirkungsweise des Gleichstroms bedingten elektrischen Erscheinungen. Der Italiener Alessandro Volta (1745-1827) schuf 1799 durch Hintereinanderschalten ein-

Abbildung 3.4-17: Elektrotelegraf von Sömmering (1809)

zelner galvanischer Elemente eine nach ihm benannte Stromquelle, die Voltasche Säule. Diese erste leistungsfähige elektrochemische Stromquelle, die stetig fließende Elektrizität zur Verfügung stellte, bildete eine der wichtigsten Grundlagen elektrischer Nachrichtentechnik. Der erste bedeutende Versuch, mit galvanischer Elektrizität Nachrichten zu übertragen, wurde von Samuel Thomas von Sömmerring (1755-1830) in München gemacht. Der Siegeszug der Eisenbahn hat die weitere Entwicklung der elektrischen Telegrafie entscheidend beeinflußt. Optische Telegrafensysteme waren nicht nur im Unterhalt sehr teuer, sondern auch im immer schneller werdenden Eisenbahnverkehr zu langsam. Wichtige Vorarbeiten hierzu haben die deutschen Carl Friedrich Gauss und Wilhelm Weber 1833 mit ihrem elektromagnetischen Telegrafenempfänger gemacht. Gauss und Weber waren die ersten, die mit ihrer Versuchsanlage Codeimpulse über ein elektrisches Kabel leiteten und damit im Gegensatz zu allen bisherigen mit nur einer Doppelader auskamen.

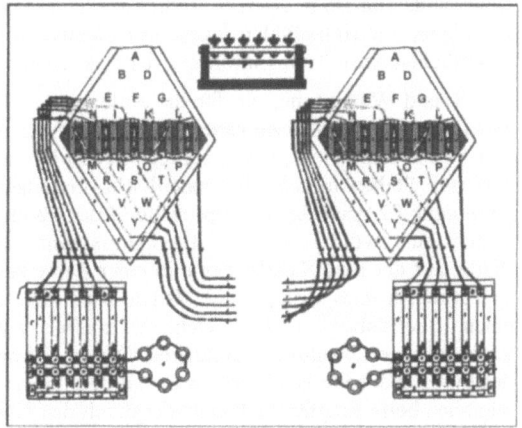

Abbildung 3.4-18: Elektrische Schaltung einer Nadeltelegrafenanlage (Fünfnadelsystem) nach William F. Cooke und Charles Wheatstone (1837)

Carl August Steinheil (1801-1870), Mitglied der Königlich Bayerischen Akademie der Wissenschaften, der 1835 Gelegenheit hatte, den Telegrafen von Gauss und Weber in Göttingen zu sehen, verfolgte von vornherein die Absicht, den elektrischen Telegrafen mit dem Bau der neuen Eisenbahn zu koppeln. Er begann sofort mit den Vorarbeiten. Dabei wollte er nicht nur die Telegrafiezeichen durch den Nadelausschlag sichtbar machen, sondern sie auch auf einem Papierstreifen markieren. Die einzelnen Zeichen bildete er aus bis zu vier Farbpunkten. Die häufigen Zeichen hatten dabei weniger Punkte als die selteneren. Die Zeichen wurden in zwei Reihen auf dem langsam von einem Uhrwerk gezogenen Papierstreifen aufgezeichnet. Zwei drehbare Magnetnadeln machten dies möglich: Sie trugen an ihrem Ende Farbtöpfchen, die in schnabelförmigen Kapillarröhrchen endeten. Immer, wenn eine Nadel entsprechend der Stromrichtung ausschlug, berührte das an ihr befestigte Kapillarröhrchen den Papierstreifen und erzeugte einen Punkt. Für die erste Eisenbahn in Deutschland zwischen Nürnberg und Fürth schlug Steilheil sein Telegrafensystem vor, doch wurde dieses auf Beschluß der Magistrate beider Städte abgelehnt. Während eines Deutschlandbesuches lernte der Engländer William Fothergill Cooke (1806-1879) die elektrische Telegrafie kennen und erkannte sofort deren Bedeutung für die Eisenbahn. Noch im selben Jahr versuchte Cooke einen eigenen Telegrafen zu entwickeln, obwohl er sich bis dahin niemals systematisch mit Physik und Elektrizitätslehre befaßt hatte. Mit Beginn des darauffolgenden Jahres arbeitete er zusammen mit dem auf dem Gebiet der Elektrizitätslehre anerkannten Charles Wheatstone (1802-1875) an einer Verbesserung und Anpassung des Apparates an die Bedürfnisse des englischen Eisenbahnbetriebes. Sie gingen davon aus, daß für den Eisenbahnbetrieb die Darstellung der Zeichen durch eine Kombination von Nadelausschlägen unzureichend war; vielmehr sollten die Buchstaben des Alphabetes unmittelbar am Empfänger abzulesen sein. Bereits am 25. Juli 1837 konnte der Apparat, ein Fünfnadeltelegraf über sechs Leitungen, zum ersten Mal an der Bahn von London nach Birmingham erprobt werden. Die Leitungsdrähte mit isoliertem Überschutz wurden in eisernen Rohren von 6 cm Durchmesser geführt, die parallel zur Eisenbahn auf Holzpfählen lagen. Der positive Ausgang dieser Erprobung gab den eigentlichen Anstoß zur Einführung der elektrischen Telegrafie in England.

Cooke und Wheatstone, die für die Anfertigung elektrischer Telegrafen einen Wirtschaftsvertrag geschlossen hatten, meldeten am 12. Dezember 1837 ein englisches Patent an mit dem Titel „Verbesserungen beim Erzeugen von Zeichen und Anrufen an entfernte Stellen mittels über metallische Leitungen gesandter elektrischer Ströme". Abbildung 22 zeigt das Prinzipschaltbild des Fünfnadeltelegrafen. „Das Sendesystem besteht aus zwölf Tasten, das Empfangssystem hingegen aus einer rautenförmigen Platte, auf der fünf Nadelsysteme in einer Reihe befestigt sind. Je nach Richtung des Telegrafenstromes schlugen die Nadeln nach links oder rechts um etwa 40° aus. Um einen Buchstaben zu kennzeichnen, mußten zwei Nadeln gleichzeitig in entgegengesetzter Richtung ausschlagen. Der im Schnittpunkt der Verlängerung der Nadelspitzen stehende Buchstabe war daß übertragene Zeichen (hier: V). Beim Sender wie auch beim Empfänger konnte der durch den Nadelausschlag gesendete Buchstabe abgelesen werden, solange die Tasten sich im gedrückten Zustand befanden. Nachdem sich jedoch die Telegrafie mit fünf Nadeln im Betrieb nicht wie erwartet bewährte, wurden die Geräte sehr bald von Cooke und Wheatstone durch Einnadel- und Zweinadelapparate (1845) ersetzt, die auf einem ähnlichen Prinzip beruhten. Diese führten sich dann überall recht gut ein. 1885 waren in England noch 15.000 Exemplare dieser Bauart in Betrieb" (Oberliesen 1987, S. 103). Bereits 1840 hatte sich Wheatstone einen anderen Telegrafen patentieren lassen, bei dem die Zeichenauswahl durch schrittweises Fortschreiten eines Zeigers auf einer Zeichenscheibe vor sich ging.

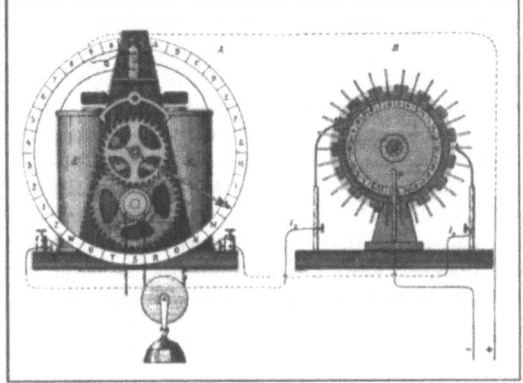

Diese Art Telegraf gehörte mit zu den ersten, die für praktische Eisenbahnbetriebszwecke auf dem Kontinent eingesetzt wurden, erstmals im Eisenbahnbetrieb zwischen Aachen und Ronheide. Da jeder telegrafierte Buchstabe unmittelbar abgelesen werden konnte, waren diese Apparate äußerst einfach zu bedienen.

Abbildung 3.4-19: Zeigertelegrafenanlage von Wiliam F. Cooke und Charles Wheatstone 1837

Der Zeigertelegraf (Abbildung 3.4-19) benötigte drei Leitungen zur Signalübertragung. Zum Senden mit dem Sender B drehte man die mit dem Buchstaben bezeichnete metallische Scheibe, wodurch sich abwechselnd leitende Verbindungen zu den elektromagnetischen Spulen des Empfängers ergaben, so daß der Anker eine pendelnde Bewegung ausführte. Beim Anziehen des Ankers gab die Hemmung den Zeiger um einen Schritt frei (Gewichtsantrieb). Der Zeiger wandert, wenn bei der Sendestation die Scheibe gedreht wird, schrittweise von Zeichen zu Zeichen weiter. Der gewünschte Buchstabe wird dadurch gekennzeichnet, daß man die Scheibe kurzzeitig anhält, um dem empfangenden Telegrafisten Gelegenheit zum Ablesen zu geben. Vor Beginn der Übertragung müssen Sender und Empfänger auf das gleiche Zeichen eingestellt werden, damit die Übertragung synchron verläuft. Wheatstones letzte Entwicklung war ein sogenannter ABC-Zeigertelegraf, der im Londoner Fernschreibnetz noch bis 1930 benutzt wurde. Insgesamt sollen 10.000 dieser Systeme hergestellt worden sein, wovon allein bis 1920 noch 1.500 in Betrieb waren. Das Prinzip des Zeigertelegrafen wurde von vielen Entwicklern aufgegriffen und weiter entwickelt, so auch von Werner Siemens (1816-1892), der mit seiner Berliner Elektrofirma maßgeblich an der flächendeckende Entwicklung der Telegrafie in Deutschland beteiligt war. Seine Zeigertelegrafen wurden sowohl im Verkehr der Eisenbahn als auch im öffentlichen Staatstelegrafenverkehr eingesetzt.

Einen anderen Weg beschritt der amerikanische Historienmaler Samuel Finley Breese Morse (1791-1872), der in der Universität New York 1837 ein erstes Modell seines Telegrafensystems vorstellte. Die „Typen" (0,1-9 in der Abbildung 3.4-20) werden wie Buchdrucklettern in die Schiene S' eingesetzt und mit der Handkurbel unter dem Hebel AC weggezogen. Bei jeder Berührung des Kontaktes a mit dem Zahn einer Type schließt der Bügel durch Eintauchen in die Quecksilbernäpfchen G den Stromkreis. Der Elektromagnet bewegt dann die unten an einer Malerstaffelei aufgebaute und mit einem Bleistift versehene Pendelvorrichtung FE, an welcher der Anker A sitzt, über den Papierstreifen P hin und her. Dieser wird von einem Uhrwerk über die Rolle R fortgezogen. Erst längere Zeit danach ging Morse zum Geben der Zeichen durch die Hand mit Hilfe eines Codes über, womit dann gleichzeitig ein veränderter Zeichengeber, die „Morsetaste", erforderlich wurde. Aufgrund seiner Einfachheit, seiner hohen Leistung und Betriebssicherheit konnte sich dieses Prinzip fast über hundert Jahre als eines der wichtigsten Systeme im Telegrafendienst der ganzen Welt behaupten.

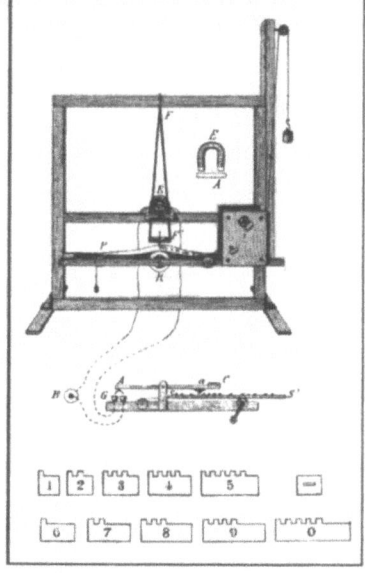

Abbildung 3.4-20: Erster Schreibtelegraf von Samuel Finley Breese Morse, aufgebaut an einer Malerstaffelei, 1835 / 1837.

Mit Hilfe des Telegraphiercodes von Samuel Morse, den er 1840 patentieren ließ, konnten durch Ausschläge einer Magnetnadel, welche auf Papier aufgezeichnet wurden, beim Empfänger Nachrichten übertragen werden. Der von Morse zuvor verwendete Code wurde durch das sogenannte Hamburger Alphabet Friedrich Clemens Gerkes (1801-1888) ersetzt, ein Telegrafenalphabet, das ausschließlich aus Punkten und Strichen einheitlicher Länge bestand und, im Gegensatz zum ersten Punkt-Strich-Alphabet von Morse, keine unterschiedlich langen Pausen aufwies. In Anerkennung des Verdienstes Morses um die Entwicklung und Durchsetzung einer elektrischen Telegrafie legte man später dieses Telegrafenalphabet als Einheitsalphabet des Deutsch-Österreichischen Telegrafenvereins (DÖTV) fest und bezeichnete es als Morsealphabet.

Ab 1850 gab es auch internationale Telegraphenverbindungen und bereits 1857 wurde das erste Transatlantikkabel verlegt. 1875 wurde in St. Petersburg der erste Internationale Telegraphenvertrag geschlossen, um die grenzüberschreitende Telegraphie zu regeln. Hauptsächlich wurde die Pflicht zur Nachrichtenweiterleitung an den Empfänger vereinbart. In Deutschland wurde durch das Telegraphengesetz von 1892 das Übermitteln von Nachrichten durch technische Einrichtungen, wie zuvor das Übermitteln von Briefen, ausschließlich der Deutschen Reichspost gestattet, d.h. es wurde in Analogie zum alten „Postregal" ein neues „Telegraphenregal" eingeführt, das dem Reich, in Württemberg und Bayern wegen der eigenen Postverwaltung den Ländern zustand. Über mehr als einhundert Jahre war die Telegrafie und damit die Übermittlung von Telegrammen Aufgabe der staatlichen Postbehörde. Erst zum Ende des Jahres 2000 wurde der Auslands-Telegrammdienst in Deutschland eingestellt. Grund hierfür ist zum einen die Tatsache, daß ausländische Postverwaltungen Telegramme nicht mehr privilegiert zustellen, zum anderen die hohen Kosten im Vergleich zu modernen, digitalen Kommunikationsmedien.

A	•—	T	—
B	—•••	U	••—
C	—•—•	V	•••—
D	—••	W	•——
E	•	X	—••—
F	••—•	Y	—•——
G	——•	Z	——••
H	••••	1	•————
I	••	2	••———
J	•———	3	•••——
K	—•—	4	••••—
L	•—••	5	•••••
M	——	6	—••••
N	—•	7	——•••
O	———	8	———••
P	•——•	9	————•
Q	——•—	0	—————
R	•—•	Spruchanfang	—•—•—
S	•••	Spruchende	•—•—•

Abbildung 3.4-21: Morsealphabet

Eine 20-Wörter-Botschaft von Deutschland nach Österreich kostet 40 Mark. Ein Fax schlägt – nach Tarifen der Telekom – nur mit 24 Pfennig zu Buche, eine SMS käme auf 39 Pfennig. Die eMail ist sogar kostenlos. Trotzdem will die Deutsche Post AG, die 1999 den Telegrammverkehr von der Telekom übernommen hat, diesen in Deutschland weiterführen, indem die Übermittlung der eigentlichen Nachricht mit weiteren Dienstleistungen, etwa der Blumenzustellung verknüpft wird (vgl. Gloger 2000).

Die Entstehung des Telefon

Durch die Erfindung des Telefons im Jahre 1877 durch den Lehrer Phillip Reis (1834-1874) wurde es erstmals für Menschen möglich, direkt verbal über größere Distanzen zu kommunizieren. Er begann um 1860 ein Gerät zu bauen, mit dem es möglich war, die „Funktion der Gehörwerkzeuge klar und anschaulich zu machen, mit welchem man aber auch Töne aller Art durch den galvanischen Strom in beliebiger Entfernung reproduzieren kann" (Thomson 1883, S. 5).

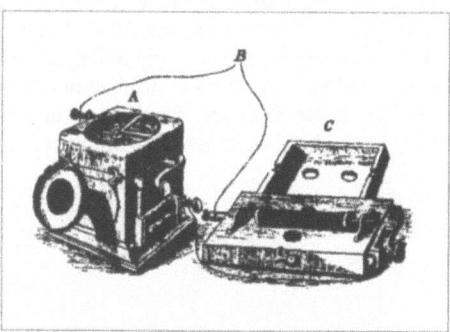

Abbildung 3.4-22: Das Telefon von Philipp Reis mit Mikrofon A, Batterie B und Empfänger C in

Reis hatte sich jahrelang mit den Erscheinungen und Gesetzen der Elektrizität auseinandergesetzt und sich darüber hinaus besonders mit der Mechanik und Akustik des menschlichen Ohres beschäftigt. Er ging in seinen Überlegungen von der physiologischen Funktion des menschlichen Ohres aus und versuchte, mittels eines aus Eichenholz geschnitzten Modells des menschlichen Ohres den elektrischen Strom dadurch zu beeinflussen, daß er einen Kontakt an einer lockeren Verbindungsstelle änderte.

Dieses Prinzip, die Stärke des elektrischen Stroms durch einen Kontaktmechanismus zu beeinflussen, findet sich nachfolgend in allen weiteren Sendermodellen von Reis. Konnte er jeweils auch überzeugend eine elektrische Schallübertragung vorführen, bei zwar noch eingeschränkter Sprachverständlichkeit, blieb doch seine Entwicklung ohne ein weiteres Interesse. „Seine Vorträge (1864) „über Fortpflanzung musikalischer Töne auf beliebige Entfernung durch Vermittlung des galvanischen Stroms" vor der Versammlung der Deutschen Naturforscher und Ärzte brachten ihm zwar Anerkennung, jedoch in erster Linie verstand man seine Apparaturen als Demonstrationsversuch zur Wirkungsweise des Gehörs. Eine praktische Anwendung lag, obschon Reis' Erfindung hinreichend bekannt war, damals in Deutschland offensichtlich außerhalb jeglichen Interesses. Allgemein galt diese Entwicklung der Übertragung der Sprache durch Elektrizität als Magie, man bezeichnete sie allenfalls als „physikalische Spielerei", als ein wenn auch spektakuläres Spielzeug" (Oberliesen 1987, S. 135). Ungeachtet dessen fanden jedoch an verschiedenen anderen Orten der Welt weitere Versuche zur elektrischen Sprachübertragung statt.

Einer dieser Erfinder war der Amerikaner Graham Bell (1847-1922), der ähnlich wie Reis von der Physiologie des menschlichen Ohres ausging. Als Taubstummenlehrer wollte er Sprachschwingungen sichtbar machen. Anfangs arbeitete er sogar mit einem präparierten Menschenohr, auf dessen Trommelfell er einen Strohhalm befestigt hatte. Mehr oder weniger zufällig kam er auf den Gedanken, vor einem mit einer Spule umgebenen Stabmagneten eine Membran aus dünnem Eisenblech anzubringen. Bell glaubte von Beginn an an die praktische Verwendung des Telefons, was ihn veranlaßte, unmittelbar nach seiner Patentanmeldung für eine entsprechende Publizität zu sorgen. Auf der Weltausstellung in Philadelphia führte er 1876 ein funktionsfähiges Modell seiner Erfindung mit einem Empfänger und vier Arten von Gebern vor, was großes Aufsehen erregte. Der geschäftstüchtige und weitblickende Bell gründete 1877 die „Bell Telephone Company", die innerhalb der drei ersten Jahre allein 50.000 Telefone lieferte und installierte. Die Firma entwickelte sich nachfolgend zur größten Telefongesellschaft der Welt, der heutigen „American Telephone and Telegraph Company" (AT&T), die über mehr als 150 Millionen Fernsprechanschlüsse verfügt.

Abbildung 3.4-23: Eine der ersten Vermittlungsstellen für 50 Leitungen, Paris um 1880

Die Einführung des Telefons als neues Kommunikationsmedium zog einen Schwung von neuen Erfindungen nach sich. So mußten z.B. die mit der Entfernung abnehmenden Signale verstärkt werden oder eine Möglichkeit gefunden werden, verschiedene Teilnehmer miteinander zu vermitteln. Als 1881 in Berlin das erste Telefonamt mit zunächst acht Teilnehmern in Betrieb ging, löste man das Problem der Telefonvermittlung mit sogenannten Klappenschränken, bei denen das Fallen der Klappe darauf aufmerksam machte, daß ein Teilnehmer eine Verbindung wünschte. Diese wurde dann durch eine „Schnur" hergestellt, deren Stöpsel man in die Klinken der beiden Gesprächspartner am Vermittlungsschrank einsteckte. Nachdem der Kreis der Teilnehmer sich auf 94 erweitert hatte, erschien noch im gleichen Jahr ein »Verzeichnis der bei der Fernsprecheinrichtung Beteiligten«. Die steigenden Teilnehmerzahlen bedingten den Übergang zur Vielfachschaltung, die es jedem Vermittlungsbeamten – er wurde in den 90er Jahren des 19. Jahrhunderts vom „Fräulein vom Amt" abgelöst – ermöglichte, von seinem Platz aus eine bestimmte Anzahl von Anrufern mit jedem anderen Teilnehmer zu verbinden. Man ersetzte schließlich die Klappen durch Lämpchen, und durch weitere Verkleinerung der Bauteile der Vielfachfelder konnten bis zu 20.000 Anschlüsse je Amt untergebracht werden. Für größere Teilnehmerzahlen mußten in einer Stadt zusätzliche Ämter gebaut werden, was natürlich zu weiterer Vermittlungsarbeit zwischen den einzelnen Ämtern führte.

Durch die Erfindung des Wählbetriebes, der zum ersten Mal mittels des Hebdrehwählers[42] von dem Amerikaner Almon B. Strowger 1889 vorgestellt wurde, konnte der Vermittlungsvorgang mechanisiert, der Platzbedarf weiter gesenkt und die Vermittlung beschleunigt werden, freilich auf Kosten der Vermittlungsbeamtinnen, deren Arbeitsplätze zum größten Teil wegfielen. Noch wichtiger war die Möglichkeit zur Dezentralisierung der Vermittlungsämter, so daß sich die Teilnehmerleitungen verkürzten und ihre schlechte Ausnutzung damit wirtschaftlich nicht mehr ins Gewicht fiel.

---

[42] Der **Hebdrehwähler** besteht grundsätzlich aus dem Antrieb, dem Wählarm und dem gegenüberliegenden, in Form einer Matrix angeordneten Kontaktfeld der Telefonanschlüsse. Der Arm wird über einen Heb- und einen Drehmagnet schrittweise zu den Kontakten geführt. Die Schritte werden durch Impulse gesteuert, die der Anrufende beim Rücklauf der Wählscheibe auslöst.

Auf der Grundlage des Hebdrehwählers wurde 1906 das erste öffentliche Fernsprechwählamt Europas mit Ortsbatterie in Hildesheim von den Deutschen Waffen- und Munitionsfabriken nach den Patenten der Strowgers Automatic Telephone Exchange Company gebaut. Siemens & Halske trat mit den Deutschen Waffen- und Munitionsfabriken und den Amerikanern in Verbindung und übernahm im wesentlichen die mechanischen Teile der Wählerbauweise. Allerdings mußte man die Stromläufe völlig ändern, um sie dem deutschen System anzupassen. 1909 konnte die Firma das erste deutsche Großstadt-Fernsprechamt mit Selbstwählbetrieb und Zentralbatterie für zunächst 2500 Anschlüsse in München-Schwabing dem Betrieb übergeben. Das Amt war mit Schrittschalt-Vorwählern und Hebdrehwählern mit Auslösemagneten ausgestattet. Erstmals führte man die Einzelgesprächs-Zählung ein, wobei nur die zustande gekommenen Gespräche gezählt werden.

In Dresden errichtete Siemens & Halske 1912 das größte Selbstwählamt der Welt mit 17.000 Anschlüssen. Im nächsten Jahr folgte eine der größten automatischen Wähl-Nebenstellenanlagen in Berlin-Siemensstadt für zunächst 2000 Teilnehmer. Nachdem der Wählbetrieb in den Ortsämtern technisch realisierbar war, suchte man auch den Fernverkehr, der immer noch über die Handvermittlung abgewickelt wurde, zu automatisieren. Das erste automatische Fernamt der Welt baute Siemens & Halske 1923 für die Netzgruppe Weilheim in Oberbayern. Sie umfaßte den Ort selbst und die Nachbarorte in einem Radius von 25 km. Vor allem die Gebührenverrechnung hatte ein Problem gebildet: Nun wurden Zonen und Zeitdauer in Vielfachen der Ortsgebühreneinheit berechnet.

Einer größeren Ausweitung des Netzes stand zunächst die Schwierigkeit entgegen, die Gleichstrom-Wählimpulse über die Fernleitungen zu bringen, da deren eingebaute Übertrager nur für Wechselstrom passierbar sind. Man wandelte schließlich die Gleichstromimpulse in Wechselstromimpulse um. Bei dieser Tonfrequenzwahl konnten die Impulse, wie die Sprachströme, auch verstärkt werden und kamen ungeschwächt zum Empfangsort. Die allgemeine Einführung des Selbstwählfernverkehrs ließ allerdings noch auf sich warten und erfolgte erst 1952. „Das weltweite Fernsprechvermittlungssystem bildet heute den größten Automaten der Welt" (Hebestreit 1991).

- **Fernschreibnetz**

Mit der Einführung des Morsetelegraphen nahm der Telegraphenverkehr stark zu. Zur besseren Ausnutzung der teuren Leitungen suchte man nach Möglichkeiten, die Übertragungsgeschwindigkeit zu erhöhen. Gleichzeitig sollte die Bedienung erleichtert werden, damit das Personal nicht mehr langwierig auf das Morsealphabet und die Bedienung der Morsetaste geschult werden mußte. Als ideal war eine Eingabe über Buchstabentasten anzusehen, wie sie schon im Siemens'schen Zeigertelegraphen[43] verwirklicht worden war. 1856 konnte der Amerikaner David Hughes ein erstes Modell seines Drucktelegraphen vorstellen, bei dem im Sender und Empfänger je ein Druckrad synchron rotierten. Zum Telegraphieren wurden die Druckräder gleichzeitig

---

[43] Ein Gerät, welches mit Hilfe eines Zeigers und eines kreisförmig angeordneten Alphabets einzelne Buchstaben übertragen konnte. Dafür wurden die Zeigerstellungen zwischen Sender und Empfänger synchron übertragen, ähnlich dem in Abbildung 4.4.23 dargestellten Modell von Cooke.

bei dem entsprechenden Buchstaben angehalten und ein Papierstreifen mittels Elektromagnet an das Rad gepreßt. Die Sendegeschwindigkeit verdoppelte sich mit diesem Apparat gegenüber der Morsetaste auf 120 Zeichen pro Minute.

Zur besseren Ausnutzung der Linien entwickelte der Franzose Emile Baudot zu Beginn der 70er Jahre des vorletzten Jahrhunderts ein eigenes Codierungssystem, das die Zeichen in eine immer gleich lange, aus fünf Impulsen bestehende Impulsfolge umsetzte. Die Eingabe erfolgte über fünf Tasten. Die Impulse wurden durch ein Geberrad automatisch ausgesendet und beim Empfänger als Zeichen gedruckt. In den Pausen zwischen den einzelnen Zeichen konnte die Leitung von anderen Telegraphen belegt werden, wodurch eine Steigerung auf bis zu fünf Apparate pro Leitung gelang, so daß pro Minute etwa 600 Zeichen übertragen werden konnten. Um von der Fingerfertigkeit beim Tasten der Zeichen unabhängig zu sein, hatten Charles Wheatstone und Werner Siemens schon 1853 den Lochstreifen mit Morsealphabet eingesetzt, der in einem manuell angetriebenen Lochstreifenleser abgetastet und gesendet wurde. Als man zu motorgetriebenen Telegraphen überging, bediente man sich des fünfpulsigen Baudot-Systems. Die Geschwindigkeit des Motorantriebes setzte allerdings eine äußerst präzise Synchronisation zwischen Sender- und Empfängerrad voraus. Der 1912 vorgestellte Siemens-Schnelltelegraph übertraf mit einer Leistung von mehr als 1200 Zeichen pro Minute – je nach Leitungsqualität – alle Erwartungen und blieb bis nach dem 1. Weltkrieg das ideale Gerät für stark belastete Strecken. In den 20er Jahren führte man die sogenannte Unterlagerungstelegraphie ein, bei der die Telegraphie im Telefonkabel „untergebracht" wurde: Den unteren Bereich des Frequenzbandes, der für den Telefonverkehr nicht benötigt wird, belegte nun das Telegraphensignal. Zusätzlich konnte mit der sogenannten Wechselstrom- oder Tontelegraphie eine Mehrfachausnutzung von Fernsprechkanälen erreicht werden, so daß nun ohne große zusätzliche Kosten zahlreiche Leitungen für die Telegraphie zur Verfügung standen.

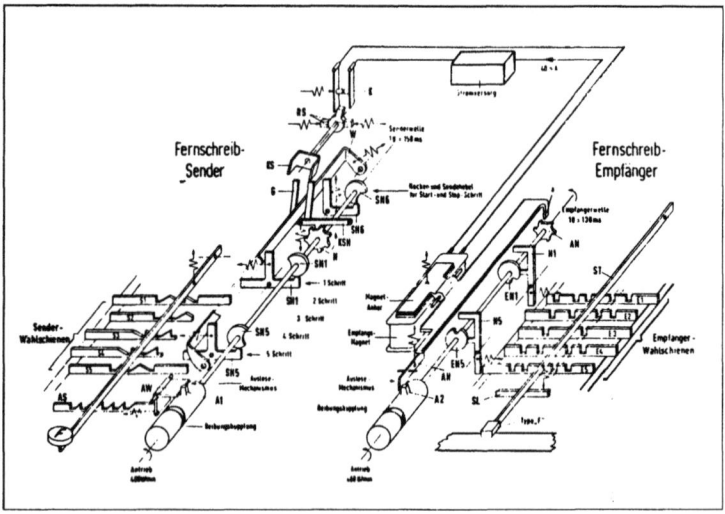

Abbildung 3.4-24: Prinzipbild Mechanische Fernschreibmaschine (Fellbaum 1990, S. 8-25)

Mit der stärkeren Verbreitung der Telefonie trat bald die elektrische Telegraphie für schnelle Übermittlung in den Hintergrund. Damit spielte eine große Übermittlungsgeschwindigkeit zur Erhöhung der Kapazität nicht mehr die Rolle wie zuvor, und man ging von den teuren Maschinentelegrafen zu langsameren und billigeren Apparaten über, bei denen die einfache Bedienung im Vordergrund stand. Dies führte zur Ausrüstung der Telegraphen mit einer Schreibmaschinentastatur, und so entstand die Fernschreibmaschine, die seit 1928 allmählich die anderen Telegraphen ersetzte.

Der Fernschreiber[44] arbeitet ebenfalls mit einem Fünfer-Code nach internationaler Vereinbarung. Beim Blattschreiber wird der Text zeilenweise auf ein Endlospapier geschrieben, während der Streifenschreiber ihn auf einem Streifen festhält, der dann, geschnitten und aufgeklebt, den Brief ergibt. Die Übertragungsgeschwindigkeit beträgt 400 Zeichen pro Minute, die Schrittgeschwindigkeit ist auf 50 Baud (Schritte pro Sekunde) festgelegt.

Mit der Vereinfachung des Telegraphenbetriebes konnte man die Telegrafen aus den Telegrafenämtern herausnehmen und den einzelnen Teilnehmern auf den Schreibtisch stellen. Bereits 1929 mieteten Siemens & Halske von der Reichspost zahlreiche Linien und erprobten im Verkehr der Werke untereinander die Tauglichkeit des Systems im täglichen Einsatz. Damit wurde die erste Form elektrischer Unternehmenskommunikation in deutschen Unternehmen eingeführt.

Die Reichspost startete 1933 auf Vorschlag der Firma einen Versuchsbetrieb mit den Wählerämtern in Berlin und Hamburg, das erste öffentliche Fernschreib-Wähl-Netz der Welt. Die hierbei eingesetzte Fernschreibmaschine war bei Siemens & Halske von Herbert Wüsteney konstruiert worden. 1935 beendete man den Versuchsbetrieb und die Reichspost eröffnete offiziell den Telex-Verkehr (Teleprinter exchange = öffentlicher Fernschreib-Teilnehmerverkehr). Noch im gleichen Jahr entstanden weitere Ämter in Dortmund, Düsseldorf, Köln, Essen, Magdeburg und Bremen. Die Wählvermittlungen arbeiteten nach dem von Siemens & Halske entwickelten System TW 35.

---

[44] **Fernschreibemaschine – Technische Beschreibung:** „Die von Siemens & Halske entwickelte Fernschreibmaschine baute auf der Erfahrung mit dem Siemensschen Schnelltelegraphen und Arbeiten der amerikanischen Firma Morkrum & Kleinschmidt auf und bekam das Aussehen einer größeren Schreibmaschine. Als Anrufvorrichtung dient eine im Fernsprechverkehr übliche Nummernwählscheibe. Nach dem Anruf wird zunächst mit der Taste „Wer da?" festgestellt, ob man mit dem gewählten Teilnehmer verbunden ist: Beim Partner wird dadurch ein Namensgeber in Gang gesetzt, der die Bezeichnung in Kurzform zurückschreibt. Die Nachricht kann auch dann abgesetzt werden, wenn die Empfänger-Maschine gar nicht besetzt ist. Beim Schreiben werden durch das Niederdrücken des Typenhebels fünf Schienen so verstellt, daß die entsprechenden Kontakte eine positive oder negative Spannung erhalten. Diese Kontakte werden nun durch einen umlaufenden Arm abgetastet, der das ganze „Impulspaket" auf die Leitung gibt. Im Empfänger gelangen die Impulse in einen Empfangsmagneten, der die Schienen so verstellt, daß nur der betreffende Typenhebel fallen und das Zeichen abdrucken kann. Gab es bei den früheren Schnelltelegraphen noch Probleme mit der Synchronisation, so behilft man sich nun durch einen Kunstgriff: Der Antriebsmotor läuft zwar dauernd, aber die Kontaktarme werden jedesmal nur für eine einzige Umdrehung mit ihm gekuppelt. Sie laufen also mit jedem Zeichen erneut an und werden dann sofort stillgesetzt (Start-Stop-Prinzip). Während dieser einzigen Umdrehung ist durch gleichzeitigen Hochlauf von Sender und Empfänger der Synchronismus gesichert" (Hebestreit 1991).

Da das Fernschreiben wesentlich billiger als das Telefonieren war und außerdem schriftliche Belege lieferte, setzte es sich rasch durch. So erhöhte sich die Zahl der Teilnehmer zwischen 1933 und 1938 von 12 auf 800.

Auch die Auslandsverbindungen wurden ausgebaut: Nachdem bereits 1934 zwischen Berlin und Zürich der erste internationale Telex-Verkehr stattfand, dem im selben Jahr die Verbindung Deutschland-Holland folgte, konnte man ab 1936 auch zwischen England und Holland schreiben. 1937 gingen Verbindungen nach Belgien und Österreich in Betrieb.

- **Teletex (Bürofernschreiben):**

Im Jahre 1985 benutzten 140.000 Fernschreibteilnehmer das Telexnetz (Fernschreibnetz) der Deutschen Bundespost. Langfristig sollte der Telexdienst vom Teletexdienst (Bürofernschreiben) abgelöst werden. Dadurch sollten neue Möglichkeiten für die Büroautomation erschlossen werden (vgl. Huhn 1985, S. 29). Der Teletex-Dienst verknüpfte elektrische Speicherschreibmaschinen über ein weltweit angelegtes Fernmeldenetz miteinander. Er erlaubte eine sehr schnelle und preiswerte Korrespondenz mit Hilfe der gewohnten Schreibmaschinentastatur ohne die Anschaffung eines zusätzlichen Fernschreibgerätes.

Teletex ist ein weltweit standardisierter Kommunikationsdienst, der auf nationaler Basis für die Bundesrepublik Deutschland 1981 eingeführt wurde. Standardisierungsinstanz war der Weltverband der Postverwaltung „Comité Consultatif International Telegraphique et Telephonique" (CCITT). „Die Textübertragung wird in digitaler Form Zeichen für Zeichen vorgenommen, wobei die identische Übertragungsform garantiert wird. Senden und Empfangen zwischen Teletex-Endgeräten erfolgt von Speicher zu Speicher. Im Gegensatz zum Fernschreiber (Telex) steht bei Teletex-Systemen für die Texterstellung der volle Zeichenvorrat einer Schreibmaschine zur Verfügung, die Übertragungsgeschwindigkeit ist wesentlich höher, und die Funktionen der Textproduktion und Textkommunikation sind entkoppelt" (Picot 1984, S. 20). Die Übertragungsgeschwindigkeit wurde auf 2400 bit/s festgelegt, was die Übertragung einer DIN A4 Seite in zehn Sekunden zuließ.

Die Grundmerkmale für die standardisierte Textkommunikation im Teletex-Dienst umfassen im einzelnen:

- Seitenweise, layoutgetreue Übermittlung und Wiedergabe versendeter Texte,
- Empfang und Wiedergabe aller Schriftzeichen, die in Ländern mit lateinischer Schriftsprache verwendet werden,
- Entkopplung von Texterstellung und Kommunikation,
- Automatische Ergänzung der ausgetauschten Nachrichten durch Kommunikationsdaten (Länder- und Empfängererkennung, Datum, Uhrzeit, Referenzinformation),
- Übertragungsgeschwindigkeit von 2400 bit/pro Sekunde, das bedeutet für eine normal beschriebene DIN A 4-Seite etwa eine Übertragungszeit von zehn Sekunden,
- Erreichbarkeit fast aller Teilnehmer des internationalen Fernschreibverkehrs (Telexdienst), allerdings nur mit dem beschränkten Zeichenvorrat eines herkömmlichen Fernschreibers,
- Bereitstellung von Dienstsignalen, die bei erfolglosen Sendungen die Suche nach Fehlern oder Störungen erleichtern.

Tabelle 3.4-1: Grundmerkmale des Teletex-Dienstes (Picot 1984, S. 20-21)

Die Teletex-Endgeräte integrierten erstmals eine standardisierte Übertragungstechnik mit anderen technischen Systemen. So kamen vorwiegend Teletex-Endgeräte zum Einsatz, die als Basistechnik Textsysteme besaßen. Meist wurden Speicherschreibmaschinen mit Funktionen für die Textbearbeitung und -speicherung oder automatische Textsysteme, die auf modulare Texterstellung (Bausteintext) spezialisiert waren, eingesetzt. Alle lokalen Funktionen eines Teletex-Systems konnten unabhängig von der Kommunikationsfunktion genutzt werden.

- **Funkbasierende Nachrichtenübertragung**

Die Existenz elektromagnetischer Wellen wurde bereits von James Clark Maxwell aufgrund der Arbeiten von Michael Faraday theoretisch vorhergesagt, als der deutsche Physiker Heinrich Hertz in den 80er Jahren des 19. Jahrhunderts diese Wellen experimentell nachweisen konnte. Er wies den Empfang der Wellen mit Hilfe einer offenen Drahtschleife nach, zwischen deren Enden unter dem Einfluß wechselnder elektrischer Felder Funken übersprangen. Dieses Phänomen gab dem ganzen Forschungsgebiet die Bezeichnung „Funkentelegraphie", eine Bezeichnung, die später in „Funk" abgekürzt wurde. 1897 begann der Italiener Guglielmo Marconi, Versuche mit elektromagnetischen Wellen anzustellen, um damit Nachrichten über größere Entfernungen zu transportieren. Zunächst arbeitete er in Italien, aber erst nach seinem Wechsel nach England gelang ihm der große Durchbruch. Bereits 1901 glückte ihm die erste Nachrichtenverbindung über den Atlantik. Die von Marconi gegründete „Wireless Telegraph Co." vertrieb die neue Technik an kommerzielle Nutzer wie Schiffe und Leuchttürme. „Um die Sprache übertragen zu können, nimmt man sich ein physikalisches Phänomen zur Hilfe. Verschieden frequente Schwingungen überlagern sich und können so mit Hilfe hoher Frequenzen Signale über weite Strecken übermitteln" (Müller 1999c, S. 371).

Die Funktechnik breitete sich innerhalb weniger Jahre auf der ganzen Welt aus. Nach der Entwicklung der ungedämpften Sender begannen Radioamateure auch mit dem Senden von Sprache und Musik. Die ersten Rundfunksender wurden von Funkamateuren betrieben, die ein eigenes Musikprogramm sendeten, wie z.B. A. Goldsmith in New York 1912 bis 1914. Im Oktober 1923 eröffnete in Berlin der erste deutsche Rundfunksender. Dieser durfte nur mit Empfängern gehört werden, die den Stempel der Reichstelegraphen-Verwaltung, einer Abteilung der Deutschen Reichspost, trugen. Die ersten Radiodienste wurden ausschließlich auf den Frequenzen der Lang- oder Mittelwelle ausgestrahlt, erst 1928 wurden die ersten Versuche mit Ultrakurzwellen unternommen. Von nun an standen die noch heute genutzten Lang-, Mittel-, Kurz- und Ultra-Kurzwellen-Bereiche als Frequenzen zur Nachrichtenübertragung zur Verfügung. Diese Frequenzen wurden in Bereiche für Radio- und Sprechfunkübertragungen aufgeteilt. Erst 1946 begannen in den USA Versuche mit Funkfernschreibern als reinem Datenfunk-Verkehr.

Das Radio eroberte sich innerhalb kürzester Zeit als das aktuellste Nachrichten-Medium die Gunst der Zuhörer. Im dritten Reich wurde dieses Medium dann auch erstmals zu propagandistischen Zwecken genutzt. Seinen Siegeszug konnte nur das Fernsehen, als Quasi-Ergänzung der Audio-Übertragung mit bewegten Bildern, beenden. Trotzdem ist auch heute das Radio aus der Medienlandschaft nicht mehr wegzudenken und durch die Einführung digitaler Übertragungstechniken bestens für die Zukunft gerüstet. Es würde den Rahmen dieser Arbeit sprengen, hier weiter auf die interessante Entwicklung der Funk- und Radio-Technik einzugehen, daher sei an dieser Stelle auf die weiterführende Fachliteratur verwiesen.

- **Telefax**

Der Telefaxdienst bietet im Gegensatz zu den bisher beschriebenen Kommunikationsdiensten die Möglichkeit, beliebige Vorlagen als Fernkopie weltweit zu übertragen. Die Telefax-Übertragung ist heute auf Grund der großen Vorzüge, der leichten Bedienung und der preiswerten Endgeräte weit verbreitet. Schon 1847 erfand Frederic Collier Bakewell das Verfahren der punktweisen Übertragung von schriftlichen Vorlagen. Im Jahre 1907 wurde die Bildtelegraphie eingeführt. Die Übermittlung von Wetterkarten begann ab 1920.

Die Deutsche Bundespost hat den Telefaxdienst als öffentlichen Teilnehmerdienst 1979 eingeführt. Dieser Dienst bietet jedermann die Möglichkeit, nach einheitlichen Übertragungsnormen (CCITT-Standards) am Telekommunikationsdienst teilzunehmen. Sämtliche Typen von Fernkopierern, die für diesen Dienst zugelassen werden, sind untereinander kompatibel. „Im Gegensatz zu den anderen Textkommunikationsdiensten bietet Fernkopieren (Faksimile) die Möglichkeit, beliebige Skizzen, Pläne und andere Vorlagen im DIN A 4 Format originalgetreu zu übertragen. Die Vorlagen werden punktweise abgetastet und die einzelnen Punkte übertragen" (Fellbaum 1990, S. 8-35).

Im Gegensatz zu den anderen Systemen, welche nur eine manuelle Dateneingabe mit einem begrenzten Buchstabenumfang zuließen, wird hier durch die optische Abtastung eine viel weitergehende Flexibilität erreicht. Zusätzlich ist das System nicht mehr auf eigene Netze angewiesen, sondern nutzt wie jedes normale Telefon das bestehende Fernsprechnetz.

Die Telefax-Geräte werden entsprechende ihrer Funktionalität und Standardisierung in vier Gruppen aufgeteilt. Die Fernkopierer der Gerätegruppe 2 benötigen eine einheitliche Übertragungsdauer von drei Minuten pro DIN A4-Seite, die der heute gebräuchlichen Gerätegruppe 3 nur noch eine Minute. Die geplanten Geräte der Gruppe 4, denen eine digitale Übertragungstechnik zugrunde liegt, werden die Übertragungszeit auf wenige Sekunden reduzieren (vgl. Picot 1984, S. 20ff). Obwohl der Standard mit der Einführung der digitalen Telefonie (ISDN) einherging, haben sich diese Geräte noch nicht durchsetzen können.

Gerätegruppe	Gruppe 1	Gruppe 2	Gruppe 3
Übertragungsdauer pro DIN -A 4-Seite	6 min	3 min	1 min (typisch)
Übertragungsart	Fernsprechnetz	Fernsprechnetz	Fernsprechnetz
Bildpunkte pro Zeile	1 728	1 728	1 728
vertikale Auflösung pro mm	3,85 Zeilen pro mm	3,85 Zeilen pro mm	3,85 oder 7,7 Zeilen pro mm
Modulationsart	FM	RSB-AM	digital
Grautonfähig ?	ja	ja	nein

Tabelle 3.4-2: Technische Unterscheidungsmerkmale verschiedener Gruppen von Telefaxgeräten (vgl. Fellbaum 1990, S. 8-36).

Die digitalen Geräte sollen dann auch farbige Vorlagen übertragen können. Die Geräte der Gruppen 1-3 sind nur in der Lage, schwarz-weiße Bilder zu übertragen, wobei die Geräte der Klasse 1 und 2 sogar in der Lage waren, Grautöne zu unterscheiden. Durch ein digitales Modulationsverfahren können Geräte der Gruppe 3 nur schwarz und weiß unterscheiden, was für die Datenübertragung einen enormen Geschwindigkeitszuwachs jedoch einen Qualitätsverlust bedeutet.

- **Bildschirmtext (Btx)**

Da die Industrie der Bundesrepublik Anfang der 80er Jahre nicht in der Lage war, die Technik für den bundesweiten Bildschirmtext (Btx)-Dienst zu entwickeln und zu liefern, erhielt ein amerikanisches Unternehmen 1981 von der Bundespost den Auftrag. „Das Auftragsvolumen belief sich für den Aufbau von 5000 Btx-Zugängen bis Ende 1984 auf etwa 50 Millionen Mark" (Huhn 1985, S. 27). Das BTX-System war der Versuch, den Fernseher und das Telefon miteinander zur Datenkommunikation zu koppeln. Die Idee von BTX bestand darin, von einer zentralen „Leitseite" auf das Angebot eigener und fremder Dienstanbieter zu verzweigen. Der Nutzer konnte sich über die analoge Telefonleitung mit Hilfe zentraler Anwahlpunkte einwählen. In den Anfangszeiten geschah dies mit einer sehr geringen Geschwindigkeit von 1200 Bits/s bzw. 75 Bits/s für den Rückkanal, was zu sehr langen Wartezeiten führte. Obwohl beide Basissysteme in fast allen Haushalten vorhanden sind, konnte sich der Bildschirmtext nicht flächendeckend durchsetzen. Das BTX-System wurde seit 1980 in der Bundesrepublik Deutschland in zwei Feldversuchen erprobt und 1984 als öffentlicher Dienst stufenweise eingeführt (vgl. Picot 1984, S. 21).

Mit Hilfe einer entsprechenden elektronischen Schaltung werden die durch das Telefon übertragenen Daten auf dem Fernsehgerät dargestellt. Der Anwender hat die Möglichkeit, über eine Tastatur verschiedene Seiten anzuwählen und dort Texteingaben vorzunehmen. Wie das BTX-Netzsystem funktioniert, beschreibt die Deutsche Bundespost: „Das gesamte BTX-Netz wird von einer Leitzentrale mit dem Standort Ulm gesteuert.

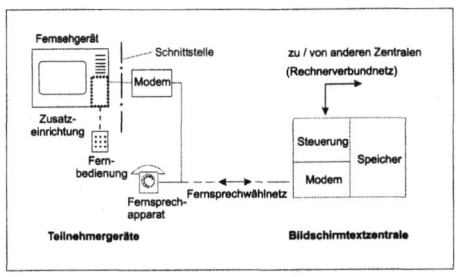

Abbildung 3.4-25: Funktionsschema von BTX (Huhn 1985, S. 30)

Hier befinden sich alle im BTX-System benötigten Informationen im Original, z.B. alle BTX-Seiten und alle Teilnehmerdaten. Den Dialog mit dem Teilnehmer übernehmen regionale BTX-Vermittlungsstellen, die über feste Leitungen mit der Leitzentrale verbunden sind. Eine BTX-A-Vermittlungsstelle kann bis zu 600 BTX-Verbindungen gleichzeitig bedienen. Auch die Verbindungen zu den externen Rechnern werden über die BTX-Vermittlungsstellen hergestellt. In dieser Konfiguration ist es möglich, die A- und B-Vermittlungsstellen auch in kleineren Orten zu installieren und damit im Laufe der Zeit ein dichtes Netzwerk aufzubauen. Die Zugriffszeiten zu den angebotenen Informationen werden durch die dezentral aufgestellten Rechner für den Teilnehmer beschleunigt" (Huhn 1985, S. 30).

Das Anwendungsspektrum von Bildschirmtext umfaßt vier Kategorien (vgl. Picot 1984, S. 20f):

- Informationsangebot für alle Teilnehmer beziehungsweise für Teilnehmergruppierungen,
- Informationsnachfrage aus zentralen und dezentralen Datenbanken,
- Dialoge mit Teilnehmern oder Rechnern und
- Transaktionen zwischen Teilnehmern.

Der BTX-Dienst hatte zunächst nicht den erwarteten und prognostizierten Zuspruch gefunden. Daraufhin unternahm die Deutsche Telekom 1991 den Versuch, diesen Dienst unter dem Namen Datex-J (Data Exchange für Jedermann) neu zu strukturieren. Vier Jahre später entstand daraus Telekom Online (T-Online). „Der Vorteil dieses Dienstes liegt vor allem in den deutschsprachigen Inhalten. Dazu gehören Informationen, Dienstleistungen, Serviceangebote, Unterhaltung sowie Kommunikationsformen und der Zugang zum Internet. Die Zahl der T-Online-Kunden überstieg im Januar 1996 erstmals die Millionenschwelle. Im Februar 1997 waren es 1,4 Millionen, 1998 nach Angaben des Unternehmens 1,9 Millionen" (Wilke 1999, S. 755).

Die Post hielt auf ihren Servern ein weitgefächertes Serviceangebot vor, welches durch verschiedenste externe Rechner, Server bei den einzelnen privaten Anbietern, ergänzt wurde. Diese externen Rechner waren mit der damals atemberaubenden Geschwindigkeit von 9600 Bit/s an das Post- bzw. spätere Telekom-System angeschlossen. Durch das Fortschreiten der Internetausweitung wurden die Anbieter solcher Online-Dienste, BTX/Datex-J oder auch America Online (AOL) als einer der weltweit größten Dienst-Anbieter gezwungen, ihre bis dahin separaten Netze zum Internet zu öffnen. So wurde aus dem properitären deutschen BTX-System das T-Online-Angebot der Deutschen Telekom.

Das BTX-System ist über die gesamte Entwicklungszeit ein rein deutsches System gewesen und konnte sich nur in wenigen Bereichen behaupten. Eine internationale Nutzung fand nicht statt (vgl. Huhn 1985, S. 45). Die von Picot angesprochene Transaktion zwischen Teilnehmern ist nur von einer kleinen Gruppe genutzt worden. Aus heutiger Sicht zählt mit Sicherheit der elektronische Zugang zum eigenen Bankkonto zu den bedeutendsten Anwendungsbereichen. Dieses Online-Banking wurde von vielen noch nach der Internet-Einführung genutzt, da das deutsche BTX-System einen deutlich höheren Sicherheitsstandard besitzt als das Internet. Trotzdem wurde im Jahre 2000 durch die Deutsche Telekom als Nachfolger der Bundespost aus Kostengründen beschlossen, das BTX-System einzustellen.

- **Videotext / Teletext**

Einen weiteren Versuch, das Fernsehgerät als Datenausgabe-Medium zu nutzen, stellt der Videotext dar (auch Teletext genannt). Videotext unterscheidet sich von Bildschirmtext dadurch, daß man Texte nur empfangen, aber nicht versenden kann. Bei Videotext werden die Textsignale gleichzeitig mit dem Fernsehsignal verschlüsselt ausgestrahlt und am Empfangsort in Zusatzbausteinen des Fernsehempfängers entschlüsselt, gespeichert und schließlich auf dem Bildschirm sichtbar gemacht. Dabei wird ein Mangel der Fernsehtechnik ausgenutzt. Jedes Fernsehbild hat eine Lücke, die „Austastlücke", die als schwarzer Balken sichtbar wird, wenn das Bild wandert. Diese Lücke ist für die Rückstellung des Elektronenstrahls in seine Ausgangsposition notwendig, nachdem dieser den Bildschirm zeilenweise mit Informationen beschrieben und damit das Fernsehbild erzeugt hat. In dieser Lücke wird die Videotext-Information gesendet. Seit Juni 1980 ist Videotext täglich zu empfangen. Das Angebot ist auf sog. Tafeln aufgeteilt, welche jeweils eine dreistellige Nummer tragen. „Wer auf der Fernbedienung die Nummer 100 eindrückt, erhält eine Übersichtstafel auf den Bildschirm, sofern sein Gerät entsprechend ausgerüstet ist. Dort findet man u.a. die Seitenzahlen für das Wochenprogramm von ARD und ZDF, die aktuellen Programmankündigungen des Tages.

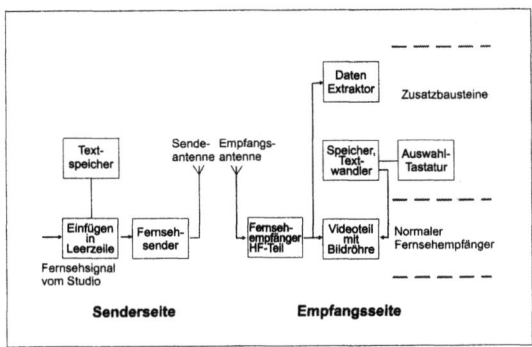

Abbildung 3.4-26: Funktionsweise Videotext (Huhn 1985, S. 34)

Auch die neuesten Nachrichten, Wetter- und Sportmeldungen können abgerufen werden. Hinzu kommen die Pressevorschauen der überregionalen Tageszeitungen. Sehr sinnvoll ist Videotext auch, um für hör- und sprachgeschädigte Zuschauer Untertitel einzublenden. Diese Untertitel werden nur dann auf dem Bildschirm sichtbar, wenn eine entsprechende Nummer auf der Fernbedienung gedrückt wird" (Huhn 1985, S. 34).

Die einzelnen Informationen der Tafeln werden nacheinander in der Austastlücke übertragen, so daß z.T. lange Wartezeiten auf die entsprechenden Daten entstehen. Dies versuchen neuere Fernsehsysteme durch die Zwischenspeicherung aller Tafelseiten zu umgehen. Heute sind Systeme mit mehr als 2000 Seiten Speicher keine Seltenheit mehr. Die nächste Generation mit verbesserten Grafikdarstellungen ist bereits auf dem Markt erhältlich. Außerdem bietet das sogenannte nexTView-System als Weiterentwicklung zusätzlich Programminformationen und die Möglichkeit, diese für die Programmierung direkt zum Videorecorder zu übertragen.

3.4.2 Das Internet revolutioniert die Bürokommunikation

Keine andere Erfindung als das Internet hat innerhalb derart kurzer Zeit eine so große Verbreitung weltweit erfahren. Nach neuesten Zahlen sollen in Deutschland mittlerweile 18 Millionen Bundesbürger das Internet nutzen. Für die nächsten Jahre wird mit einer weiteren starken Zunahme gerechnet, welche dann endlich den richtigen Durchbruch für den elektronischen Handel bringen soll. Der folgende Abschnitt stellt die interessante geschichtliche Entwicklung dar, beschreibt die heute bereits möglichen technischen Anwendungen und versucht, einen Ausblick in die Zukunft geben.

Was das besonders Außergewöhnliche ist, beschreibt Zerdick: „Die Telekommunikation im Internet betrifft den Transfer von Daten innerhalb und zwischen mehreren Netzen. So beinhaltet bereits die Bezeichnung „Internet", daß keine einzelne Netzeinheit vorliegt. Vielmehr ist das Internet ein weltweiter Verbund verschiedener Subnetze und

Rechner, die weitgehend autonom betrieben werden. Betreiber dieser Netze sind Unternehmen, Universitäten oder andere staatliche und private Organisationen. Schlüsselaspekte wie Anschluß, Administration und Vermittlung unterliegen einer weitgehend dezentralen Organisation" (Zerdick 1999, S. 76).

3.4.2.1 Der Auslöser

Im Jahre 1957 schickte die Sowjetunion den ersten Sputnik-Satelliten erfolgreich ins All. Die westliche Welt reagierte darauf sehr erschrocken, da dadurch der damalige technologische Vorsprung der UdSSR offenkundig wurde. Als Antwort wurde in den USA kurz danach die Advanced Research Projects Agency (ARPA) gegründet. Deren Aufgabe bestand vordringlich darin, Forschungsprojekte zu fördern, die den technologischen Rückstand der USA gegenüber der Sowjetunion aufholen sollten. Daher wurden durch die Regierung große finanzielle Mittel für diese Forschungsprojekte bereitgestellt.

Im Rahmen eines dieser Forschungsvorhaben wurde 1958 in den USA die kalifornische Firma RAND beauftragt, ein Konzept für ein militärisches Computernetzwerk zu entwickeln, welches geeignet sein sollte, militärische Kommandos über miteinander verbundene Rechner zu übermitteln. Als wichtigste Anforderung wurde eine dauerhafte Funktionsfähigkeit auch nach der Zerstörung eines Teils der Infrastruktur etwa durch einen atomaren Erstschlag definiert. Der Ingenieur Paul Baran (RAND Corporation) entwickelte daraufhin die Idee eines dezentralen Netzes, in welchem die Computer über unzählige Knotenpunkte miteinander verbunden sind.

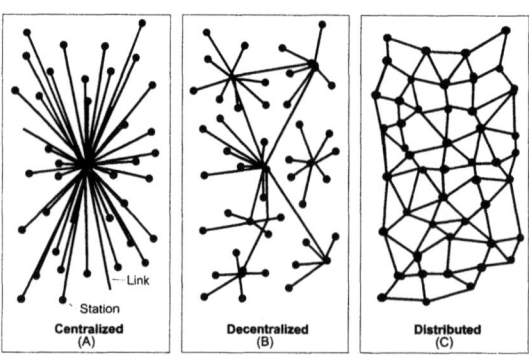

Abbildung 3.4-27: Barans Skizzen zeigen drei Systeme: eines mit einem Zentrum, eines mit wenigen und ein Netz ohne Zentrum (Rademacher 2001, S. 70)

Es setzte sich die Idee einer Dezentralisierung der Netzsteuerung und der Datenbestände (distributed networking) durch, also der Verteilung aller wichtigen Daten auf viele verschiedene Punkte. Die Struktur unterschied sich so grundlegend von den klassischen Telekommunikationsnetzen, wie z.B. für Telefon. Es mußte ein Netz geschaffen werden, welches die vielen dezentralen Computer störungssicher miteinander verbindet, auch wenn Anlagen oder Netze zerstört werden.

In den Jahren 1960-1962 wurden die ersten wissenschaftlichen Arbeiten über paketvermittelnde Datennetze (packet switching) veröffentlicht. Gemäß dem zugrundeliegenden Prinzip wurden die zu übermittelnden Daten in kleine Pakete zerlegt, welche einzeln übermittelt werden konnten. Baran publizierte Arbeiten, die im Auftrag der US Air Force entstanden und Leonard Kleinrock arbeitete am Massachusetts Institute of Technology (MIT) an einer Dissertation über paketvermittelnde Datennetze.

Zur gleichen Zeit wurde J.C.R. Licklider Leiter von ARPA und forcierte Projekte mit Computernetzen, welche ihm sein für die Computer-Entwicklung verantwortlicher Mitarbeiter Bob Taylor vorschlug. Taylors Abteilung verfügte über Computerterminals, welche über Telefonleitungen mit den Computern der Universitäten verbunden waren. Dabei nutzte jedes System seine eigenen Protokolle, und ein Datenaustausch von einem zum anderen System war nicht möglich. Daher kam Taylor auf die Idee, die durch ARPA geförderten Universitätscomputer miteinander zu vernetzen. Sein Ziel war es, die teueren Ressourcen besser zu nutzen und einen Austausch von Daten zu ermöglichen. Ein TX-2 Computer im MIT Lincoln Labor und ein AN/FSQ-32 in der System Development Corporation (Santa Monica, Kalifornien) werden 1965 direkt über eine 1200bps Telefonleitung verbunden. Ein Digital Equipment Corporation (DEC) Computer bei der ARPA wurde später dazugeschaltet um das erste „Experimental Network" zu gründen (vgl. Zakon 2001).

Zwei Jahre später, auf der Second Conference on Information System Science, in Hot Springs, Virginia, beschreiben Larry Roberts und J.C.R. Licklider Computernetze als die herausragende zukünftige Forschungsaufgabe. Am MIT wurden 1966 unter Leitung von Larry Roberts die ersten praktischen Experimente mit größeren Computernetzwerken, gefördert vom US Department of Defense, begonnen. An der University of California in Los Angeles wurde Leonard Kleinrock 1968 im Rahmen des Projektes „Resource Sharing Computer Networks" beauftragt, den ersten Knoten des in dem Projekt beschriebenen Netzes zu entwickeln. Es formierte sich Anfang 1969 im Rahmen diese Projektes die Network Working Group (NWG). Am 1. April 1969 gab die NWG die ersten Protokollbeschreibungen heraus und nannte sie Requests for Comments (RFC). Vier Monate später, am 30. August 1969, konnte der erste Rechnerknoten in Betrieb genommen werden.

3.4.2.2 Das erste Rechnernetz entsteht

Schon Ende 1969 entstand das erste Netzwerk dieser Art mit vier Großrechnern an der Universität von Kalifornien in Santa Barbara (IBM 360/75), dem Stanford Research Institute (SDS-940), der Universität von Utah (PDP-10) und der Universität von Kalifornien in Los Angeles (SDS Sigma-7). Physikalisch wurde das Netz über angemietete Leitungen mit einer Übertragungsrate von 50 KBit/s realisiert.

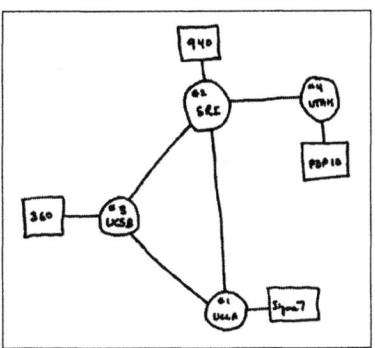

Abbildung 3.4-28: Originalskizze: Diagramm für die 4-Knoten Verbindung (Zakon 2001)

Das damit entstandene Netz wurde ab 1970 offiziell als ARPANet bezeichnet. Im April 1971 waren bereits 15 gleichberechtigte Knoten durch das ARPANet verbunden. Als einzige Netzwerkanwendungen wurden damals lediglich Datenübertragungs- und Fernbedienungsfunktionen integriert. Die Electronic Mail, also der interpersonelle Nachrichtenaustausch, war ursprünglich gar nicht als Netzwerkanwendung geplant.

Erst 1971 erfindet Ray Tomlinson von der Firma BBN das eMail-Programm zur vom Dateisystem unabhängigen Nachrichtenübertragung. Ein Jahr später modifiziert er sein eMail-Programm für das ARPANET. „Es wird ein Volltreffer. Das Zeichen @ hat Tomlinson aus dem Zeichensatz seiner Schreibmaschine Modell Teletype 33 entnommen. Es sollte die Bedeutung „bei" („at") tragen. Larry Roberts schreibt daraufhin das erste eMail-Management-Programm (RD) um Mails aufzulisten, selektiv zu lesen und um direkt zu antworten (Juli 1972)" (Zakon 2001). Anläßlich der First International Conference on Computer Communications (ICCC), Washington D.C., erfolgte im Oktober 1972 die erste öffentliche und internationale Demonstration des ARPANets. Die Network Working Group (NWG) wurde als Konsequenz aus der ICCC in InterNetwork Working Group (INWG) umbenannt; Vint Cerf wurde der erste Vorsitzende. Gleichzeitig fand der erste Computer-Chat während der ICCC statt, als ein „Verrückter" mit dem Chat-Namen „PARRY" an der Stanford-Universität seine Probleme mit seinem Betreuer – ein Techniker von BBN–diskutierte.

Die INWG sollte neue Technologien für ein umfangreicheres Arbeiten im Netzwerk entwickeln. Im gleichen Jahr wird sie die Spezifikation für den „Computer-Fernbedien-Dienst" Telnet[45] erlassen. Bereits ein Jahr später wurden die ersten Rechner außerhalb Nordamerikas (Hawaii, University College of London (GB) und Royal Radar Establishment (Norwegen)) mit dem ARPANet verbunden.

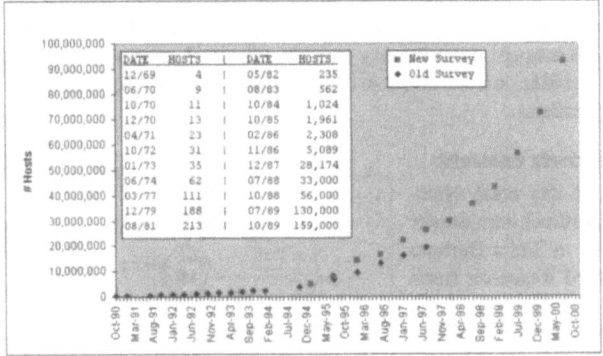

Auch Satellitenverbindungen wurden 1973 in das ARPANet integriert. Seitdem steigt die Anzahl der im Internet registrierten Computer exponentiell an, wie die folgende Grafik verdeutlicht.

Abbildung 3.4-29: Entwicklung der im Internet integrierten Computer (Hosts) (Zakon 2001)

---

45 **Telnet**: „Einer der ältesten Dienste in der Entwicklung des Internet ist die Möglichkeit der Steuerung von entfernten Computern. So existierten in den Anfängen keine Personal Computer (PC), sondern Großrechner, welche über Terminals ohne eigene Rechenleistung bedient wurden. Im Rahmen der Vernetzung der Großrechner wurde auch eine Computer-Fernsteuerung über verschiedene Systeme hinweg realisiert. Der Telnet-Dienst wurde entwickelt und ist noch heute speziell für administrative Aufgaben in Benutzung. Dabei emuliert der PC ein Terminal des VT-100 Standards, welches als Ein- bzw. Ausgabemedium dient. Zur Nutzung des Telnet-Dienstes muß auf dem PC ein spezielles Programm gestartet werden. Zusätzlich muß auf der Gegenseite ein sog. Telnet-Server arbeiten. Die Steuerung des Telnet-Servers wird ausschließlich über Textbefehle abgewickelt" (Müller 2000, S. 23).

3.4.2.3 Entwicklung des Transmissions-Control-Protocol/ Internet Protocol (TCP/IP)

Für eine Verbindung verschiedenartiger Computersysteme wurde das Transmissions-Control-Protocol/ Internet Protocol (TCP/IP) von den verantwortlichen Forschern des NCC (Network Control Center) und des NIC (Network Information Center) in den Jahren 1973/1974 implementiert. Mit TCP/IP wurde es möglich, unterschiedliche Netzwerktypen so miteinander zu verbinden, daß jeder Computer eines Netzwerks mit allen anderen Rechnern des Netzes kommunizieren konnte.

TCP/IP wurde unter den folgenden Prämissen entwickelt:

- Unabhängigkeit vom Übertragungsmedium,
- Interoperabilität zwischen unterschiedlichen heterogenen Systemen,
- Ende-zu-Ende-Kommunikation über unterschiedliche Netzwerke,
- Robustheit gegenüber Verbindungsstörungen.

Erst als das ARPANet bereits einsatzfähig war, begann die International Standards Organisation (ISO) mit der Normierung von Netzwerken, es entstand das ISO/OSI-Schichtenmodell, welches die logischen Funktionalitäten einer Netzwerkverbindung in sieben Stufen aufteilt (vgl. Focher 1998a, S. 34):

1. *Bitübertragungsschicht (physical layer):* Diese Schicht definiert die Eigenschaften der Hardware, die zur Datenübertragung benötigt wird. Verkabelung, Art der Anschlüsse und Übertragungstechnik sind Beispiele für Aspekte dieser Schicht. TCP/IP definiert für diese Schicht keine Vorgaben, sondern baut auf bestehenden Standards auf.
2. *Sicherungsschicht (data link layer):* Die Sicherungsschicht regelt die sichere Übertragung der Daten über das zugrundeliegende Netzwerk. Auch diese Schicht wird nicht von TCP/IP festgelegt. Vielmehr definieren die RFC für TCP/IP den Weg, auf dem TCP/IP auf bestehenden Netzwerkprotokollen wie Ethernet, FDDI oder ATM aufsetzen kann.
3. *Vermittlungsschicht (network layer):* Die Vermittlungsschicht regelt den Aufbau von Verbindungen zu anderen Rechnern. Gleichzeitig trennt sie die höheren Protokolle von den Besonderheiten der darunterliegenden Netzwerke. Diese kommunizieren ausschließlich mit der Vermittlungsschicht. Alle tieferen Ebenen sind transparent. Für TCP/IP stellt IP (Internet-Protokoll) diese Dienste bereit. Zusätzlich regelt IP die Adressierung und den Transport der Daten.
4. *Transportschicht (transport layer):* Die Transportschicht stellt sicher, daß der Empfänger die Daten genau so erhält, wie der Sender sie abgeschickt hat. Hierzu werden Funktionen wie Zerlegung der Daten in Pakete und Datenflußkontrolle durch Prüfsummen oder Sequenznummern gerechnet. Für TCP/IP ist auf dieser Schicht vor allem das TCP (Transmission-Control-Protocol) zuständig. Das einfachere UDP (User-Datagram-Protocol) arbeitet ähnlich, verzichtet aber auf jegliche Datenflußkontrolle.
5. *Kommunikationssteuerungsschicht (session layer):* Im OSI-Modell soll diese Schicht die Verbindungen zwischen kooperierenden Anwendungen steuern. In der TCP/IP-Welt wird diese Schicht nicht explizit definiert. Hier sind es auf der einen Seite die Transportschicht, die die Verbindungen überwacht, auf der anderen Seite die Sockets und Ports, die die angesprochene Anwendung identifizieren.
6. *Darstellungsschicht (presentation layer):* Kooperierende Anwendungen müssen zum Datenaustausch eine gemeinsame Darstellung der Daten vereinbaren. Während OSI hierzu Standardprozeduren vorschlägt, überläßt TCP/IP diese Aufgabe vollständig den Applikationen.
7. **Anwendungsschicht (application layer):** Die höchste Stufe in diesem Schema bilden die Prozesse, mit denen der Anwender direkt kommuniziert. Hierzu zählen die Benutzerschnittstelle und alle Netzwerkfunktionen, die dadurch direkt angesprochen werden können. Auch diese Schicht wird in TCP/IP als Aufgabe der Applikationen gewertet.

Die allgemeinen Erfahrungen bei der Entwicklung des ARPANet gingen zwar mit in die Normierung durch die ISO ein, doch wurde TCP/IP kein ISO-Standard. Dennoch behauptet sich das TCP/IP-Netzwerkprotokoll bis heute als das Übertragungsprotokoll schlechthin, auch außerhalb der USA. Der Grund hierfür liegt in einem Beschluß der US-Regierung aus dem Jahre 1978, den Einsatz von offenen Systemen in staatlichen Organisationen und vom Staat geförderten Projekten vorzuschreiben. Als offene Betriebssystemumgebung wurde UNIX als Standard gefordert. Die Regierung entschied sich für den Einsatz von Berkeley UNIX (BSD, Berkeley Software Distribution) und gegen die AT&T Version, weil sowohl TCP/IP als auch die darauf basierenden Anwendungen (FTP, Telnet, eMail) Teil des BSD-Betriebssystems waren. UNIX setzte sich sehr schnell als Betriebssystem in offenen Umgebungen durch. Damit war der Grundstein für die Verbreitung von TCP/IP als Übertragungsprotokoll gelegt. Eine Gegenüberstellung des ISO / OSI-Modells mit den Protokollen der Internet-Familie zeigt die folgende Grafik. Die Idee, verschiedene Schichten für eine Datenübertragung zu definieren, ermöglicht die Standardisierung der Übertragungsprotokolle und somit eine weitestgehende Unabhängigkeit von speziellen Anwendungsprogrammen.

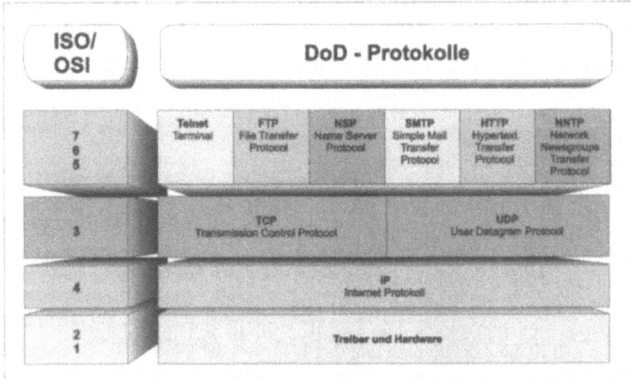

Abbildung 3.4-30: Gegenüberstellung OSI-Schichtenmodell-Internet-Protokolle (DoD-Department of Defence) (Focher 1998a, S. 34)

Daher sind heute alle modernen Datenübertragungsverfahren (z.B. ISDN) auf der Grundlage des OSI-Modells entworfen. Jedes Protokoll kommuniziert mit seinem Gegenüber auf derselben Funktionsebene. Dieses Gegenüber ist die Implementierung desselben Protokolls auf dem entfernten Rechner und wird auch als *Peer* bezeichnet. Jedes Protokoll auf einer bestimmten Schicht ist nur an der Kommunikation mit seinem Peer interessiert. Darunterliegende Schichten werden durch andere Protokolle realisiert und werden als transparent vorausgesetzt. Der Weg der Daten von einem Peer zum anderen führt auf dem Quellrechner über alle darunterliegenden Schichten und wird schließlich über das physische Netzwerk geleitet. Zur Richtungsbestimmung zum Zielrechner werden sogenannte Router eingesetzt, welche auf niedriger Protokollebene die Datenpakete auf den nächsten Teilanschnitt weiterleiten. Auf dem Zielrechner werden die Datenpakete in der Schichtenhierarchie wieder aufwärts zum Peer weitergeleitet. Die Übergabe der Informationen zwischen den einzelnen Schichten muß in der Protokollarchitektur definiert sein. Zur Kommunikation der einzelnen Schichten werden dem durch die Anwendung verschickten Datenpaket weitere Informationen zugefügt, so daß die Daten in der nächst niedrigeren Schicht gekapselt übertragen werden. Für die zusätzlich notwendigen Informationen werden sog. Header vor die eigentlichen Datenpakete gestellt, wie die folgende Grafik verdeutlicht.

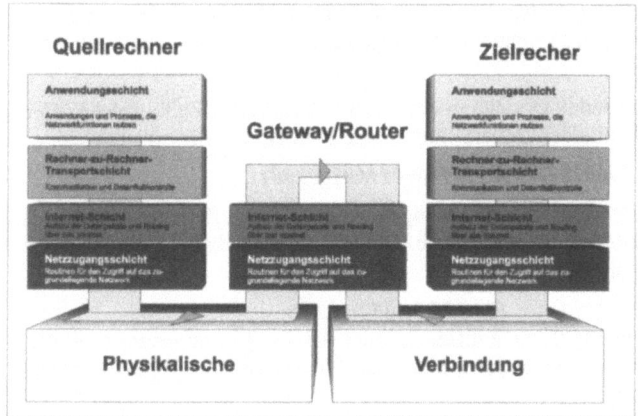

Abbildung 3.4-31: Datenwege und Protokollschichten bei TCP/IP-Verbindungen (Focher 1998a, S. 36)

Das Transmission-Control-Protocol (TCP), das Protokoll der Transportschicht, ist ein paketorientiertes Protokoll, d.h. die gesamte Datenmenge wird in einzelne kleine Datenpakete aufgeteilt. Es ist dafür zuständig, die Verbindung zur Gegenstelle aufzubauen und die Übertragung der einzelnen Datenpakete zu steuern.

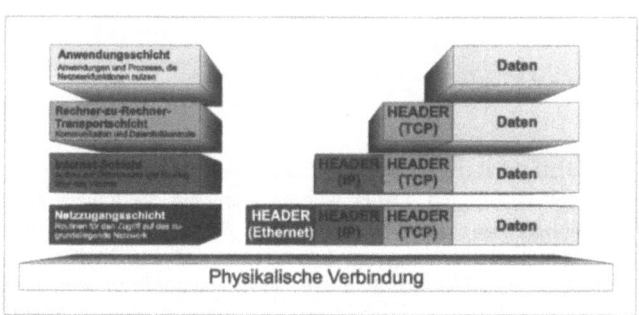

Abbildung 3.4-32: Datenübertragung mit Hilfe des TCP/IP-Standards (Focher 1998a, S. 36)

Dazu wird durch diese Transportschicht des sendenden Computers eine Anfrage an den Empfangsrechner geschickt, welche dieser beantwortet und mit einer frei gewählten Synchronisationsnummer quittiert. Der Sender schickt daraufhin eine Bestätigung und beginnt mit der eigentlichen Datenübertragung. Währenddessen kontrolliert die Transportschicht anhand der Sequenznummern, ob alle Datenpakete erfolgreich übermittelt werden. Der eigentliche Transport der Datenpakete wird durch das Internet-Protokoll (IP) gewährleistet. „Es versieht jedes Datenpaket zusätzlich mit einer Art Umschlag, der IP-Adresse des Zielrechners" (Focher 1998, S. 40). Diese und weitere Steuerinformationen sind demnach Inhalt des IP-Headers, der vor dem TCP-Header platziert übertragen wird. Die IP-Adresse besteht aus einer 32-bit langen, binären Informationskette, welche in vier Achtergruppen unterteilt wurde.

- **Die Definition der IP-Adressen**

Im Rahmen des TCP/IP-Protokolls werden die zu übermittelnden Informationen in kleine Datenpakete aufgeteilt. Jedes Paket enthält neben der eigentlichen Dateninformation noch zusätzliche zum Versand benötigte Informationen. So werden die an der Datenübertragung beteiligten Computer durch sogenannte Internet Protokoll-Adressen identifiziert.

Bei diesen IP-Adressen handelt es sich um eine 32-bit lange binäre Zahl, welche jeden Computer im Netz eindeutig identifiziert. Eine solche Zahl könnte z.b. so aussehen:

10001001001011010010110010010011

Um eine für Menschen lesbare Form zu erzeugen, entsteht durch Zerlegen dieser Zahl in vier Gruppen und Umrechnung in dezimale Zahlenwerte die bekannte, durch Punkte getrennte Form der IP-Adresse:

123.123.12.45

Diese IP-Adresse wird von links nach rechts interpretiert. Im Zusammenhang mit diesem Adressraum werden die angeschlossenen Netze in verschiedene Klassen aufgeteilt:

Klasse	Adressraum	Max. Anzahl Unternetze	Maximal angeschlossenen Computer	Bemerkung
Klasse A	0.1.0.0 bis 126.0.0.0	128	$256^3 = 16.777.216$	
Klasse B	128.0.0.0 bis 191.255.0.0	16.218	$256^2 = 65.335$	
Klasse C	192.0.1.0 bis 223.255.255.0	$2.097.152 = 32 \times 256^2$	256	
Klasse D/E	224.0.0.0 bis 255.255.255.0			Experimentell / Reserviert für Multicasting

Mit Hilfe dieser drei Klassen hoffte man damals eine grundlegende Struktur in das Internet zu bringen. Daher wurden Adressen der Klasse A-Netze nur an sehr große Organisationen vergeben und kleine Firmen verfügten durch die Klasse C-Netz-Adresse über einen eigenen Adressraum, z.B. 110.23.47.xxx. Die begrenzte Zahl von Klasse B-Adressen drohte bereits 1992 erschöpft zu sein, so daß keine strikte Aufteilung einer Klasse B-Adresse pro Organisation mehr möglich war. Kurzfristig behalf man sich mit der mehrfachen Vergabe von verschiedenen Klasse A Netzen für unterschiedliche Nutzergruppen. Da dies jedoch zu großen Schwierigkeiten bei der Zuordnung und Weiterleitung der Datenpakete führte, wurde die starre Gliederung in 8-bit Adressen aufgehoben und somit z.B. eine 3-Bit Klasse A-Adresse geschaffen, so daß die restlichen 5 Bit für eine Klasse B-Adresse zur Verfügung stehen. Mit Hilfe dieser Vereinfachung sind die Vermittlungsrechner, sog. Router, in der Lage die Subnetze eindeutig zuzuweisen.

Innovative Unternehmenskommunikation – Dimension Neue Medien   151

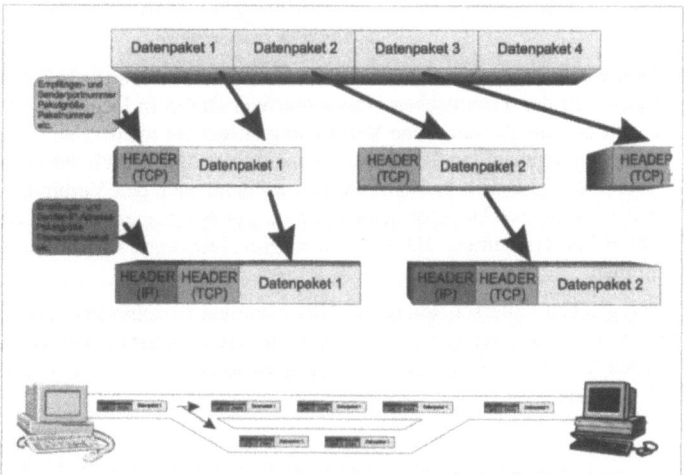

Abbildung 3.4-33: Paketorientierte Datenübertragung mit Hilfe von Routern (Focher 1998a, S. 36)

Das Schema veranschaulicht die Aufteilung einer Datenmenge in die einzelnen Datenpakete, welche durch die Zusatzinformationen erweitert werden. Im unteren Teil ist zu erkennen, welche Aufgabe die Router im Internet haben. Sie bestimmen den weiteren Weg der einzelnen Datenpakete bis zum nächsten Router oder zum Empfangsrechner. Durch die Aufteilung in kleine Datenmengen ist die Datenübermittlung im Internet nicht von vorbestimmten Wegen abhängig. Durch die in jedem Paket gespeicherte Quell- und Zieladresse ist jede dieser Dateneinheiten in der Lage, ihren Weg autark zu bewältigen. Da die Übertragungsgeschwindigkeiten sich stark unterscheiden können, besteht die Gefahr, daß die Pakete in unterschiedlicher Reihenfolge beim Empfänger eintreffen. Um eine unvollständige Restauration der Pakete zur Gesamtdatenmenge zu vermeiden, werden die Pakete mit Sequenznummern versehen, welche es dem Transport-Protokoll auf dem Zielrechner ermöglichen, die richtige Reihenfolge einzuhalten.

3.4.2.4 Der Domain Name Server (DNS) wird entwickelt

Wurden in der Anfangszeit noch vollständige Listen aller im Netz befindlichen Computeradressen geführt, wurde dies auf Grund der stark steigenden Anzahl Anfang der 80er Jahre zu aufwendig. Um die Erreichbarkeit der vernetzten Computer zu verbessern, wird 1984 der Domain Name Service (DNS) eingeführt. Statt der bisher üblichen Internet-Protokoll-Adresse (IP-Adresse) wird nun eine eindeutige Namenszuordnung ermöglicht; durch den DNS-Dienst wird so eine Möglichkeit geschaffen, den gewünschten Computer außer über die IP-Adresse auch über einen logischen Namen anzusprechen. „Diese Namenszuordnung wird in verschiedene Domains (engl. Domain = Gebiet) aufgeteilt, die wiederum verschiedene Gruppen von Computern repräsentieren. Diese Domains werden nach geographischen oder thematischen Gesichtspunkten aufgeteilt. Eine vollständige Adresse wird als "Fully Qualified Domain Name" (FQDN) bezeichnet. Dieser DNS-Name, der sogenannte „Uniform Resource Locator" (URL), wird von links nach rechts, demnach in entgegengesetzter Richtung zur IP-Adresse, gelesen" (Müller 2000, S. 18). So wird z.B. folgende URL *basta.cs.tu-berlin.de*

als der Rechner mit dem Namen BASTA am Fachbereich für Informatik (cs = Computer Science) der Technischen Universität von Berlin in Deutschland interpretiert. Soll nun mit diesem Rechner eine Verbindung aufgebaut werden, so wird zuerst der DNS-Server der sogenannten Top-Level Domain, hier ".de", nach der IP-Adresse des DNS-Servers der TU Berlin gefragt. Dieser wird dann nach den Verbindungsdaten zum Server des Fachbereichs Informatik gefragt, welcher seinerseits die IP-Adresse des gesuchten Servers namens BASTA zurückgibt. Jetzt kann die direkte Datenübertragung beginnen.

Zur logischen Unterscheidung der URLs wurden verschieden Top-Level-Domains definiert. Die folgende Liste zeigt die thematisch sortierten Domains, zusätzlich dazu werden Top-Level-Domains nach Ländernamen vergeben, deutsche Domains enden z.B. auf „.de".

Abkürzung	Ländername
com	Kommerzielle Unternehmen
edu	Bildungsstätten (z.B. Universitäten oder Institute)
gov	Nicht-militärische Regierungsangelegenheiten
mil	Militär
net	Netzwerke
org	Andere Organisationen

Tabelle 3.4-3: Thematische Domains im Internet (vgl. April 1996a)

- **Die Aufgabe des Uniform Resource Locators (URL-Adresse)**

Neben der im Abschnitt über den DNS-Dienst beschriebenen eindeutigen Zuordnung des gesuchten Computers ermöglicht eine vollständig angegebene URL sogar den direkten Zugriff auf eine gesuchte Datei auf einem fernen System.

Das folgende URL-Schema:

http://basta.cs.tu-berlin.de/verzeichnis1/verzeichnis2/probe.html

gibt zuerst die Art des Protokolls, hier das Hypertext-Transfer-Protokoll (HTTP), an. Nach den // folgt der Name des Servers, welcher durch eine direkte Pfadangabe ergänzt wird. Die durch einfache / getrennten Verzeichnisse beschreiben den genauen Speicherort der gesuchten Datei, welche mit ihrem Namen und der Dateiendung am Schluß der URL angegeben wird. Hier wird eine Datei mit dem Namen probe.html angesprochen.

Diese dezentrale Namenszuordnung wird durch ein Netz hierarchisch aufgebauter DNS-Server bewerkstelligt. Die Aufgabe dieser Computer besteht hauptsächlich darin, für einen übermittelten Namen die zugehörige IP-Adresse zurück zu liefern. Nur mit dieser IP-Adresse ist eine Datenübertragung im Internet möglich. Durch die Einführung des DNS-Dienstes wurde die zentrale Pflege der vollständigen Listen der IP-Adressen überflüssig. Nunmehr werden die im Netz verfügbaren IP-Adressen und Domain Namen dezentral und hierarchisch verwaltet (vgl. Macher 1999).

3.4.2.5 Verschiedene Netzformen

Das Internet wird nicht umsonst als das Netz der Netze beschrieben. Die eigentliche Aufgabe des Internets besteht in der weltweiten Verbindung kleiner Computernetze. Daher muß jeder Computer in einem an das Internet angeschlossenen Unternetz eine eindeutige IP-Adresse besitzen. Je nach Größe und Aufgabe der Unternetze werden folgende Netzwerkarten unterschieden.

- **Local Area Network (LAN)**

Ein lokal begrenztes, kleines Computernetz wird als Local Area Network bezeichnet. Die darin benutzten Computer müssen alle über verschiedene IP-Adressen verfügen. Ist das Netz mit dem Internet verbunden, dann müssen diese IP-Adressen bei der zentralen Vergabestelle beantragt werden. Der Aufbau und der Betrieb eines kleinen LANs ist heute auf Grund der komplexen Funktionen moderner Betriebssysteme leicht möglich.

- **Metropolitan Area Network (MAN)**

Werden die im Netzwerk zusammengeschlossenen Computer über weitere Entfernungen, etwa in einer Stadt, verteilt, dann spricht man von einem Metropolitan Area Network. In einem solchen Netzwerk müssen im Gegensatz zum LAN deutlich komplexere Netzwerkkomponenten und direkte Verbindungen zwischen den Standorten eingesetzt werden, was den Unterhalt eines MANs sehr kostspielig macht. Trotzdem überwiegen die Vorteile, so daß immer mehr Firmen und Behörden auf ein eigenes Netzwerk setzen und so auf einen zentralen Datenstamm zugreifen können.

- **Wide Area Network (WAN)**

Auch Wide Area Networks (WAN) werden immer häufiger im kommerziellen Bereich benutzt. Große Firmen bauen sogar eigene weltweite Datennetze auf, um vom Internet unabhängig zu sein. Vorrangig stehen hier Sicherheitsbedenken im Vordergrund. Die zur Verbindung notwendigen Datenleitungen werden meist von sogenannten Carriern, den Netzgesellschaften, angemietet. Im Gegensatz zur Wählverbindung zwischen Heimcomputer und Provider wird hier jedoch der Preis für die übertragene Datenmenge und nicht für die Zeit berechnet.

3.4.2.6 Das Internet entsteht

Im Juli 1975 wurde die Verwaltung des ARPANets an die Defense Communications Agency (DCA) des US-Verteidigungsministeriums übergeben, um einen laufenden Betrieb zu gewährleisten. Zu Beginn der 80er Jahre wurde der militärische Teil ins Milnet ausgegliedert, die zivilen Teile Forschung, Entwicklung und Lehre blieben weiterhin im ARPANet. Zahlreiche lokale Universitätsnetze schlossen sich in der Folgezeit an das ARPANet an.

Unabhängig von den Arbeiten am ARPANet entwickeln 1979 die Studenten Tom Truscott, Jim Ellis und Steve Bellovin ein Netzwerk, welches den Nachrichtenaustausch mit einfachen technischen Voraussetzungen über Telefonleitungen ermöglicht. Es sollte durch diese Nachrichtenverbindung der schnellere Gedankenaustausch zwischen den beiden beteiligten Universitäten, der Duke University und der University of Carolina, gefördert werden. Dieses „ARPANet des kleinen Mannes" basiert auf dem Betriebssystem UNIX und läßt neben dem eigentlichen Datenaustausch eMail und auch „öffentliche" Mail (Newsgroup / Diskussionsforen) zu. Dieses System wurde Usenet/News genannt. 1981 sind 23 Rechner an Universitäten in das Usenet integriert und die ersten Verbindungen zwischen ARPANet und Usenet entstehen über die University of California in Berkeley.

Die ARPA gab das beim Aufbau ihres Netzes erworbene Wissen an Universitäten, die Air Force, den Wetterdienst, die National Science Foundation (NSF) und die NASA weiter. Schnell wandelte sich der Einsatzzweck ab dem Jahre 1982 vom rein militärischen Datenverbund zum akademischen Netzwerk. Immer mehr Forschungsstätten und Hochschulen wurden in das Netz eingebunden. Ein Jahr später waren bereits 4.000 Rechner an das ARPANet angeschlossen. Das bisher als Transportprotokoll im ARPANet verwendete Network Control Protocol (NCP) wurde 1983 endgültig durch TCP/IP als Übertragungsprotokoll abgelöst. In dieser Zeit etwa entstand der Begriff für den Zusammenschluß der verschiedenartigen Netze, der von der ARPA zunächst „ARPA Internet", später nur noch „Internet" genannt wurde. In diesen Jahren stießen immer mehr Netze zum Internet, etwa USENET, BITNET und der 1982 in Europa gegründete Ableger EUnet. Das „Netz der Netze" nahm Gestalt an. Es besteht aus vielen Teilnetzen, die von den verschiedensten Firmen und staatlichen Einrichtungen betrieben werden.

3.4.2.7 Das Internet in Europa

Natürlich bestand auch in Europa die Notwendigkeit, den Wissenschaftlern der Universitäten und Forschungseinrichtungen eine schnelle und kostengünstige Kommunikationsinfrastruktur bereitzustellen. Zur europaweiten Koordinierung der Aktivitäten einzelner Länder wurde 1986 *Réseaux Associés pour la Recherche Européenne (RARE)* gegründet, die zunächst das COSINE-Projekt (Cooperation for an Open Systems Interconnection Networking in Europe) initiierte. Ziel von COSINE war die Bereitstellung einer auf ISO/OSI-Normen basierenden Infrastruktur für den akademischen Bereich innerhalb Europas.

Im Gegensatz zur Entwicklung in den USA sollten in Europa vorwiegend Applikationen, die auf den ISO/OSI-Normen basieren, zum Einsatz kommen. Das wichtigste Ergebnis aus dem COSINE-Projekt war das erste paneuropäische Netzwerk auf X.25-Basis IXI (International X.25 Interconnect), das seit Februar 1993 als EuropaNET, einem Multiprotokoll-Backbone, fortgeführt wird.

Trotz aller Fixierung auf OSI-Protokolle konnte sich auch RARE nicht der aus den USA herüberschwappenden Internetwelle verschließen. RIPE (Réseaux IP Européens) übernahm die Koordinierung des Internetverkehrs in Europa. In Analogie zum NSF-Backbone der USA wurde 1992 Ebone, der Europäische Internet-Backbone, in Betrieb genommen, mit allerdings z.T. erheblich geringeren Übertragungsraten als der NSFNET-Backbone.

Heute stellt Europa nach den USA den wichtigsten Internetraum dar. Wie die Tabelle verdeutlicht, liegt Deutschland auf dem ersten Platz in der Statistik der auf einen Ländercode zugelassenen Domain-Namen. In den 4.551.570 aus .de registrierten Namensadressen sind noch nicht die Firmen enthalten, die, um weltweit tätig zu werden, eine .com oder .net Adresse reserviert haben.

Domain Name	Registriert	Domain Name	Registriert
International (COM)	22.373.097	United Kingdom (ORG.UK)	180.980
Germany (DE)	4.551.570	Austria (AT)	178.535
International (NET)	4.244.092	Belgium (BE)	132.401
International (ORG)	2.688.657	Czech Republic (CZ)	106.931
United Kingdom (CO.UK)	2.620.573	Norway (NO)	106.487
Netherlands (NL)	639.326	Sweden (SE)	89.118

Innovative Unternehmenskommunikation – Dimension Neue Medien 155

Domain Name	Registriert	Domain Name	Registriert
Italy (IT)	498.026	New Zealand (CO.NZ)	84.508
Argentina (COM.AR)	327.442	South Africa (CO.ZA)	84.132
Canada (CA)	212.012	Russia (RU)	79.511
		....	
		Insgesamt registriert	35.745.500

Tabelle 3.4-4: Internet-Statistik vom 10.6.2001 – Registrierte Domains pro Land (domainstats.com)

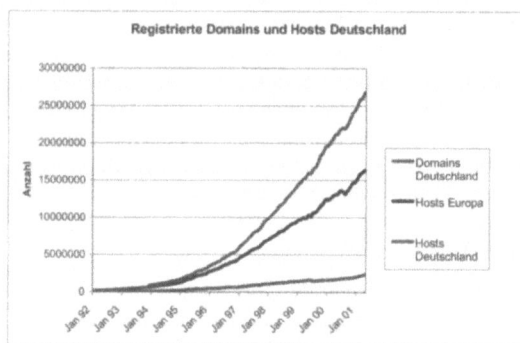

Abbildung 3.4-34: Im Internet registrierte Hosts in Deutschland und Europa im Vergleich zu registrierten de-Domains - Stand Mai 2001 (denic 2001)

Die Grafik zeigt die Zunahme der in Deutschland und Europa registrierten Hosts und vergleicht diese mit der Anzahl der registrierten Domains in Deutschland. Hier wird besonders der Aufbau des DNS-Systems deutlich, welcher ohne weiteres mehrere Domainnamen pro Host zuläßt. In der Praxis bedeutet dies, daß auf einem Server eines Providers mit dem realen Domainnamen provider.de neben der selbst benutzten Adresse kunde.provider.de auch weitere virtuelle Domainnamen und damit IP-Adressen wie z.B. www.Kunde.de vorhanden sein können. Daher lag im April 2001 die Zahl der registrieren Domainadressen um 430 % über der Anzahl der in Deutschland mit dem Internet verbundenen Computer.

3.4.2.8 Die schnellen Datenverbindungen entstehen

Mitte der 80er Jahre begann auch die amerikanische National Science Foundation (NSF) Interesse am Internet zu zeigen. Um den Wissenschaftlern aller amerikanischen Universitäten den Zugang zum Netz zu ermöglichen, gründete sie 1986 das NSFNET. Um immer mehr Institutionen anzuschließen und einem immer weiter zunehmenden Verkehr gerecht zu werden, wurde 1987 durch die US-Regierung ein System, basierend auf Backbones (engl. backbone = Rückgrat), finanziert und realisiert, das die großen Rechenzentren miteinander verband. An diese konnten sich andere eigenständige Campus- und Weitverkehrsnetze (WAN, Wide Area Networks) anschließen. Dieser Backbone trägt die Hauptlast des Internetverkehrs. Damit übernahm die NSF immer mehr die Aufgaben des ARPANet, das schließlich Ende 1989 vom Department of Defense aufgelöst wurde. In den folgenden Jahren werden zahlreiche Länder an das NSFNET angeschlossen, 1989 auch Deutschland.

Das NSFNet übernimmt 1990 alle Funktionen des ARPANets und ein Jahr später hebt die NSF die Beschränkungen der kommerziellen Nutzung des Netzes auf. Damit wurde die Voraussetzung für den Internet-Boom geschaffen. Obwohl Picot über die Übertragungskapazität noch 1984 sagte: „Um die Bedeutung der technischen Entwicklung in der Bürokommunikation zu begreifen, kommt es nicht so sehr auf die Sekundendifferenzen für die Übertragung an, sondern auf den Sachverhalt, daß eine drastische Erhöhung der Übertragungskapazität (Verringerung der Übertragungszeiten) die Nutzungsmöglichkeiten der Telekommunikation erheblich steigert" (Picot 1984, S. 25), ist die verstärkte Nachfrage nach neuen, umfangreicheren Anwendungen der Auslöser für eine sich immer weiter nach oben schraubende Abhängigkeitsspirale zwischen Anwendungsmöglichkeiten und zur Verfügung stehender Übertragungskapazität, denn im Internet müssen alle anwendungsbezogenen Daten über das Netz vermittelt werden. Aus diesem Grunde sind die Forschung und die Industrie damit beschäftigt, immer schnellere Datenkommunikationswege zu eröffnen. Geibs hat diese Entwicklung in einem Koordinatenkreuz dargestellt. Aufgrund der fehlenden Netzzugangsschicht im TCP/IP-Protokoll ist die Nutzung des Internets völlig unabhängig von der zu Grunde liegenden Netzwerktechnik. Die heute in den Büronetzen genutzte Netzwerktechnologie, das Ethernet, hat mittlerweile schon seine 3.Generation erreicht und erlaubt heute, anders als in der Grafik dargestellt, Übertragungsgeschwindigkeiten von 1Gbit/s. Trotzdem wird das System nur in LAN-Umgebungen eingesetzt, da es u.a. durch seine Spezifikation keinen kollisionsfreien Datentransfer[46] erlaubt.

Obwohl die Theorie des Internets eine total dezentrale Organisation und eine möglichst großflächige Vernetzung der einzelnen Computer vorsah, wird der größte Teil der Datenübertragung doch nur über wenige sog. Backbones abgewickelt. Diese Hochgeschwindigkeits- Datenautobahnen verbinden z.B. Westeuropa mit den USA. Trotz des ständigen Ausbaus dieser Netze entstehen immer wieder Engpässe.

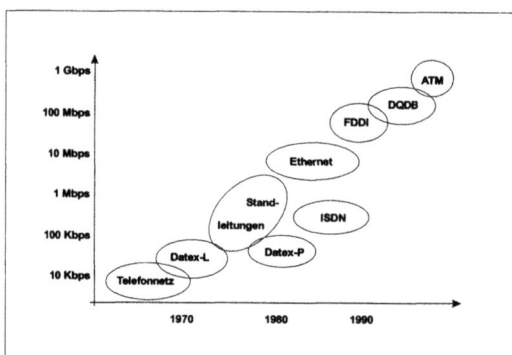

Abbildung 3.4-35: Entwicklung der Kommunikationstechnik (Geibs 1995, S. 4; Picot 1996, S. 141)

„Das Wachstum der Übertragungskapazitäten scheint demzufolge Gilder's Law zu entsprechen. Dieses von dem Autor und Journalisten George Gilder formulierte Gesetz prognostiziert, daß sich die Telekommuniationsbandbreiten zukünftig alle 12 Monate verdreifachen werden. Folgt der reale Ausbau der Netze diesem Gesetz, dann stellt die Bewältigung auch eines schnell wachsenden weltweiten Datenverkehrsaufkommens kein Problem dar" (Zerdick 1999, S. 82).

---

[46] Das Prinzip des Ethernets beruht, kurz gesagt, darauf, immer zu senden, wenn sich eine Lücke auf dem Bussystem ergibt. Kommt es durch gleichzeitiges Senden mehrerer Rechner trotzdem zur Daten-Kollision, dann wird ein Jam-Signal vom ersten Rechner gesendet, der die Kollision feststellt. Die sendenden Computer stellen daraufhin ihre Übertragung für eine zufällige Zeitspanne ein, so daß statistisch sichergestellt ist, daß beide nicht wieder gleichzeitig senden.

Ein weiteres Prinzip, um mit den gegenwärtigen Kapazitätsengpässen umzugehen, ist „Local Storage". Danach werden die globalen Backbone-Netze von Datenverkehr entlastet, indem von Nutzern häufig gefragte Inhalte und Daten auf nahegelegenen Servern (Proxy- oder Mirrorserver genannt) beispielsweise beim Internet Service Provider gelagert werden. Greift ein Nutzer erneut auf die Inhalte zurück, müssen die Daten nicht wieder von dem Ursprungsserver durch die Backbone-Netze transportiert werden, sondern können direkt von dem Proxy- oder Mirrorserver geholt werden. Für den Nutzer ist das Prinzip des Local Storage mit dem positiven Effekt eines schnelleren Zugriffs auf die gewünschten Informationen verbunden.

Die Übertragungsprobleme im lokalen Netzverkehr der ersten Meile sollen technologische Aufrüstungen der dort bestehenden Netze beheben. Dabei läßt sich eine ausreichende Übertragungsgeschwindigkeit entweder durch größere Bandbreiten oder intelligente Übertragungstechniken erzielen. Die in Betracht kommenden Technologien sollen nachfolgend skizziert werden. Der Ausbau der den weltweiten Datenverkehr bewältigenden Glasfasernetze bis zum Endkunden („Fibre to the Home") stellt den technologisch optimalen Weg dar, höchste Übertragungskapazitäten und -geschwindigkeiten zu ermöglichen. Allerdings ist diese Alternative mit überdurchschnittlich hohen Investitionen verbunden, so daß ihre Realisierung in naher Zukunft nicht flächendeckend zu erwarten ist.

Kapazitätsverbesserungen sind aber auch auf Basis der bestehenden schmalbandigen Telefonnetze möglich. Hier kommen Übertragungstechniken zum Einsatz, die - ohne die Kupfernetze physisch zu verändern - schnelle Datenübertragungen ermöglichen. ADSL (Asymmetric Digital Subscriber Line) ist die erfolgversprechendste der zahlreichen xDSL-Technologien. Sie nutzt die Kapazitäten der Kupfernetze besser aus, so daß im Hinkanal der Datenübertragung (zum Endnutzer) breitbandige Kommunikation möglich wird, während der Datentransfer über den Rückkanal schmalbandig bleibt. Geeignet ist diese Technologie insbesondere für Abrufdienste wie Video-on-Demand.

Die Durchsetzung von ADSL ist in vollem Gange. So unterzeichneten am 11. Mai 1998 in New York einige der weltweit größten Telekommunikationsgesellschaften (Deutsche Telekom, British Telecom, France Telecom, NTT, PLC und Singapore Telecommunications) eine Beitrittserklärung zur Universal ADSL-Working Group, der bislang Compaq, Intel und Microsoft angehörten. Ziel der einflußreichen Runde ist es, die Entwicklung dieser Technologie voranzutreiben und ADSL als Weltstandard zu etablieren

Eine Technologie, die sowohl in Kupfer- (Telefon- und TV-Kabelnetzen) als auch in Glasfasernetzen angewandt werden kann, ist ATM (Asynchronous Transfer Mode). Diese Übertragungstechnik ermöglicht eine flexible Nutzung von Bandbreiten bis zu 622 Mbit/s. ATM wurde von der International Telecommunications Union (ITU) als technische Basis für die Datenübertragung auf zukünftigen Breitband-ISDN-Netzen festgelegt. Der besondere Vorteil dieser Technologie liegt darin, die paketvermittelte Datenübertragung auch auf den Telefonnetzen in der ersten Meile anzuwenden, während analoge Übertragungstechniken und die digitalen ISDN und ADSL dort nur leitungsvermittelt arbeiten. So könnten die beschriebenen Effizienzvorteile der Paketvermittlung auch in der ersten Meile realisiert werden. Der Nachteil dieser breitbandigen Vermittlungstechnologie liegt allerdings in hohen Umrüstungskosten.

Mit 155 Megabit pro Sekunde liefert ATM mehr als die 15-fache Geschwindigkeit des ersten Ethernet (10 Mbit/s). Hinzu kommt, daß ATM kollisionsfrei arbeitet - die einzelnen Datenpakete kollidieren nicht auf ihrem Weg zum Empfänger, wie es beim Ethernet der Fall ist – und sich daher als sehr erfolgreich für die Übertragung von Sprache und Video erwiesen hat. ATM bietet also eine ideale Plattform für die Übertragung von Multimedia-Daten, die zum Beispiel bei Videokonferenzen oder Lernprogrammen anfallen. Ein Beispiel, das das Potential von ATM verdeutlicht: In einem Pilotprojekt der Europäischen Union wurde an der Cambridge Universität in England ein ATM-Netz aufgebaut, das mehrere Institute zusammenschloß. Cambridge ist bekannt für seine Sprachkurse, und so stellte das Projekt den Anfang eines paneuropäischen Sprachprogramms dar, das zunächst Cambridge, Paris und Barcelona und später andere europäische Städte miteinander verband. Die Studenten konnten sich in ihrem Zimmer per Computer mit ihrem Tutor oder Studenten in den anderen Ländern verbinden, mit ihnen am Bildschirm diskutieren oder Übungen durchführen. Diese Technologie vereinfachte den Aufwand des Lernens enorm, da die Studenten zeitunabhängig arbeiteten und auf Material zugreifen konnten, das sonst nur in Buchform vorhanden war und von wenigen Studenten gleichzeitig genutzt werden konnte. Insgesamt stellte das System eine Bandbreite von rund 1,5 Gigabit pro Sekunde zur Verfügung, das ist etwa das Zehnfache dessen, was eine deutsche Großstadt mit etwa 100.000 Einwohnern an Informationen überträgt (vgl. Matthies 1997, S. 38f).

Netzart	Leitungsgebundene Netze			Leitungslose Netze	
Übertragungsmittel	Kupferdoppel-Ader (twisted copper)	(Kupfer-)Koaxial	Glasfaser	terrestrisch	Satellit
Anwendungsbeispiele	Telefon, ISDN	Kabelfernsehen	Breitbandiger Datentransfer	Mobilfunk, Rundfunk	Satellitenfernsehen

Tabelle 3.4-5: Systematisierung der Telekommunikationsnetze und ihrer ursprünglichen Anwendung (Zerdick 1999, S. 61)

Ein anderes Netz, das die Übertragung multimedialer Inhalte zum Endnutzer leisten kann, ist das Breitband-Kabelnetz. Dieses wird bislang zur einseitigen Übertragung (vom Sender zu den Endnutzern) von Rundfunkinhalten genutzt und stellt bereits ausreichende Übertragungskapazitäten zur Verfügung. Allerdings muß auch in das Kabelnetz investiert werden, um interaktive Dienste zu ermöglichen. Denn bislang bestehen keine Rückkanäle, über die der Nutzer Steuersignale senden könnte. Dazu sind entweder die Kopfstationen umzurüsten, von denen aus die Inhalte an die Netzteilnehmer geschickt werden, oder der Nutzer weicht zur Interaktion auf die schmalbandige Telefonleitung aus.

Weitere Investitionen sind erforderlich, da im Kabelnetz bislang die Inhalte ungesteuert an alle erreichbaren Teilnehmer geschickt werden. Für eine interaktive Nutzung ist es jedoch notwendig, die vom Nutzer gewünschten Inhalte gezielt an den Adressaten zu übertragen, der die Daten (zum Beispiel einen bestimmten Film) angefordert hat. Schließlich verbindet sich mit dem Kabelnetz die gemeinsame Nutzung einer Leitung durch die Haushalte in einer Nachbarschaft. Dies hat zwei Konsequenzen. Da die Leitungskapazitäten geteilt werden müssen, können bei großem Andrang die Übertragungsgeschwindigkeiten leiden. Außerdem resultiert daraus ein Sicherheitsproblem, das insbesondere bei Anwendungen wie Internet-Banking potentielle Risiken birgt.

Dennoch bietet das Kabelnetz generell eine attraktive Möglichkeit, die Informations-, Unterhaltungs- und Kommunikationsleistungen des Internet durch die erste Meile dem Nutzer zugänglich zu machen.

Datenkommunikation im kabellosen Mobilfunknetz ist zur Zeit mit dem europäischen GSM-Standard nur zu sehr niedrigen Übertragungsgeschwindigkeiten von 9,6 kbit/s möglich. Außerdem verbindet sich mit den Mobilfunknetzen eine große Abhängigkeit der Empfangsqualität von den örtlichen Gegebenheiten. Doch GSM wird gegenwärtig zum Universal Mobile Telecommunications System (UMTS) weiterentwickelt. Mit Hilfe dieses Systems erreichen die Datenübertragungen in den Mobilfunknetzen Geschwindigkeiten bis zu 2 Mbit/s. UMTS soll auch uneingeschränkt kombinierte Kommunikationsleistungen über Fest- und Mobilfunknetze ermöglichen. Breitbandige Datenübertragung über kabellose Netze liegt auch den Zukunftsplänen zahlreicher Satellitenprojekte zugrunde. Die Projekte zielen insbesondere auf die Entwicklung kleinerer Empfangsgeräte und auf Verbesserungen der Übertragungsgeschwindigkeiten. Dabei weist der Entwicklungsbedarf Parallelen zu den Kabelnetzen auf. Für die Nutzung aufwendiger Datenübertragungen sind Bandbreiten bis in den Bereich mehrfacher Mbit/s erforderlich, da sich alle Nutzer eines Satellitennetzes in einem Land denselben Kanal und damit dessen Übertragungskapazitäten teilen müssen. Ebenso stellen die bisherigen breitbandigen Satellitensysteme, die zur Einwegübertragung von Fernsehbildern genutzt werden, keinen Rückkanal zur Verfügung. Dennoch nutzen Astra-Net und Eutelsat die Übertragungskapazitäten inzwischen auch für Kommunikationsdienste, um beispielsweise einen Abrufdienst für Katalogseiten oder Videos anzubieten. Die Interaktion geschieht augenblicklich noch über den Umweg des Telefonnetzes. Die neuen Systeme hingegen sollen mit einem Rückkanal ausgestattet sein.

Schließlich könnten private Haushalte auch ihren Anschluß an das Stromnetz als Internet-Einstieg nutzen. Projekte, die die Stromnetze für Datenübertragungen nutzbar machen wollen, sind allerdings über die Testphase noch nicht hinausgekommen. Dabei tun sich insbesondere Telekommunikationsunternehmen mit energiewirtschaftlichem Hintergrund (Beispiel o.tel.o), Verbindungen internationaler Telekommunikations- und Energieversorgungsunternehmen sowie auch regionale Energieversorger hervor. „Die britische United Utilities und die kanadische Northern Telecom beispielsweise haben in einem Großversuch die Übertragungsmethode Digital Power Line (DPL) getestet. Das Ergebnis waren Bandbreiten im Bereich von 1 Mbit/s" (Zerdick 1999, S. 89). Die Voraussetzungen für eine breitbandige Datenübertragung sind also gegeben. Entscheidend für den Erfolg der Power Lines sind jedoch Fragen hinsichtlich der Dekoderentwicklung, die noch ungeklärte Wirtschaftlichkeit des Stromnetzes gegenüber seinem Hauptkonkurrenten Telefonnetz und nicht zuletzt die Lösung von Sicherheitsproblemen.

Die beschriebenen Entwicklungen der verschiedenen Netze werden in naher Zukunft erhebliche Verbesserungen für den Datenverkehr in der ersten Meile mit sich bringen. Dabei sind die Aussichten, das Telefonnetz abzulösen, unterschiedlich zu beurteilen. Den leitungslosen Übertragungstechniken sind in der ersten Meile insbesondere dort Erfolge zuzutrauen, wo sie auf das Mobilitätsbedürfnis der Nutzer treffen. Wer auch unterwegs jederzeit Zugriff auf die Informations- und Kommunikationsdienste des Internet wünscht oder sich häufiger in entlegenen Regionen aufhält, in denen der Aufbau und die Pflege eines Leitungsnetzes ökonomisch nicht lukrativ sind, wird gerne auf die mobilen Netze zurückgreifen. Der Wunsch nach mobilen Kommunikationsleistungen wird besonders durch den Siegeszug des Mobilfunks deutlich, dessen Zuwachsraten sich in Westeuropa von 1994 bis 1997 zwischen 26 und 53 Prozent bewegten.

Bei den leitungsgebundenen Netzen bietet das Kabelnetz für bereits angeschlossene Haushalte eine attraktive Möglichkeit, breitbandigen Zugang zum Internet zu erhalten. Hier ist jedoch neben den beschriebenen technischen Anforderungen die weitere Verbreitung der Kabelanschlüsse zu verfolgen. Schließlich stellt das über xDSL-Techniken verbesserte Telefonnetz eine gute Übergangslösung für die nahe Zukunft dar. In einigen Jahren werden jedoch auch die damit erreichten Bandbreiten für die gewachsenen Ansprüche der Nutzer nicht mehr ausreichen.

Zerdick gibt in der nachfolgenden Tabelle einen Überblick erreichbarer Bandbreiten der konkurrierenden Netze. Dabei sind die maximalen Übertragungsgeschwindigkeiten je nach angewandter Übertragungstechnologie aufgeführt.

Netz	Technologie	Hinkanal	Rückkanal
Telefonnetz	Analoge Telefonübertragung	14,4 bis 56 kbit/s	
	ISDN	56 bis 128 kbit/s	
	ADSL (Asymmetric DSL)	1,5 bis 8 Mbit/s	640 kbit/s
	VDSL (Very High DSL)	12 bis 52 Mbit/S	192 bis 640 kbit/s
Kabelnetz	Kabelmodem	1 bis 10 Mbit/S	768 kbit/s
Glasfasernetz	T1	1,54 Mbit/s	
	T3	45 Mbit/s	
Terrestrisch	GSM	9,6 kbit/s	
	UMTS	2 Mbit/s	
Satellitennetz	Verschiedene Projekte	Bis zu 155 Mbit/s	
Stromnetz	DPL (Digital Power Line)	1 Mbit/s	

Tabelle 3.4-6: Geschwindigkeiten verschiedener Datenübertragungen (Zerdick 1999, S. 86)

Die dargestellte Grafik demonstriert erneut eindrucksvoll, wie rasant der technische Fortschritt im Bereich des Internets ist. Die durch Zerdick genannten Übertragungskapazitäten stellen aus heutiger Sicht nur einen kleinen Teilschritt auf der nach oben offenen Technologieachse dar. So werden heute bereits Kupferadern des Ethernet-Systems mit 1Gbit/s betrieben. Heute kommerziell erhältliche Systeme erreichen bis zu 100 GBit/s über eine Glasfaser; für die nahe Zukunft sind Produkte angekündigt, die bis zu 400 GBit/s ermöglichen. In den Forschungslabors wurden bereits sehr viel höhere Raten bis in den Bereich von einigen TBit/s erzielt (1 TBit/s entspricht 1000 GBit/s, also über 15 Millionen ISDN-Verbindungen; das Verhältnis einer Strecke mit 1 TBit/s zu einem ISDN-Basiskanal ist dem Geschwindigkeitsverhältnis eines Düsenjägers zu einer Schnecke vergleichbar). Obwohl hierfür jeweils sehr spezielle Anordnungen - beispielsweise mit besonders angepaßten Fasern unter sehr stabilen Bedingungen - erforderlich waren, läßt dies doch für die nahe Zukunft weitere Steigerungen der Übertragungsraten erwarten.

3.4.2.9 Das World Wide Web

- **Einführung**

Das Internet ist deutlich schneller ein Massenmedium geworden als alle anderen bekannten Medien. Im Vergleich zum Fernsehen, das 13 Jahre benötigte, oder zum Radio, das 38 Jahre brauchte, hat sich das Internet in den USA innerhalb von nur fünf Jahren bei mehr als 50 Millionen Nutzern etabliert.

Das Internet ist im Jahr 1969 aus einem militärischen Forschungsprojekt der US-Regierung - Advanced Research Projects Agency (ARPA) - entstanden.

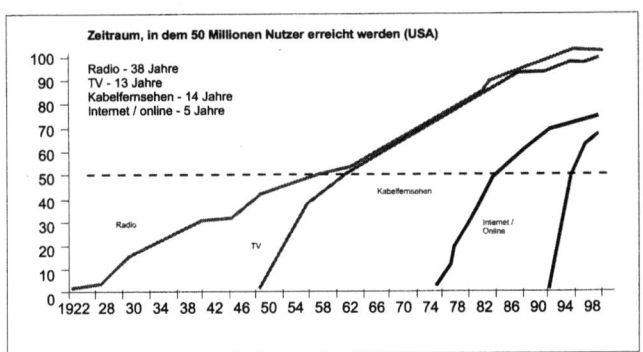

Abbildung 3.4-36: Internet-Wachstum (Zerdick 1999, S. 142-143)

Bis Anfang der achtziger Jahre wurde das Internet hauptsächlich für akademische Zwecke genutzt und fristete ein „Schattendasein". Erst durch den Aufbau eines Backbone-Netzes (NSFNET) zwischen 1983 und 1986 konnte auf Basis der einheitlichen Vermittlungsprotokolle TCP/IP ein Großteil der nordamerikanischen Universitäten miteinander vernetzt werden, so daß es zu einem deutlichen Anstieg der Nutzerzahlen kam.

Der weltweite Rechnerverbund diente lange Zeit nur der Kommunikation zwischen akademischen Institutionen wie Universitäten und sonstigen Forschungseinrichtungen. Erst durch die Entwicklung der grafischen Benutzeroberfläche des WWW und des Software-Browsers Mosaic zwischen 1989 und 1993 entstanden Defacto-Standards, die den – für alle überraschenden – Durchbruch für kommerzielle Anwendungen ermöglichten. Das Jahr 1993 ist somit das „Geburtsjahr" der Internet-Ökonomie. Als Folge wandelte sich das Internet von einem Rechnernetz mit Anwendungen wie Dateitransfers oder Terminalsitzungen zu einem zunehmend Dienste-integrierenden Netz mit einer Vielzahl von Multimedia-Anwendungen. Dies verdeutlicht ein Blick auf das Nutzungsaufkommen: Die einfachen, grafisch anspruchslosen Internet-Dienste, File Transfer Protocol (FTP), Gopher[47], Telnet und Usenet dominierten bis 1993, verloren aber nach der Einführung des multimedialen WWW ständig an Bedeutung. Mittlerwei-

---

47 Gopher: „Auf Grund der immer reichhaltiger werdenden Informationsangebote und der damit einhergehenden Unüberschaubarkeit suchte man Anfang der 90iger Jahre nach einem dienstübergreifenden System, welches das Angebot thematisch gliedert und in einer Menü-Struktur zugänglich macht. Im Jahre 1991 wurde an der University of Minnesota das erste dienstübergreifende Informationssystem mit dem Namen GOPHER geschaffen. Als Vorläufer des WWW hatte sich der „Gopher" schnell durchgesetzt. Er funktioniert ähnlich wie das WWW, jedoch begnügt er sich mit reinen Texten, ohne Grafik und schwieriger Navigation (Müller 2000, S. 24).

le verursacht das WWW weit über die Hälfte des Nutzungsaufkommens. Die elektronische Kommunikation - eMail - ist von Beginn an unverändert einer der am häufigsten genutzten Dienste des Internet.

- **Mailboxen und Online-Dienste**
Schon lange bevor das Internet für die breite Öffentlichkeit zugänglich war, gab es Möglichkeiten, online zu kommunizieren. Zum einen sind hier die Mailbox-Systeme zu nennen. „Mailboxen sind interaktive, dialogfähige elektronische Informationssysteme. Mailbox bedeutet übersetzt Briefkasten. Sie können dort elektronische Briefe, Informationen oder Datenbestände (Parteien) ablegen und prüfen. ... Beinahe jede Mailbox verfügt über die Basisfunktionen Dateiauswahl und -transfer, um Freeware, Public Domain-Software und Shareware anzubieten. Auch das Schreiben und Lesen elektronischer Nachrichten ist auf fast allen Mailboxen möglich. Darüber hinaus sind auch Datenbanken und Spiele sehr häufig vorzufinden. Weitere Anwendungen sind Home Shopping und elektronische Publikationen" (Fink. 1995, S. 9).

Am Anfang der neunziger Jahre verbreitete sich die Mailbox-Nutzung besonders in den Ballungsräumen, da im Gegensatz zum Internet eine direkte Telefonverbindung zu den entsprechenden Mailbox-Servern hergestellt werden mußte. Aus diesem Grunde wurden meist Mailboxen im Nahbereich genutzt. Es entwickelte sich zu der Zeit ein regelrechter Mailbox-Boom, der besonders durch junge, EDV-begeisterte Menschen getragen wurde. Durch den einfachen Aufbau eines Mailbox-Servers war es auch vielen Privatleuten möglich, einen solchen Service von zu Hause aus anzubieten. Meist reichten ein alter PC und ein Modem dafür völlig aus. Für den Zugang waren auf Seiten der Nutzer ebenfalls nur ein Modem und ein sog. Terminal-Programm notwendig. Die Bildschirmdarstellung war auf den normalen Zeichensatz, das heißt Buchstaben, Zahlen oder Tabellenrahmen, begrenzt und navigiert wurde ausschließlich über Tastaturbefehle.

Einen ähnlichen technischen Aufbau besaßen die ersten Online-Dienste. Im Gegensatz zu der Mailboxtechnik waren die Online-Dienste über verschiedene Einwahlknoten in den großen Städten oder später sogar über eine zentrale Rufnummer bundesweit erreichbar. Dahinter verbarg sich ein weltweites Netz von zusammengeschlossenen Servern, welche ein umfangreiches Informationsangebot bereitstellten. Für den kostenpflichtigen Zugang mußte der Benutzer sich ein spezielles Zugangsprogramm auf seinen persönlichen Computer installieren und konnte so innerhalb des entsprechenden Online-Dienstanbieters navigieren. Im Gegensatz zur Mailbox waren hier bereits grafische Darstellungen möglich.

„Der älteste Online-Dienst ist CompuServe. Das amerikanische Unternehmen startete 1979 einen weltweiten Informationsdienst. Dieser hatte 1997 nach eigenen Angaben insgesamt 7,5 Millionen Mitglieder. In Deutschland kamen im Herbst 1995 zwei weitere Anbieter hinzu: AOL Europa, zu dem sich America Online (AOL) und die Bertelsmann AG zusammentaten, sowie Europe Online (EOL), den der Burda-Verlag mit anderen (ausländischen) Gesellschaftern auf den elektronischen Weg brachte. Während EOL bereits im August 1996 in Konkurs ging und eingestellt wurde, kam es bei den anderen beiden genannten Online-Diensten im September 1997 zu einer Fusion und damit zu einer Konzentration auf diesem jungen Markt. Mit der Übernahme von CompuServe durch America Online wurde die gemeinsame Tochtergesellschaft von

AOL und Bertelsmann (woran zeitweise mit zehn Prozent auch der Springer-Verlag beteiligt war) zum führenden Anbieter in diesem Sektor. Er vereinigte zu diesem Zeitpunkt 1,5 Millionen Mitglieder in Europa, darunter mehr als 870.000 CompuServe-Nutzer und knapp 700.000 von AOL. Im deutschsprachigen Raum waren es 400.000 bzw. 280.000. Beide Unternehmen sollten als getrennte Marken weiter geführt werden. Dabei sollte CompuServe vor allem Geschäftskunden, AOL mehr den privaten Unterhaltungsmarkt bedienen, jedoch auch auf Homebanking setzen" (Wilke 1999, S. 754).

Durch den immer weiter fortschreitenden Erfolg des Internets wurden die Anbieter der Online-Dienste gezwungen ihre bis dahin geschlossenen Netze für das Internet zu öffnen. Der Benutzer hat nunmehr die Möglichkeit, neben dem speziellen Angebot des Online-Dienstes auch frei im Internet zu recherchieren. Obwohl Online-Anbieter heute versuchen, ihre Marktanteile zu halten, kann man ihre Funktion heute eher als „normaler" Provider[48] mit erweitertem Informationsangebot beschreiben. Es bleibt abzuwarten, ob diese Unternehmen auch zukünftig am Markt vertreten sein werden.

- **Entstehung des World Wide Web**

Einen ganz anderen Entwicklungsverlauf als die Online-Dienste, zu denen natürlich auch BTX/T-Online zu zählen ist, hat das World Wide Web (WWW) genommen. Nachdem die physikalischen Computer-Netze vereint und weltumspannend verknüpft waren, suchte Tim Berners-Lee im europäischen Kernforschungszentrum (CERN) in Genf nach einer Methode, den dortigen Physikern einen einfachen Zugriff auf Dokumentationen und Daten zu ermöglichen. Im Jahre 1991 informiert er in einem Newsletter erstmals über sein neu entwickeltes Hypertextsystem.

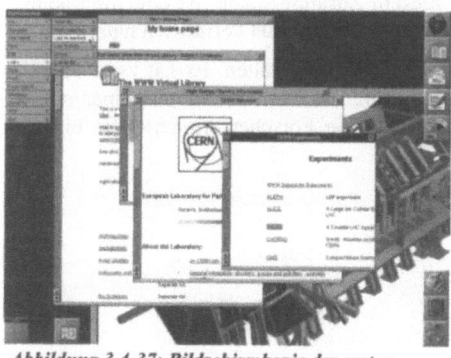

Abbildung 3.4-37: Bildschirmkopie des ersten Browsers (www.w3.org)

Populär wurde das WWW schlagartig 1993/94, als das National Center for Supercomputing Applications (NCSA) in den USA einen Web-Browser mit einer graphischen Benutzer-Oberfläche herausbrachte und allen Benutzern kostenlos zur Verfügung stellte: Mosaic, programmiert vom damaligen Studenten und späteren Netscape-Firmengründer Marc Andreessen. Damit stand das World Wide Web plötzlich mit modischen bunten Grafiken und einfachen Maus-Klicks für jeden PC-Benutzer offen und WWW-Server mit mehr oder weniger interessanten Informationen sowie Web-Browser mit mehr oder weniger guten Eigenschaften sprossen wie die sprichwörtlichen Pilze überall aus dem nahrhaften Boden der Informations-Gesellschaft. Rasch brachten auch kommerzielle Firmen wie Spry und Netscape, IBM und Silicon Graphics, AOL und Prodigy, und bald auch Microsoft ihre eigenen, zum Teil inkompatiblen WWW-Software-Produkte heraus. Alle paar

---

[48] **Provider**: Professioneller Dienstanbieter, welcher Zugangspunkte zum Internet zur Verfügung stellt.

Monate gibt es neue Server- und Client-Software und neue Ideen zu Erweiterungen von HTML. Die Zentrale der WWW-Entwicklung hat sich inzwischen vom CERN gelöst und wird nun von einem eigenen W3-Konsortium geleitet, dem unter anderem die Forschungseinrichtungen INRIA in Frankreich und MIT in den USA sowie einschlägige Software-Firmen wie z.B. Netscape angehören. Derzeit wird an einer neuen HTML-Norm gearbeitet, die gegenüber HTML 3 erweiterte Möglichkeiten für spezielle Darstellungsformen und Layout-Varianten bietet und die von verschiedenen Software-Firmen herausgebrachten HTML-Varianten unter einen Hut bringen soll. Auch an anderen Orten wird an vielversprechenden Weiterentwicklungen gearbeitet, so zum Beispiel an Hyper-G, PDF, VRML und Java.

Die Menge der im WWW erreichbaren Informationen, Services, Texte, Bilder und Töne ist bereits so umfangreich und unüberschaubar geworden, daß das größte Problem darin liegt, eine nützliche Information aufzufinden. Deshalb sind Suchmaschinen zu einem wichtigen Hilfsmittel geworden, und schon gibt es auch Hilfsmittel zum Auffinden von Suchmaschinen, sogenannte Meta-Suchmaschinen. Ein möglicherweise zukunftsweisendes Forschungsprojekt stellt die Idee von „intelligenten Agenten" dar, die wie ein gutartiges Virus über das Internet ausschwärmen, um bestimmte Informationen auf allen angeschlossenen Computern zu suchen, und, wenn sie fündig geworden sind, die Ergebnisse an den Auftraggeber senden.

Jedenfalls sind Übung und Erfahrung - oder die Hilfe von geübten und erfahrenen Informations-Beratern - notwendig, um nicht wie eine Fliege in diesem weltweiten Spinnennetz hängen zu bleiben, sondern wie eine Spinne die nahrhaften Informations-Bissen darin zu ernten und zu nützen. In diesem Zusammenhang ist eine amerikanische Studie besonders interessant, welche erstmals das Internet vermessen hat.

„Man könnte es für ein Wesen von einem anderen Stern halten. Es hat zwei Flügel, Röhren, Tentakel und ein kugelförmiges Zentrum, das nach Erkenntnis einer neuen Studie den größten Teil des Internets ausmacht. Die Forscher erinnerte die bizarre Gestalt eher an ein Mode-Accessoire: „Das Netz ist eine Fliege", meldeten sie nach Abschluss ihrer von der Suchmaschine AltaVista und den Computer-Konzernen Compaq und IBM initiierten Untersuchung. In zwei Versuchen prüften die Forscher jeweils mehr als 200 Millionen Internetseiten, eine dritte Erhebung umfaßte sogar 500 Millionen Web-Auftritte. Sie gingen 1,5 Milliarden Links nach – fünf Milliarden beim dritten Mal – jenen Querverweisen, mit denen man von Seite zu Seite surft. „Unser

Abbildung 3.4-38: Grafische Darstellung der Untersuchungsergebnisse (Hauber 2000)

Interesse galt vor allem der Erreichbarkeit von Seiten, ihrer Vernetzung mit dem Ganzen", erklärt Andrei Broder, Chef-Wissenschaftler bei AltaVista" (Hauber 2000). Die Studie zeigt, daß viele Web-Seiten nur schwer zu erreichen sind. Mit den gewonnenen Erkenntnissen wollen die Unternehmen ihre Produkte verbessern und neue Marketingstrategien erarbeiten. Doch die Untersuchung förderte eine Überraschung zu Tage: Das Internet scheint nicht so kommunikativ zu sein, wie oft behauptet wird. Ausgehend von einem zufälligen Startpunkt wollten die Forscher einen ebenfalls willkürlich herausgegriffenen Endpunkt erreichen - das gelang nur in 25 Prozent der Versuche. Zudem müssen die Surfer weite Wege zurücklegen: Die Zielseite liegt in der Regel 16 Mausklicks vom Ausgangspunkt entfernt. Außerdem sind bei weitem nicht alle Seiten gleich gut erreichbar - manche findet man ohne genaue Web-Adresse überhaupt nicht. Für die Wissenschaftler heißt das: „Wenn man die Startpunkte nicht kennt, geht einem ein großer Teil des Angebotes verloren."

Ging man bei früheren Studien davon aus, daß das Internet eine gleichförmige Struktur hat, muss man diese Vorstellung nun korrigieren: Von 204 Millionen Homepages waren nur 56 Millionen von überall gut zu erreichen und führten selbst zu anderen, thematisch verwandten Seiten. Das Netz wächst, aber die Relationen bleiben gleich. Dieses gut vernetzte Zentrum ist der Motor des Internets: Je größer der Knoten der Fliege, desto besser funktioniert die Kommunikation im World Wide Web. Doch der relative Anteil der darin enthaltenen Seiten bleibt trotz der rasanten Entwicklung des Internets konstant. Hauber zitiert die Forscher: „In seiner Form ist das Netz ziemlich stabil ... Zwar werden die einzelnen Teile ständig größer, die Relationen zwischen ihnen bleiben aber in etwa gleich" (Hauber 2000).

Die linke Schleife der Graphik symbolisiert Webseiten, über die man zwar problemlos ins Zentrum des Internet gelangt, die von dort selbst aber schwer oder gar nicht zu erreichen sind. Mit 44 Millionen ist ihr Anteil erstaunlich hoch. Es ist zu vermuten, daß dahinter Privatleute stehen, die auf ihre Lieblingsseiten verweisen, selbst aber nirgendwo vermerkt sind. Aber auch neue, noch unentdeckte Seiten und Geheimtips gehören zu dieser Kategorie.

Genau umgekehrt verhält es sich mit den Seiten der rechten Schleife: Auf sie wird oft verwiesen, sie selbst aber bieten kaum Links an. Auch für solche Einbahnstraßen im weltweiten Datenverkehr fanden die Wissenschaftler 44 Millionen Beispiele. „Das sind Homepages von Konzernen, die nur intern verlinkt sind, oder kommerzielle Angebote, deren Betreiber natürlich kein Interesse daran haben, ihre Kunden wieder gehen zu lassen" (Hauber 2000). Über 16 Millionen untersuchte Seiten kamen sogar ganz ohne Verbindung zum Zentrum aus. Sie sind durch intuitives Suchen nicht zu finden – zufällig verirrt sich niemand in diese Regionen des Netzes. Ob ihre Betreiber einen exklusiven Besucherkreis bevorzugen oder sich niemand für die Inhalte ihrer Homepages interessiert, wissen die Internet-Forscher nicht.

Auch wie sich Verschiebungen im Verhältnis der Länder untereinander auf die Struktur auswirken, können die Forscher nicht vorhersagen. Europa und Asien sind dabei, den amerikanischen Vorsprung aufzuholen: Während sich das ganze Netz in einem Jahr etwa verdoppelt, braucht Europa dafür gerade mal neun Monate.

Das Ergebnis der Untersuchung macht aber vor allem eines deutlich: Bevor man ins Internet geht, sollte man wissen, was man dort sucht. Durch bloßes Herumsurfen kommt man jedenfalls nur selten zum Ziel. Von den Auftraggebern dürfte sich darüber vor allem AltaVista freuen. Denn solange sich daran nichts ändert, werden Suchmaschinen noch gebraucht.

3.4.2.10 Internet 2 – Die neue Generation

Mit zunehmender Rechenleistung der Computer wird das Server/Client Konzept, bei welchem leistungsschwache Clients auf rechenstarke Server zugreifen, immer unnötiger. Aus diesem Grunde rief Intel-Vize Pat Gelsinger auf einer Konferenz des Chip-Giganten im amerikanischen San Jose kürzlich das „Peer-to-peer"-Zeitalter (kurz „P2P") aus. „Die Zukunft werde nicht mehr alleine gewaltigen zentralen Datenspeichern (Servern) gehören, von denen man sich Daten herunterlade. Stattdessen würden Letztere in Netzwerken vieler Mitglieder („peers") dezentral gelagert unter Ausnutzung der einzelnen Rechnerleistung. Zentrale Server hätten dann lediglich die Aufgabe zu verraten, wo was abrufbar ist" (Stahr 2001).

Da die Computerleistung immer stärker werde, geht Intel davon aus, daß mit der Zeit durch eine reine Server-Architektur zu viel Kapazität verloren ginge und dies durch P2P-Systeme aufgefangen werden könnte. Gelsinger nannte als ideales Beispiel global tätige Firmen. Sie könnten durch Vernetzung gewaltige Rechenleistungen nutzen. Wenn in Asien die Mitarbeiter schlafen gingen, könnten ihre PCs für die Kollegen in den USA weiterarbeiten.

Um welche Kapazitäten es geht, zeigt ein Projekt der US-Universität Berkeley. Dort forschen David Anderson und Dan Werthimer nach außerirdischem Leben. Dazu werten sie Daten aus, die ein Radioteleskop aus dem All empfängt. Ihr Problem: Die Datenmassen sind so groß, daß kein Computer sie entschlüsseln kann. Deshalb verschicken sie seit einem Jahr Datenpakete weltweit an Freunde des Projektes, die sie auf ihren Rechnern per Software entschlüsseln lassen - wenn sie die PCs gerade nicht benötigen. Mittlerweile sind über 1,5 Mio. Computer vernetzt. „Durch die Auslagerung", so Werthimer kürzlich nach knapp zwölf Monaten gegenüber dem Online-Dienst Computer Channel, „hat unser Institut ein Arbeitspensum bewältigen können, für das wir ohne fremde Hilfe 160.000 Jahre benötigt hätten" (Stahr 2001).

Damit ist jedoch noch nicht das Hauptproblem des Internets behoben, die Datenzugriffsgeschwindigkeit. Böse Zungen übersetzen WWW bereits mit „World Wide Wait". Obwohl ständig an der Netzinfrastruktur gebaut wird, reicht diese nicht für den durch den enormen Internetboom verursachten Datenverkehr aus. Aus diesem Grunde wurde in den USA durch Regierungsstellen und Forschungseinrichtungen gemeinsam mit Unternehmen der Computer- und Telekommunikationsindustrie das sogenannte „Abilene" [49] Netzwerk verwirklicht. Dieses Internet 2 soll alles bieten, was sein Vorgänger versprochen hat.

---

[49] Der Name stammt von einer Kleinstadt in Kansas, die während der Eroberung des Wilden Westens 1860 als Grenzstadt in die Geschichte der USA einging. Dort stockte der Ausbau der von Ost nach West führenden transkontinentalen Eisenbahnverbindung für einige Zeit, so daß der Ort als Handelsplatz im Niemandsland eine kurze Blüte erlebte. Durch diesen Namen soll die Analogie zur Internetentwicklung verdeutlicht werden.

„Über Abilene sollen die Daten durchschnittlich mit Geschwindigkeiten zwischen 155 und 622 Megabit pro Sekunde (Mbps) reisen, im Vergleich zu meist nur wenigen Kilobit pro Sekunde im herkömmlichen, chronisch verstopften Internet. Neue Einwahlknoten, zu denen anfangs 70 Forschungsinstitutionen direkten Zugang haben, werden zunächst auf ein Datenvolumen von 2,4 Gigabit pro Sekunde (Gbps) ausgelegt. Damit liegt die Zugangsrate etwa 85.000 mal höher als die durchschnittliche Einwahlgeschwindigkeit eines Surfers mit analogem Modem. Geplant sind aber sogar Erweiterungen auf 9,6 Gbps. Den Löwenanteil der Entwicklungskosten von rund 500 Millionen Dollar tragen bisher die drei privatwirtschaftlichen Hauptsponsoren: der Netzwerkspezialist Cisco, der die Datenverteiler für den Gigabitbereich spendierte, und die Telekommunikationsunternehmen Nortel Networks und Qwest. Von Qwest wurde fast das gesamte Glasfasernetzwerk zur Verfügung gestellt" (Krempisk 1999).

Seit 1997 fungiert die University Corporation for Advanced Internet Development (UCAID) als Managementzentrale für die Internet2-Initiative. Das Rad neu erfinden will die UCAID - die von ihren Mitgliedern mehr als 50 Millionen Dollar für Abilene eingesammelt hat - allerdings nicht. Ziel ist zwar, die Übertragungsgeschwindigkeiten von Internet 2 in den Gigabit-Bereich zu bringen. Die bewährten offenen Standards - allen voran TCP/IP – sollen aber beibehalten werden. Die Daten werden auch weiterhin in einzelnen Paketen über Abilene geschickt und am Zielort wieder zusammengesetzt. Neu ist allerdings der Standard, der für die reibungslose Versendung der Pakete über das Breitbandnetz sorgt: Zum Einsatz kommt das auf Glasfasernetzwerke zugeschnittene SONET (Synchronous Optical Network). So soll eine aufgefrischte Version der Netzwerkumgebung entstehen, die schon das gute alte Internet 1 zum Laufen brachte. Zweiter wichtiger Bestandteil des Internet 2-Konzepts ist das „very Highspeed Backbone Network Service" (vBNS).

Mit dem neuen Netzwerk soll auch getestet werden, wie sich die Übertragungsqualität im Internet allgemein verbessern läßt. Die beteiligten Firmen erhoffen sich davon Erkenntnisse für Produkte zur weiteren Kommerzialisierung. Interaktive Gebrauchsanleitungen für Mikrowellen sind genauso denkbar wie virtuelle Besuche auf der Urlaubsinsel - natürlich in 3D. In greifbare Nähe rücken sollen auch endlich Video- und Audio-on-Demand. „Mit einigen Mausklicken kann man sich ein Video übers Netz ausleihen und anschauen", sagt Stephen Wolff, Leiter der Entwicklungsstelle für zukünftige Internet-Aktivitäten bei Cisco. Noch lassen die Bandbreitenengpässe sowie die Unzuverlässigkeit des Datentransportes solche Dienste zu. Die Erfahrungen aus dem Internet 2-Projekt sollen aber auch dem öffentlichen Netz bald zu einer höheren Qualität verhelfen. „Wir wollen das Internet so zuverlässig machen, wie es die Leute vom Telefonieren gewohnt sind", beschreibt Brian McFadden, bei Nortel für Internet-Lösungen zuständig, die Vorstellungen der Sponsoren. Dieses Ziel wird bei einem Netzwerk, das von unterschiedlichen Betreibern in Gang gehalten wird, nicht einfach zu erreichen sein. „Wir müssen einen Weg finden, damit Netzwerkprovider, die zusammenarbeiten und gleichzeitig im Wettbewerb stehen, insgesamt bessere Dienstleistungen anbieten können", sagt Wolff (vgl. Krempisk 1999). Mit Sicherheit wird das Internet 2 einen enormen Leistungszuwachs und viele neue Möglichkeiten bieten, doch drängt sich bei genauerer Betrachtung der Geschichte der Online-Medien die Frage auf, wie lange diese Bandbreiten für die immer komplexer werdenden Anwendungen ausreichen werden: „Wenn wir erfolgreich sind", sagt Gary Augustson, Vorstand des Internet 2-Steuerkomitees, „könnte auch das Next Generation Internet bald verstopft sein. Dann werden wir wahrscheinlich zum Internet 3 übergehen" (Krempisk 2001).

3.4.3 Kommunikationsmedien im Vergleich

Wie die bisherigen Betrachtungen gezeigt haben, ist nicht jedes Kommunikationsmedium für jede Kommunikationsform geeignet. Der folgende Abschnitt wird daher versuchen, die genannten Kommunikationsmedien genauer zu beschreiben und mit Hilfe eines strukturierten Vorgehens zu vergleichen. Zum einheitlichen Vergleich bieten sich nach der einschlägigen Literatur verschiedene Möglichkeiten an, so stellt Sproull z.B. die Merkmale Asynchrone Übertragungsform, Schnelligkeit, Textinhalt, Mehrfachadressaten, Externe Speicherung und Computerprozeß-Speicherung zum Vergleich gegenüber.

	Technology Attributes					
	Asynchrony	Fast	Text content only	Multiple addressability	Externally recorded memory	Computer processable memory
Meeting	no	yes	no	yes	no	no
Telephone	no	yes	no	no	no	no
Letter	yes	no	no	no	yes	no
Telex	yes	yes	yes	no	yes	no
Facsimile	yes	yes	no	no	yes	no
Voice mail	yes	yes	no	yes	no	no
Electronic mail	yes	yes	yes	yes	yes	yes

Tabelle 3.4-7: Vergleich der Kommunikation im Computernetzwerk mit anderen Kommunikationstechnologien (Sproull 1991a, S. 182)

Eine weitere Vergleichsmöglichkeit ist der Speicherbedarf verschiedener zu übertragender Medien, da dieser ausschlaggebend für die Übertragungsgeschwindigkeit sind. Picot verdeutlicht dies in der folgenden Tabelle:

Medium	Speicherbedarf
Schreibmaschinen-Text (s / w, DIN A4 - 1 Seite)	2 KB
Graphik (24 bit / Bildelement - 1 Seite)	50 KB
Video-Standbild	200-700 KB
Audio in Stereo (1 Minute)	5,3 MB ... komprimiert 1,3 MB
Video-Bewegtbild (1 Minute)	> 1 GB ... komprimiert 9 MB
Farbdruck (DIN A4 - 1 Seite)	200 MB
Spielfilm (Farbe, 90 Min.)	1 TB (= 1000 GB)

Tabelle 3.4-8: Speicherbedarf digitalisierter Informationen (Picot 1996, S. 155)

Des Weiteren geht er davon aus, daß das Substitutionspotential für elektronische Medien ein weiteres Unterscheidungsmerkmal ist. In einem exemplarischen Vergleich zwischen Dienstreise, persönlichem Gespräch, Telefonat und Brief betrachtet er die vorgangsbezogenen Substitutionsmöglichkeiten und versucht, deren gegenseitige Ersetzbarkeit in Prozent auszudrücken (vgl. Picot 1984, S. 77).

Einen anderen Weg geht Nitschke in seiner Untersuchung. Er wendet die Theorie der Informationsreichhaltigkeit von Medien (Information-Richness-Theory) zum Vergleich der einzelnen Medien an. „Die *Information-Richness-Theorie* ist eine inzwischen schon „traditionelle" Perspektive für die Untersuchung elektronischer Medien. [...] Im Rahmen der Konzeption wird die *Information-Richness-Theory* eines Kommunikationsmediums definiert als dessen Fähigkeit, innerhalb eines bestimmten Zeitintervalls die Bildung einer gemeinsamen Meinung und eines gemeinsamen Verständnisses zu erleichtern. Verschiedene Kommunikationsmedien (z.B. Face-to-Face-Kontakt, Telefon, eMail, Memos) variieren in ihren Fähigkeiten, „reichhaltige" Informationen zu übertragen und sind aus diesem Grund auch unterschiedlich in der Lage, bestimmte Typen von Kommunikationsaufgaben zu unterstützen" (Nitschke 1996, S. 101). Die Informationsreichhaltigkeit eines Mediums basiert gemäß Trevino et al. (1991) auf einer Mischung aus vier Kriterien (vgl. Nitschke 1996, S. 100ff):

1. Die Verfügbarkeit eines unmittelbaren Feedbacks, das den Kommunikations-Subjekten die Möglichkeit gibt, sich schnell auf eine gemeinsame Interpretation des Kommunikationsinhaltes zu einigen.
2. Die Kapazität eines Mediums zur gleichzeitigen Übermittlung verschiedener Ausdrucksformen („cues") wie beispielsweise Körpersprache, Lautstärke und Tonhöhe der Stimme, welche die Interpretation des Kommunikationsinhaltes für den Empfänger erleichtern.
3. Die Benutzung der natürlichen Sprache (im Gegensatz zu Zahlen), die am besten dazu geeignet ist, Feinheiten zu übertragen.
4. Die Möglichkeit der Übertragung persönlicher Gefühle und Emotionen („personal focus of the medium"), die zur Vervollständigung einer Nachricht beitragen.

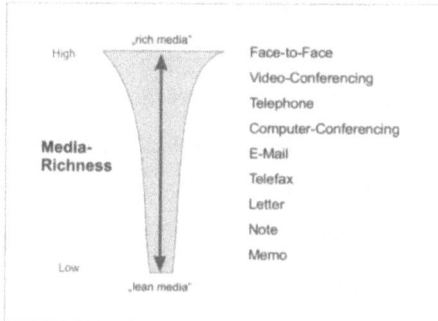

Abbildung 3.4-39: Beispielhafte Einordnung einiger ausgewählter Kommunikationsmedien in die „Information-Richness"-Hierarchie (Nitschke 1996, S. 101)

Wie die folgende Abbildung zeigt, lassen sich Kommunikationsmedien in eine „Information-Richness"-Hierarchie einordnen. Je nachdem, ob und in welchem Ausmaß ein Kommunikationsmedium die Kriterien erfüllt, wird es als „rich" oder „lean" Medium bezeichnet. Eine ähnliche Hierarchie betrachtet Picot an anderer Stelle, um Aussagen über die Beziehungen zwischen der Formalität von Kommunikationsmitteln und Merkmalen von Kommunikationsvorgängen zu beschreiben. Er formuliert hierzu (vgl. Picot 1984, S. 46):

Je formeller das Kommunikationsmittel,
- desto weniger Themenbereiche werden bei einem Kontakt angesprochen,
- desto geringer ist der Anteil der Kontakte mit Personen, mit denen häufig kommuniziert wird,
- desto größer ist der Anteil von Kontakten mit räumlich fernen Kommunikationspartnern,
- desto weniger wichtig wird der Kontakt beurteilt,
- desto weniger dringlich wird die Kommunikation beurteilt,
- desto häufiger sind Inhalte, die „einfachere" Kommunikationsprozesse repräsentieren.

Demgegenüber weist Rice jedoch nochmals ausdrücklich darauf hin, daß ein Medium nur jeweils relativ zu anderen im konkreten Vergleich einzelner Kommunikationsprozesse zu betrachten ist. Er führt dazu das Beispiel der Briefkommunikation an, in dem er klar die persönliche Nähe eines Liebesbriefs von der Sachlichkeit eines kurzen Memos abgrenzt (Rice 1984, S. 59f).

Im folgenden Abschnitt sollen die im vorigen Kapitel beschriebenen Medien untersucht werden. Zum einheitlichen Vergleich sollen die von Nitschke gesammelten Beschreibungsmerkmale (Dimensionen) herangezogen werden:

Dimension	Ausprägung	Anmerkung
Kommunikationsinhalt	• Text • Daten • Grafik • Sprache • Bilder (Bewegt- und Standbilder)	• Unterschiedliche Übertragungskapazität in Abhängigkeit des Kommunikationsinhaltes • Eignung zur informellen Kommunikation ist abhängig von den Kosten des Kommunikationsvorgangs • Unterschiedliche Toleranz bei der Erkennung der Information auf der physischen Ebene (Form der Information)
Kommunikationsrichtung	• Adressierung der Kommunikation • „one-to-one"-Kommunikation • „one-to-many"-Kommunikation • Gruppenkommunikation	• Kommunikationsmedien unterscheiden sich bezüglich der Möglichkeiten, neue Kommunikationsbeziehungen aufzubauen (Adressierung) • Unterschiedliches Kommunikationsverhalten in Abhängigkeit von der Anzahl der Kommunikationssubjekte
Zeitform und Interaktivität	• Synchrone Kommunikation • Asynchrone Kommunikation	• Unterschiedliche Zeitkorridore bei der Kommunikation über große geographische Entfernungen • Unterschiedliches Kommunikationsverhalten in Abhängigkeit von der Zeitform • Unterschiedlicher Interaktivitätsgrad in Abhängigkeit von der Zeitform
Partizipationsrate (Tendenz)	• ausgeglichen • ungleich	• Tendenziell unterschiedliche Beteiligung der Kommunikationssubjekte in Abhängigkeit vom Kommunikationsmedium • „Kommunikationsführerschaft" vs. „Demokratisierung" der Kommunikation in Abhängigkeit von technologischen Merkmalen der Kommunikationsmedien
Soziale Präsenz (Tendenz)	• gering • hoch	• Informationen zur Regulierung des Kommunikationsvorgangs • Informationen bezüglich der Wahrnehmung der Kommunikationspartner • Informationen bezüglich der Wahrnehmung des sozialen Kontexts der Kommunikation

Tabelle 3.4-9: Dimensionen von Informations- und Kommunikationstechnik und ihre Ausprägungen (Nitschke 1996, S. 109 ff)

3.4.3.1 Brief

Die Briefpost, d.h. das Überbringen von schriftlichen Nachrichten durch Boten, ist nach der Übermittlung mündlicher Informationen die älteste Informationsübertragung. Erste schriftliche Informationen wurden von der sog. Vinca-Kultur (auch als Alt-Europa bezeichnet) im Gebiet des heutigen Balkans ca. 5500 v.Chr. festgehalten (Haarmann 1991, S. 70ff). Überliefert sind Keramiken mit Schriftzeichen aus dieser Zeit, wobei anzunehmen ist, daß auch andere Textträger, etwa Leder, zur Informationsweitergabe benutzt wurden, doch heute nicht mehr erhalten sind. Nachweislich wurden durch spätere Kulturen Informationen auf Stein, Keramik, Knochen, Metalle, Holz, Pergament, Papyrus, Papier und Textilien niedergeschrieben (vgl. u.a. Haarmann 1991, S. 36). In der Entwicklung der Schrift wird in frühe logographische Schriften[50] (Vinca - ca. 5500-3500 v.Chr.), sich daraus entwickelnde Segmental-[51] und Silbenschriften (ägyptische Hieroglyphen - ca. 2750 v.Chr. oder sumerische Keilschrift - ca. 2500 v.Chr.) sowie die modernste Stufe, die Alphabet- oder Buchstabenschrift unterschieden. Die älteste bekannte Schrift, welche Buchstaben zur Weitergabe von schriftlichen Informationen benutzt, ist die der Phönizier (ca. 1600 v.Chr.). Das griechische Alphabet entstand ca. 1000 v.Chr. und die Grundlage für die von uns noch heute benutzten lateinischen Buchstaben werden auf die Zeit ca. 600 v.Chr. datiert (nur 21 Zeichen) (vgl. Haarmann 1991, S. 294). Bereits um 3500 v. Chr. stellten die Ägypter ein Schreibmaterial aus Papyrusstauden her, die dem heutigen Papier den Namen gegeben haben. Das Mark der Stengel wurde in Streifen geschnitten und in zwei Schichten über Kreuz aufeinander gelegt um es durch Schläge zusammenzufügen. Im 13. Jh. v. Chr. wurde aus ungegerbten Schaf-, Ziegen- oder Kalbfellen Pergament gefertigt. Man reinigte die enthaarten, geglätteten Tierhäute mit Kalk, spannte sie dann zum Trocknen auf einen Rahmen und schabte sie mit einer Klinge ab, bis sich eine glatte Fläche zum Beschreiben ergab. Das Pergament war haltbarer als der Papyrus, ließ sich aber nur schwer in größeren Mengen herstellen. Von Rom aus verbreitete sich dieses Material allmählich in ganz Europa. Bis 1500 wurde es vorwiegend von Mönchen für religiöse Schriften verwendet. „Tsai Lun, ein kaiserlicher Hofbeamter in China, soll 105 n. Chr. die Papierherstellung erfunden haben. Man hielt das Verfahren bis ins 7. Jh. streng geheim, doch wurde es dann auch in Japan und später in Arabien bekannt. Die Araber brachten es nach Europa, als sie 711 in Spanien einfielen. Die ersten Feinpapiere wurden aus Lumpen hergestellt. Man zerkleinerte das Rohmaterial und vermengte die Masse mit Wasser. Dieser Papierbrei wurde dann in dünne Lagen gepreßt und getrocknet. Die erste Papiermühle in Deutschland war die Gleismühle bei Nürnberg, die schon 1389 in Betrieb genommen wurde. ... Weil die Grundstoffe für die Papierherstellung, Lumpen, immer rarer wurden, suchte man nach einem neuen Rohstoff und fand ihn im Holz. Friedrich Gottlieb Keller entwickelte 1841 den sogenannten Holzschliff. Durch Abschleifen von Holzscheiten auf einem rotierenden Schleifstein unter Wasserzugabe erzeugte er einen neuen Faserstoff, Zellstoff genannt. Ein Jahrzehnt später wurde in England das Ätznatronverfahren entwickelt, bei dem Holzschnitzel unter Druck in konzentrierter Natronlauge gekocht werden. Nach diesem Verfahren wird heute noch der meiste Zellstoff hergestellt." (Barnet 1982, S. 200).

---

[50] **Logographische Schrift**: Darstellung ganzer Wörter oder Wortkomplexe.
[51] **Segmentalschrift**: Darstellung von Informationen in Konsonantengruppen.

Die Erfindung des Buchdruckes durch Johannes Gutenberg im Jahre 1450 war der erste Schritt auf dem Weg zu den modernen Massenmedien, die sich des geschriebenen Wortes bedienen. Nunmehr war es möglich, in kurzer Zeit ohne entsprechenden Aufwand eine Vielzahl von Kopien einer Information zu erstellen und diese zu verbreiten. Bis Anfang der 70er Jahre des letzten Jahrhunderts war der Informationsaustausch von Geschäftsdaten in Papierform die einzige verläßliche Übertragungsform von Daten.

Kommunikations- inhalt	Texte und Grafiken, ggf. dreidimensionale Dinge bei Begleitschreiben
Kommunikations- richtung	Unidirektional
Zeitform und Interaktivität	Asynchrone Kommunikation
Partizipationsrate (Tendenz)	ungleich
Soziale Präsenz (Tendenz)	Nicht vorhanden

Erst die Einführung von Telekommunikationsdiensten, wie z.B. Telex, Teletext oder Telefax, brach das Monopol der Briefübermittlung. Trotz der heute möglichen elektronischen Kommunikationsmethoden wird der Informationsträger Papier weiterhin fester Bestandteil der Bürokommunikation bleiben. Die Bedeutung wird sich jedoch vom einfachen Informationsmedium zur höherwertigen, sicher zu archivierenden Vertragsform ändern. Trotz modernster Technologien ist heute die schriftliche Information auf Papier der einzige auch auf Jahrzehnte archivierbare Standard. Denn auf Grund der schnellen Weiterentwicklung moderner EDV-Systeme ist sehr ungewiß, ob zukünftige Systeme die heute gespeicherten Informationen noch verarbeiten können.

Technik:

Die Technik ist sehr einfach. Die zu übermittelnden Informationen werden auf Papier gebracht und per Boten, Hauspost oder Dienstleister vom Sender zum Empfänger befördert.

Verbreitungsprinzip	Vorteile	Nachteile	Probleme
• Push	• „Weltweiter Standard" • Sehr einfache Verwendung • Weltweite Zustellung	• Sehr langsame Zustellungsgeschwindigkeit • Keine automatische Bestätigung • Unsichere Übermittlung	• Komplizierter Verbindungsaufbau • Nachvollziehbarkeit, Bezugnahme

3.4.3.2 Telefon

Die Kommunikation mit Hilfe des Telefons ist aus unserem heutigen Leben nicht mehr wegzudenken. Wie viele Studien belegen, ist die telefonische Kommunikation nach dem persönlichen Gespräch die am häufigsten angewendete Form des Informationsaustauschs. Besonders im Kontext verteilt arbeitender Teams ist das Telefon heute noch die geeignetste Kommunikationsform. „Im Rahmen der bereits erwähnten Globalisierung und der verstärkten Arbeit in Teams stellen sich den Mitarbeitern neue Herausforderungen bezüglich der Zusammenarbeit. Workgroup Systems wie eMail, Bulletin Boards und Gruppendatenbanken sind zwar eine hilfreiche Stütze für die Abstimmung und Kommunikation im Team, doch es werden sich immer wieder Situationen ergeben, in denen möglichst schnell Angaben hinterfragt, Meinungen eingeholt oder einfach eine gemeinsame Beratung zu einem Thema erwünscht werden. Für ein weltweit verstreutes Team besteht nun aber nicht mehr die Möglichkeit, zum Kollegen ins Nachbarzimmer zu gehen, um ihn zu konsultieren. Auch die Einberufung eines kurzfristigen Meetings ist nicht mehr denkbar. Damit die Mitarbeiter sich dennoch „treffen" können, müssen Telekonferenzen ermöglicht werden. In der Vergangenheit konnte dies bereits mit Hilfe des Telefons realisiert werden" (Koch 1996, S. 98).

Die Informationsdichte eines Telefonates ist objektiv gesehen sehr gering, wie folgendes Zitat belegt: „The phone also shares a problem with all speech communication: the information density of speech is very low. Generally, the electronic transmission of speech requires about 60.000 bits per second. These 60.000 bits of speech carry about the same information as 15 characters of written text ... But you can transmit 15 characters directly as text by transmitting only 120 bits of informations, rather than 60.000 bits of speech. If you insist on transmitting speech you are transmitting 500 times too many bits, and these bits have to be paid for. In a very fundamental sense, speech is not an economic medium of communication" (Marill 1980, S. 186; vgl. ebenso z.B. Merrihue 1960, S. 179).

Diese rein technische Betrachtung führt in der Praxis jedoch zu falschen Ansätzen, da der tatsächliche Informationsaustausch während eines Telefonats höher ist. Neben der reinen verbalen Kommunikation werden auf den nonverbalen Kommunikationskanälen eine Menge weiterer Informationen ausgetauscht. Wie intensiv ein solcher Kommunikationsvorgang ist, beweist der Versuch, während eines Telefonats eine länger dauernde Gesprächspause ohne jegliche Rückmeldung einzulegen. Nach einer Zeitspanne von 30-60 s wird der Gesprächspartner eine Rückmeldung in irgendeiner Form einfordern. Das subjektive Zeitempfinden am Telefon ist demnach deutlich verändert.

Kommunikations-inhalt	Nur verbale Kommunikation
Kommunikations-richtung	Bidirektional, Gruppenkommunikation möglich (Konferenzschaltung)
Zeitform und Interaktivität	Synchrone Kommunikation
Partizipationsrate (Tendenz)	ausgeglichen
Soziale Präsenz (Tendenz)	mittelmäßig

Hinzu kommt, daß im Gegensatz zum direkten Gespräch durch die ausbleibende Rückmeldung eine gewisse Verunsicherung auftritt, welche im persönlichen Gespräch durch nonverbale Kommunikationsformen, z.B. Mimik, ausgeglichen wird.

Technik:

Die Technik des Telefons ist seit langer Zeit ausgereift. Eine ausführliche Beschreibung der Entwicklung befindet sich im vorigen Kapitel (vgl. Kapitel 3.4.1.2). Bemerkenswert ist, daß heute viele Firmen ihre Niederlassungen über eigene Leitungen miteinander verbinden. Dafür werden meist die Telefonate in eine für die Internettechnologie geeignete Form übersetzt (IP-Telefonie).

Verbreitungsprinzip	Vorteile	Nachteile	Probleme
Pull / Push	• Ortsunabhängig • Ausgereifte Technik • Preiswert • Weltweiter Standard • Stark verbreitet	• Nur verbal • Keine Nachvollziehbarkeit • Keine Archivierung	

3.4.3.3 Telefax

Die Technik der Fernkopie ist, aufbauend auf der Telefontechnik, das am häufigsten genutzte Verfahren um Dokumente zu übermitteln. Ulrich bemerkt: „Telefax - Übermittlung schriftlicher und graphischer Information zwischen räumlich und zeitlich getrennten Kommunikationspartnern; vom Empfänger nicht weiter verarbeitbare Aufzeichnung" (Ulrich 1993, S. 17), womit er das Hauptproblem des Telefaxes benennt. Die heute noch übliche Technik des analogen Telefaxes der Gruppe 3 ist nur in der Lage Dokumente schwarz / weiß mit geringer Auflösung zu übertragen. Daher ist die Übertragungsqualität nur als mittelmäßig zu beschreiben und läßt auch keine Weiterverarbeitung des Dokumentes zu. Trotzdem gehören Telefaxgeräte der Gruppe 3 heute zur Standardausrüstung jedes Büros. Durch die hohe Verbreitung der Geräte ist eine weltweite Übertragung von Informationen sehr schnell möglich.

Kommunikationsinhalt	Grafiken in s/w mit geringer Auflösung
Kommunikationsrichtung	Unidirektional
Zeitform und Interaktivität	asynchrone Kommunikation
Partizipationsrate (Tendenz)	ungleich
Soziale Präsenz (Tendenz)	Nicht vorhanden

Die einfache Bedienung der Geräte hat eine sehr hohe Anwenderakzeptanz zur Folge, so daß auch in innerbetrieblichen Telefonnetzen die Faxübertragung zwischen einzelnen Büros zum Alltag gehört.

Technik:

Die Idee der zugrundeliegenden Technik ist einfach. Die Vorlage wird mit Hilfe von geeigneten optischen Abtastern zeilenweise gescannt. Die gelesene Zeileninformation gibt Aufschluß über die Färbung jedes auf dieser Zeile befindlichen Bildpunktes. Die einzelnen Zeileninformationen werden sequentiell über die Telefonleitungen übertragen. Während die ersten eingeführten Standards der Gruppen 1 und 2 die abgetasteten Grauwerte als Informationen noch analog übertrugen, werden beim aktuellen Standard der Gruppe 3 die Bildpunkte nur noch in weiß und schwarz unterschieden. Diese digitalen Daten können schneller übertragen werden, indem sie für das analoge Telefonnetz in Töne moduliert und zum Empfänger übermittelt werden, welcher die akustischen Informationen wieder demoduliert und mit Hilfe des Druckwerkes die schwarzen und weißen Punkte auf dem Papier zum ursprünglichen Bild umwandelt. Während die Seitenübertragung mit Geräten der Gruppe 1 noch 6 Minuten für eine DIN A4 Seite betragen hat, kann ein Gerät der Gruppe 3 dieselbe Seite in einer Minute übertragen. Für die Übertragung mit Hilfe des digitalen ISDN-Standards (Integrated Services Digital Network) wurden bereits Mitte der achtziger Jahre die Anforderungen für die Gruppe 4 definiert, welche die Übertragung einer farbigen DIN A4-Seite in wenigen Sekunden ermöglicht. Die digital erfaßten Daten müssen hier nicht mehr in analoge Töne umgesetzt werden, sondern werden digital durch das ISDN-Netz zum Empfänger übertragen. Leider hat sich die Übertragung nach dem Gruppe 4 Standard noch nicht durchgesetzt. Es bleibt fraglich, ob dies je geschehen wird, da moderne Faxgeräte die gescannten Daten eher als eMail denn als Fax versenden. Daher ist zu vermuten, daß sich zukünftig das Faxgerät zu einem Internetscanner entwickeln wird, der in der Lage ist, eMails zu senden oder diese auszudrucken.

Verbreitungsprinzip	Vorteile	Nachteile	Probleme
• Push • Selten Pull (Fax-Abruf)	• Weltweiter Standard • Schneller Versand von Papiervorlagen • Kontrolle durch Protokollierung • Amtlich anerkannt	• Nur S/W (Gruppe 3) • Schlechte Qualität • Häufig Übertragungsprobleme (Besetzt, Verbindungsabbruch,...)	• Komplizierter Verbindungsaufbau

3.4.3.4 eMail

Die elektronische Post (eMail) als „Übermittlung schriftlicher (u.U. auch graphischer) Information zwischen räumlich und zeitlich getrennten Kommunikationspartnern; u.U. vom Empfänger weiter verarbeitbare Aufzeichnung" (Ulrich 1993, S. 17) gehört schon seit ihrer Erfindung durch Ray Tomlinson 1971 zu den bedeutendsten Kommunikationsformen in Computernetzen (vgl. Zakon 2001). Diese Kommunikationsform erzielte ihren Erfolg zum einen auf Grund der damaligen Technikausstattung, d.h. jeglicher fehlender Grafikunterstützung, zum anderen durch die sehr einfache Bedienung mit sehr schnellen Übermittlungs- und Antwortzeiten. Innerhalb von nur fünf Jahren hat ich die Verwendung der eMail-Kommunikation in Unternehmen verdoppelt (vgl. Matthies 1997, S. 35):

Kommunikationsinhalt	Texte und alle Formen digitaler Daten
Kommunikationsrichtung	Unidirektional
Zeitform und Interaktivität	Asynchrone Kommunikation
Partizipationsrate (Tendenz)	ungleich
Soziale Präsenz (Tendenz)	Nicht vorhanden

Technik:

Die Internet-eMail-Architektur wurde bereits Mitte der achtziger Jahre entworfen. Das Simple Mail Transfer Protokoll (SMTP) ist das Verfahren, mit dem eMail-Nachrichten im Internet vermittelt werden. SMTP wird sowohl für die Kommunikation von SMTP-Servern, sogenannten Message Transfer Agents (MTA), eingesetzt als auch zum Versand von Nachrichten durch Client-Anwendungen, User Agents (UA) genannt, verwendet. Jeder Nutzer von Internet-eMail hat einen solchen User Agent in der einen oder anderen Form auf seinem Computer installiert.

Nach der Eingabe der Mail in den eMail-Client durch den User wird die Nachricht an den nächsten MTA gesendet, welcher mit Hilfe des DNS-Dienstes den Zielcomputer ermittelt und die weitere Versendung an den nächsten MTA veranlaßt.

Die MTA liefern die Nachricht zum Post-Office der Zieldomäne. Die Übertragung zum Mail-Client des Empfängers wird dann durch gesonderte Verfahren und Protokolle geleistet. Zurzeit sind im Internet zwei Standards für die Post-Office-Anwendungen etabliert. Das ältere Protokoll trägt den Namen POP3 (Post Office Protocol) und arbeitet als Offline-Verfahren, bei dem der Mail-Client die Nachricht bei Verbindung zum Post-Office-Server abruft, sie auf das lokale System kopiert und auf dem Server löscht. Das Store-and-Foreward-Prinzip wird damit konsequent fortgesetzt. Das andere genutzte Protokoll ist das Internet Message Access Protokoll (IMAP) in der Version 4. „Es ist ein Superset des POP3-Protokolls sowie des älteren Distributed Mail System Protocol (DMSP), das seine Stärken im Online-Modus hat. DMSP hat seine Wurzeln im hostbasierten System PCMAIL und ist heute praktisch bedeutungslos. IMAP in der aktuellen Version 4 ist dazu entworfen worden, die Offline-Funktionalitäten von POP3 mit leistungsfähigen Optionen für die Verwaltung zentral, also serverseitig gespeicherter Daten, zu kombinieren. Es umfaßt im Grunde alle Methoden, die POP3 auch kennt. Allerdings kann es erheblich flexibler auf diese Nachrichten zugreifen. Unter IMAP müssen nicht immer ganze Nachrichten übertragen werden. Vielmehr kann man Nachrichten selektiv übertragen und sogar nur Teile wie Header oder Body-Teile auswählen. Derartige Möglichkeiten sind extrem wertvoll, wenn man über Leitungen mit stark begrenzter Bandbreite zugreift. Die Benutzer von GSM-Handies und Laptops oder PDAs sollten sich hier angesprochen fühlen. Zusätzlich kennt IMAP Methoden, um die Bandbreitennutzung von Verbindungen zu optimieren. Unter IMAP stehen ebenfalls genügend Möglichkeiten zur Verfügung, die Onlinezeiten zu minimieren und Nachrichten auf den lokalen Rechner zu übertragen, um sie dann offline zu verarbeiten" (Focher 1998, S. 186).

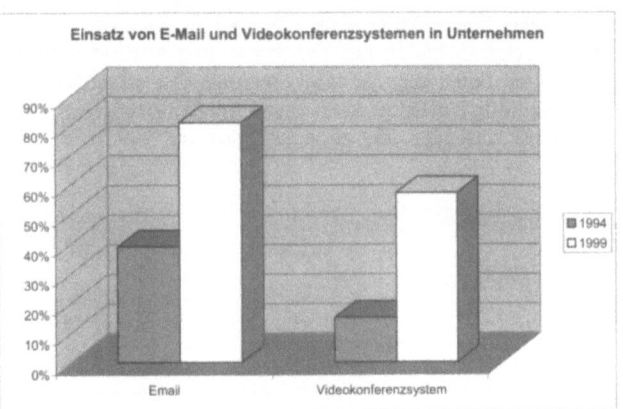

Das IMAP-Protokoll bietet zusätzlich auch mächtige Onlinefunktionen. Im Prinzip lassen sich Postkörbe auf IMAP-Servern genauso verwalten wie solche im lokalen Dateisystem. Es können Ordner angelegt und gelöscht werden, die Nachrichten lassen sich verschieben und strukturiert ablegen, und es stehen erweiterte Verwaltungsfunktionen zur Verfügung. Ebenso können im Gegensatz zum älteren POP3-Protokoll mehrere IMAP-Mail-Server gleichzeitig genutzt werden.

Innovative Unternehmenskommunikation – Dimension Neue Medien 177

Verbreitungsprinzip	Vorteile	Nachteile	Probleme
Push	• Weltweiter Standard • Sehr schnell • preiswert	• Geringe Sicherheit	• Informations- überlastung

3.4.3.5 Diskussionsforen im elektronischen Medium – Newsgroups

Die Nutzung von Newsgroups ist heute fester Bestandteil der Internet-Nutzung. Jeder, der sich mit einem nicht selber zu lösenden Problem an eine Newsgroup gewandt hat, wird schnell feststellen, wie hilfreich eine solche Einrichtung ist, und daß er mit seinem Problem meist nicht allein auf der Welt ist. In vielen Fällen reicht die Suche nach bereits gestellten und beantworteten Fragen aus, um ein eigenes Problem zu lösen. Rice führt in der folgenden Aufzählung eine Menge Gründe an, welche für die Nutzung von Newsgroups sprechen (vgl. Rice 1984, S. 131):

Summary of Satisfaction Ratings from Several Sets of Computer Conferencing Users

- Exchanging opinions
- Exchanging information
- Generating ideas
- Problem solving
- Resolving disagreements
- Bargaining
- Persuasion
- Getting to know someone

Und hier geht es nicht nur um Computer-Probleme. Mittlerweile existiert für fast jedes Thema eine eigene Gruppe. Es ist erstaunlich, welche Detailtiefe der Fragen z.T. dort beantwortet werden kann. „Das Usenet bietet eine praktisch unüberschaubare Fülle von angebotenen Themen: Es gibt heute bereits mehr als 10.000 News-Gruppen, von denen sich jede einzelne mit einem bestimmten Thema beschäftigt. Allein an dieser enormen Anzahl läßt sich erkennen, daß man das Usenet nicht inhaltlich eingrenzen kann. Es gibt sicherlich kein Thema, das hier nicht in irgendeiner Form präsent ist. Sie können dort Kochrezepte mit Gourmets in aller Welt austauschen, neue Aspekte biologischer Forschungsmethoden diskutieren, Tips und Tricks rund um den Computer sammeln oder Reiseerfahrung mit anderen teilen. Im Vergleich zu kommerziellen Onlinediensten, die Diskussionsforen anbieten, herrscht im Usenet eine weitaus größere Variationsbreite des Angebots. Dies resultiert aus der einfachen Tatsache, daß keine zentrale Instanz existiert, die sich um die Belange des Usenet, insbesondere um die Auswahl der dort behandelten Themen kümmert" (April 1996, S. 180).

Um die einzelnen Themenbereiche zumindest grob unterscheiden zu können, sind diese ähnlich dem DNS-System in entsprechende „Adressen" gegliedert. Informationen über die MYSQL-Datenbanken lassen sich z.B. unter „de.comp.datenbanken.mysql" finden, wobei *de* für das Land bzw. die verwendete Sprache und *comp* für die Hauptgruppe Computer steht. Die folgende Tabelle gibt Aufschluß über die gebräuchlichsten Hauptgruppen. Zusätzlich sind sog. alternative Gruppen (alt.) im Gebrauch, in denen es für fast jedes Thema eine eigene Gruppe gibt.

Hauptrubriken	Bemerkung
COMP	Hier finden Sie alle Themen, die mit Computern zusammenhängen, wobei das Niveau von Einsteiger bis Profi reicht.
MISC	Hier finden sich Themen, die in keine der anderen Gruppen passen.
NEWS	Informationen und Neuigkeiten zum Usenet selbst. Beispielsweise werden hier neue News-Gruppen oder Änderungen bezüglich der Software bekannt gegeben.
REC	Freizeit und Hobbies.

Hauptrubriken	Bemerkung
SCI	In dieser Rubrik werden verschiedene Bereiche der Wissenschaft und Forschung diskutiert. Das Niveau liegt in der Regel sehr hoch, da hier jeweils viele Spezialisten der Gebiete vertreten sind.
SOC	Soziale Themen aller Art, beispielsweise über verschiedene Kulturen.
TALK	Hier finden Sie unzählige (manchmal auch endlos erscheinende) Diskussionen zu allen nur erdenklichen Themen.

Tabelle 3.4-10: Die „Hauptrubriken" der News-Gruppen (April 1996, S. 181)

Kommunikationsinhalt	Fragen und Meinungsäußerungen in Form von Texten
Kommunikationsrichtung	Unidirektional
Zeitform und Interaktivität	Asynchrone Kommunikation
Partizipationsrate (Tendenz)	Gleich
Soziale Präsenz (Tendenz)	Nicht vorhanden

Die Newsgruppen werden von einem zum anderen News-Server repliziert, so daß das Angebot der einzelnen Diskussionsbeiträge sich auf den einzelnen Servern sehr ähnelt. Somit ist es möglich, auf Beiträge zu antworten, welche auf einem völlig anderen News-Server eingegeben wurden. Anstößige Inhalte werden mit Hilfe des sog. ROT13-Verfahrens verschlüsselt (vgl. folgende Technikbeschreibung).

Technik

Die Technik der Newsgroups basiert auf dem eMail-Standard. Im Prinzip kann ein News-Server als ein für viele zugänglicher Mailserver verstanden werden. Der Diskussionsbeitrag wird an diesen Newsserver übertragen und durch die auch im eMail-Verkehr übliche Verknüpfung an die zugehörigen Beiträge gebunden. Somit lassen sich die einzelnen Meinungsäußerungen leicht in der richtigen Reihenfolge nachvollziehen. Der Zugriff auf den Newsserver geschieht in der Regel mit Hilfe eines News-Readers, der in vielen Browsern wie z.B. dem Netscape Communicator bereits integriert ist. Durch Auswählen des Newsservers besteht die Möglichkeit verschiedene Gruppen zu abonnieren. Diese abonnierten Gruppen werden dann mit ihren Überschriften auf dem eigenen PC sichtbar. Durch Anklicken der Überschrift wird die gesamte Mitteilung angezeigt. Eine andere Funktion erlaubt die hierarchische Aufgliederung der einzelnen Meinungsäußerungen in eine Baumstruktur. Das oben angesprochene ROT13 Verfahren vertauscht Buchstaben, indem es den Buchstaben wählt, welcher 13 Stellen vor oder hinter dem getippten im Alphabet liegt. Ein sehr einfaches Codierungsverfahren: „Sinn dieses Verfahrens ist es natürlich nicht, vertrauliche Mitteilungen zu schützen, da diese viel zu einfach zu „knacken" wären. Im Usenet findet diese Verschlüsselung Anwendung, um „anstößige" Inhalte zu kennzeichnen. Öffnen Sie eine solche Mitteilung, indem Sie diese entschlüsseln, erklären Sie sich gewissermaßen damit einverstanden, eventuell provokative Nachrichten zu lesen" (April 1996, S. 192).

Verbreitungsprinzip	Vorteile	Nachteile	Probleme
Pull / Push	• Weltweiter Standard • Schnelle Reaktionszeiten	• Unübersichtlichkeit • Geringe Informationsdichte	

Innovative Unternehmenskommunikation – Dimension Neue Medien 179

3.4.3.6 Chat-Programme und Virtuelle Räume

Schon lange haben sich im Internet verschiedene Methoden zur direkten Kommunikation etabliert. Dazu gehört auch der sog. Internet Relay Chat (IRC), welcher heute durch eine breite Benutzerschicht verwendet wird. „Dabei können Sie „live" an weltweiten Konferenzen teilnehmen, die von speziellen IRC-Servern bearbeitet werden. IRC-Gespräche sind nach thematischen Gesichtspunkten in verschiedene „Kanäle" eingeteilt, von denen hunderte existieren" (April 1996, S. 251). Unter diesen Konferenzen ist ein einfacher, textbasierter Nachrichtenaustausch zu verstehen, welcher es den Nutzern ermöglicht, mit Hilfe der Tastatur Informationen auszutauschen oder Themen zu diskutieren. Dabei hat sich eine sehr verkürzte Sprachverwendung eingebürgert, bei welcher z.B. auf die Großschreibung von Substantiven verzichtet wird. Außerdem werden in der Kommunikation sehr häufig Smilies als Substitutionsform von Gefühls- oder Meinungsreaktionen verwendet (vgl. Kapitel 4.3.2 – Verschiebung der Kommunikationsebenen). Die genannten Kanäle werden durch die Nutzer selber benannt und ausgewählt, so daß eine Vielzahl von Themen zur Verfügung steht. Weitere User können sich dann diesen Kanälen anschließen, wobei das „Eintreten" oder „Verlassen" allen im Kanal befindlichen Usern durch eine entsprechende Meldung angezeigt wird. Die Kommunikation unterliegt keinen festen Regeln und ist daher für Außenstehende nicht ganz einfach zu verfolgen, da die Interaktion mit der Tastatur durch das Eintippen verhältnismäßig lange dauert, was bei einer großen Anzahl von am Chat beteiligten Usern zu sehr vielen Überkreuz-Gesprächen führt, da in der Eingabezeit ein anderer User seine Nachricht in den Kanal schickt.

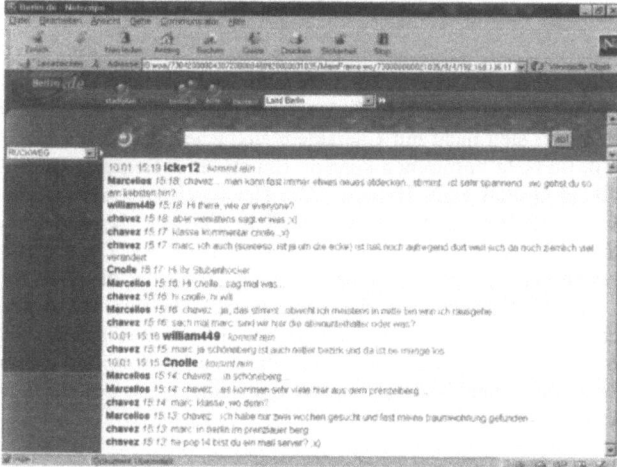

Mittlerweile stellen viele Anbieter heute über das HTTP-Protokoll, also den normalen Browserzugriff, Chat-Anwendungen auf entsprechenden Seiten im Internet bereit, wie das Beispiel von www.berlin.de zeigt.

Abbildung 3.4-40: Ein typisches Beispiel für einen Chatroom im Internet (Müller 2000; S. 23)

Neben den IRC versuchen seit einiger Zeit Anbieter mit sog. „Virtuellen Räumen" zur Kollaboration einzelner Teammitglieder in Projekten auf den Markt zu drängen, doch konnten diese sich in der täglichen Arbeitswelt noch nicht richtig durchsetzen. Die fehlende Akzeptanz liegt sicher zum einen in der noch nicht ausgereiften Technik, zum anderen jedoch im fehlenden Willen der Mitarbeiter bzw. des jeweiligen Managements begründet. Die Gründe der Nicht-Nutzung sind in gewisser Weise Grundlage dieser Arbeit. Virtuelle Räume bieten den Nutzern eine Menge von Funktionen. Neben einer Chat-Möglichkeit sind dort meist gemeinsame Dateiablagen für Projektarbeiten, geschlossene Bereiche für besondere Mitglieder und Archive vorhanden. In bisher seltenen Fällen kann dort auch eine Internet-Telefonie integriert sein, welche eine direkte Kommunikation ermöglicht.

Für private Anwendungen stehen im Netz ebenfalls virtuelle Räume zur Verfügung. Die Benutzer dieser Räume schaffen sich z.B. eigene Welten, in denen sie ihre Vorlieben und Phantasien ausleben können. So treffen sich Tausende zu den verschiedensten Tageszeiten im Netz und spielen in ihren virtuellen Rollen Situationen, die ihnen im realen Leben nicht möglich sind. Einzuschätzen, inwieweit dies eine Realitätsflucht darstellt, bleibt jedem Leser selbst überlassen.

Ein gutes Beispiel stellt die Anwendung Active Worlds dar, welche, in verschiedene Unterwelten aufgeteilt, dem Benutzer die Möglichkeit gibt, in eine grafisch animierte, virtuelle Welt abzutauchen. „Active Worlds besteht aus ungefähr 1000 Unterwelten, von denen jede eine eigene Vegetation und ein eigenes Klima hat: Eisschollen in Alaska, Tannen in Deutschland, Strand in Brasilien. Es gibt typische Nationalstaaten, deren Einwohner sich in einer Mischung aus Landessprache und Computerlingo unterhalten. Wer beispielsweise in Rußland in Hörweite anderer nicht kyrillisch tippt, riskiert die Abschiebung. Die zweite Sorte von Ländern gehört Organisationen wie Boeing oder Nasa, die auf diese Weise Präsenz im Cyberspace demonstrieren. Die dritte Staatsform definiert sich über eine Idee: Romantische Begegnungen in „Castles", nackte Mädchen in „Girls World": In einem religiösen Land namens „Christian" müssen die Touristen langärmlige Kleidung tragen, und es gibt eine Menge Holzkreuze" (Faller 1999, S. 123).

In diesen virtuellen Welten leben und agieren Menschen als Paare, welche in der realen Welt ganz andere Lebenspartner besitzen. Es entstehen funktionierende virtuelle Welten, in denen die Benutzer sich nicht nur Charaktere aussuchen, sondern sogar über die Erscheinungsform im Netz bestimmen können. Ein erklärter Regimegegner in Active World agiert z.B. in Gestalt eines Hundes. „Die Hauptwelt Alpha World hat umgerechnet die Größe von Kalifornien und wächst täglich um zwei Megabytes. Zu den 300 000 angemeldeten Bürgern von Active Worlds kommen jeden Tag ein paar Hundert neue. Die Einwanderungspolitik ist einfach. Je mehr Bewohner die Welt hat, desto attraktiver wird sie für Werbekunden und desto mehr setzt sich die Active Worlds Software gegen Konkurrenzprogramme für andere 3-D-Welten durch. Wer hierher ziehen und sich ein Haus bauen will, zahlt 20 Dollar im Jahr, Touristen zahlen nichts und müssen dafür in uniformer Garderobe reisen und Kameras um den Hals tragen. Alte oder dicke Avatare (Anm.d.V.: Einwohner dieser virtuellen Welt) gibt es nicht (obwohl laut einer Volkszählung 0,4 Prozent der Benutzer von Active Worlds 85 Jahre und älter sind)" (Faller 1999, S. 125).

Kommunikations- inhalt	Unterhaltung in Form von Texten
Kommunikations- richtung	Bidirektional
Zeitform und Interaktivität	Synchrone Kommunikation
Partizipationsrate (Tendenz)	gleich
Soziale Präsenz (Tendenz)	vorhanden

In diesen virtuellen Welten wird offensichtlich richtig gelebt, oder besser gesagt, die Nutzer glauben, daß dort richtig gelebt werden kann. In Wahrheit sind sie alle nur ein paar Byte auf einem Internet-Server, der von einigen Programmierern gesteuert und beeinflußt wird.

Technik:
Die Verbindung zu den für die Realisierung dieser virtuellen Welten notwendigen Servern wird über entsprechende Software realisiert, welche der Nutzer auf seinen eigenen Computer herunterladen muß. Mit diesen sog. Clients kann er dann mit dem System in Interaktion treten. Im Falle des Internet Relay Chats geschieht dies über fest definierte Protokolle, so daß verschiedene Programme genutzt werden können. Für die Verbindung zu einer virtuellen Welt sind proprietäre Protokolle und damit eigene Programme notwendig. „Das Internet Relay Chat Protocol (IRC) ist ein Telekonferenzsystem (Chat) auf der Basis eines Client/Server-Modells. Die Server bilden die Grundlage des IRC. Sie sind in einem Netzwerk angeordnet, in dem jeder Server für sich als zentraler Knoten für den Rest des Netzwerkes gilt. Die Clienten nehmen die Verbindung zu einem Server auf und melden sich an einem Kanal an. Ein Kanal ist eine benannte Gruppe von Clients, die alle die gleichen Nachrichten erhalten. Der Kanal wird implizit erzeugt, wenn der erste Client ihn betritt und gelöscht, wenn der letzte Client ihn verläßt. Dialoge sind in den Kanälen in Echtzeit möglich, die Verwaltung der Kanäle und der Konferenzteilnehmer wird von den Servern übernommen" (Attia 1999, S. 81).

Verbreitungsprinzip	Vorteile	Nachteile	Probleme
Pull	• Weltweiter Standard (IRC)	• Geringe Informationsdichte	• Realitätsverlust ?

3.4.3.7 Aushang / Schwarzes Brett / Elektronische Anzeigesysteme

Die Kommunikation von Mitteilungen an Anschlagtafeln, den sog. „Schwarzen Brettern" gehört zu den ältesten Kommunikationsmedien der Unternehmenskommunikation. An zentraler Stelle werden dafür Wandflächen reserviert, an denen Aushänge in Papierform für die Allgemeinheit zugänglich gemacht werden können. Dieses Medium ist ein klassisches Pull-Medium, denn nur der interessierte Mitarbeiter sucht auf diesen Tafeln nach neuen Aushängen. Die Durchdringungsdichte der ausgehängten Information im Unternehmen ist daher nicht sehr hoch.

Kommunikationsinhalt	**Schwarze Bretter**: unbeschränkte Informationen in Papierform **Anzeigetafeln**: alphanumerische Textinformationen
Kommunikationsrichtung	Unidirektional
Zeitform und Interaktivität	Asynchrone Kommunikation
Partizipationsrate (Tendenz)	Sehr gering
Soziale Präsenz (Tendenz)	Nicht vorhanden

Aus diesem Grunde sind verschiedene Unternehmen dazu übergegangen, elektronisch betriebene Anzeigetafeln zu nutzen. Diese haben den großen Vorteil, daß die Information zentral eingegeben werden kann und nicht an jeder einzelnen Tafel in Form eines eigenen Papieraushanges befestigt werden muß.

Elektronische Anzeigesysteme hingegen bieten durch begrenzte Darstellungsmöglichkeiten, zumeist ist nur eine limitierte Textdarstellung möglich, eine geringe Informationsdichte. In der Praxis wird versucht, dieses durch wechselnde Texteinblendungen zu verbessern. Trotzdem reicht der Platz meist nur für wichtige Unternehmensmeldungen und ist im Gegensatz zum Schwarzen Brett, an welchem ggf. eigene Kommentare angeheftet werden können, auch nur einer zentralen Stelle im Betrieb zugänglich, so daß hier von einer sehr eingeschränkten Einwegkommunikation gesprochen werden kann. Dies kann wiederum Auswirkungen auf die Glaubhaftigkeit und die Meinungsbildung im Unternehmen haben.

Technik:

Das „Schwarze Brett" besteht heute meist aus Materialen mit weicher Konsistenz, damit Reißnägel leicht befestigt werden können. Es werden z.B. Kork- oder Kunststoffuntergründe für solche Tafeln genutzt, welche ggf. aus optischen Gründen mit Stoff überspannt sind. Diese werden an gut zugänglichen Stellen, wie z.b. Abteilungsfluren oder Kantinen-Eingängen angebracht.

Elektronische Anzeigetafeln nutzten auf Grund der notwendigen Maße meist ein LED[52]-, LCD[53]- oder elektro-magnetisches Anzeigesystem[54]. Selten werden großformatige Bildschirme benutzt – diese werden dagegen häufig für die Übertragung des Business-TV herangezogen (vgl. Kapitel 3.4.3.8 - Beschreibung Business-TV). Elektronische Anzeigesysteme werden durch Computer gesteuert und normalerweise wird der anzuzeigende Text direkt in der zuständigen Abteilung in das System eingegeben, um daraufhin dezentral im Unternehmen angezeigt zu werden.

Verbreitungsprinzip	Vorteile	Nachteile	Probleme
Pull	• Schwarze Bretter: Allgemein zugänglich	• Niedrige Informationsgeschwindigkeit • Geringe Informationsdichte • Meist standortabhängig	• Schnell unüberschaubar • Problematisch bei mehreren Standorten

---

[52] **LED**: Lumineszenzdiode – „Lumineszenzdioden sind Halbleiterdioden, die bei Stromzufuhr in Flußrichtung elektromagnetische Strahlung emittieren. Im Gegensatz zu einer Glühlampe ist das Spektrum der Strahlung auf einen schmalen Wellenlängenbereich begrenzt. Die Wellenlänge der emittierten Strahlung wird im Wesentlichen durch das verwendete Halbleitermaterial bestimmt" (Siemens 1984; S. 365).

[53] **LCD**: „Liquid Crystal Display" bezeichnet einen Flachbildmonitor. Im Gegensatz zu den herkömmlichen Bildschirmen, die mit Kathodenstrahl-Röhren arbeiten, bestehen LCDs aus Flüssigkristallen, die zwischen zwei Scheiben oder Folien untergebracht sind. Unter normalen Voraussetzungen lassen die Kristalle polarisiertes Licht durch. Legt man jedoch ein elektrisches Feld an, „drehen" sie sich und verlieren die Eigenschaft der Lichtdurchlässigkeit. Da LCDs geringe Abmessungen (sie sind sehr flach), ein kleines Gewicht und wenig Stromverbrauch aufweisen, werden sie vorwiegend bei Laptops und Notebooks verwendet. Auch die Displays von Handys und GPS-Systemen in Autos sind LCDs" (http://www.computer-woerterbuch.de/content_1.html)

[54] **Elektro-Magnetisches Anzeigesystem**: Die Anzeige findet mit Hilfe einzelner Segmente statt, welche durch Elektromagneten zwischen der sichtbaren und einer verdeckten Stellung wechseln. Diese Segmente bilden ähnlich der LCD-Darstellung ganze Buchstaben. Bekanntester Einsatzzweck dieser Technik sind Zielanzeiger im öffentlichen Nahverkehr.

3.4.3.8 Business-TV

Die modernen Massenkommunikationsmittel machen auch vor der Unternehmenskommunikation nicht halt. So werden seit langem Mitarbeiterzeitschriften zur Information der Betriebsangehörigen verwendet. Seit Anfang der 90er Jahre wird zunehmend auch das Fernsehen für diese Funktion im Unternehmen herangezogen.

Abbildung 3.4-41: Blick in die Sendezentrale des DC TV (Müller 1999d, S. 21)

Das „neu-Deutsch" Business-TV genannte Medium wird in firmeneigenen Fernsehstudios produziert und mit sehr hohem Aufwand in die einzelnen Unternehmensteile übertragen. Die zugehörigen Fernsehgeräte werden meist an zentralen Orten angebracht, ähnlich den Schwarzen Brettern. In einem meist schleifenförmigen Programmaufbau werden den Mitarbeitern in Form von Nachrichtensendungen aktuelle Mitteilungen über das Unternehmen nahegebracht. Der Fachjargon spricht hier von sog. „Walk-by-Walk-Television", was bedeutet, daß die Programmstruktur für den flüchtigen Zuschauer gedacht ist, der in seiner Kaffeepause kurz in das Programm hineinschaut.

Auslöser für die ersten Business TV-Einsätze in Deutschland war die Idee eines interaktiven Schulungsmediums, mit dessen Hilfe Mitarbeiter standort-unabhängig geschult werden können. Einer der ersten Anwender in Deutschland war die Mercedes-Benz AG, welche bereits 1989 mit der Entwicklung von AKUBIS (Automobil **KU**ndenorientiertes **B**roadcast **I**nformations **S**ystem) als interaktivem Schulungssystem begonnen hatte (vgl. Müller 1999d, S. 6ff). Während in Deutschland eher interaktive Schulungssysteme mit didaktischen Inhalten bevorzugt wurden, sind zur gleichen Zeit in den USA verschiedene Business TV-Systeme ans Netz gegangen, welche als unidirektionales Informationsmedium den privaten Fernseh-Gewohnheiten geschuldet waren. Heute setzen fast alle großen Unternehmen in Deutschland das Business-TV als globales Informationsmedium ein. Auffällig ist jedoch, daß die installierten Monitore nur sehr selten von Mitarbeitern zur Information genutzt werden und einen Großteil der Zeit ohne Publikum laufen.

Anzahl der Mitarbeiter	Maximale Anzahl an Endgeräten	Anzahl der Mitarbeiter	Maximale Anzahl an Endgeräten
100-150	2	1750-2499	15
151-299	3	2500-3499	20
300-399	4	3500-4999	30
400-499	5	5000-6999	40
500-649	6	7000-9999	50
650-799	7	10000-14999	60
800-999	8	15000-19999	80
1000-1249	10	20000-29999	100
1250-1749	12	30000-39999	120

Kommunikations- inhalt	Alle Bildschirmgerechten Informationen: Video, Text, etc.
Kommunikations- richtung	Unidirektional
Zeitform und Interaktivität	Asynchrone Kommunikation
Partizipationsrate (Tendenz)	Sehr gering
Soziale Präsenz (Tendenz)	Nicht vorhanden

Die Tabelle zeigt die Anzahl der vom DaimlerChrysler-Konzern für die einzelnen Standorte zum Beginn des Business-Fernsehens 1999 zur Verfügung gestellten Fernsehgeräte. (Projekt DC-TV 1999, S. 9)

Zusätzlich wurde die gesamte nötige Infrastruktur in den Werken, Niederlassungen und Tochterfirmen durch den Konzern eingerichtet und finanziert.

Technik:

Die Produktion und Ausstrahlung von Business-TV ist sehr aufwendig. Neben der eigentlichen Studiotechnik, die in keiner Weise einem normalen Fernsehstudio nachsteht, muß eine eigene Übertragungs- und Empfangstechnik vorgehalten werden. Weltumspannende Systeme, wie z.B. das DaimlerChrysler TV (DC TV), benutzen eigene Satellitenfrequenzen zur Verteilung. „Die in Baden-Württemberg produzierten Sendungen werden digital aufgezeichnet und an die Erdfunkstelle Using der Telekom in Hessen übertragen. Von dort werden die Daten zum Satelliten Eutelsat 13° abgestrahlt, welcher die europäischen Empfängerstationen versorgt. Um den ungewünschten Empfang durch Dritte zu verhindern, wird das Signal verschlüsselt übertragen und kann nur durch spezielle Sat-Receiver empfangen werden" (Müller 1999d, S. 22).

Durch die immer besser werdenden Netzwerkübertragungstechniken im Bereich der Bandbreiten und Geschwindigkeiten rückt die Übertragung der Sendungen über Computer-Netzwerke immer mehr in den Vordergrund. In kürzester Zeit wird die komplizierte Satelliten-Fernsehübertragung daher durch eine im firmeneigenen Intranet stattfindende Netzwerk-Übertragung abgelöst werden. Somit kann dann jeder Mitarbeiter die aktuelle Sendung direkt am Arbeitsplatz ansehen. Vielleicht ist damit auch für den Mitarbeiter eine Möglichkeit zur Interaktion mit dem Studio gegeben, was bisher nur sehr aufwendig für die interaktiven Schulungsprogramme realisiert werden konnte. „Die Ausstrahlung der Sendungen über Satelliten bedarf eines hohen technischen Aufwandes. Daher wird für die technische Realisierung des für eine interaktive Schulung notwendigen Rückkanals eine einfachere Technik benutzt. Alle Schulungsräume sind mit dem Studio über jeweils 16 ISDN-Leitungen verbunden. Diese Anzahl von parallelen ISDN-Leitungen wird auf Grund der geringen Kapazität des ISDN-Systems von 64 kBit/s pro Leitung benötigt. Erst eine Zusammenschaltung von maximal 16 Kanälen ermöglicht die ruckfreie Übertragung von Videobildern und Sprache. Außerdem kann die Kamera im Schulungsraum vom Studio über diese Leitungen ferngesteuert werden.

Neben einer Zoomfunktion kann die Kamera auch zwei-dimensional im Raum geschwenkt werden. So ist eine gute Aufzeichnungsqualität auch ohne Personal vor Ort möglich" (Müller 1999d, S. 25).

Verbreitungsprinzip	Vorteile	Nachteile	Probleme
Push	• Fernsehen als akzeptiertes Medium • Schnelle globale Information	• Sehr teuer • Aufwendig	• Nutzerakzeptanz

3.4.3.9 Videokonferenz

Videokonferenzen, d.h. die Übertragung von Bild und Ton zwischen mehreren Kommunikationspartnern, gehören zu den technisch aufwendigsten Kommunikationsformen, da, wie die Tabelle der Speicherbedarfe von Picot zeigt, eine Übertragung von Bewegt-Bildern zu den speicheraufwendigsten Kommunikationsformen gehört. Aus diesem Grund war eine Videokonferenz über lange Jahre nur in speziell dafür ausgerüsteten Studios möglich. Noch 1985 formuliert Huhn: „Videokonferenzen sind über nur begrenzt vorhandene Möglichkeiten im Rahmen von Fernsehverbindungen möglich, die von der Deutschen Bundespost vergeben werden" (Huhn 1985, S. 34). Mit dem Fortschreiten der Technik, besonders der immer besser werdenden Komprimierungsverfahren und breiteren Übertragungswegen ist eine Videokonferenz nicht mehr so aufwendig. Verschiedene Anbieter sind auf dem Markt mit proprietären Lösungen vertreten. Viele dieser Lösungen bündeln eine Anzahl von ISDN-Telefonleitungen zu einer entsprechenden Übertragungskapazität. Für das Schulungsprogramm Akubis der Daimler-Chrysler AG werden Videokonferenzsysteme benutzt, welche 16 ISDN Leitungen zu einer Übertragungskapazität von 16 x 64 kBit/s = 1024 kBit/s bündeln (vgl. Müller 1999d, S. 25).

Heutige computergestützte Systeme basieren auf den vorhandenen Netzwerken und erlauben bereits eine Videokonferenz vom heimischen PC. So bietet z.B. Microsoft seit geraumer Zeit das Programm netmeeting an, welches mit den normalen Office-Programmen ausgeliefert wird oder kostenlos im Internet zu bekommen ist. Wie eigene Tests zeigen, ist damit sogar über die normale analoge Telefonleitung ein zwar nicht ganz ruckfreies Bild, jedoch eine akzeptable Video-Kommunikation durchzuführen. Über schnellere Leitungen, wie z.B. ISDN oder Local Area Networks (LAN) sind mit diesen Produkten bereits gute Ergebnisse zu erzielen, obwohl diese im täglichen Berufsalltag nur selten genutzt werden, was jedoch nicht allein der fehlenden Web-Cam-Ausstattung[55] geschuldet ist. Ulrich definiert Video- Konferenz folgendermaßen: „Übermittlung mündlicher, schriftlicher und graphischer Information zwischen räumlich getrennten oder am gleichen Ort befindlichen Kommunikationspartnern mit zusätzlicher visueller Unterstützung durch „multi-user interfaces" (WYSIWIS = what you see is what I see) und/ oder Großleinwand für Bildschirm- und andere Informationen" (Ulrich 1993, S. 17). Moderne rechnergestützte Systeme bieten zusätzlich zur Bild- und Tondatenübertragung auch die Möglichkeit, Dateien auszutauschen, Daten gemeinsam zu bearbeiten oder mit einem Whiteboard genannten Zeichenprogramm gemeinsame Skizzen zu entwickeln. Dieses „Joint editing" genannte Verfahren

---

[55] **Web-Cam**: Video-Kamera, welche direkt an den Computer angeschlossen wird und ihre Daten digital über Computernetze verteilen kann.

Kommunikations-inhalt	Bild, Ton und ggf. gemeinsame Datenbestände
Kommunikationsrichtung	Bidirektionale Gruppenkommunikation möglich
Zeitform und Interaktivität	Synchrone Kommunikation und Interaktivität durch entsprechende Erweiterungen möglich
Partizipationsrate (Tendenz)	ausgeglichen
Soziale Präsenz (Tendenz)	Sehr hoch

beschreibt Ulrich mit folgender Definition: „Gemeinsame und gleichzeitige Bearbeitung schriftlicher (u.U. auch grafischer) Information durch räumlich getrennte Kommunikationspartner; von den Kommunikationspartnern unmittelbar weiter verarbeitbare Aufzeichnung" (Ulrich 1993, S. 17).

Technik:

Je nach verwendetem System und Infrastruktur ergibt sich für properitäre Systeme ein hoher Investitionsaufwand. Für die Nutzung von Anwendungen der Internettechnologie sind deutlich geringere Aufwände zu tätigen, wobei ggf. z.Z. noch Qualitätseinbußen durch Übertragungsmängel hinzunehmen sind, was jedoch in kürzester Zeit keine Rolle mehr spielen wird.

Verbreitungsprinzip	Vorteile	Nachteile	Probleme
Pull / Push	• Ortsunabhängig • Größtmögliche Kommunikationsmöglichkeiten (z.B. auch nonverbaler Art)	• Teure Technik • Zeitverzögerung • Qualität	

3.4.3.10 Intranet / Extranet

Die Technologie des Internets haben sich auch die Unternehmen nutzbar gemacht, indem sie eigene geschlossene Netzwerke aufgebaut haben. „Internet technology used within secure bounds as an Intranet offers many advantages, most notably ease-of-use and communication to any platform that supports webbrowsers" (Campbell 1996, S. 1). Diese unternehmensintern zugänglichen Netzwerke bieten alle Vor- und Nachteile des Internets. Die sogenannten Intranets sind in großen Unternehmen mittlerweile genauso unüberschaubar wie das Angebot im Internet. Intranets mit mehreren hunderttausend Seiten sind keine Seltenheit mehr. Trotzdem bietet das Intranet durch seine leichter zu gliedernde Struktur und gewisse Einflußmöglichkeiten große Vorteile (vgl. Müller 1999, S 2ff). Schon heute weisen Entwicklungen wie der Transport von Telefondaten zwischen den Standorten oder die Tendenz, Business TV über das firmeneigene Netzwerk zu verbreiten, auf die wachsende Integrationsrolle des Intranets bei allen elektronischen Kommunikationsformen im Unternehmen hin. Um Kunden und Lieferanten außerhalb des Firmennetzwerks Zugriff auf ausgewählte Daten zu ermöglichen, wurde das Extranet eingeführt, welches als Untermenge des Intranets eine durch entsprechende Sicherheitsmaßnahmen geschützte Exklave des Firmennetzes im Internet darstellt.

„Ein Intranet ist ein auf der Protokollfamilie TCP/IP basierendes Netzwerk für interne Informationsanwendungen. Der Begriff „ Intranet" ist zunächst nur eine Ableitung aus dem Begriff „Internet". Hauptzweck ist die schnelle und einfache Zurverfügungstellung von Informationen aller Art. Dabei soll gewährleistet sein, daß vorhandene DV-Systeme leicht zu integrieren sind, und der Anwender eine einheitliche und einfach zu bedienende Oberfläche für die Informationsbeschaffung vorfindet. Das Intranet stellt folglich einen ähnlichen Informationspool wie das Internet dar, ist aber auf das einsetzende Unternehmen begrenzt. Als Technologie kommt die gleiche einfache, preiswerte und bekannte Internet-Technik zum Einsatz. Die Intranet-Technologie kann auf verschiedene Weise eingesetzt werden. Im Prinzip reicht das Spektrum von der einfachen Dokumentenablage bis hin zum vollintegrierten Workflowprozeß mit Anbindung an die unterschiedlichsten Datenbanken. Hier sind der Phantasie keine Grenzen gesetzt. Intranets leben, wie auch das Internet, von der Phantasie und Kreativität des Einzelnen und fördern diese auch. Es gilt hier aber, die richtige Grenze zu finden, um auf der einen Seite nicht wertvolle Unternehmenskapazität durch „reine Spielerei" zu verlieren. Auf der anderen Seite muß genügend Freiraum für die Entfaltung der Mitarbeiter bleiben, um deren Kreativitätspotential für das Unternehmen nutzbar zu machen. Weiterhin muß beachtet werden, daß innerhalb des Intranets alle unternehmensrelevanten Informationen einfach abrufbar zur Verfügung gestellt werden können, aber sich dabei die bisherige „Bringschuld" für Informationen im Prozeßablauf in eine „Holschuld" wandelt. Dies muß mit geeigneten Maßnahmen zur Änderung der Unternehmenskultur flankiert werden" (Dornaus 1997, S. 6).

Kommunikationsinhalt	Alle in digitaler Form erfaßbaren Inhalte
Kommunikationsrichtung	Multidirektional, je nach Anwendung
Zeitform und Interaktivität	Synchrone und asynchrone Kommunikation, je nach Anwendung
Partizipationsrate (Tendenz)	Sehr gering bis sehr hoch, je nach Anwendung
Soziale Präsenz (Tendenz)	Nicht vorhanden, ggf. bei Video-Telefonie

Technik:

Die gesamte für das Intranet benötigte Technik ist mit der für einen Internetbetrieb notwendigen Ausstattung identisch. Der einzige Unterschied zwischen einem Intranet und dem Internet ist die technische Abgrenzung des internen Firmennetzes gegen das Internet durch sog. Firewall-Systeme. Diese Systeme kontrollieren den gesamten über die Grenze zwischen Inter- und Intranet gehenden Datenverkehr und filtern ggf. falsche Datenpakete und somit auch Angriffe von Hackern aus. Der Schutz kann auf verschiedenen Ebenen erfolgen. Meist werden nur einzelne Internetdienste, welche durch die ihnen zugeordneten Ports repräsentiert werden, kontrolliert. Zusätzlich können die einzelnen Datenpakete auch auf entsprechenden Inhalt geprüft werden oder ganze IP-Adressen ausgefiltert werden. Für eine weiterführende Beschreibung dieser Systeme sei an dieser Stelle auf die entsprechende Fachliteratur verwiesen.

Verbreitungsprinzip	Vorteile	Nachteile	Probleme
Pull / Push	• Weltweiter Standard • Preiswert • Schnell • schneller Zugriff auf Informationen		• Pflege der Informationsseiten • steigender Datenverkehr • Sinnvolle Wissensaufbereitung

3.4.4 Computergestützte Kommunikationssysteme im Unternehmen

Neben den bereits genannten Kommunikationsmedien sind in der jüngsten Vergangenheit weitere im täglichen Arbeitsalltag genutzte Anwendungen entstanden. Besonders das Schlagwort eBusiness ist seit kurzem in aller Munde. Eine eindeutige Definition für eBusiness ist sehr schwierig, da es in den verschiedensten Zusammenhängen genutzt wird. In der häufigsten Bedeutung ist es als Synonym für eine maximale Vernetzung der Unternehmens-EDV zu verstehen. Zur besseren Unterscheidung wird hier in Business to Consumer (B2C) und Business to Business (B2B) unterschieden. In besonderem Maße ist mit B2B die Form einer unternehmensübergreifenden Verknüpfung verschiedenster elektronischer Systeme zu verstehen. Auf Grundlage der Internet-Technologie soll in den nächsten Jahren eine weitgehende Automatisierung bestehender Vertriebsprozesse entstehen. „The only limitation of the web is the attention of the people" (Scharz 1999, S. 2). Dabei sind alle denkbaren Anwendungen möglich, da, wie Scharz richtig beschreibt, die technischen Möglichkeiten unbegrenzt sind. Der schnelle Technologiewandel hat bereits mehrmals bewiesen, daß eine heute noch nicht realisierbare Anwendung schon morgen in den Bereich des Möglichen gerät.

Das eigentliche Problem liegt auf Seiten der Menschen. Zum einen reichen heute die Ressourcen an Programmierern nicht aus, um die gewünschten Projekte realisieren zu können, zum anderen ist die Akzeptanz der Anwender in den seltensten Fällen so hoch, daß eine neue Anwendung ohne entsprechende Hemmnisse in den täglichen Arbeitsalltag integriert werden kann. Im folgenden sollen einzelne Anwendungsarten kurz vorgestellt und deren Bedeutung in der computergestützten Unternehmenskommunikation erläutert werden.

3.4.4.1 Groupware-Systeme

Im Mittelpunkt der Groupware-Systeme steht die integrale Unterstützung der grundlegenden administrativen Tätigkeitskategorien *Bearbeiten und Dokumentieren, Archivieren und Wiederauffinden, Kommunizieren, Entscheiden* und *Koordinieren* bei einer über die Gruppe verteilten gemeinsamen und parallelen Aufgabenerfüllung. Die eingesetzten Informationssysteme können grundsätzlich sowohl inner- als auch zwischenbetrieblichen Arbeitsgruppen assistieren; Interorganisationssysteme liegen allerdings nur bei letzterem vor.

Das Forschungsgebiet der computergestützten Gruppenarbeit wird im Allgemeinen mit dem Begriff Computer Supported Cooperative Work[56] (CSCW) belegt und umfaßt drei eng miteinander verbundene Gebiete:

- Ein interdisziplinäres Verständnis von Teamarbeit,
- Das Erkenntnisse aus Soziologie, Psychologie, Organisationstheorie, Arbeitswissenschaft, Informatik usw. einbezieht,
- Die Entwicklung entsprechender Konzepte und computerbasierter Werkzeuge sowie die Bewertung solcher Konzepte und Werkzeuge.

Für die dabei eingesetzten Konzepte und Werkzeuge hat sich insbesondere bei kommerziellen Anwendungen der Oberbegriff *Groupware* etabliert. In der Praxis gibt es unterschiedliche Systemklassen von Groupware, die darin differieren, in welchem Ausmaß sie jeweils die Kommunikation, die Koordination und die Kooperation (inklusive Entscheidungsfindung) in der Gruppe unterstützen. Eine detaillierte Abgrenzung der Systemklassen im interorganisationalen Einsatz liefert Bauer: „Systeme mit überwiegender Kommunikationsorientierung, die in erster Linie zur Überbrückung von Raum- und Zeitgrenzen dienen. Dazu zählen Systeme für Videokonferenzen oder für elektronische Post (eMail). eMail kann nicht nur Texte, sondern auch Dateien mit Grafiken und digitalisierten Sprach- oder Videosequenzen asynchron und mittels geeigneter Verteilerlisten gegebenenfalls simultan an eine Vielzahl von Empfängern übermitteln. Ebenso gehören in diese Kategorie Bulletin Boards (Computer-Konferenzsysteme), die das Hinterlassen von Nachrichten in unterschiedlicher Form ermöglichen und Diskussionsforen, in denen Nachrichten zu bestimmten Themengebieten asynchron (z. B. Usenet Newsgroups) oder synchron (z. B. Internet Relay Chat) ausgetauscht werden. Asynchrone Diskussionsforen (Newsgroups) und Bulletin Boards kann man auch in die Systemklasse der gemeinsamen Informationsräume einordnen, wenn bei ihnen weniger die Kommunikation, als vielmehr die längerfristige Speicherung von Informationen im Vordergrund steht, auf die mit geeigneten Suchmechanismen zu späteren Zeitpunkten wieder zugegriffen werden soll. Hierzu gehören außerdem verteilte Hypertextsysteme und Wissensbanken, mit deren Hilfe sich vorhandene, allgemeine Informationen, wie Adressen-, Telefon- und eMail-Verzeichnisse, Mustervertragstexte, Handbücher u.ä., die früher nur lokal vorhanden waren, sowie internes und externes Expertenwissen berechtigten Nutzergruppen zugänglich machen lassen. Da Groupware-Systeme die Möglichkeit bieten, diese Datenbestände auch dezentral weiter zu ergänzen, wird die Aktualität und Wartung der Informationen verbessert. Der Zugang zu wichtigen Informationen ist einfacher möglich, das Risiko teurer Doppelentwicklungen in weitverzweigten Unternehmen und organisatorischen Netzwerken sinkt" (Bauer 1997, S. 172).

---

[56] **Computer Supported Cooperative Work (CSCW):** Der Begriff geht auf einen 1984 vom Massachusetts Institute of Technology (MIT) durchgeführten Workshop zurück. „Die Unterstützung kooperativer Arbeitsformen mit Hilfe moderner Werkzeuge ist ganz sicher nicht nur ein technologisches Problem. Neben der Informatik spielen die Betriebswirtschaftslehre (insbesondere die Organisationslehre), die Psychologie und auch die Sozialwissenschaften eine wesentliche Rolle. Innerhalb der CSCW-Forschung werden sowohl die personellen als auch die organisatorischen, betriebswirtschaftlichen und technischen Aspekte des zukünftigen Einsatzes des Computers als Kommunikationsmedium im Rahmen einer verstärkt kooperativ arbeitenden Arbeitswelt untersucht. Computer Supported Cooperative Work (CSCW) dient in der Regel als Oberbegriff für die verschiedenen Theorien und Methoden der Computerunterstützung für die Arbeit in Teams" (Koch 1996, S.32f).

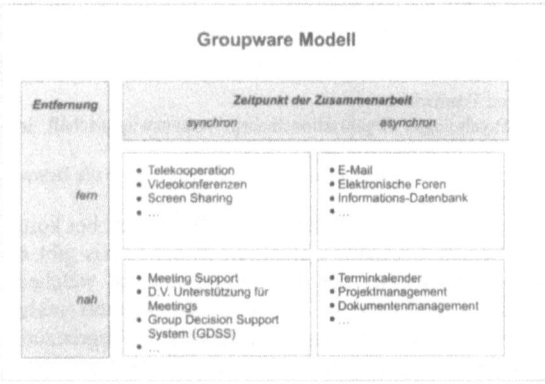

Abbildung 3.4-42: Groupware-Modell nach Koch (Koch 1996, S. 74)

Die Aufgabe der Groupware-Systeme besteht demnach vorwiegend in kooperationsorientierter Teamunterstützung bei der Bewältigung von Aufgaben mit mittleren bis geringen Strukturierungsgraden und Wiederholungsfrequenzen. „Neben verteilten Hypertextsystemen sind hierzu auch zu rechnen: Systeme zur Gruppenentscheidungsfindung (Group Decision Support Systems - GDSS), zum Termin- und Projektmanagement sowie Co-Autorensysteme bzw. Gruppeneditoren zur gemeinsamen asynchronen bzw. synchronen Bearbeitung eines Objekts, die es erlauben, innerhalb kleinerer Gruppen Texte oder Grafiken (z. B. CAD) parallel zu bearbeiten, wodurch sich beispielsweise im Rahmen von Simultaneous Engineering die Entwicklungszeit verringern läßt" (Bauer 1997, S. 173). Koch verdeutlicht mit seinem Groupware-Modell die Möglichkeiten moderner Groupware-Systeme und betrachtet an anderer Stelle die beim Einsatz solcher Systeme möglicherweise auftretenden Sicherheitsrisiken: „Ein Grundproblem des Einsatzes von Groupware liegt im Sicherheitsrisiko. Durch den Einsatz neuer Hilfsmittel steigt sowohl die Kommunikation als auch die Datenhaltung an, wobei auch verstärkt vertrauliche Daten verarbeitet werden. Es entstehen neue Sicherheitsrisiken durch:

1. Die Distribution von Intelligenz und Daten, welche die Probleme der Verfügbarkeit, der Integrität und der Vertraulichkeit an den einzelnen Arbeitsplatz bringen.
2. Die Konzentration in Servern und Verwaltungssystemen.
3. Die Zunahme von Anwendern, die maßgebliche Veränderungen vornehmen können.

In den meisten Betrieben werden allerdings nur Bedienerschulungen, nicht aber die Ausbildung zum Operator, der die Risiken einschätzen und mindern kann, durchgeführt" (Koch 1996, S. 96). Eine weitergehende Gefährdung der Arbeitsproduktivität sieht Koch in den folgenden Problemfeldern (Koch 1996, S. 132):

- Eingrenzung der Verantwortung,
- Totale Überwachung,
- Automatisierung des Status quo,
- Datenintegration,
- Systemprobleme.

Aus diesem Grunde bedarf die Einführung von Groupware-Systemen im Unternehmen eines genauen Planungsprozesses, in den alle Beteiligten eingebunden werden. In vielen Betrieben ist die Einführung neuer EDV-Systeme mitbestimmungspflichtig. Aus technischer Sicht verbergen sich hinter den Systemen in den meisten Fällen Datenbankanwendungen, welche die eingegebenen Informationen archivieren und in geeigneter Form weiter transportieren. Lotus Notes als eines der bekanntesten Groupware-Systeme basiert auf einem proprietären Client/Server-System, dessen Grundlagen lange vor dem Durchbruch der Internettechnologie entstanden. In der letzten Zeit wurde auf Grund des weltweiten Internetbooms auch IBM mit seinem Produkt Lotus Notes Domino gezwungen, sich den dort gültigen Standards zu öffnen. „Somit wurde Notes lange Zeit unter dem Begriff Groupware eingeordnet, womit treffend beschrieben ist, was Intranet-Produkte heute leisten. Der Unterschied zwischen Notes als Groupware-Produkt und Notes als Intranet-Produkt besteht in der Verwendung verschiedener offener Kommunikationsstandards wie HTTP, POP3, IMAP, LDAP, SMTP und SSL. Notes verwendete vor dem Intranet-Zeitalter proprietäre Kommunikationsverfahren anstelle dieser neuen Standards. Ansonsten bot es aber hinsichtlich Sicherheit, Programmierbarkeit und Skalierbarkeit weit mehr an Funktionalität als Internet/Intranet-Produkte der neueren Generation. Es ist daher nicht verwunderlich, daß sich Notes durch die Umsetzung der offenen Standards schnell eine führende Position im Bereich der Internet/Intranet-Produkte geschaffen hat" (Focher 1998, S. 351). Für das Unternehmen stellt sich heute, bedingt durch die weltweiten, offenen Standards, die Frage, ob es sinnvoll ist, ein Groupware-System für alle Aufgaben im Unternehmen anzuschaffen oder in einzelne Systeme mit entsprechend guter Spezialfunktion zu investieren. Das eigentliche Argument für eine übergreifende Groupware-Anwendung, die gemeinsame Bedienungsoberfläche, wird durch die Integration aller Anwendungen im Browser durch den gemeinsamen Intranet-Zugriff entkräftet. Daher empfiehlt es sich, zukünftig genau zusammenhängende Funktionalitäten zu definieren und diese mit der bestmöglichen Technologie abzudecken. So gehören z.B. Terminvereinbarung, eMail-System und Aufgabenplanung zu einem Themenkomplex, für den es mittlerweile eine Vielzahl verschiedener Anwendungen gibt.

3.4.4.2 Workflow Management

Die Workflow Management-Anwendungsprogramme zielen primär auf die Unterstützung von arbeitsteiligen Prozessen auf der Ebene des Gesamtunternehmens, im Gegensatz zu den Groupware-Programmen, die für eine Unterstützung der Gruppe und ihrer Kooperationsbeziehungen ausgelegt sind. „Der Einsatz von Workflow wird die Arbeitswelt in den nächsten Jahren zunehmend verändern. Diese Systeme zur aktiven Steuerung arbeitsteiliger Abläufe in Unternehmen und Behörden verwalten Daten, legen Kontrollflüsse fest, rufen Anwendungsprogramme auf, benachrichtigen Benutzer, verwalten Historien, ermöglichen – zunehmend auf der Basis weltweiter Netze – die Koordination von verteilten Standorten bis hin zum virtuellen Unternehmen und integrieren neue Formen der Arbeit wie Telearbeit und mobile Arbeitsplätze" (Kroker 1998, S. 58f). In diesem Zusammenhang nennt Picot die „Informations- und Kommunikationstechnik den enabler der prozeßorientierten Reorganisation" (Picot 1996, S. 257) und weist somit auf die Tatsache hin, daß viele der etablierten Prozesse im administrativen Bereich einer dringenden Reorganisation[57] bedürfen.

Auch Bauer erkennt diese Notwendigkeit und formuliert seine Kritik an bestehenden Prozeßorganisationen in der folgenden Beschreibung von Workflow-Management-Systemen: „Ein Workflow ist ein arbeitsteiliger Prozeß im administrativen Bereich einer Unternehmung, der bei konventioneller papierbasierter Bearbeitung durch die

---

[57] In diesem Zusammenhang sei hier auf die Beschreibung des Beschaffungs-Prozesses aus Kapitel 4.1 verwiesen.

Weiterleitung von Informationen in Form von Belegen, Formularen, Akten u.ä. zwischen den involvierten Bearbeitern gekennzeichnet ist. Workflow-Management-Werkzeuge (oder deutsch Vorgangssteuerungssysteme) unterstützen die Ausführung und Koordination von Workflows und integrieren dazu erforderliche Applikationen, Wissensbanken und eMail-Systeme. Sie zielen darauf ab, administrative Bearbeitungsvorgänge weitgehend zu automatisieren und zugleich durch eine effizientere Statuskontrolle deren Transparenz zu steigern. Bislang papiergebundene Vorgänge werden so weit wie möglich elektronisch abgewickelt und die Arbeitsergebnisse bei einem Wechsel des Bearbeiters via eMail weitergeleitet. Dadurch sollen Liege- und Transportzeiten, die bisher im Durchschnitt ca. 90% bzw. 7% der gesamten Durchlaufzeiten ausmachen, drastisch verkürzt werden. Zudem kann die Einführung eines Workflow-Management-Systems dazu genutzt werden, den Prozeß unter Berücksichtigung der informationstechnologisch induzierten Gestaltungsspielräume von Grund auf neu zu planen, historisch bedingte, ineffiziente Aufgabenzuordnungen zu überdenken und eine zu hohe Arbeitsteiligkeit abzubauen.

Durch die maschinenlesbare Form aller Dokumente ist jederzeit ein schneller und sicherer Zugriff gewährleistet. Verteilte, personenspezifische Ablagesysteme und Papierarchive werden überflüssig. Bislang wurden Workflow-Management-Systeme gewöhnlich nur innerbetrieblich eingesetzt. Intensive Standardisierungsbemühungen der Herstellervereinigung Workflow Management Coalition schaffen aber gegenwärtig die Voraussetzungen für den Einsatz auch bei unternehmensübergreifenden Prozessen wie Bestellungsbearbeitung oder Reklamationen" (Bauer 1997, S. 172-173). Eine deutliche Darstellung der durch den Einsatz von Work-flow-Systemen entstehenden Vorteile bringt Kroker in der folgenden Tabelle:

Vorteile von Workflow	
Geringe Durchlaufzeiten	78 %
Qualitätsverbesserung	77 %
bessere Prozeßsteuerung	76 %
bessere Verfügbarkeit von Informationen	73 %
Kosteneinsparungen	66 %
besseres Ressourcenmanagement	58 %

Tabelle 3.4-11: Vorteile von Workflow (Praxisanalyse Universität Bern aus Kroker 1998, S. 56)

Technisch verbirgt sich hinter den gesamten Workflow-Systemen ebenfalls ein datenbankbasierendes Anwendungssystem, welches den einzelnen Dokumenten bzw. Aufgaben Verantwortlichkeiten und Abläufe aus definierten Prozeßbäumen zuordnet. Dank ausgeklügelter Systeme ist heute eine grafische Zusammenstellung der Prozeßabläufe auch durch Nichttechniker möglich. Das folgende einfache Bildschirm-Beispiel ist dem Buch *Workflow-Management* entnommen und steht stellvertretend für eine Vielzahl grafischer Prozeßmodell-Editoren. In diesen Editorensystemen werden Aktionen oder Tätigkeiten durch entsprechende Grafiken dargestellt und bieten somit schon auf den ersten Blick einen guten Eindruck des entsprechenden Prozeßablaufes.

Die somit definierten Ablaufbäume repräsentieren den im Unternehmen definierten Prozeß. Den jeweiligen Knotenpunkten müssen im nächsten Schritt die entsprechenden Aufgaben zugeordnet werden, damit das System auch weiß, was bei Erreichen eines Knotens zu veranlassen ist. Im Falle einer notwendigen manuellen Freigabe durch eine Führungskraft bekommt bei Erreichen dieses Prozeßteiles der entsprechende Mitarbeiter eine Nachricht auf seinen Bildschirm, welche ihn über die zu genehmigende Sache informiert. Daraufhin kann er durch einfachen Mausklick diese freigeben oder ablehnen. Leider ist die Einführung eines Workflow-Systems auch mit Gefahren verbunden. Wenn die Planung und Einführung nur aus technischer und nicht aus systemischer Sicht vollzogen wird, kann es durch die mit der Umsetzung einhergehende konsequente Umgestaltung der Unternehmensprozesse zu Problemen mit der Belegschaft kommen.

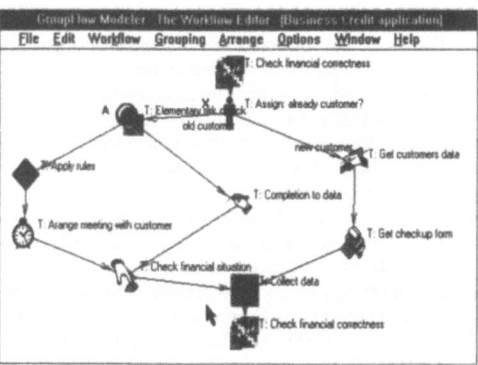

Abbildung 3.4-43: Darstellung Workflow-Prozeß (Koch 1996. S. 114)

„Dem unteren Management drohen Machtverluste, Mitarbeiter erleben Entfremdungen und Fließbandarbeit im Büro, Teile von Geschäftsprozessen lassen sich in Billiglohnländer auslagern: Die Automatisierung der Sachbearbeitung unter dem Namen Workflow scheint nicht nur positive Seiten zu haben, meinen Arbeitswissenschaftler" (Kroker 1998, S. 56). Die Einführung dieser Art der Prozeß-unterstützung kann leicht eine Wiederbelebung der Diskussion zur Folge haben, welche während der großen Rationalisierungswellen in der Industrie stattfand. Genauso wie damals werden hier zum einen traditionelle Abläufe gegen neue, dem elektronischen System geschuldete getauscht, zum anderen droht vielen durch die konsequente Vernetzung der Systeme ein Aufgabenverlust, der im schlimmsten Falle zur Einsparung des Arbeitsplatzes führen kann.

3.4.4.3 Management-Informations-Systeme

Neben Groupware für die Teamunterstützung und Workflow für die Prozeßlenkung bilden Management-Informations-Systeme (MIS) das dritte Standbein für eine konsequente Einführung neuer Medien im Unternehmen. „Unter einem MIS versteht man die organisatorische Konzeption des gesamten betrieblichen Informationswesens in dem Sinne, daß das Management die für die Durchführung seiner Aufgaben benötigten Informationen über die Vergangenheit, über das Ist und über die Zukunft (Prognosen entsprechend dem jeweiligen Zweck /Situation) mit dem richtigen Inhalt, zum richtigen Zeitpunkt in der zweckmäßigsten Form unter Berücksichtigung des allgemeinen Wirtschaftlichkeitsprinzips zur Verfügung hat" (Koreimann 1971, S. 21).

Die generelle Idee eines MIS ist die durch eine konsequente Vernetzung bisher separat agierender EDV-Anwendungen im Unternehmen mögliche Informationssammlung unter Hinzunahme geeigneter Datenerhebungs- und Auswertungsprogramme. In einem MIS stehen demnach auf Knopfdruck alle für die Entscheidungsfindung des Managements nötigen Kennzahlen zur Verfügung und dies – im Gegensatz zum traditionellen Berichtswesen – in Echtzeit und nicht um Tage versetzt.

Der Einsatz von Management-Informations-Systemen bietet folgende Möglichkeiten:
- Die Masse der verschiedenen Unternehmensinformationen gemeinsam zu erfassen und eine repräsentative Verdichtungen vorzunehmen,
- Die Informationen in Echtzeit zu erfassen,
- Die Geschäftsleitung mit den notwendigen Informationen zur Bestimmung der langfristigen Geschäftspolitik und der daraus resultierenden Zielsetzungen zu versorgen,
- MIS passen sich an das bestehende (interne) Informationssystem einer Unternehmung an (organisatorische Integrität),
- Sie gestatten die Erfassung, Auswertung und Zuordnung externer Informationen,
- Die Systeme gewährleisten eine wirtschaftliche Organisation und Verwaltung diverser Datenbestände für alle Unternehmensbereiche.
- MIS bieten die Möglichkeit der Kontrolle betrieblicher Vorgänge durch Vergleichs- oder Signalinformationen, die das Ergebnis eines weitgehend automatisch durchgeführten Vergleichs zwischen Zielinformation (Planungsinformation) und Ist-Information liefern,
- Sie schaffen die Ausgangsbasis für die Erstellung funktionaler Einzelpläne und damit die Voraussetzung für einen integrierten unternehmensweiten Gesamtplan (z. B. prospektive Bilanzen),
- Sie passen sich der strukturorganisatorischen Gliederung des Gesamtunternehmens an,
- und erlauben die Berechnung von Reihen und deren wahrscheinlicher Entwicklung in der Zukunft (Regressionsanalysen, Extrapolation),
- zusätzlich können die zu treffenden Entscheidungen in Form von Simulationen durchgespielt und so an Hand alternativer Entscheidungsparameter besser bewertet werden.

Wirtschaftlich betrachtet, ist ein großer Teil der für die Einführung eines MIS notwendigen Infrastruktur bereits in den Betrieben vorhanden und bedarf keinerlei Investitionen. Die bereits in vielen Betrieben etablierte Enterprise Resource Planning (ERP) wie z.B. SAP R/3 speichert alle relevanten Geschäftsvorfälle und bildet so die Grundlage für den Einsatz eines MIS. Die eigentlichen Aufgaben des Systems sind demnach nur Zugriff, Agredierung, Komprimierung und Darstellung der relevanten Daten. Dafür stehen heute komplexe Grafikauswertungen zur Verfügung.

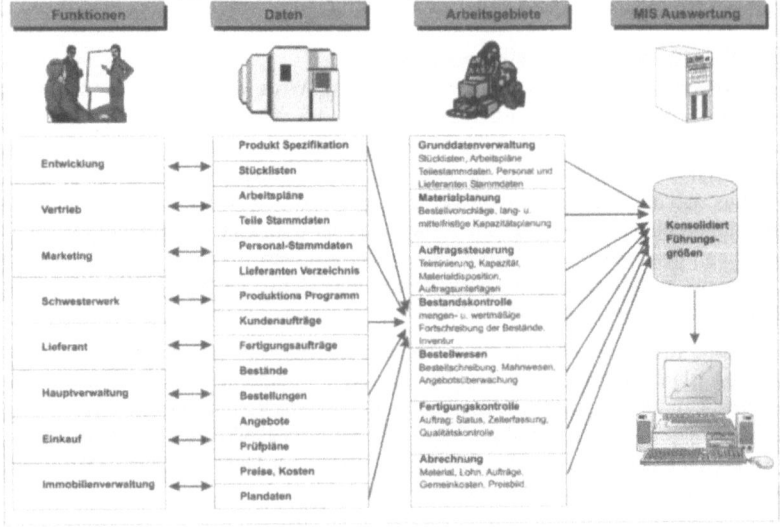

Abbildung 3.4-44: Datensammlung und -konsolidierung durch eine MIS (nach Koreimann 1971)

Die Grafik beschreibt exemplarisch, welche komplexen Datenmengen von einem Management-Informationssystem gesammelt und ausgewertet werden müssen. Die Grunddaten fallen in der täglichen Arbeit an und werden in den betrieblichen EDV-Systemen gespeichert. Hier sind neben dem bereits genannten ERP-System auch Lagerverwaltungssysteme oder Marketing-Analyse-Programme zu nennen. Die erfaßten Daten werden dann den administrativen Bereichen, wie z.B. dem Controlling, zur Verfügung gestellt. Bisher erstellten diese Bereiche in regelmäßigen Abständen Berichte, welche dem Management vorgelegt wurden. Diese Bringpflicht der Fachabteilungen entfällt mit der Einführung eines MIS, da nunmehr der Manager selber in der Lage ist, jederzeit die agredierten Daten einzusehen und entsprechend zu bewerten. Daraus werden in Zukunft mit Sicherheit Veränderungen in der Arbeitsweise des Managements resultieren.

3.4.4.4 Computer Based Training (CBT) und Web Based Training (WBT)

Neben den produktiven Systemen, welche in den vorangegangenen Abschnitten beschrieben wurden, nimmt die Diskussion um computergestütztes Lernen immer breiteren Raum in der Personalentwicklung ein. Besonders im Hinblick auf die immer komplexer werdenden Anforderungen an den Mitarbeiter sind die Unternehmen noch immer auf der Suche nach einer geeigneten Unterrichtsmethode. Im Gegensatz zu den bereits beschriebenen Systemen, welche formale Abläufe im Unternehmen repräsentieren, müssen Computer im Lernumfeld flexibel auf Mitarbeiter reagieren. Besonders wenn es um die Aneignung neuen Wissens geht, ist jeder Teilnehmer einer Weiterbildungsmaßnahme individuell durch seinen Lerntyp geprägt (visuell, auditiv, haptisch, verbal, abstrakt, gesprächsorientiert – vgl. Döring 1988, S. 94). Ist ein guter Trainer noch in einem gewissen Rahmen in der Lage, diese Bedürfnisse auszugleichen, so stellt dies ein automatisches System vor eine sehr schwierige Aufgabe. Nur die wenigsten der heute im Einsatz befindlichen Lernsysteme sind in der Lage, alle Lerntypen mit ihren persönlichen Vorlieben gleichzeitig zu befriedigen.

Im Einsatz in den Unternehmen sind heute meist Systeme, die lokal auf ihre CD-ROM als Datenspeicher zurückgreifen und dem Anwender so am Arbeitsplatz oder in speziellen Umgebungen zum Lernen zur Verfügung stehen. Diese Systeme werden als Computer Based Training (CBT) bezeichnet. Zur Abgrenzung dazu wird eine netzwerkgestützte Lernumgebung, etwa im Intranet, Web Based Training (WBT) genannt. Systeme, welche sowohl auf lokale CD-ROM-Daten als auch auf Netzwerk-Daten zurückgreifen, werden als Hybrid-System bezeichnet. „Beispiele für Hybrid-Medien sind CD-ROMS, die mit einem Klick die Verbindung zu einem Netzwerk wie Internet aufbauen können und damit in den Online-Zustand wechseln können. Der Vorteil der Hybrid-CD-ROM ist die Nutzung des relativ preiswerten Transports von 650 MB Nutzdaten an den Lernenden und die einfache, schnelle und integrierte Möglichkeit, mit einem Klick die Kommunikationsstärken des Internet nutzen zu können. Hybrid-CDs sind ideal für Produktkataloge, in denen die sich verändernden Preise per Internet aktualisiert werden können" (Westenkirchner 1999, S. 28-31). Ebenso sind Lernsysteme auf Basis von Hybrid-CD-ROM denkbar, welche ihr Grundprogramm von dem lokalen Speichermedium laden und nur die Lernerfolge des Nutzers auf einem zentralen Netzwerk-Server speichern.

Der große Vorteil ist hierbei, daß die datenintensiven Grafikinformationen nicht über das Netzwerk geschickt werden müssen und so der Datenverkehr möglichst gering gehalten wird. Viel wichtiger als die technische Betrachtung der Systeme ist der didaktische Einsatz von CBT bzw. WBT im Unternehmen. „In 48 Prozent der deutschen Großunternehmen werden CBT-Programme eingesetzt, über 70 Prozent halten den Einsatz von CBT für sinnvoll und 35 Prozent bezeichnen sich selbst als investitionsbereit in Sachen CBT. 32 Prozent der befragten Unternehmen glauben, daß Multimedia Kosten einzusparen hilft. Von 207 Schulungsunternehmen gab jedes achte an, daß es nach CBT gefragt wurde. Rund 20 Prozent des angebotenen Trainings werden inzwischen über interaktive Lernmedien abgewickelt" (Rumler-Balog 1999, S. 23). Bei der Betrachtung dieser quantitativen Aussagen stellt sich die Frage nach der Qualität der durchgeführten Schulungen. „Lernen am Computer – ob Großrechner, Mini- oder Mikrocomputer – nimmt in der beruflichen Weiterbildung einen immer breiteren Raum ein. In den nächsten Jahren werden Millionen von Arbeitnehmern den Umgang vor allem mit Personalcomputern und Workstations lernen müssen. Angesichts dieser Situation hat man in großem Stil Computerspezialisten zu Dozenten berufen, die keinerlei oder nur sehr geringe didaktische Kenntnisse und Fertigkeiten besitzen.

Das Ergebnis einer mangelhaften pädagogisch-didaktischen Qualifikation in der Weiterbildung von Erwachsenen zeigt sich mittlerweile auf äußerst bedenkliche Weise. Zwar schießen überall Computerschulen wie Pilze aus dem Boden, und viele Kurse werden sogar mit öffentlichen Mitteln gefördert, doch die Qualität der Lernangebote ist in fast 100% der Fälle sehr fragwürdig. Die PC-Schulungen werden zum Beispiel mit der Methode „Unterricht" durchgeführt, obwohl es sich ohne jeden Zweifel um ein Unterweisungsverfahren mit einer ganz anderen methodisch-didaktischen Vorgehensweise handelt. Auch andere Merkmale der Computer-Schulungen stimmen nachdenklich. Die Anzahl der Kursteilnehmer ist beispielsweise um 50-150% (!) zu hoch. Die Ausstattung mit Geräten und didaktischen Hilfen ist oft unzureichend, die dürftige Lehrkompetenz zeigt sich meist in folgenden Mängeln" (Döring 1998a, S. 184; Döring 1991, S. 76-83):

- Fehlende lernpsychologische Grundkenntnisse bei den Dozenten führen dazu, daß der Praxis ein falsches Lernkonzept zugrunde gelegt wird;
- unzureichende Lernunterlagen;
- falsche methodische Grundorientierung: „Vom Allgemeinen zum Besonderen" statt wie es richtig wäre – „vom Besonderen zum Allgemeinen";
- unzureichende kommunikative Lernbedingungen;
- unzureichende kommunikative und soziale Kompetenzen der Dozenten;
- Fehlen eines spezifischen methodisch-didaktischen Repertoires bei den Dozenten;
- große Mängel im Bereich der Stoffreduktion, der Lernzielbestimmung und der Lernerfolgskontrollen;
- mangelhafte Evaluierung der Kurse.

Die von Döring aufgezählten Mängel versuchen einige Firmen durch den Einsatz von CBT-Programmen zu kompensieren, was zu einem nicht viel höheren Lernerfolg führen kann, da jede interaktive Lernform der zusätzlichen Betreuung durch geschultes Trainingspersonal bedarf. Ein didaktisch sinnvoller Einsatz von CBT könnte folgendermaßen aussehen:

„Wichtig ist auch die Tatsache, daß CBT nicht Seminare vollständig ersetzt, sondern nur einen Teil der Weiterbildungsmaßnahmen darstellt, wenn auch einen zunehmend wichtigen.

Der Mensch und der Präsenzunterricht Mensch-zu-Mensch wird weiterhin seine Bedeutung für den Lernerfolg behalten, denn nur menschliche Trainer können gezielt Teilnehmer menschlich voll annehmen und fördern. CBT gilt aber gerade bei schwächeren Lernern als motivierend, da die Angst, ausgelacht zu werden oder sich vor Mitarbeitern Wissenslücken einzugestehen, wegfällt.

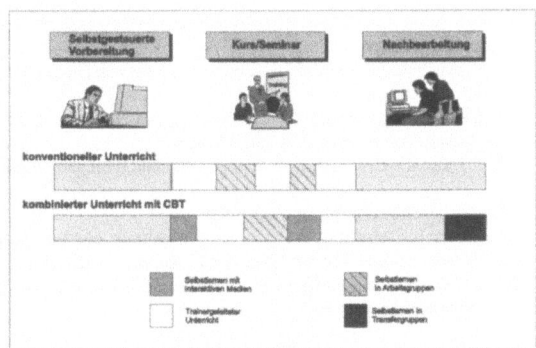

Abbildung 3.4-45: Sinnvolle Aufteilung eines Kurses mit CBT Einsatz (vgl. Wohak 1993, S. 30)

Die beliebige Wiederholbarkeit, die Zeit- und Ortsunabhängigkeit befreit von Termindruck und dem Gefühl, alles neue Wissen schon beim ersten Mal verstehen zu müssen. Ideal sind Mischkonzepte, die Motivationsveranstaltungen mit Partycharakter, Intensiv-Präsenztraining mit Einführung in Selbstlernmedien realisieren. Es schließt sich eine Phase selbständigen Lernens mit Hilfe des eingeführten Selbstlernprogramms an. Abschließend können offen gebliebene Fragen mit menschlichen Tutoren besprochen werden" (Westenkirchner 1999, S. 40f; Döring 1998a, S. 184).

Eine Aufteilung in sinnvolle Teilabschnitte beschreibt Wohak (vgl. Wohak 1993, S. 30):

1. Phase: Selbstgesteuerte Vorbereitung
Den Teilnehmern eines Kurses wird etwa einen Monat vor Kursbeginn ein interaktives Lernprogramm zugesandt. Die Teilnehmer erarbeiten sich damit selbstgesteuert am Arbeitsplatz oder besser in einem arbeitsplatznahen Lernstudio Grundlagenwissen für den kommenden Kurs. Dadurch lassen sich nicht allein die kognitiven Eingangsvoraussetzungen der Kursteilnehmer homogenisieren, sondern auch – durch qualitativ hochwertige Lernprogramme – Motivation und Erwartungshaltungen für den Kurs aufbauen.

2. Phase: Kurs / Seminar

- *Reduktion von Kursdauer und -kosten*

Eine erste unmittelbare Auswirkung dieses integrierten Konzeptes für die Kursdurchführung dürfte darin bestehen, daß sich die Kursdauer und als Folge davon die Kurskosten reduzieren lassen, da bereits ein Teil des kognitiven Wissens vorab durch Selbstlernen erworben wurde.

- *Erlebnisintensive Lernformen*

Eine langfristig vielleicht bedeutsamere Auswirkung könnte jedoch in die Richtung gehen, daß in den vom ständig wachsenden Druck des kognitiven Wissenserwerbs teilweise befreiten Kursen nicht mehr die Wissensübertragung per Frontalunterricht im Mittelpunkt stehen muß. Damit würde Raum geschaffen für mehr teilnehmerorientierte und teilnehmeraktivierende Lernformen, wie sie die Kognitionspsychologie mit ihrem Konzept der Lernumgebungen fordert und wie sie in suggestopädisch durchgeführten Kursen seit Jahren erprobt werden. Dazu könnten bewährte Trainingsmethoden wie

Präsentationen, Gruppenarbeit, Lernprojekte, Simulationen, Lernprogramme und Lernspiele eingesetzt und mit Elementen des Mentaltrainings (wie autogenes Training, Entspannungsübungen, Phantasiereisen etc.) zu einer neuen, erlebnisintensiven Qualität verbunden werden. Kennzeichen dieser 2. Phase sollen jedenfalls sein:

- Möglichkeit zum individuellen Ausdruck der Persönlichkeit aller Beteiligten.
- Ansprechen aller.
- Lernpsychologisch sinnvolle Rhythmisierung von (inter)aktiven und (scheinbar) passiven Lernphasen.
- Stärkeres Eingehen auf die Lebens- und Arbeitswirklichkeit der Teilnehmer und ihre jeweils persönlichen Voraussetzungen und Interessen.
- Ziel sollte die Erweiterung der Handlungsfähigkeit sein, nicht der Erwerb isolierten Wissens.

3. Phase: Nachbearbeitung / Transfer
Zur Kursnachbearbeitung erhalten die Teilnehmer ein Lernprogramm, das sie am Arbeitsplatz oder auch zu Hause durcharbeiten können und das der Auffrischung, Wiederholung und dem Training dienen soll. Wo dies organisatorisch möglich und inhaltlich sinnvoll ist, könnten sich auch arbeitsplatznahe Transfergruppen bilden.

Die Beispiele zeigen, daß mit einem didaktisch sinnvollen Ansatz die Nutzung der Neuen Medien für Schulungszwecke durchaus sinnvoll ist. Es bleibt daher Hauptaufgabe aller Verantwortlichen, dafür zu sorgen, daß die Nutzung im Unternehmen nicht alleine im Überreichen einer CD-ROM besteht.

3.4.4.5 Wissensmanagement

Neben den klassischen Produktionsfaktoren Rohstoff, Kapital und Arbeit rückt Wissen als vierter Produktionsfaktor immer mehr in das Bewußtsein der Wirtschaft. Trotzdem zeigen Studien: „Wissensmanagement in deutschen Unternehmen ist, einem kürzlich veröffentlichten Ranking „MAKEsm" (Most Admired Knowledge Enterprises) zufolge, noch wenig verbreitet: Zwar intensivieren vor allem Personalabteilungen ihre Anstrengungen zur Abbildung der künftig wichtigsten Ressource, jedoch muß festgestellt werden, daß erst etwa ein Drittel der großen deutschen Unternehmen diese Thematik auf die Tagesordnung gesetzt haben" (Jäger 1998 bei Schulz 1999, S. 42).

„Unter „Wissen" wird aus unserer Sicht im Umfeld der Wirtschaft grundsätzlich ein stark reduzierter Begriffsinhalt verstanden: Er orientiert sich traditionell am Komplexitätsgrad linearer Abläufe – in erster Linie der materiellen Produktion – und deren Optimierung. Beispielhaft ist der Umgang mit der Distribution von Wissen in herkömmlich geführten Unternehmen. Wissen meint nicht geteiltes, sondern primär beherrschtes Wissen;

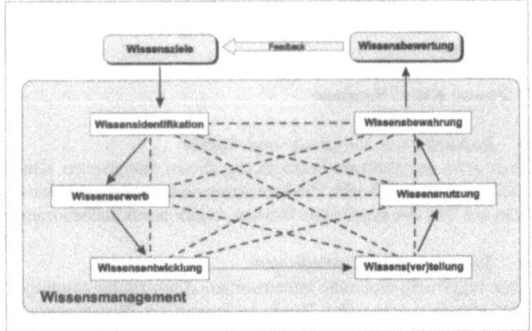

Abbildung 3.4-46: Bausteine des Wissensmanagements (Probst 1997, S. 56 nach Soukup 2000)

den Geschäftsprozessen werden Informationen, wird deren Verdichtung als Wissen nach dem Gutdünken von Entscheidern innerhalb einer Aufbauorganisation zuteil, und erst in nachgeordneter Hinsicht nach den Erfordernissen in abteilungsweiten, firmenweiten oder sogar unternehmensübergreifenden Prozessen" (Schulz 1999, S. 42). Wissensmanagement ist demnach die bewußte, strukturierte Wissenssammlung und -verbreitung. Probst hat in der Abbildung die Bausteine des Wissensmanagements dargestellt und beschreibt damit den Prozeß der bewußten Wissensanhäufung. Für Unternehmen ist es gerade in Bezug auf die sich immer schneller verändernden Technologien von größter Bedeutung, im Wettbewerb einen Wissensvorsprung zu haben. Leider ist den Unternehmen nur in den seltensten Fällen das gesamte im Unternehmen gespeicherte Wissen zugänglich. Siemens-Konzernchef Heinrich von Pierer beschrieb das Problem treffend mit den Worten: „Wenn Siemens wüßte, was Siemens weiß ...". Genau an dieser Stelle liegt das Problem. Wissen wird in der Unternehmung durch Individuen angehäuft und ist demnach nur bei diesen abzurufen. Die Hauptprobleme dabei sind zum einen die Identifikation des Individuums, welches die Antwort auf die gestellte Frage besitzt, zum anderen der Verlust des Wissens bei Weggang des entsprechenden Mitarbeiters. An diesen Stellen setzen Wissensmanagementsysteme an und versuchen, eine geeignete Eingabe-Schnittstelle für das im Unternehmen vorhandenen Wissen zu schaffen, dieses Wissen zu strukturieren und leicht zugreifbar abzulegen. Wie in den anderen Fällen reicht auch hier die bloße Einführung eines solchen technischen Systems nicht aus. In besonderem Maße ist die Einführung ein umfassendes, systemisches Problem, denn in vielen Fällen wird in unserer Gesellschaft Wissen noch als Machtfaktor angesehen. Daher ist eine Firmenkultur, welche den gegenseitigen Wissenstransfer propagiert, Grundlage einer solchen Innovation. Nur mit einer derart modifizierten Anschauung kann die Akzeptanz bei der Belegschaft hergestellt werden, ihr persönlich erworbenes Wissen mit dem Unternehmen zu teilen – nur so ist der Wandel zum lernenden Unternehmen möglich (vgl. Döring 1999, S. 316ff).

3.4.4.6 Customer Relation Management (CRM) / Data Mining

Ein weiteres häufig in der Diskussion befindliches Schlagwort ist CRM. „Customer Relation Management als Form des eBusiness zielt vorrangig auf Umsatzmaximierung" (Stojek 2000, S. 8). Der Grundgedanke ist eine strukturierte, EDV-unterstützte Kundenschnittstelle. Einfachstes Beispiel ist ein sog. Call-Center, eine Telefonberatung, welche den Kunden zu festgelegten Zeiten für alle mit dem Unternehmen im Zusammenhang stehenden Dinge zur Verfügung steht. Im Rahmen des Dienstleistungsgedankens und mit dem Ziel der Umsatzsteigerung werden solche Call-Center zum großen Teil rund um die Uhr betrieben. Eine mit dem Unternehmensnetz verknüpfte Software am Telefon-Arbeitsplatz macht es möglich, auf alle kundenrelevanten Daten sofort zurückzugreifen. Moderne Systeme koppeln die Datenanbindung mit dem Telefonsystem und bieten so dem Call-Center-Personal die Möglichkeit, den Anrufer mit Hilfe der übermittelten Telefonnummern direkt anzusprechen. Dazu wird durch das System automatisch der zur jeweiligen Telefonnummer gehörige Datensatz auf den Bildschirm angezeigt. In Zukunft werden durch die weitergehende Verschmelzung verschiedener Kommunikationsmedien die Aufgaben der Call-Center nicht mehr nur in der Telefon-Betreuung bestehen. Sie werden als zentraler Kommunikationsknoten eines Unternehmens nach außen fungieren und neben Telefonaten auch Beratung via

Internet-Bild-Telefonie, eMail oder andere erst in der Entwicklung befindliche Kommunikationsmedien bieten. Leider ist der Servicegedanke eines bestmöglichen Kundenkontaktes in Deutschland noch nicht allzu weit verbreitet. „Widersprüchlicher können die Aussagen nicht sein: Auf der einen Seite bezeichnen sich nahezu neun von zehn deutschen Unternehmen als ausgesprochen kundenorientiert. Auf der anderen Seite setzt gerade einmal jedes dritte Unternehmen CRM-Software ein bzw. plant deren Einsatz. Die Studie der Meta Group Deutschland geht deshalb davon aus, daß das Thema „Customer Relationship Management" (CRM) als solches noch nicht hinreichend bekannt ist" (Stojek 2000, S. 18).

Eine andere Quelle zur Umsatzmaximierung versprechen sich die Firmen aus der Technologie des Dataminings. „Die Informationstechnik steht zu Beginn des neuen Jahrtausends vor einer anspruchsvollen Aufgabe. Während sämtliche Geschäftsprozesse mittlerweile mehr oder weniger IT-gestützt abgewickelt werden und daher eine Unmenge operativer Datenbanken zum Überlaufen bringen, stellt die effiziente Auswertung dieser Daten für die Zwecke des Controllings oder der Marktforschung immer noch eine große Herausforderung dar. Dieser Aufgabenstellung widmet sich der Forschungsbereich des Data Mining, der von den Marktauguren als einer der Mega-Trends der nächsten Jahre gehandelt wird" (Bensberg 2000, S. 57-73). Unter Data Mining oder Data Warehouse wird im Allgemeinen eine Software-Anwendung verstanden, welche in der Lage ist, aus möglichst vielen im Unternehmen vorhandenen Datenquellen eine Information über einen Kunden zu erhalten. Diese Systeme nutzen, ähnlich wie Management-Informations-Systeme, den vorhandenen Zusammenschluß der unternehmensinternen EDV-Systeme. Durch entsprechende Prozeßlogik werden alle Daten aus den verschiedenen Quellen extrahiert und zu einem Gesamtbild über den Kunden herangezogen. Es ist erstaunlich, wie viele Informationen tatsächlich den Unternehmen zur Verfügung stehen. Als ein eher harmloses Beispiel soll folgendes Szenario dienen. Über einen Kunden eines großen Versandhandels könnten z.B. folgende Informationen vorhanden sein:

Information	Quelle
Name, Anschrift	Katalog-Anforderung
Kontoverbindung und Zahlungsverhalten	Rechnungsüberweisung
Telefonnummer und Handybesitz	Telefonische Reklamation
Geburtsdatum und Wunschauto	Gewinnspiel
Anzahl der Familienmitglieder, Alter und Geschlecht	Kleidungsgrößen bei Bestellung
Hobbys	Bestellung
Betriebssystem, Internet-Provider, Verweildauer und Nutzungshäufigkeit	Logfile des Internet-Servers
Spezielle Interessen	Logfile des Internet-Servers
Weiteres Kaufinteresse	Zugehörigkeit zum Kundenklub
Arbeitszeiten	Gewünschte Lieferzeiten
Automarke und Farbe	Bestellter Lackstift für Autoreparatur
Reiseziele	Bestellung Reiseführer, Reisebuchung
Anschrift des Arbeitgebers	Lieferung in die Geschäftsräume
Und vieles mehr ...	Jede direkte oder indirekte Kommunikation mit dem Unternehmen

Zusätzlich floriert ein lebhafter Handel mit entsprechenden Kundendaten. Es ist leicht, sich auszumalen, wie viele weitere Informationen das Versandhaus über unseren Kunden erhält, wenn es seine Daten mit denen etwa einer Fluggesellschaft, einer Payback-Karte und einer Versicherung abgleicht. Der gläserne Mensch ist zum großen Teil bereits Realität geworden. Welche technischen Schritte notwendig sind, um ein Datawarehouse in das Unternehmen zu integrieren, zeigt Kroker auf (Kroker 1998, S. 32):

Sieben Schritte zum Data Warehouse

1. Schritt: Definieren der Datenstruktur
In der ersten Phase geht es darum, die Beziehungen zwischen applikationserzeugten Daten und dem Data Warehouse festzulegen. Einige der hierfür entscheidenden Fragen sind beispielsweise: Welches Wissen soll aus dem Data Warehouse gezogen werden? Wie muß es organisiert sein, um auf die unternehmensrelevanten Fragestellungen optimal abgestimmt zu sein? Welche Dateien sind maßgeblich für die Zielsetzung? Dabei darf nicht vergessen werden, wo und in welcher Form die Daten gespeichert sind. Wer hier erste Fehler macht, darf sich nicht wundern, wenn die Ergebnisse negativ ausfallen.

2. Schritt: Daten extrahieren
Nachdem festgelegt ist, welche Daten für das Data Warehouse gebraucht werden, müssen sie in eine separate Datenbank transportiert werden, damit der operative Tagesbetrieb nicht gestört wird. Für diesen Schritt stehen eine Reihe von Software-Tools zur Verfügung, die für das komplette ETML (Extraction, Transformation, Movement und Loading) zuständig sind. In dieser Phase geht es nicht darum, von verschiedenen Hardware-Plattformen und verschiedenen Quellen Daten zu übertragen, besonders wichtig ist jetzt deren Bereinigung und Konsolidierung. Heißt in einer Datei beispielsweise eine Person Walter Schmidt, so ist möglicherweise derselbe in einer anderen Datenbank, allerdings als W. Schmitt bezeichnet. Zusätzlich könnte irgendwo anders noch ein Walter Schmid auftauchen. Handelt es sich hier nur um eine oder gar um drei Personen? Werden in dieser Phase falsche Daten in das Data Warehouse importiert, so wirkt sich das logischerweise auf die Qualität der Ergebnisse aus.

3. Schritt: Integration in bestehende Systeme
Damit die diversen Werkzeuge problemlos zusammenspielen, auch wenn kommerzielle Applikationen anderer Anbieter im Einsatz sind, müssen alle Daten integriert werden können. Tools wie etwa der IBM Data Joiner vereinfachen die Integration unterschiedlicher Applikationen, Plattformen und Datenbankumgebungen. Solche Software ermöglicht über ein einziges durchgängiges SQL Interface den transparenten Datenzugriff auf heterogene Datenquellen.

4. Schritt: Automation und Verwaltung des Data Warehouse
Mit Planungs-Tools wird der Aufbau eines Data Warehouses automatisiert und überwacht. IT-Spezialisten müssen nur noch in Ausnahmefällen eingreifen, ansonsten kann der tägliche Routineablauf ohne die Hilfe der Spezialisten ablaufen. In diesem vierten Schritt werden auch Metadaten angelegt, also beispielsweise Informationen darüber, welche Daten wo gespeichert sind.

5. Schritt: Skalierbarkeit
Da Data Warehouses erfahrungsgemäß schnell wachsen, weil beispielsweise über Nacht die aktuellen Daten vom Vortag eingespielt werden, muß ständig darauf geachtet werden, ob die eingesetzte Hard- und Software das von Giga- zu Terabytes wachsende Warenhaus verkraftet. Zusätzlich beginnen viele Unternehmen oft mit einem Stand-Alone System, das sich in verteilte Umgebungen und Multi-Thread Implementierungen auswächst.

6. Schritt: Vorbereitung zur eigentlichen Auswertung
Für die Analyse werden nun Schnittstellen implementiert, über die sowohl OLAP (OnLine Analytical Processing)-Tools als auch sonstige Front-Ends wie Reporting-Werkzeuge oder Spreadsheets auf das Warenhaus zugreifen können. Dabei ist zu beachten, daß Geschäftsanwender eine andere Art der

Auswertung benötigen als IT-Experten. Unternehmer brauchen einen einfachen visuellen Zugang zu ihren Daten. Die verschiedenen Analysen müssen per Mausklick durchgeführt werden können.

7. Schritt: Die Auswertung
Ob auf das Data Warehouse mit einfachen Abfragewerkzeugen oder komplexen OLAP-Tools zugegriffen wird, hängt von der Ausgangsfragestellung ab. Genügen mehrdimensionale Analysen nicht, kommen Data Mining-Tools zum Einsatz. Damit können dann bislang unbekannte Zusammenhänge entdeckt werden. Die im Auswertungsbereich angebotenen Produkte sind vielfältig. Ein neuer Trend zeigt sich in der Spezialisierung: Immer mehr vorkonfektionierte Lösungen kommen auf den Markt. Beispielsweise bietet IBM mit der Produktfamilie Decision Edge Applikationen für die Pflege von Kundenbeziehungen an.

3.4.4.7 eCommerce / B2B Marktplätze

Das alles beherrschende Schlagwort dieser Zeit ist „eCommerce"; obwohl es in aller Munde ist, fällt eine genaue Begriffsbestimmung schwer: „Electronic Commerce ist ein brandaktuelles Thema – leider zu aktuell, als daß es terminologisch klar abgegrenzt wäre. ... Was ist nun eCommerce? Das Schöne an solchen Schlagworten ist, daß man zu jeder Zeit eine Anzahl von Definitionen finden wird, unter denen man wählen kann. ... Das Wort „Electronic" suggeriert, daß hier elektronische Medien genutzt werden. Obwohl Radio und Fernsehen ebenfalls in diese Gruppe gehören, ist es eine mittlerweile allgemein angenommene Sichtweise, daß hier Datennetze gemeint sind, zu denen u.a. auch das Internet zählt. Genau genommen hat erst das Internet dieses Schlagwort in aller Munde gebracht, obwohl es bereits früher beispielsweise im Zusammenhang mit EDI (Electronic Data Interchange) verwendet wurde. Erzählt man heute, daß sogar im inzwischen anachronistisch wirkenden BTX-Dienst der Telekom versucht wurde, Geld zu verdienen, so betrachten die heranwachsenden Generationen dies wohl mehr als Geschichte für lange Kaminabende" (Focher 1998, S. 18). Wie Focher andeutet, ist eCommerce im Moment eher ein Marketingargument und eine vage Perspektive einer total vernetzten Wirtschaftswelt als ein klar faßbarer Terminus. Diese Aussage läßt sich leicht mit dem kometenhaften Aufstieg und ebenso raschen Absturz des sogenannten Neuen Marktes an der Börse belegen. Durch entsprechende Marketing-Maßnahmen und einzelne Erfolge wurde dem Börsenpublikum wie der Wirtschaft vorgegaukelt, daß hier ein guter Gewinn zu machen sei. Wie bereits an mehreren Stellen angedeutet, ist die Einführung der Neuen Medien oder in diesem Zusammenhang die Betätigung im Bereich eCommerce nicht alleine von einer funktionierenden Technik abhängig. Ein treffendes Beispiel für die eCommerce-Euphorie des Jahres 2000 ist das folgende Zitat: „Wer morgen Erfolg will, muß heute die Chancen des Internets erkennen"; so oder ähnlich lautet das Credo vieler Unternehmen und Autoren, die das hohe Lied auf das Umsatz- und Wachstumspotenzial des „Electronic Commerce" singen. Nur unverbesserliche Pessimisten scheinen noch daran zu zweifeln, daß dem elektronischen Handel – das heißt dem Verkauf von Produkten und Dienstleistungen über das Internet – die Zukunft gehört. „eCommerce" im umfassenden Sinne soll in Zukunft über das bloße Verkaufen von Produkten sogar noch weit hinausgehen und die wirtschaftlichen Grundstrukturen revolutionieren. Eine ganzheitliche „eBusiness"-Strategie, wie sie der welt-größte IT-Konzern IBM propagiert, kann zusätzlich die Installierung von Extranets zur Kommunikation mit Zulieferern oder auch die Einrichtung von Call-Centers zur verbalen Kommunikation mit dem Kunden beinhalten. Einzige feste Größe bei der Entwicklung einer eCommerce/eBusiness-Strategie ist letztlich nur die Webseite als Schnittstelle zum Internet. Das Beratungsunternehmen Andersen Consulting ist sich sicher, daß eine völlig neue „Electronic Economy" („eEconomy") mit gänzlich neuen Regeln, Möglichkeiten, Gefahren und Herausforderungen entstanden ist. Als Vorteile führen die Consultants unter anderem den freien Fluß und vor allem den kostengünstigen Zugriff auf Informationen für Unternehmen, ihre Handelspartner und Kunden an. Entgegen traditionellen Geschäftsgründungen sei es im Internet möglich, in kurzer Zeit und mit vergleichsweise geringem Startkapital ein global agierendes Geschäft zu errichten" (Schewe 2000, S. 55).

Neben solchen sehr vagen Definitionsversuchen zielen die meisten Begriffsbestimmungen für eCommerce primär auf technische Aspekte, wie die folgenden Zitate verdeutlichen: „Electronic Commerce ist der Versuch, mit den technischen Mitteln von Datennetzen einen zusätzlichen Absatzkanal für Güter und Dienstleistungen zu schaffen (will meinen: damit Geld zu verdienen)" (Focher 1998, S. 19) oder „Jede Art von geschäftlichen Transaktionen, bei denen die Beteiligten auf elektronischem Weg miteinander kommunizieren und nicht in physischem Kontakt stehen" (Neuburger 1998, S. 1) oder „Interorganisationssysteme für elektronischen Handel (electronic commerce) unterstützen den Austausch von Gütern aller Art und die damit zusammenhängende Waren- und Finanzlogistik.

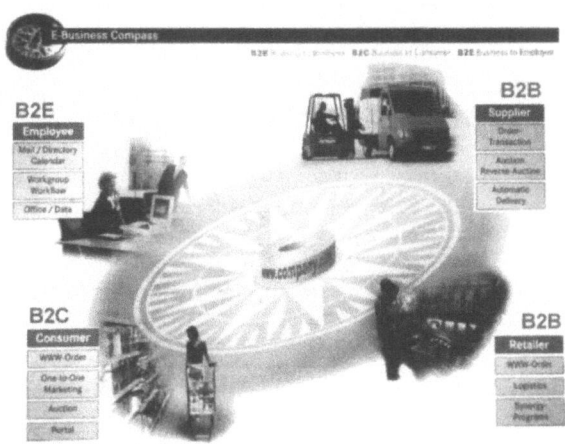

Abbildung 3.4-47: eBusiness Kompaß (debis Systemhaus 2000)

Typische Anwendungen sind elektronische Börsen für Wertpapiere, Finanzinstrumente, Versicherungsleistungen, Waren, Fracht und Laderaum etc. ebenso wie Reservierungssysteme in der Touristik oder Logistik, Bestellsysteme oder Systeme für den Zahlungsverkehr im Interbankenbereich oder zwischen Banken und ihren Kunden. Einige Systeme erleichtern auch die Zusammenarbeit mit Behörden, insbesondere ist hier die elektronische Weiterleitung von Zollunterlagen im grenzüberschreitenden Handel zu erwähnen" (Bauer 1997, S. 172). Eine andere Form der Begriffsbestimmung versucht die folgende Abbildung, indem sie eCommerce als Obermenge von B2B, B2C und B2E[58] beschreibt.

Der gesamte Boom wurde durch die wenigen erfolgreich im Internet agierenden Unternehmen begründet. Eine besondere Rolle spielt dabei der Markt in den USA. „Mit einem geschätzten Jahresumsatz von 18,1 Milliarden Mark hat das elektronische Ge-

---

[58] **B2E**: Business to Employee: Elektronische Komunikationsplattform für Mitarbeiter eines Unternehmens, z.B. für die Gehaltsabrechnung, Firmeninformationen, Travelmanagement, etc.

schäft mit Privatkunden dort bereits nahezu das Umsatzpotenzial der US-Automobilbranche erreicht. Fast unweigerlich stößt man in diesem Zusammenhang auf Namen wie Dell oder „amazon.com", Unternehmen, deren wirtschaftliche Erfolgsgeschichten unmittelbar mit Pionierleistungen im Internet-Handel verbunden sind. Das Unternehmen Dell, das als erster bedeutender PC-Produzent das Internet konsequent als Absatzkanal nutzte, verkauft zur Zeit – nach eigenen Angaben – täglich Computer im Wert von 16 Millionen Dollar über seine Website. Noch weitaus stärker im Mittelpunkt des öffentlichen Interesses steht ebenfalls bereits seit Jahren der Internet-Buchversand „amazon.com". Aufgrund des Umsatzerfolgs des Unternehmens hat inzwischen sogar der englische Kunstbegriff „to get amazoned" Verbreitung gefunden, der sinnbildlich für die drohende Gefahr steht, aufgrund mangelnden eigenen Engagements im Internet von einem Konkurrenten oder Neuanbieter online attackiert oder überholt zu werden" (Schewe 2000, S. 56).

	1996	1997	1998	1999
Computer-Hardware	107	1.154	1.838	3.482
Reisen	230	860	1.458	2.683
Bücher	34	149	287	639
Computer-Software	72	196	299	594
Geschenke, Blumen	45	117	231	400
Online-Brokerage	38	117	187	377
Automobile	11	51	137	320
Musik	27	51	125	320
Bekleidung	38	86	137	263
Lebensmittel	34	86	112	205
Sonstige	491	1.044	1.421	2.135
Total	1.128	3.910	6.230	11.416

Tabelle 3.4-12: Umsätze eBusiness in den USA 1996-1999 (Zerdick 1999, S. 154)

Die Tabelle gibt die Zunahme der durch eBusiness erzielten Umsätze in den USA wieder. Neben der Ausweitung der Absatzmärkte stehen für die Firmen primär die Einsparungsmöglichkeiten durch die Nutzung digitaler Absatzkanäle im Vordergrund. Welche Einsparungspotentiale ein konsequenter Einsatz der Neuen Medien in diesen Bereichen haben könnte, zeigt die nebenstehende Abbildung.

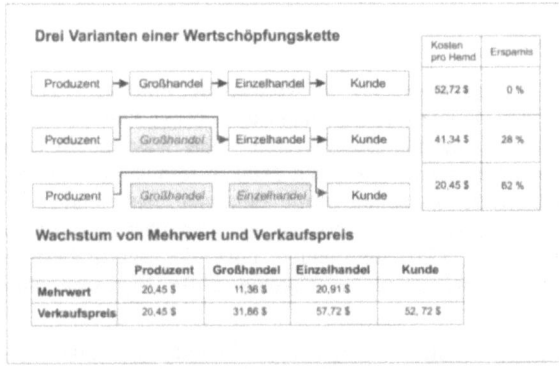

Abbildung 3.4-48: Wertschöpfungskette der Bekleidungsindustrie (in Anlehnung an Benjamin 1995, S. 67; aus Picot 96, S. 333)

Die Darstellung veranschaulicht, welche Ersparnis der Kunde haben würde, wenn er in der Lage wäre, direkt beim Produzenten seine Bekleidung zu beschaffen. Vergegenwärtigen wie uns die traditionelle Entwicklung der Vertriebskanäle, so wird schnell klar, daß die im oberen Beispiel der Grafik vorstellte Kette vom Produzenten über den Groß- und Einzelhandel bis zum Kunden hauptsächlich aus administrativen Gründen entstanden ist. Im Zeitalter der Neuen Medien treten diese administrativen Ursachen jedoch in den Hintergrund. Ziel eines jeden Unternehmens wird daher sein, möglichst direkt mit dem Endkunden in geschäftlichen Kontakt zu kommen (vgl. Zerdick 1999, S. 194 ff). Wie positiv auch in Deutschland dieser Trend bewertet wird, zeigt das folgende Zitat: „Nach Einschätzung des Arbeitskreises werde sich in den nächsten vier Jahren der Umsatz mit Büchern im Internet auf 1,2 Milliarden DM verzehnfachen und damit schon rund sieben Prozent des Jahresumsatzes der deutschen Buchbranche ausmachen" (Schewe 2000, S. 57).

Eine der neuesten Entwicklungen in dem Bereich des eCommerce sind die sog. elektronischen Marktplätze (vgl. u.a. Picot 1996, S. 330ff). Ähnlich dem traditionellen Verständnis des Begriffes Marktplatz bieten auf diesen virtuellen Marktplätzen Lieferanten ihre Waren an. Grundgedanke ist eine moderne Form der Einkaufskooperation, in welcher große Firmen ihre Einkäufe bündeln und gleichzeitig ihren Zulieferern die Möglichkeit geben ihre Produkte anzubieten. Die Interaktion soll hierbei weitgehend automatisch stattfinden, so daß eine am Arbeitsplatz aufgegebene Bestellung für einen Computerbildschirm automatisch durch Workflow-Systeme vorbereitet (vgl. Beispiel Beschaffungsmanagement Kapitel 4.1) und in ein großes Kontingent benötigter Bildschirme eingestellt wird. Das System soll dann in Form einer digitalen Ausschreibung das billigste Angebot der Zulieferer ermitteln und selbständig die entsprechende Bestellung auslösen. Einige Skeptiker befürchten, daß durch diese Form des Einkaufes der Druck auf die Zulieferer noch weiter steigen könnte, da so die großen Konzerne quasi durch Knopfdruck in der Lage versetzt werden könnten, die Einkaufspreise zu drücken.

3.4.5 Merkmale der technischen Voraussetzungen für den Einsatz Neuer Medien im Unternehmen

Die Einführung der Neuen Medien in eine Unternehmung bedarf einer genauen Planung. Dabei sollten, wie bereits mehrfach aufgezeigt, nicht nur technische Aspekte im Vordergrund stehen. Im Allgemeinen ist die technische Komponente diejenige, welche bei der Einführung die geringsten Probleme macht. Erfahrungen aus verschiedenen eCommerce Projekten zeigen, daß die hauptsächlichen Probleme während der Entwicklungsphase durch unzureichende Projektdefinition und während des späteren Einsatzes durch fehlende Anwenderakzeptanz entstehen. Um eine bessere Projektdefinition zu erzielen und Differenzen zwischen der Vorstellung des Kunden und des Systemhauses zu vermeiden, wurde die Unified Modelling Language[59] (UML) eingeführt,

---

[59] Obwohl es der Name vermuten läßt, ist UML in keiner Weise eine Abart von SGML. UML ist in diesem Sinne keine Beschreibungssprache sondern ein eigenständiges Entwicklungskonzept für die Softwareentwicklung.

welche mit Hilfe einer standardisierten Erfassungs- und Prozeß-Modellierungsmethode eine eindeutige Aufgabendefinition zuläßt. Durch neun verschiedene Diagrammtypen wird ein in Software abzubildender Business-Prozeß genau in seine Einzelteile zerlegt und die notwendigen Programmier-Objekte definiert. Der große Vorteil dieser Methode ist nicht nur die strukturierte Herangehensmethode, sondern auch die eindeutige Beschreibung der zu implementierenden Aufgaben.

Die Abbildung zeigt einen einfachen Arbeitsablauf in Form des ersten zu nutzenden Diagrammtyps, dem sog. UseCase-Diagramm. In leicht verständlicher Form werden hier die am Prozeß beteiligten Akteure mit ihren jeweiligen Tätigkeiten als Symbole dargestellt. Dieses Verfahren sammelt auf einfachste Weise Informationen über alle Beteiligten und alle Aufgaben. Im folgenden Schritt werden mit Hilfe des sog. Klassen-Diagramms die gefundenen Aufgaben in Teilaufgaben spezifiziert.

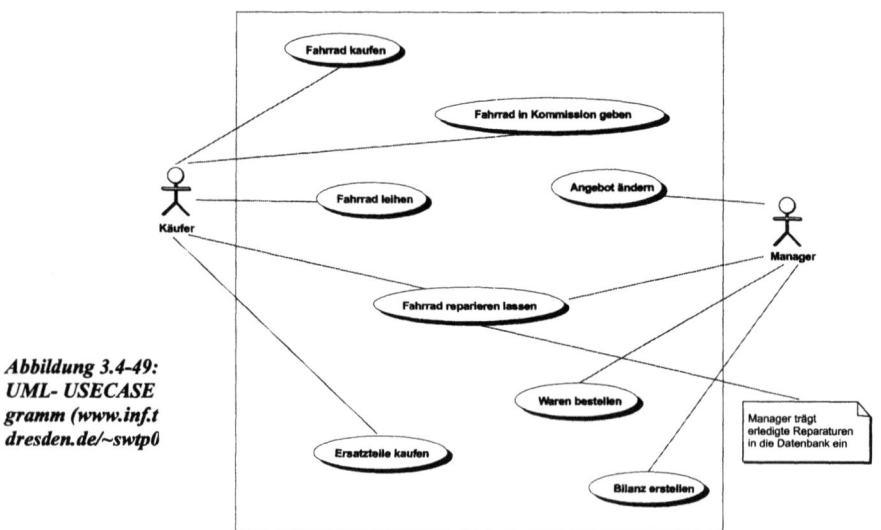

Abbildung 3.4-49: UML- USECASE gramm (www.inf.t dresden.de/~swtp0

Eine Vertiefung und Erklärung der einzelnen Modellierungs-Schritte würde auf Grund der Komplexität der weiteren Diagramme und der damit verbundenen notwendigen Informatikkenntnisse den Rahmen dieser Arbeit sprengen und sicherlich nur eine begrenzte Leserschaft interessieren, welche ich auf die ausführliche Fachliteratur zu diesem Thema verweise. Nur soviel sei noch zu UML gesagt: Die identifizierten Aufgaben werden später zu Objekten im Sinne der objektorientierten Programmierung, während die gefundenen Teilaufgaben zu Methoden zu diesen Objekten werden. Die weiteren Diagrammtypen beschreiben dann z.B. den zeitlichen Ablauf der einzelnen Prozesse. Obwohl UML eine programmiersprachen-unabhängige Modellierungssprache ist, bieten aktuelle Prozeßmodellierungstools die Möglichkeit, sogar einen rudimentären Programmcode am Ende der UML-Definition zu erzeugen. Somit steht für die anschließende Programmierung der gewünschten Anwendung ein Programmgerüst zur Verfügung, welches genau den am Anfang mit dem Kunden definierten Voraussetzungen entspricht.

Innovative Unternehmenskommunikation – Dimension Neue Medien

Die ausschließlich technischen Merkmale, welche die erfolgreiche Einführung der Neuen Medien im Unternehmen beeinflussen, sind durch entsprechende Investitionen schnell auf den notwendigen Stand zu bringen. Die folgende Aufzählung soll exemplarisch diese technischen Parameter beschreiben:

- EDV-Ausstattung im Unternehmen,
- Internet-Anbindung / Vernetzungsgrad,
- Übertragungskapazität,
- Funktionsumfang der Software (z.b. Groupware),
- Einsatz angepaßter Software.

Auf eine ausführliche Erklärung der Merkmale wurde bewußt verzichtet, da alle bereits in diesem Kapitel ausgiebig behandelt wurden; daher im Folgenden nur noch eine kurze Zusammenfassung.

3.4.5.1 EDV-Ausstattung im Unternehmensumfeld

Grundlegendes Merkmal für die Einführung von elektronischen Kommunikationssystemen ist die im Unternehmen vorhandene Ausstattung an Computern und entsprechenden Peripheriegeräten, wie z.B. Bildschirmen und Druckern. Ohne eine entsprechende Ausstattung ist die erfolgreiche Nutzung der Neuen Medien nicht möglich. In den meisten Fällen definieren die eingesetzten Software-Anwendungen die benötigten Hardwarevoraussetzungen. Der Einsatz veralteter Systeme wird in den meisten Fällen zu einer sehr geringen Nutzerakzeptanz führen, was jeder, der selbst an einem langsamen PC arbeiten mußte, sicher sofort nachvollziehen kann. Auf Grund der sich ständig drehenden Aufrüstungsspirale im Bereich der Hard- und Software ist davon auszugehen, daß die Bewertung dieser Merkmale nur eine Momentaufnahme widerspiegeln kann und die Bewertung daher in regelmäßigen Abständen zu wiederholen ist. Zusätzlich zur Hardware ist unter dem Merkmal EDV-Ausstattung die für den einzelnen Mitarbeiter zur Verfügung stehende Softwareausstattung zu verstehen. Dazu gehören nicht nur die auf seinem Arbeitsplatzrechner installierten Programme, sondern auch die über das Netzwerk zugänglichen Anwendungen.

3.4.5.2 Internet-Anbindung / Vernetzungsgrad

Der Vernetzungsgrad der im Betrieb genutzten Computer ist als weiteres Merkmal zu nennen. Mittlerweile ist die Vernetzung einzelner Arbeitsplatzrechner zu Local Area Networks (LAN) als abgeschlossen zu bezeichnen. Es sollte selbst in Deutschland kein Unternehmen mehr geben, welches ausschließlich Einzelplatzgeräte in seinen Räumen einsetzt. Anders sieht es in der Verknüpfung des LAN mit dem Internet aus. Der Internetzugang am Arbeitsplatz ist noch in vielen Betrieben kein Standard. Meist aus Kostengründen wird der Zugang der Angestellten verhindert. Das hauptsächliche Argument der Vorgesetzten dabei ist die Befürchtung, der Mitarbeiter könnte während seiner Arbeitszeit privat im Internet surfen. Diese Führungskräfte sollten sich jedoch einmal fragen, was sinnvoller für das Unternehmen ist, wenn der Mitarbeiter Kenntnisse im Umgang mit den Neuen Medien selbständig erlangt oder die meist nicht vom Arbeitsplatzrechner gelöschten Spiele wie Solitär offline während seiner Arbeitszeit nutzt. Außerdem ist anzunehmen, daß ein motivierter Mitarbeiter nicht unnötig Arbeitszeit vergeudet, sondern nur unzufriedene oder unterbeschäftigte Mitarbeiter die Gelegenheit nutzen und ausgiebig im Web surfen.

3.4.5.3 Übertragungskapazität

In diesem Zusammenhang stellt sich natürlich die Frage nach der Übertragungskapazität, d.h. die installierte Bandbreite im LAN und zwischen dem LAN und dem Internet. Auch ist hier eine Bewertung der unternehmensinternen Verbindungen mit einzubeziehen, etwa zwischen zwei Standorten. Die Übertragungsraten im LAN liegen heute zwischen 100 Mbit/s und 1 Gbit/s, die Anbindungen der Firmennetze variieren zwischen 64 kBit/s (ISDN-Telefonleitung) und 2 Gbit/s als schnelle Standleitung (vgl. Kapitel 3.4.2.8 – Die Schnellen Datenleitungen entstehen).

3.4.5.4 Funktionsumfang der Software (z.B. Groupware)

Ein weiteres Merkmal für den Einsatz innovativer Unternehmenskommunikation im Unternehmen ist der Funktionsumfang der entsprechenden Software. Je nach Anwendungsfall ist hier kritisch die Menge der Funktionen zu bewerten. So bieten heute z.B. Textverarbeitungsprogramme eine Funktionalität, welche vor wenigen Jahren nur durch die Kombination von Text-, Tabellenkalkulations- und Grafikanwendungen erzielt werden konnte. Für den unerfahrenen Anwender stellt diese Menge an implementierten Funktionen eher ein Hindernis als eine Unterstützung dar.

3.4.5.5 Einsatz angepaßter Software

Eine Abhilfe dagegen bieten auf Bedürfnisse des Nutzers angepaßte Softwareprogramme. Hierzu zählen zum einen Standard-Anwendungen, welche sich durch Menüeinstellungen im Funktionsumfang auf die Bedürfnisse der Nutzergruppen wie z.B. Anfänger, Fortgeschrittener und Profi, einstellen lassen. Zum anderen fallen speziell für einen Anwendungszweck im Aufgabenbereich entwickelte Lösungen unter diesen Punkt.

3.4.6 Abschluß

In diesem Kapitel wurde versucht, einen weitgreifenden Einblick in die Entstehung der modernen Kommunikationsmedien zu geben und die aktuellen Entwicklungen zu beschreiben. Dies erscheint notwendig, um die aktuellen Entwicklungen besser in einem entsprechenden Kontext einordnen zu können. Bei vielen heute als innovativ und neu bezeichneten Entwicklungen fällt im historischen Kontext auf, daß diese nur Schritte auf einer langen Reihe von Verbesserungen darstellen. Das gleiche gilt für den Begriff der Neuen Medien. Wie aufgezeigt werden konnte, ist er relativ und eher als Bezeichnung für die jeweils aktuellen Entwicklungen auf dem Gebiet der elektrischen bzw. elektronischen Kommunikationsmedien anzusehen, denn als genaue Umschreibung für die aktuellen Entwicklungen zu verstehen. Spätestens seit dem Aufkommen der Schlagwörter „eBusiness" und „eCommerce" ist der Begriff „Neue Medien" aus den Berichterstattungen verdrängt worden. Träger dieser Neuausrichtung der Wirtschaft ist der Internetboom. Das Internet hat eine Vielzahl von verschiedenen Kommunikationsdiensten und technischen Anwendungen hervorgebracht, welche auch die Arbeitssituation in den Unternehmen grundlegend verändert hat und weiter verändern wird. Im von Bauer dargestellten Spannungsfeld zwischen Kommunikations-, Koordinations- und Kooperationsunterstützung sind ein großer Teil der in diesem Kapitel beschriebenen Anwendungen wiederzufinden.

Es wurde weiterhin dargestellt, daß das Internet eine Vielzahl von Veränderungsprozessen initiiert hat, welche wir bisher nur in den ersten Ansätzen bemerken. Eine dieser Veränderungen ist die Neuausrichtung vieler traditioneller Unternehmen auf die neuentstandenen Märkte. Allein die erfolgreiche Koppelung der Beschaffungssysteme von Großunternehmen mit den Vertriebssystemen der Lieferindustrie wird eine Revolution in der Zusammenarbeit zwischen verarbeitender und zuliefernder Industrie bewirken. Auch für den privaten Kunden verändert sich die Beziehung zu den Unternehmen. Waren früher nur *1:n Beziehungen* im Verhältnis Hersteller-Kunde möglich, so bieten die neuen Technologien erstmals die Möglichkeit einer direkten *1:1 Beziehung*. Wie angeführt, bedeutet dies für den Kunden eine bisher nicht dagewesene persönliche Betreuung, z.B. durch Call-Center mit CRM-Software, zum anderen geht jedoch mit dieser Entwicklung eine gewisse Aufgabe des eigenständigen Individuums verloren, wie das Beispiel zum Data-Mining und der damit erkundeten persönlichen Informationen in erschreckendem Maße aufzeigt. Trotzdem wird die persönliche Kommunikation nicht durch die elektronische verdrängt werden. „Empirische Organisationsanalysen haben gezeigt, daß für komplexe Aufgaben, bei denen es im Kommunikationsprozeß auf das Verstehen des Inhalts, auf Diskussion und Rückkopplung ankommt, das persönliche Gespräch „face-to-face" der bevorzugte Kommunikationsweg ist. Geht es dagegen um eine direkte schnelle Übermittlung von Informationen, so wählt man vorwiegend das Telefon.

Die schriftliche Kommunikation wird immer dann bevorzugt, wenn die Übermittlung des genauen Wortlauts im Vordergrund steht und wenn der Kommunikationsinhalt dokumentiert und weiterverarbeitet werden soll" (Picot 1984, S. 46). Vielmehr werden zunehmend heute noch durch menschliche Interaktionsvorgänge bestimmte Aktionen, wie z.B. der Bestellvorgang, in Zukunft automatisiert werden. Bill Gates beschreibt in eindrucksvoller Weise in seinem Buch „Business @ The Speed of Thought" bereits existierende Verknüpfungen von verschiedensten EDV-Systemen. Diese Anwendungen muten auf den ersten Blick futuristisch an, doch wird auf Grundlage des vorliegenden Kapitels schnell klar, daß es heute nicht die fehlende Technik, sondern in erster Linie die Menschen sind, welche einen sinnvollen, übergreifenden Einsatz der Neuen Medien im Unternehmen verzögern.

3.5 Empirische Untersuchungen zur Kommunikation mit elektronischen Hilfsmitteln

Der Einsatz der Neuen Medien ist mittlerweile in fast allen Bereichen der Wirtschaft vollzogen. Trotzdem entsprechen die Resultate bisher nicht den Erwartungen. Aus diesem Grunde erscheint eine Ursachenforschung dringend geboten. Ebenso bedürfen die Neuen Medien aus wissenschaftlichem Interesse der Untersuchung, da sie zum einen aus sozialwissenschaftlicher Sicht dabei sind, einen Wandel der Gesellschaft ursächlich voranzutreiben, aus kommunikationswissenschaftlicher Betrachtungsweise interessante Aufschlüsse über den Umgang mit einem neuen Kommunikationskanal bieten und aus psychologischer Perspektive die Wirkungsforschung bezogen auf Veränderungen im zwischenmenschlichen Verhältnis herausfordern.

Aus diesen und vielen weiteren Gründen stehen die Neuen Medien im Mittelpunkt verschiedenster Untersuchungen. Im Rahmen der Literaturrecherche für diese Arbeit wurde eine große Anzahl von Studien aus verschiedenen Fachgebieten analysiert, von denen einige mit speziellem Interesse in diesem Kapitel vorgestellt werden sollen. Den Anfang macht eine Studie aus den achtziger Jahren, um aufzuzeigen, daß, obwohl damals das Internet noch nicht in aller Munde war, ähnliche Probleme im Umgang mit den „damaligen" Neuen Medien anzutreffen waren.

3.5.1 Rückblick – Studien zur Einführung der „alten" Neuen Medien

Die wissenschaftliche Untersuchung der elektronischen Kommunikationsmedien ist fast genauso alt wie der Computer selber. Erste Untersuchungen zu diesem Thema gehen in die frühen sechziger Jahre des 20. Jahrhunderts zurück. So berichtet z.B. Rice von Untersuchungen, welche den Computer im Zusammenhang mit der Gesellschaft, der Aus- und Weiterbildung und der Arbeit betreffen: „The bulk of this attention has been focused, of course, on the computer – not as a communication medium, but as an information processor, computational device, and simulator of human mental functions. The relationships between computers and society, thought, education, and work were major concerns in books by Greenberger (1962), Simon (1960), and Wiener (1961)" (Rice 1984, S. 24).

Außerdem erschienen relativ früh erste Untersuchungen, wie die Datenverarbeitung Büroarbeit verbessern könnte (ab 1963), jedoch waren die meisten dieser Studien auf einzelne sehr technische Punkte ausgerichtet. Etwa zur gleichen Zeit begannen Wissenschaftler in den USA, die Wechselwirkung zwischen dem Fernsehen als Massenmedium und der Gesellschaft zu untersuchen[60].

Seit diesem Zeitpunkt sind sehr viele Untersuchungen zum Thema der elektronischen Medien durchgeführt worden. Der weitaus größte Teil beschäftigt sich mit den Massenmedien, wie Radio, Zeitung oder Fernsehen, und der Interaktion mit dem Menschen. Größtes Interesse besteht dabei auf Seiten der Medienkonzerne, da diese sich durch die Studien eine Verbesserung ihrer Marktanteile versprechen.

---

[60] Eine sehr umfangreiche Liste von Forschern, welche sich mit Untersuchungen zu den Wechselwirkungen zwischen Computer und Gesellschaft in der Zeit von 1960 bis 1980 beschäftigt haben, ist bei Rice zu finden (vgl. Rice 1984, S.24ff).

Von den übrig bleibenden Untersuchungen beschäftigt sich wiederum ein Großteil mit nur einem elektronischen Kommunikationsmedium. Nur der kleinste Teil der Forschung betrachtet mehrere verschiedene Kommunikationsmittel und das entsprechende Umfeld.

Einige ausgewählte Untersuchungen sollen in diesem Kapitel vorgestellt werden. Zusätzlich werden eigene im beruflichen Umfeld durchgeführte Erhebungen beschrieben, um den Leser weiter für dieses Thema zu sensibilisieren.

3.5.1.1 Studie Bürokommunikation und Nutzerverhalten (1979-1982)

Als Grundlage für diesen Rückblick soll eine Studie aus dem Jahre 1982 dienen. Im Jahre 1977 beauftragte das Bundesministerium für Forschung und Technologie eine Untersuchungskommission mit der Erforschung der „Auswirkungen neuer Kommunikationstechnologien im Büro auf Organisationsstruktur und Arbeitsinhalte". Die damals neu verfügbaren elektronischen Kommunikationsmittel, wie Teletex und Telex, sollten in Form eines Feldversuches eingeführt und daran die Veränderung des Nutzerverhaltens sichtbar gemacht werden. An dieser Untersuchung waren neben dem Forschungsministerium die Siemens AG, die Allianz-Versicherungsgruppe und die Deutsche Bundespost beteiligt. Geleitet wurde die wissenschaftliche Untersuchung von Prof. Dr. Arnold Picot, Universität Hannover, und Prof. Dr. Ralf Reichwald, Hochschule der Bundeswehr München. Die Untersuchungen erstreckten sich von 1979 bis 1982.

Im Rahmen des Forschungsprojekts „Bürokommunikation" wurden in verschiedenen Testfeldern der Industrie und der Dienstleistungsbranche etwa 150 Sekretärinnen und Schreibkräfte sowie zirka 1000 Sachbearbeiter und Führungskräfte ausgewählt, die zum Zeitpunkt der Untersuchung die neuen Telekommunikations-Dienste für ihre Aufgabenerfüllung testen sollten. Insgesamt wurden etwa 80 Pilotversionen der neuen Teletex-Technik, kombiniert mit Telefaxgeräten, an verschiedenen Standorten der Siemens AG und der Allianz-Versicherungsgruppe eingesetzt. Die Untersuchungsfelder verteilten sich über das gesamte Bundesgebiet und West-Berlin. Zur Anwendung kamen in den Untersuchungsbereichen des Hauses Siemens Teletex-Prototypen aus Siemens-eigener Produktion und in den Untersuchungsfeldern des Hauses Allianz Pilotversionen der Teletexgeräte der Unternehmensgruppe Olympia AG/Telefonbau & Normalzeit/AEG.

Auch aus heutiger Sicht ist dies eine sehr interessante Studie, da jetzt, 20 Jahre später, fast die gleichen Bedingungen bei der Einführung unserer modernen Kommunikationsmedien zu beobachten sind, obwohl sich die Technik in den vergangenen Jahren doch sehr schnell weiterentwickelt hat.

Im Hauptinteresse von Picot und Reichwald richtet sich nicht auf die Technik, sondern auf die Anwendungsmöglichkeiten und den eigentlichen Anwender. „Den Beteiligten schwebte von Anfang an vor, die als Pilottechnik verfügbaren Vorläufer einer typischen, demnächst einzuführenden neuen Kommunikationstechnik feldexperimentell sowie über einen längeren Zeitraum einzusetzen. Auf diese Weise sollte es gelingen, zum einen Hinweise für Verbesserungsmöglichkeiten dieser in der Endphase der Entwicklung befindlichen neuen Kommunikationstechnik und des zugehörigen Dienstes – in unserem Fall Teletex – zu erarbeiten. Zum anderen sollten grundlegende Erkenntnisse über Struktur und Funktion organisatorischer Kommunikation im Aufgabenzusammenhang gewonnen werden. Dadurch wird es möglich, über die eingesetzten Kommunikationstechniken hinaus Grundlagen für die Beurteilung von Einsatzbedingungen und Ausbreitungschancen neuer Kommunikationstechniken sowie für deren Auswirkungen auf den Arbeitsplatz, die Arbeitsbeziehungen und die Qualität der Aufgabenabwicklung in Organisationen zu erarbeiten. Viele der untersuchten Fragen werden auch unter den Stichworten „Akzeptanzforschung" oder „Wirkungsforschung" diskutiert" (Picot 1984, S. 7).

Zum Untersuchungsprogramm gehörten ausführliche Analysen der Testfelder sowie zusätzliche empirische Erhebungen und theoretische Studien zum Kommunikationsbedarf in Organisationen, zum Verhalten von Nutzern und Bedienern beim Umgang mit neuer Kommunikationstechnik und zur Frage der wissenschaftlichen Techniknutzung.

Im Einzelnen wurden untersucht:

- Technische Aspekte,
- Soziale Beziehungen,
- Kommunikationsprozesse und deren Eignung,
- Einsatzmöglichkeiten neuer elektronischer Textmedien,
- Bedienerakzeptanz und Akzeptanzbarrieren der Anwender,
- Bedarfsstrukturen und Einsatzbedingungen,
- Nutzerverhalten,
- Veränderungen der organisatorischen Arbeitsprozesse,
- Wandel der Kommunikationsformen,
- Wirtschaftlichkeit der Kommunikationstechnik.

Die vollständige Zusammenfassung einer Studie dieser Größenordnung ist im Rahmen dieser Arbeit nicht zu leisten, da die veröffentlichte Ergebnisdokumentation viele Bände füllt (vgl. Picot 1984, S. 9). Trotzdem soll versucht werden, einige wichtige Ergebnisse herauszuheben. Das Herausragende an dieser relativ alten Untersuchung ist, daß sich viele Ergebnisse von damals in aktuellen Forschungsberichten wiederfinden lassen. Wie bereits in den vorigen Kapiteln erläutert, ist der Begriff der Neuen Medien relativ zu sehen, d.h. jede Technikgeneration hat ihre eigenen Neuen Medien hervorgebracht, welche mit entsprechendem Enthusiasmus gefeiert wurden. Nicht alle dieser Entwicklungen haben den Lauf der Zeit überlebt, wie in Kapitel 4.4 beschrieben worden ist. Das menschliche Verhalten und damit die soziale Reaktion auf die Neuerungen ist, wie der Vergleich der Studien belegt, jedoch immer gleichgeblieben. Entsprechende Herangehensweisen und Akzeptanzbarrieren waren zu jeder Zeit zu beobachten und obwohl diese Verhaltensweisen schon lange bekannt sind, wurde der Einführungsprozeß der Neuen Medien in den Unternehmenskontext über die Zeit nicht verändert.

Die folgende Übersicht gibt ein Meinungsbild wieder, wie sich damals die Fachleute die Einsatzfelder für die damaligen Neuen Medien vorstellten.

Einschätzung organisationsbezogener Einsatzfelder für ausgewählte Telekommunikationsformen durch Herstellervertreter
(vgl. Picot 1983b, S. 196)

	Teletex	Telefax	BTX	Teil-integrierte Systeme	Hoch-integrierte Systeme
Personal	2+	2+	3	1-2+	1-2+
Unternehmens- bzw. Geschäftsleitung	1	1	1-2	2+	1
Vertrieb	1	1-2	1	1	1
Allgemeine Verwaltung	1	2	1-2	1-2	2+
Organisation	2+	2+	2+	1	1-2+
Rechnungswesen	2+	2+	2+	1-2	2+
Sach- / Fachabteilungen.	1-2	1-2+	1-2	1	1
Planung	2	1	2-3+	1-2	1
Fertigungssteuerung und -planung	2-3	2+	2-3+	2+	2+
Forschung und Entwicklung	2-3	1	2-3+	2+	2+
Materialwirtschaft	2+	2+	2-3+	2+	2+

1 = gut   2 = mittel   3 = schlecht   + = keine klare Tendenz zu erkennen

Interessant ist, daß schon damals von „hochintegrierten Systemen" gesprochen wurde, ein Begriff, der offensichtlich im Bezug auf eBusiness nur reaktiviert wurde. Ebenso eindrucksvoll sind die getroffenen Einstufungen; betrachtet man z.B. die Bewertung von BTX als Medium für die Personalabteilung, so erscheint eine „3" als Note aus heutiger Sicht – unter der Annahme, daß BTX ein indirekter Vorfahre des Internets ist – als deutlich zu schlecht beurteilt, wenn man sich z.B. den Erfolg von Online-Stellenbörsen bewußt macht.

Die nächste Ergebnisdarstellung reizt noch mehr zu Vergleichen, da viele der damals evaluierten Meinungen von Vorgesetzten durch die Organisationsreformen längst als antiquiert angesehen werden. Sie belegen einen heute sicher nicht mehr aufrecht zu erhaltenden Machtanspruch. Alleine die Annahme, daß der persönliche Arbeitsstil nicht verändert werden müßte, ist längst von der Geschichte korrigiert worden.

Beurteilung verschiedener Voraussetzungen für einen erfolgreichen Technikeinsatz
(vgl. Picot 1983b, S. 163)

	erforderlich 1	weniger erforderlich 2	nicht erforderlich 3
1) Ich müßte über die Leistungsmerkmale der Technik immer informiert werden.	A = 1,5 B = 1,6		
2) Ich müßte meine Kommunikationsgewohnheiten ändern (z.B. statt persönlich / fernmündlich mehr schriftlich).		A = 1,9 B = 2,0	
3) Das Gerät müßte an meinem Arbeitsplatz bzw. sehr nahe dabei stehen.	A = 1,6	B = 1,8	
4) Die Nutzung des Geräts bzw. der Zugriff müßte genau geregelt werden.	B = 1,5	A = 2,0	
5) Ich müßte jederzeit jemandem etwas zum Schreiben geben können.	A = 1,6 B = 1,7		

6) Die Geräte müßten auch unmittelbar am Arbeitsplatz meiner Kommunikationspartner stehen.	A = 1,5	B = 1,8	
7) Ich müßte meinen Arbeitsstil ändern.		A = 2,1 B = 2,2	
8) Ich müßte bei Kontakten mit Partnern an anderen Standorten schneller reagieren.		A = 2,2 B = 2,3	

A -Dienstleistungsunternehmen, n = 40 (bisher: zentrale Aufstellung geläufiger Kommunikationstechniken (Telex, Telefax), deren Nutzung stark geregelt ist).

B - Industrieunternehmen, n = 272-334 (bisher: dezentrale Aufstellung geläufiger Kommunikationstechniken (Telex, Telefax), deren Nutzung wenig geregelt ist).

Die folgende Liste zeigt die damals im Zusammenhang mit der Umfrage ermittelten Ergebnisse im Bezug auf die Substitutionsmöglichkeiten von Telefonaten durch Teletex. Im übertragenen Sinne ist hier ein Vergleich der Einsatzgebiete von Telefon und moderner eMail zu erkennen.

Die am häufigsten genannten Gründe für und gegen eine Substitution von Telefonaten durch Teletex
(Picot 1984, S. 80)

Gründe für die Substitution
- Dem Telefonat folgt ein Schriftwechsel.
- Die ausgetauschten Informationen müssen weiterverarbeitet und dokumentiert werden.
- Mit einer schriftlichen Vorlage hätten die Informationen schneller (konzentrierter) erfaßt werden können.
- Der Inhalt des Gesprächs geht mehrere Personen an, die jetzt informiert werden müssen.
- Sie brauchten eine direkte schnelle Rückantwort.

Gründe gegen die Substitution
- Einen Brief zu entwerfen und zu tippen hätte zu lange gedauert.
- Bei einem Schriftwechsel hätte kein unmittelbarer Gedankenaustausch stattfinden können.
- Die nebenbei erhaltenen Hintergrundinformationen wären bei einem Schriftwechsel verloren.
- Sie brauchten eine direkte schnelle Rückantwort.
- Die erste Abklärung kann besser mündlich getroffen werden.

Im Zusammenhang mit der Analyse der Technikintegration in den täglichen Arbeitsablauf konnten damals folgende Akzeptanzbarrieren identifiziert werden. Alle genannten Hinderungsgründe sind noch heute, 20 Jahre später, in vollem Umfang in der Wirtschaft vorzufinden.

Innere und äußere Akzeptanzbarrieren
(Picot 1983a, S. 16)

innerbetriebliche Barrieren	außerbetriebliche Barrieren
• Fehlendes Bedarfsbewußtsein der Anwender • mangelndes Analyseinstrumentarium	• Mangelnde Bedarfsorientierung der Hersteller • Technikvielfalt und „Imaginärer" Markt

• fehlende Einsatzkonzepte • fehlendes Netzwerkdenken • Problem der Zuständigkeiten • verkürzte Wirtschaftlichkeitsbetrachtungen • mangelhafte Implementierungsstrategien • fehlende Benutzerfreundlichkeit der Technik • usw.	• ungeeignete Vertriebswege • Software-Engpaß • Neuerungsdynamik • Problem der „kritischen" Masse • Mangelnde Kompatibilität der Technik • Medienbrüche • Wertewandel und Wirkungsdiskussion • usw.

Ein sehr ehrliches Antwortverhalten zeigt die nachfolgende Tabelle. Initiiert durch die Frage, wie die Mitarbeiter mit den neuen Geräten zurechtkommen, wurde durch die Befragten ein klares Bild darüber abgegeben, wie viele von ihnen die Geräte während des Testes genutzt haben. Insgesamt 69 Prozent gaben an, den Verwendungszweck zu kennen oder wenigstens davon gehört zu haben.

„Beherrschungsgrad" der Techniknutzer
(Picot 1983a, S. 146)

Ich kann das Gerät vollständig bedienen.	6%
Ich kann selbst Briefe versenden.	11%
Ich kann gespeicherte (ankommende) Texte ausdrucken.	14%
Ich weiß, was man damit machen kann.	45%
Ich kenne Teletex nur vom Hörensagen.	24%

Die zum Schluß folgende Grafik stellt die Anforderungen an einen Kommunikationsvorgang aus damaliger Sicht der Anwender dar. Zusätzlich wird im Hintergrund noch die Verteilung der Dokumentenerstellung wiedergegeben. Zumindest im Bezug auf die Kommunikationserfordernisse ist die Aufstellung in gar keiner Weise veraltet, im Gegenteil, da die Sicherheitslücken und Geschwindigkeitsprobleme des Internets regelmäßig in aller Munde sind.

- **Zusammenfassung der Ergebnisse**

Nach der sehr ausführlichen Untersuchung der damals eingeführten neuen Medien, wie Teletex, Telex und Telefax, kommen Reichwald und Picot zu folgenden Ergebnissen: Ein einfacher Informationsaustausch ohne Rückkopplungserfordernisse, wie einseitige Informationsübermittlung, das Stellen von Fragen oder deren Beantwortung, läßt sich gleich gut über verschiedene Kommunikationskanäle abwickeln. Die endgültige Wahl begründet sich auf wirtschaftliche oder organisatorische Gesichtspunkte. Für weniger komplexe Aufgaben, die jedoch ein Feedback erfordern, können Telefon und Face-To-Face Kommunikation beinahe als ebenbürtig angesehen werden. Schriftliche Kommunikationsmittel fielen hier stark ab, da die Rückkopplung damals noch sehr lange dauerte. Kommunikation, die inhaltliche Bewertungsprobleme sowie zwischenmenschliche Beziehungsprobleme umfaßt, ist die Domäne der Face-To-Face Kommunikation. Die Autoren stellen die Frage, ob später Videosysteme zumindest teilweise eine Substitutionsmöglichkeit darstellen, doch konnte dies auf Grund der nicht vorhandenen Technik nicht nachgewiesen werden.

Sicher erschien den Autoren, daß die Einsatzchancen für neue Telekommunikationsformen in hohem Maße von der Häufigkeit des Auftretens bestimmter kommunikativer Probleme abhängen, für deren Bewältigung sie geeignet sind. Ansatzpunkte zur Bestimmung ihrer Nutzungsmöglichkeiten liegen deshalb in der Ermittlung der Häufigkeit des Auftretens dieser aufgabenbezogenen Kommunikationsprobleme beziehungsweise in der Überprüfung heute verfügbarer Kommunikationsmittel (vgl. Picot 1983, S. 55). Die Studie kommt zu dem Ergebnis, daß bei einfachem Informationsaustausch perfekte Substitutionsmöglichkeiten zwischen den Medien bestehen (Picot 1983, S. 52).

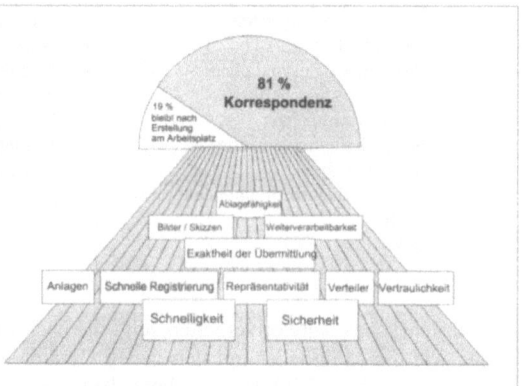

Abbildung 3.5-1: *Rangfolge der Kommunikationserfordernisse (Picot 1983a, S. 131)*

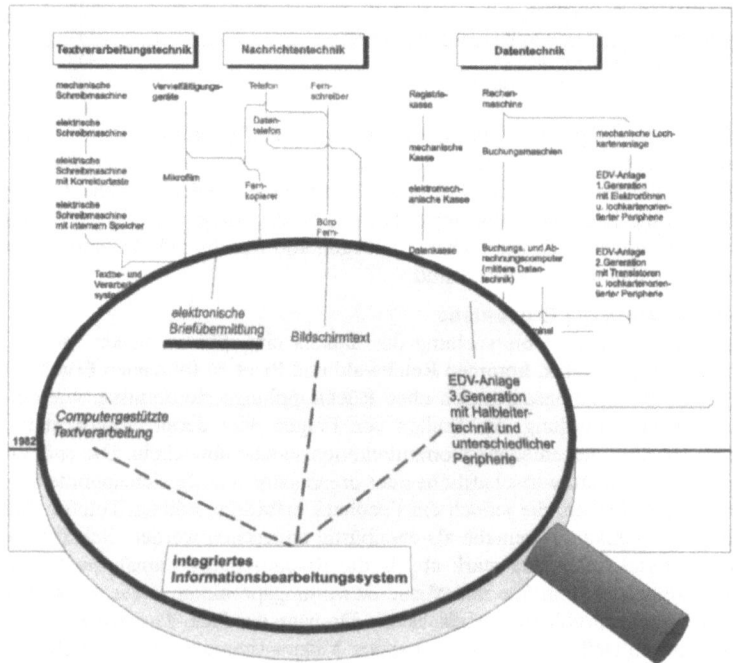

Abbildung 3.5-2: *Techniksystematisierung nach Grünwald und Koch (Vgl. Grünewald 1982, S. 20ff; Picot 1983a, S. 58)*

Das jeweils eingesetzte Medium hänge nur von wirtschaftlichen oder kontextbezogenen Überlegungen ab, wie z.b. die Schnelligkeit oder Speicherung. Aufschlußreich aus heutiger Sicht ist z.b. die in der Studie zitierte Techniksystematisierung, denn man ging schon damals davon aus, daß die einzelnen Technikbereiche, wie Datenverarbeitungs-, Text- und Nachrichtentechnik, zukünftig in einem „integrierten Verarbeitungssystem" zusammengeführt würden. Interessant dabei ist die damalige Vermutung, daß aus der Textverarbeitung (damals existierten dafür extra zentrale Schreibbüros, in welchen Typistinnen die Texte in Großrechner eingaben), der noch nicht offiziell eingeführten Bildschirmtext-Technologie (BTX) (offizielle Einführung 1984) und einem „Bürocomputer" (der erste PC von IBM kam 1981 auf den US-Markt) oder einem Großrechner-Terminal dieses neue Informationsverarbeitungssystem entstehen sollte.

Wie die Abbildung zeigt, sahen die Verfasser in dem damals angekündigten BTX die technische Verknüpfung der einzelnen Dienste und den richtigen Weg in das elektronische Kommunikationszeitalter. Das Bildschirmtext-System basiert auf der analogen Verbindung eines dezentralen Endgerätes, welches als Zusatzgerät zu Telefon und Fernseher die Datenübertragung zu einem Großrechnerverbund übernimmt.

Die Idee, die in den meisten Haushalten vorhandenen Geräte zu nutzen, sollte die Akzeptanz fördern und die Investitionen sehr gering halten. Jedoch wurde diese Technologie durch die Anwender nicht akzeptiert. Eine flächendeckende Verbreitung wurde nicht erreicht. Die Gründe hierfür sind in der langsamen Datenübertragung, in den hohen Gebühren und in der schlechten Bildschirmdarstellung zu suchen (vgl. z.B. Huhn 1985, S. 45). Statt dessen setzte sich das in der abgebildeten Grafik als Sackgasse gezeichnete eMail-System durch, welches auf dem weltweiten Rechnernetz, dem Internet basiert. Heute verbindet der moderne Multimedia-PC nicht nur die Bereiche Textverarbeitung, Nachrichtentechnik und Datentechnik in einem integrierten Informationsbearbeitungsgerät, sondern erschließt auch zusätzlich weitere Bereiche, wie z.B. Unterhaltungselektronik bzw. Massenmedien (TV-Einsteckkarte).

Die Ergebnisse dieser mit zahlreichen Mitarbeitern durchgeführten Großstudie wurden von Arnold Picot und Ralf Reichwald (Projektleiter und Herausgeber) unter dem Titel *Forschungsprojekt Bürokommunikation* in insgesamt neun Bänden im Verlag CW-Publikationen, München, veröffentlicht.

Die Erfahrungen aus den breit angelegten Feldversuchen dieser Studie konnten in einer Befragung der ersten 400 Teletex-Anwender, die am Probebetrieb nach der Einführung durch die Bundespost 1981 teilnahmen, vertieft werden und flossen in weitere Untersuchungsprojekte ein (vgl. Picot 1984, S. 10).

3.5.1.2 Ausgewählte aktuelle Studien

Die Beschäftigung vieler Autoren mit dem Thema Internet führte in den letzen Jahren zu einem schier unüberschaubaren Berg an Publikationen. Nach einer ausgiebigen Literaturrecherche können die rezipierten Studien in vier verschiedene Gruppen aufgeteilt werden:

1. Umfassende, begleitende Beobachtungen,
2. Studien, welche nur ein elektronisches Medium untersuchen,
3. Vergleichende Betrachtungen zwischen verschiedenen Kommunikationskanälen,
4. Wirtschaftliche Analysen der Neuen Medien.

Die erste Gruppe, die umfassenden, begleitenden Beobachtungen, stellen die geringste Anzahl der veröffentlichten Publikationen dar, was sicherlich aus der kostspieligen Durchführung und den benötigten Ressourcen resultiert. Stellvertretend für diese erste Gruppe soll hier die zuvor beschriebene Untersuchung von Picot und Reichwald stehen.

Dagegen sind Studien der zweiten Gruppe, welche nur ein elektronisches Medium untersuchen, sehr häufig zu finden. In mehr oder weniger professioneller Weise werden hierbei Fragestellungen in Bezug auf die Neuen Medien erörtert. Nicht selten stehen hier durch die Autoren selbst initiierte Softwarelösungen oder Themenfelder mit direktem Bezug zu einem speziellen Teilbereich der Anwendung im Vordergrund.

Die dritte Gruppe von Untersuchungen stellt vergleichende Betrachtungen zwischen verschieden Kommunikationskanälen an. Häufig wird hier ein elektronisches Medium, wie z.B. eMail, mit persönlichen Gesprächen verglichen. In geeigneter Weise versuchen die Autoren dieser Studien, das Kommunikationsverhalten von Testpersonen in Bezug zu dem jeweiligen Medium zu setzen.

Die letzte identifizierte Gruppe besteht aus sehr oft aus dem betriebswirtschaftlichen Umfeld stammenden Analysen mit dem Ziel, die Anwendung und damit in Zusammenhang stehende Auswirkungen in betriebswirtschaftliche Zahlen zu fassen. Diese besonders große Gruppe beschäftigt sich am häufigsten mit dem Thema eCommerce und allen damit in Zusammenhang stehenden Fragestellungen. Die Schwierigkeit dieser Arbeiten ist darin zu suchen, daß sich im Gegensatz zu den Betriebskosten die Werbewirkung einer Online-Präsentation oder der Mehrwert für die Mitarbeiter durch die Intraneteinführung nicht in Kennzahlen fassen lassen.

Keine der gefundenen Untersuchungen verfolgt hingegen einen systemischen Ansatz, in dem die Kommunikationsgewohnheiten mit der vorhandenen Infrastruktur unter Berücksichtigung der durch das Unternehmen gegebenen Hilfestellungen, wie z.B. Weiterbildungen oder EDV-Support-Dienste, untersucht werden.

- **Studien, welche nur ein elektronisches Medium untersuchen**

Viele der rezipierten Studien beschäftigen sich mit der Untersuchung eines speziellen, meist sehr eingeschränkten Bereiches der Neuen Medien. Als Beispiel der Gruppe 2, einer Untersuchung, welche nur ein elektronisches Medium und eine bestimmte Zielgruppe untersucht, seien hier exemplarisch die folgenden Studien vorgestellt:

In ihrer Untersuchung „Neue Wege der Unternehmenskommunikation unter Einbeziehung der interaktiven Medien" untersucht Yvonne Lipps als Mitarbeiterin einer Presseabteilung die Möglichkeiten, eines Unternehmens, Journalisten über das Internet anzusprechen (vgl. Lipps 1998). Die Studie ist zu Beginn des Internet-Booms in Deutschland 1998 entstanden. Sie untersucht, in welchem Umfang die Neuen Medien als schnelles Zugangsmedium zu Pressevertretern für Unternehmens-Presseabteilungen geeignet sind. Sie beschreibt in ihrem Werk die Planung und Durchführung eines interaktiven PR-Konzeptes für ein international agierendes Systemhaus. In der begleitenden Untersuchung des auf ihren Theorien basierenden neuen Internet-Auftrittes nutzt sie zum einen die technischen Möglichkeiten eines Web-Servers, d.h. Zugriffs-Kontroll-Listen (Log-Files) als automatisierte Erhebungsmethode, zum anderen führte sie eine Fragebogen-Evaluation zur Akzeptanzmessung unter Journalisten durch. Insgesamt wurden 1.300 registrierte Pressevertreter per Post angeschrieben, von denen 15,23 Prozent ihre ausgefüllten Fragebögen per Post oder Fax zurückschickten. Die Ergebnisse dieser Studie stimmen nachdenklich, da zum Zeitpunkt der Befragung nur 49 Prozent der Journalisten das Internet nutzten, obwohl es sich hier zum größten Teil um Fachpressevertreter für EDV-Themen handelte; nur 20 Prozent kannten das Internetangebot des befragenden Systemhauses. Nicht verwunderlich ist jedoch die Tatsache, daß 48 Prozent der Journalisten Pressemeldungen zukünftig als eMail bekommen wollten und fast alle mit dem Online-Angebot des Unternehmens zufrieden waren. Diese Resultate beweisen, daß sich mit dem Medium Internet häufig eine Spaltung zwischen Anspruch und Wirklichkeit verbindet. Während nur 20 Prozent zugeben, den Online-Auftritt zu kennen, empfinden ihn fast alle der Befragten als gelungen.

Ein weiteres Beispiel für Untersuchungen der Gruppe 2 ist die Arbeit von Christoph Enzinger aus dem Jahre 1997 (vgl. Enzinger 1997). Er untersucht das österreichische Bibliothek-Verbund-System BIBOS, welches an verschiedenen österreichischen Universitäten eingesetzt wird.

„Die Ziele waren, anhand des Bibliothek-Organisations-Systems BIBOS Bedienungsprobleme der Benutzer aufzuzeigen, die menschlichen Fehler zu klassifizieren, die Akzeptanz des Systems und die Probleme und Wünsche der Benutzer mit Mitteln der empirischen Sozialforschung zu erheben und daraus Aussagen über Benutzungsfreundlichkeit zu gewinnen. Die Ergebnisse dieser Analysen flossen in Redesign, Spezifikation und Implementierung eines alternativen Prototypen für Anfänger, der eigenständige Exploration unterstützt, ein. Mittels einer Online-Befragung wurden Rückmeldungen über die Akzeptanz des Prototypen eingeholt" (Enzinger 1997, S. 3).

Obwohl Enzinger die zentrale Erwartung äußert, daß BIBOS von den Benutzern allgemein als wenig benutzungsfreundlich eingeschätzt wird, erwies sich die These als falsch. Es konnten signifikante Zusammenhänge bezüglich der Routine der Benutzer festgestellt werden: „Routinierte Benutzer sehen BIBOS als deutlich benutzungsfreundlicher an, nicht routinierte Benutzer haben mehr Probleme und fühlen sich stärkerer kognitiver Belastung ausgesetzt. Es zeigte sich, daß die Ergebnisse der Befragung eine große Streuung aufweisen und daß der allgemeine Befund positiver als erwartet ausfiel" (Enzinger 1997, S. 3).

Die Untersuchung von Enzinger hatte zum Ziel, durch die vorangegangene Evaluation von BIBOS das vorhandene Verbesserungspotential aus Sicht der Benutzer aufzuzeigen und die Vorschläge in einem Prototypen zu realisieren. Damit sollte ein Beitrag zum interdisziplinären Gebiet der Software-Ergonomie, insbesondere zur benutzergerechten Gestaltung von Dialogsystemen im Umfeld von Retrieval- und Abfragesystemen, geleistet werden.

Als letzte Vertreter der Gruppe 2 sollen hier noch die Dissertation von Georg Wiest und die Online-Befragung von Joachim Trebbe et al. kurz dargestellt werden. Wiest beschreibt in seiner Untersuchung die Einführung verschiedener elektronischer Mailsysteme in zwei Unternehmen. Mit Hilfe von Interviews evaluiert er die Mediennutzung. Eine andere Form nutzen Trebbe et al. in dem Forschungsprojekt „Wissenschaftskommunikation Online" der Freien Universität Berlin. In einer weit angelegten

Online-Umfrage füllten während des Erhebungszeitraumes vom 11. Januar bis 15. März 1999 genau 3.934 User den Fragebogen aus. Im Mittelpunkt stand die Frage, welche Forschungs- und Wissenschaftsinformationen in welcher medialen Form und in welcher Qualität im World Wide Web vorrangig abgerufen und gewünscht werden. Auf diesen Erkenntnissen aufbauend können Empfehlungen für die Netz-Auftritte von Wissenschaftsorganisationen, aber auch von Online-Magazinen gegeben werden.

Die beschriebene zweite Gruppe der Untersuchungen, welche nur ausgewählte Bereiche des weiten Online-Untersuchungsfeldes betrachten, sind am häufigsten anzutreffen. Durch die beschränkten Untersuchungsumgebungen ist es leicht, die Ergebnisse in die Weiterentwicklungen der untersuchten Anwendungen einfließen zu lassen; dafür ist das Ergebnis nur in sehr beschränktem Maße auf andere Themenfelder zu übertragen.

- **Vergleichende Betrachtungen zwischen verschiedenen Kommunikationskanälen**

Die dritte identifizierte Gruppe der gefundenen Untersuchungen hat sich die Aufgabe gestellt, vergleichende Betrachtungen zwischen verschiedenen Kommunikationskanälen vorzunehmen. Hier seien beispielsweise die Studien von Malone (Malone 1991), Warkentin (Warkentin 1997) und McKenney (McKenney 1998) aufgeführt. Thomas W. Malone und John F. Rockart untersuchen zum Beispiel in ihrer Studie, welche Auswirkungen der Einsatz Neuer Medien auf die Entscheidungsfindung im täglichen Arbeitsalltag hat. Sie vergleichen dazu Teams, welche im persönlichen Gespräch, in Computer-Konferenzen oder per eMail oder Newsgroup miteinander kommunizieren.

Bei ihren Studien stießen sie auf unterschiedliche Organisationsformen der elektronischen Kommunikation. „In the open-network organizations we have studied, people typically send and receive between 25 and 100 messages a day and belong to between 10 and 50 electronic groups. These figures hold across job categories, hierarchical position, age and even amount of computer experience. In other networked organizations, managers have chosen to limit access or charge costs directly to users, leading to much lower usage rates. Paul Schreiber, a Newsday columnist, describes how his own organization changed from an open-access network to a limited-access one. Management apparently believed that reporters were spending too much time sending electronic mail; management therefore had the newspaper's electronic mail software modified so that reporters could still receive mail but could no longer send it. Editors, on the other hand, could still send electronic mail to everyone. Clearly, technology by itself does not impel change. Management choices and policies are equally influential" (Malone 1991, S. 86-87).

Diese Hemmnisse durch das organisations-eigene Management waren jedoch nicht die einzigen gefundenen Ergebnisse: „Networked communication is only beginning to affect the structure of the workplace. The form of most current organizations has been dictated by the constraints of the nonelectronic world. Interdependent jobs must be situated in physical proximity. Formal command structures specify who reports to whom, who assigns tasks to whom and who has access to what information. These constraints reinforce the centralization of authority and shape the degree of information sharing, the number of organizational levels, the amount of interconnectivity and the structure of social relationship" (Malone 1991, S. 94).

Interessant ist die identifizierte Verbindung zwischen virtueller und realer Welt. Während allgemein angenommen wird, daß die Einführung der Neuen Medien eine größtmögliche Freizügigkeit in der Kommunikation erlaubt und zentralisierende Strukturen auflöst, wurde hier nachgewiesen, daß sich der Einsatz der Neuen Medien stark nach existierenden Strukturen ausrichtet und entgegen der Annahme zu einer weiteren Zentralisation der Organisationsstruktur führt. Auch konnten die Forscher aufzeigen, daß der Einsatz der Neuen Medien die Arbeitsproduktivität nicht unbedingt erhöht. In ihren Vergleichen konnten sie feststellen, daß die Entscheidungsfindung mit Hilfe der Neuen Medien problematisch ist: „Open, free-ranging discourse has a dark side. The increased democracy associated with electronic interactions in our experiments interfered with decision making. We observed that threeperson groups took approximately four times as long to reach a decision electronically as they did face-to-face. In one case, a group never succeeded in reaching consensus, and we were ultimately forced to terminate the experiment. Making it impossible for people to interrupt one another slowed decision making and increased conflict as a few members tried to dominate control of the network" (Malone 1991, S. 87).

Diesen sozialen Einfluß konnten sie auch für die Sozialstruktur in den Gruppen nachweisen. Sie zeigten auf, daß bedingt durch die elektronische Kommunikation, d.h. ohne engen, persönlichen Kontakt, einzelne Mitglieder der Gruppe sich aktiver in das Gruppenleben einbrachten als im realen Leben, in welchem diese Mitarbeiter eher als schüchtern galten. „We discovered that electronic communication can influence the effects of people's status. Social or job position normally is a powerful regulator of group interaction. [...] People are less shy and more playful in electronic discussions; they also express more opinions and ideas and vent more emotion" (Malone 1991, S. 87).

Dieses positive Ergebnis wird ebenso durch die Tatsache belegt, daß in dem untersuchten Unternehmen, dem Computerhersteller Tandem, zur Zeit der Untersuchung 1991 im Durchschnitt 8 User auf eine Frage im Newsgroup antworteten, obwohl nur 15% der Antwortenden den Fragenden kannten (vgl. Malone 1991, S. 90). Mit ihren Untersuchungen konnten Malone und Rockart schon früh aufzeigen, daß der Einsatz der Neuen Medien Unternehmensstrukturen verändert, sowohl im organisatorischen Umfeld, indem Kontrollstrukturen eher gefestigt wurden, als auch im sozialen Bereich, wo die Interaktion der Gruppenmitglieder untereinander offener wurde.

Ein weiteres typisches Beispiel für vergleichende Studien wurde durch Merrill E. Warkentin et al. unter dem Titel „Virtual Teams versus Face-to-Face Teams: An Exploratory Study of a Web-based Conference System" im Jahre 1997 veröffentlicht (vgl. Warkentin 1997). Ausgangspunkt ihrer Untersuchungen waren die folgenden beiden Hauptannahmen:

- Teams, welche im persönlichen Gespräch miteinander arbeiten, entwickeln festere soziale Verbindungen als virtuelle Teams.
- Virtuelle Teams erzielen weniger Arbeitsleistung als die im persönlichen Kontakt miteinander arbeitenden.

Für ihre Analyse wurden Studenten an den drei amerikanischen Universitäten Northeastern University (private Universität in Boston), Kansas State University und San Francisco State University ausgewählt. Die Studenten wurden gebeten, einen Mordfall zu lösen. Dazu wurden rund 100 von ihnen in Dreiergruppen aufgeteilt, mit den Einzelheiten vertraut gemacht und den persönlichen bzw. den virtuellen Arbeitsgruppen zugeordnet. Die virtuellen Teams arbeiteten mit einem Kommunikationsprogramm namens MeetingWeb zusammen. Insgesamt konnten 13 virtuelle Teams und 11 face-to-face Teams untersucht werden.

Genauso wie in der Studie von Malone kommen Warkentin et al. zu dem Ergebnis, daß die virtuellen Teams nicht in der Lage waren, die traditionellen Gruppen in der Arbeitsleistung zu übertreffen. Sie fanden, daß engere persönliche Beziehungen ein signifikantes Merkmal für die Effektivität waren. „Further, relational links among team members were found to be a significant contributor to the effectiveness of information exchange. Though virtual and face-to-face teams exhibit similar levels of communication effectiveness, face-to-face team members report higher levels of satisfaction" (Warkentin 1997, S. 975). Im Gegensatz zu Malone wurde kein signifikanter Unterschied in der Informationsgüte in den unterschiedlichen Teams identifiziert: „While face-to-face teams reported greater satisfaction with the group interaction process, the exchange of information was no more effective than that in virtual teams. In other words, there was no statistically significant difference between the effectiveness of communication (as measured by information exchange), but the traditional teams have more positive perceptions of the interactivity and the results" (Warkentin 1997, S. 987).

Als drittes und letztes Beispiel der Gruppe 3 soll der wissenschaftliche Vergleich von James L. McKenney et al. zwischen „Face-to-Face" und elektronischer Kommunikation im Bezug auf ein begrenztes EDV-Problem beschrieben werden (vgl. McKenney 1998). Er untersucht ein aus 28 Mitgliedern bestehendes Projektteam, welches die Aufgabe hat, ein komplexes EDV-System weiter zu entwickeln. Mit einer breitgefächerten Methodenvielfalt wurde diese Gruppe über vier Monate beobachtet, Interviews durchgeführt und so die Kommunikationsinhalte und -gewohnheiten aufgezeichnet.

In ihren Ergebnissen ähnelt die Studie den anderen Vertretern dieser Gruppe. McKenney et al. fanden heraus, daß die untersuchten Manager die Wahl des Kommunikationsmediums nicht vom Empfänger ihrer Nachricht sondern vom Inhalt abhängig machen. In Fällen mit komplexeren Inhalten, wie z.B. Problemlösungsdiskussionen, wurde das persönliche Gespräch (FTF) gewählt, in anderen, weniger problembehafteten Kontexten, wie z.B. Statusmeldungen oder reinem Informationsaustausch, wurden die elektronischen Medien (EM) bevorzugt.

„EM and FTF proved to be complementary channels of communication. The primary roles of EM were to monitor status, send alerts, broadcast information, and invoke action. FTF was used to define and discuss solutions to problems, and to maintain context by alerting the group to shifting priorities as a result of external events of improved understanding of the project over time. A weekly meeting served as a routine contextbuilding process. A typical sequence of communication would be the use of EM to broadcast a problem alert or a new priority to the group, or to delegate a task to specific individuals or departments. This would be followed by an FTF discussion to better define the issue and come to an agreement on how to proceed. Finally, EM would be used to coordinate and to monitor the status of further efforts" (McKenney 1998, S. 283-284).

Als Gesamtergebnis läßt sich feststellen, daß die elektronischen Medien hauptsächlich in bereits feststehenden Kontexten genutzt werden, wohingegen die persönliche Kommunikation primär für die Schaffung neuer Zusammenhänge und zur Strukturierung der Arbeitsumgebung genutzt wird.

- **Wirtschaftliche Analysen der Neuen Medien**

Die letzte der identifizierten Arten von Untersuchungen, die Gruppe 4, betrachtet die Neuen Medien aus dem Blickwinkel der betriebswirtschaftlichen Umgebung. Gerade auf diesem Gebiet sind seit dem Internet-Boom sehr viele Veröffentlichungen erschienen. Ein großer Teil davon stammt aus dem Bereich der Beratungsfirmen, welche versuchen, durch immer neue Untersuchungen weiteren Bedarf bei der Industrie zu erzeugen und dadurch resultierend weitere Aufträge zu erhalten.

Eines dieser Beispiele ist die Studie von International Data Cooperation (IDC) aus dem Jahre 1996 zum Thema Intranet-Einführung (vgl. Campbell 1996). In der Untersuchung wird die Einführung von Intranets in verschiedenen bedeutenden US-amerikanischen Firmen beschrieben, zu denen u.a. der Flugzeughersteller Lockheed Martin und die Computerfirma Silicon Grafics, Inc. gehören.

In einzelnen Beträgen zu den jeweiligen Unternehmen werden Umstände der Intranet-Einführung beschrieben und die Prozeßabläufe vor und nach der Einführung verglichen. Das hauptsächliche Augenmerk des Autors liegt jedoch in der Darstellung des jeweiligen Return on Invest (ROI), dem Einsparungspotential. Dazu werden die Einführungskosten mit den Einsparungen gegengerechnet. Da dies bei der Einführung der Neuen Medien besonders schwierig ist, werden die Einsparungen einfach geschätzt. „Where possible, IDC calculated the actual impact of time saved on the profitability of the company. When this was not directly possible, IDC quantified the savings in time per employee and then corrected that amount to calculate increased productivity. While an average increase in productivity of 10 minutes a day might not seem like much, project this across 4,000 employees and a company can experience a measurable gain in productivity that can impact the income statement" (Campbell 1996, S. 4). Obwohl eine solche Schätzung wohl nicht besonders seriös ist, wirb die Firma mit ihrer Studie mit dem immensen Einsparungspotential: „The preliminary results from IDC's return on investment study of Netscape intranets found the typical ROI well over 1000% – far higher than usually found with any technology investment. Adding to the benefit, with payback periods ranging from six to twelve weeks, the cost of an Intranet is quickly recovered – making the risk associated with an Intranet project low. The results to date clearly show that for any company, not just those already contemplating an Intranet, the best strategy is to begin an Intranet deployment today. The sooner an Intranet becomes a core component of the corporate technology infrastructure, the sooner the company can reap the benefits" (Campbell 1996, S. 1). Der Markt wird mit dieser Art von Studien überschwemmt, obwohl ihr Mehrwert für eine wissenschaftliche Herangehensweise wohl eher als gering zu bewerten ist.

3.5.2 Studie well-Kom der Daimler-Benz-AG (1998)

Einen ganz anderen Hintergrund hat die folgende Studie der ehemaligen Daimler-Benz AG, der heutigen DaimlerChrysler AG. Wie jedes große Unternehmen hat auch die Daimler-Benz AG einen konzernweiten Revisionsbereich, welcher in regelmäßigen Abständen gründliche Überprüfungen in den einzelnen Geschäftsbereichen durchführt. In diesem Rahmen wurden 1997 auch die konzerneigene Infrastruktur und die elektronische Kommunikation untersucht. Das Ergebnis war verheerend. So wurden alleine 16 verschiedene elektronische Kommunikationssysteme im Konzern identifiziert.

Die folgende Zusammenstellung stellt die wichtigsten Revisionsergebnisse der Nutzung elektronischer Kommunikationsmedien im DC-Konzern dar (vgl. Well-Kom 1998):

- Konzernweit hohe Heterogenität (ca. 16 Systeme, davon 5 Kernsysteme),
- Team- und Prozeßunterstützung in der Regel mittels Hauspost, Telefon oder Fax,
- Mangelnde Adreßqualität (mehrere Adreßbücher, fehlende Aktualität),
- Zergliederter Betrieb, bereichsbezogen, d.h. nicht standort- /regional orientiert,
- Unzureichende Nutzungs-Akzeptanz im Management (Zuverlässigkeit, Komfort),
- Unzufriedenheit der Anwender,
- Keine konzernweite Strategie,
- Zunehmende Fremdbestimmung z.B. durch Kooperationspartner,
- Bedarf an schnellen Entscheidungsprozessen.

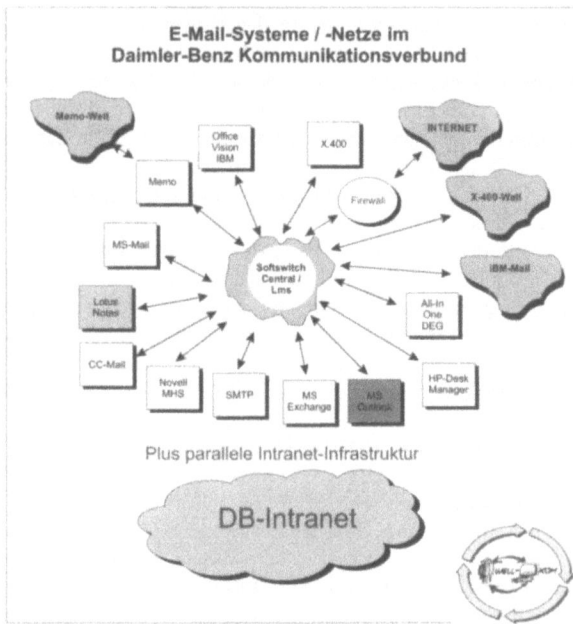

Als Folge dieser Ergebnisse wurde ein Projektteam aus 20 Personen gebildet. Mit der Unterstützung von weiteren 30 bis 40 Beratern wurde in der Zeit von Juli bis Oktober 1997 eine konzernweite Fragebogenaktion durchgeführt. Insgesamt wurden für diese Umfrage 238 ausgewählte Funktionsbereiche mit Hilfe des 16-seitigen Fragebogens evaluiert. Die gewählte Stichprobe ergab sich aus den diversen Fachabteilungen in den verschiedenen Geschäftsbereichen.

Abbildung 3.5-3: Im Konzern vorhandene Mailsysteme (well-Kom 1998)

Unter anderem wurde festgestellt, daß 56 Prozent der Mitarbeiter über keinen eigenen PC verfügen, nur 24 Prozent waren im Besitz eines für elektronische Kommunikation ausreichend ausgestatteten Gerätes.

Hardware Ende 1997	Häufigkeit
Kein PC	56 %
Well-Kom fähige Endgeräte	24 %
Unzureichende Ausstattung	20 %

Von den mehreren hunderttausend Beschäftigten besaßen weniger als 10.000 eine Registrierung im Memo-Mail-System, einem auf Großrechnern basierenden Alt-System, weitere 15.000 Benutzer hat ein Lotus Notes-Konto. Gleich viele Benutzer waren an Microsoft Exchange Servern angemeldet. Weitere 6.000 benutzten nicht näher spezifizierte eMail-Systeme.

Mail-User Ende 1997	Anzahl
Memo	100.000
Lotus Notes	15.000
MS Exchange	15.000
sonstige	6.000

In der Befragung äußerte fast jeder (95 %) den persönlichen Bedarf an einem eMail-System, 65 Prozent wünschen sich die elektronische Unterstützung ihrer Teams durch Workgroup-Software und knapp die Hälfte (47 %) erhoffte sich durch den Einsatz elektronischer Workflow-Programme eine weitergehende Strukturierung der Abläufe. Außerdem wünschen sich 82 Prozent der Befragten eine Informationsbereitstellung im unternehmensinternen Intranet.

Konzernweiter Bedarf an unterschiedlichen Funktionen	Häufigkeit
eMail	95 %
Workgroup (Unterstützung von Teams)	65 %
Workflow (strukturierte Abläufe)	47 %
Informationsbereitstellung (Intranet)	82 %

Die Frage, wie der einzelne Mitarbeiter seinen täglichen elektronischen Kommunikationsbedarf gestalten wolle, ergab, daß der durchschnittliche Mitarbeiter 56 % Prozent seiner täglichen Kommunikation per eMail abwickeln wolle. Des weiteren wollte er 24 Prozent seiner Zeit mit der Informationssammlung im Intranet verbringen, weitere 16 Prozent durch Workgroup-Anwendungen unterstützt werden und nur vier Prozent sollten für Workflow Anwendungen reserviert seien. Auffällig ist, daß bei dieser Frage keine weiteren elektronischen Medien, wie z.B. Videokonferenz, Newsgroups oder etwa die Informationssuche im Internet genannt wurden.

Angestrebtes Nutzungsprofil eines Anwenders	Häufigkeit
eMail	56 %
Workgroup (Unterstützung von Teams)	16 %
Workflow (strukturierte Abläufe)	4 %
Informationsbereitstellung (Intranet)	24 %

Zusätzlich zu dieser Fragebogenaktion wurde Kontakt zu anderen Großunternehmen, zum Beispiel Siemens oder ABB, aufgenommen, um deren Erfahrungen und Vorgehensweisen auf diesem Gebiet kennen zu lernen. Aus den ermittelten Ergebnissen wurde unter Hinzuziehung von Experten ein Lastenheft für die zukünftige elektronische Kommunikations-Landschaft erstellt. Aus diesem Pflichtenheft entstand eine Gesamtkonzeption für die zukünftige weltweite Kommunikationsplattform der Daimler-Benz AG. Dieses Konzept wurde am Anfang 1998 dem Vorstand zur Entscheidung vorgelegt.

Abbildung 3.5-4: Ziele des well-Kom-Projektes (well-Kom 1998)

Als die wichtigsten Punkte der Maßnahmen wurden die Verringerung der vorhandenen Systeme auf nur zwei eMail-Systeme und die Schaffung eines weltweit einheitlichen Corporate Directorys als zentralem Verzeichnisdienst beschlossen. Das Corporate Directory sollte die Basis für eine einheitliche Adressierung, ein gemeinsames elektronisches Telefonbuch, und Grundlage für beide eMail Systeme sein. Zusätzlich stellt dieses Directory die Sicherungsinfrastruktur und Benutzerrechteverwaltung für die teamorientierte Kommunikation mit Hilfe der Neuen Medien dar. Es wurde festgelegt, daß der Zugriff auf die Systeme ausschließlich über einen Browser oder gegebenenfalls Anwender-Client erfolgen solle. Die Organisation und Datenpflege des Corporate Directory erfolgt über definierte, konzernweit einheitliche Prozesse. Durch diese Beschlüsse sollte die Menge der eingesetzten Softwareprodukte auf wenige unternehmensweit zertifizierte Anwendungen reduziert werden. Der Aufwand für die Jahre 1998 bis 2000 wurde auf 24,6 Millionen DM geschätzt. Aus heutiger Sicht läßt sich feststellen, daß trotz der Schwierigkeiten, die durch die Fusion zwischen Daimler-Benz und Chrysler zur DaimlerChrysler AG entstanden sind, das Projekt well-Kom erfolgreich umgesetzt wurde.

3.5.3 Studie zur Einführung des Business TV in der DaimlerChrysler AG (1999)

Am 17. November 1998 fusionierten die Autohersteller Daimler-Benz und Chrysler zur DaimlerChrysler Aktiengesellschaft. Um den Mitarbeitern der weltweit agierenden Firmen die Möglichkeit zu geben, die Feierlichkeiten am so genannten Tag „Day One" mitzuerleben, wurden diese per Satellit an die Unternehmensstandorte weltweit übertragen. Alleine in Europa konnten die Mitarbeiter von über 60 Standorten der aus Amerika übertragenen Pressekonferenz live beiwohnen. Diese Übertragung stellte eine

Generalprobe für das in Sommer 1999 einzuführende Business TV dar. Aus diesem Grunde nutzte das Projektteam die Möglichkeit, die Akzeptanz eines solchen Systems unter den anwesenden Mitarbeitern zu evaluieren.

Von den 331 Befragten, welche sowohl aus der Daimler-Benz AG (36 %) als auch aus den Tochtergesellschaften (64%) stammten, waren genau ein Drittel Frauen. Neben weiteren demographischen Daten wurden auch Daten zur eigenen Information über das Unternehmen erfragt. So antworteten z.b. die Befragten auf folgende Frage „Wie informieren Sie sich bisher über das Unternehmen?" wie folgt:

Medium	Häufigkeit
Mitarbeiterzeitschrift	87 %
Externe Medien	79 %
Kollegengespräche	71 %
Schwarzes Brett	50 %
Intranet	50 %
Vorgesetztengespräch	48 %
Memo (elektronisches Kommunikationssystem)	44 %
Vorträge / Versammlungen	26 %
Workshops / Seminare	16 %
Sonstiges	9 %

Interessant ist die Antwort zu folgender Frage: „Wie fühlen Sie sich zur Zeit durch die genannten Möglichkeiten über das Unternehmen informiert? (Bewertung in Schulnoten)". Im Gegensatz zu allen Vermutungen schneiden hier die sonstigen Informationsquellen mit einem Notendurchschnitt von 2,0 am besten ab; im Vergleich dazu sind die durch das Unternehmen für teures Geld finanzierten Workshops und Seminare auf dem letzten Platz mit einem Notendurchschnitt von 3,6 zu finden.

Medium	Qualität
Sonstiges	2,0
Mitarbeiterzeitschrift	2,3
Intranet	2,6
Externe Medien	2,7
Kollegengespräche	2,8
Vorgesetztengespräch	2,9
Memo (elektronisches Kommunikationssystem)	3,0
Schwarzes Brett	3,4
Vorträge/Versammlungen	3,5
Workshops/Seminare	3,6

Die Nutzung des Business TV-Systems wurde durch alle Befragten positiv bewertet, dabei wurden die folgenden Fragen wie folgt beantwortet:

Welche Vorteile würden Sie nach Ihren Erfahrungen am Day One Business Television /DC TV zuschreiben?

Medium	Häufigkeit
Fernsehen ist ein glaubwürdiges Medium	25 %
Business TV ermöglicht ein gemeinsames Mitwirken	27 %
Durch die Verschlüsselung werden ausgewählte Empfänger erreicht	28 %
Einsatz verschiedener Medien	32 %
Einfachheit der Nutzung	51 %
Information erreicht zeitgleich viele Empfänger	87 %

Welche Nachteile ergeben sich Ihrer Meinung nach durch Business Television / DC TV?

Medium	Häufigkeit
Man fühlt sich kontrolliert	6 %
Zu viel Technik	6 %
Zwang, sich zu informieren	11 %
Traditionelle Kommunikationsstrukturen werden zerstört	17 %
Altbekannte interne Medien werden verdrängt	28 %
Persönlicher Kontakt geht verloren	38 %

Inwieweit die Ergebnisse dieser Studie in die Konzeption des ab Herbst 1999 eingeführten DaimlerChrysler Business TV eingeflossen sind, läßt sich leider an Hand der vorliegenden Dokumentationen nicht nachvollziehen (vgl. u.a. Peters 1999). Mittlerweile wird täglich ein mehrsprachiges Business TV-Programm produziert und an alle Standorte des weltweit agierenden Konzerns übertragen.

3.5.4 Eigene Studien in der DaimlerChrysler AG

3.5.4.1 PR-Manager der Eisenbahntochter Adtranz

Im Rahmen einer Zusammenkunft aller PR-Manager der Eisenbahntochter des DaimlerChrysler Konzerns, Adtranz, für einen weltweiten Kongreß in Oslo im Jahre 1998 war es mir möglich, diese internationale Mitarbeitergruppe nach ihrem Umgang mit den elektronischen Medien zu befragen. Mit Hilfe einer Fragebogen-Evaluation konnten von 29 Anwesenden insgesamt 21 ausgefüllte Fragebögen als Rücklauf verbucht werden. Von den Befragten stammten 18 aus Europa und jeweils einer aus Nordamerika, Südamerika und Asien. Das Durchschnittsalter der 11 Männer und 10 Frauen lag bei 37,5 Jahren. Alle befragten Mitarbeiter waren für die jeweiligen nationalen Gesellschaften des Eisenbahnherstellers im Bereich Presse und Marketing in verantwortlichen Positionen beschäftigt.

Das erkenntnisleitende Interesse an dieser Befragung bestand zum einen darin, die Kenntnisse im Bereich der elektronischen Medien kennen zu lernen und zum anderen, die Akzeptanz in diesem Bereich für die Einführung neuer Anwendungen zu evaluieren. Im Folgenden sollen einige der interessantesten Antworten kurz wiedergegeben werden, für weitere Informationen wird jedoch auf die ausführliche Dokumentation zur Umfrage verwiesen (vgl. Müller 1998d).

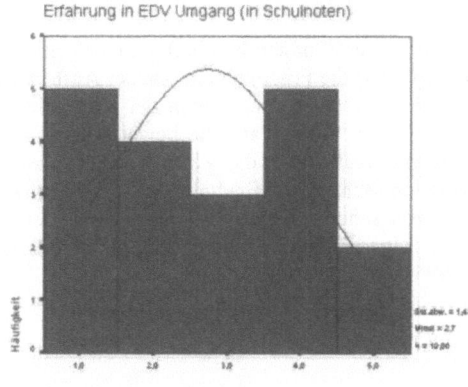

Die Frage nach der eigenen Erfahrung im Umgang mit EDV-Systemen zeigt, daß auf der Konferenz ein sehr heterogenes Publikum anwesend war, insgesamt fünf der Anwesenden (23,8 %) schätzten ihre EDV-Kenntnisse als sehr gut ein. Die gleiche Anzahl wählte die Schulnote 4 als geeignete Beschreibung für ihre eigenen Kenntnisse. Zwei der Befragten gaben sogar an, daß ihre Kenntnisse mangelhaft seien (Note 5).

- **Eigener Internetumgang**

Der nächste große Fragenkomplex beschäftigte sich mit dem Thema Internet. Auf die Frage, ob sie selbst das Internet nutzen würden, antworteten 15 (71,4 %) mit Ja, die restlichen sechs mit Nein. Die Frage, welche Aktivitäten sie im Internet ausführten, führte zu folgenden Mehrfachantworten:

Antwort	Anzahl der Antworten	Relative Verteilung	Häufigkeit
Ich surfe selber im Web	11	21,2 %	68,8 %
Ich sende eMails	14	26,9 %	87,5 %
Ich empfange eMails	15	28,8 %	93,8 %
Ich nutze FTP	3	5,8 %	18,8 %
Ich nutze Datenbanken	7	13,5 %	43,8 %
Ich nutze sonstiges	2	3,8 %	12,5 %
gesamt	52	100,0 %	325,0 %

Der größte Teil der Befragten nutzte demnach das Internet für den Austausch von e-Mails, etwas weniger auch zur Informationsbeschaffung. In diesem Zusammenhang sind die Antworten auf die Frage „Wieviel Prozent der Arbeitszeit verbringen Sie mit der Nutzung der elektronischen Kommunikation?" interessant. Zwei Teilnehmer der Konferenz gaben an, die elektronischen Medien überhaupt nicht zu nutzen, und 65 Prozent schätzten ihre Nutzung zwischen null und 25 Prozent der täglichen Arbeitszeit

Antwort	Anzahl der Antworten	Relative Verteilung	Häufigkeit
0%	2	9,5 %	10,0 %
<5%	3	14,3 %	15,0 %
5-10%	4	19,0 %	20,0 %
10-25%	6	28,6 %	30,0 %
25-50%	1	4,8 %	5,0 %
50-75%	3	14,3 %	15,0 %
>75%	1	4,8 %	5,0 %
gesamt	20	95,2 %	100,0 %

- **Internetauftritt der Firma**

Die nächsten zwei zusammengehörenden Fragestellungen beschäftigten sich mit dem Internet-Auftritt der eigenen Firma. Obwohl auf die Frage, ob ein eigener Auftritt vorhanden ist, acht Teilnehmer mit Ja antworteten, waren nur vier in der Lage, die entsprechende Internet-Adresse (URL) anzugeben. Diese Tatsache beweist unter anderem, welchen Stellenwert der eigene Internet-Auftritt für die Verantwortlichen zu der damaligen Zeit hatte. Immerhin antworteten sechs der Teilnehmer, daß ihre Firma einen eigenen Internetauftritt plane oder sogar schon umsetze. Die vier Teilnehmer, die ihre eigene URL kannten, antworteten folgerichtig mit einem gestarteten Internet-Auftritt und den zugehörigen Zeiten: 1995, 1997, 08/97 und 01/98.

Antwort	Anzahl der Antworten	Relative Verteilung	Häufigkeit
Gestartet	4	19,0 %	36,4 %
Im Aufbau	1	4,8 %	9,1 %
In Planung	5	23,8 %	45,5 %
Nicht geplant	1	4,8 %	9,1 %
gesamt	11	52,4 %	100,0 %

Insgesamt waren zum Zeitpunkt der Befragung mindestens acht eigenständige Internet-Auftritte verschiedener Adtranz-Töchter und der Konzernholding im Web zugänglich. Der folgende Themenkomplex der Umfrage befaßte sich mit der Zielgruppe und dem Angebot der Internet-Seiten. Folgende Zielgruppen wurden bei der entsprechenden Mehrfachantwort von 18 PR-Managern genannt:

Antwort	Anzahl der Antworten	Relative Verteilung	Häufigkeit
Mitarbeiter	11	15,9 %	61,1 %
Presse	16	23,2 %	88,9 %
Kunden	16	23,2 %	88,9 %
Eisenbahn-Fans	5	7,2 %	27,8 %
Studenten	6	8,7 %	33,3 %
Bewerber	10	14,5 %	55,6 %
Akademiker	4	5,8 %	22,2 %
sonstige	1	1,4 %	5,6 %
gesamt	69	100,0 %	383,3 %

Das Angebot der eigenen Seite wurde von 11 Mitarbeitern wie folgt beschrieben:

Angebot im Internet:

Antwort	Anzahl der Antworten	Relative Verteilung	Häufigkeit
Firmeninformationen	10	27,0 %	90,9 %
Produkte	8	21,6 %	72,7 %
Stellenausschreibungen	7	18,9 %	63,6 %
Presseinformationen	7	18,9 %	63,6 %
Fotos	4	10,8 %	36,4 %
sonstige	1	2,7 %	9,1 %
gesamt	37	100,0 %	336,4 %

Außerdem erklärten sechs Teilnehmer, daß auf ihren Seiten im Internet eine Bestellmöglichkeit für folgende Dinge vorhanden sei:

Bestellmöglichkeiten im Internet:

Antwort	Anzahl der Antworten	Relative Verteilung	Häufigkeit
Zeitungen	2	20,0 %	33,3 %
Video	1	10,0 %	16,7 %
Datenblätter	4	40,0 %	66,7 %
Druckschriften	2	20,0 %	33,3 %
sonstige	1	10,0 %	16,7 %
gesamt	10	100,0	166,7 %

Auf die Frage, wie oft die eigenen Web-Seiten eine Aktualisierung erhalten, antworteten sechs Teilnehmer wie folgt:

	Anzahl der Antworten	Prozent	Gültige Prozente
wöchentlich	2	9,5 %	33 %
alle 14 Tage	2	9,5 %	33 %
nie	2	9,5 %	33 %
gesamt	6	28,5 %	100 %
Fehlend	15	71,5 %	
Gesamt	21	100,0 %	

Vor dem Hintergrund, daß fast alle Web-Auftritte auf Grund persönlicher Initiativen einzelner Mitarbeiter erstellt wurden, sind die Antworten auf die Frage, wer für die Konzeption und das Design der Webseiten verantwortlich war, nicht erstaunlich. Im Gegensatz zum üblichen Verfahren, eine Web-Agentur mit den Aufgaben zu betrauen, antworteten fünf Teilnehmer, daß die Ideen primär von ihnen stammten – nur zwei gaben an, daß das Konzept primär durch externe Dienstleister geprägt sei. Auf die Frage, wer für die Pflege und Aktualisierung der Internetseiten verantwortlich sei, antworteten 12 Teilnehmer. Ein großer Teil des Pflegeaufwandes wird demnach intern ausgeführt, sechs Personen gaben sogar an, daß sie die Seiten selber pflegen würden.

Pflege der Internetseiten durch:

Antwort	Anzahl	Relative Verteilung	Häufigkeit
selber	6	37,5 %	50,0 %
eigene Abteilung	2	12,5 %	16,7 %
andere Abteilungen	6	37,5 %	50,0 %
externe Agentur	2	12,5 %	16,7 %
gesamt	16	100,0 %	133,3 %

Im Bezug auf die technische Ausstattung antworteten 13 Personen, von denen insgesamt vier zugaben, daß sie keine Ahnung von der eigenen Infrastruktur hätten.

Technische Ausstattung

Antwort	Anzahl	Relative Verteilung	Häufigkeit
Eigener Server	3	20,0 %	23,1 %
Externer Provider	4	26,7 %	30,8 %
Domino Server	1	6,7 %	7,7 %
Firewall	2	13,3 %	15,4 %
Datengeschwindigkeit	1	6,7 %	7,7 %
keine Ahnung	4	26,7 %	30,8 %
gesamt	15	100,0 %	115,4 %

- **Kommunikation über die Internetplattform**

Der letzte Bereich des Fragebogens befaßte sich mit dem Umgang der verantwortlichen Pressemitarbeiter mit den eingehenden eMail-Anfragen. Zuerst wurde nach den Verantwortlichkeiten bei der Beantwortung gefragt. Erkenntnisleitendes Interesse war hier, ob die eMails selbst beantwortet werden. Dies steht in Zusammenhang mit der Aufmerksamkeit, welche den eingehenden Mails und damit den elektronischen Medien als zusätzlichem, gleichwertigem Kommunikationskanal neben Brief, Fax und Telefon entgegengebracht wird. Es haben 10 Mitarbeiter wie folgt geantwortet:

Wer beantwortet eingehende eMails?

Antwort	Anzahl	Relative Verteilung	Häufigkeit
selbst	13	68,4 %	81,3 %
eigene Abteilung	4	21,1 %	25,0 %
sonstige	2	10,5 %	12,5 %
gesamt	100,0	118,8 %	

Die Tabelle zeigt, daß ein großer Teil der Befragten die Mails selber beantwortet, wobei die nächste Frage Aufschluß darüber gibt, wie viele eMails die Befragten pro Woche erhalten.

Anzahl der eingehenden eMails pro Woche

Anzahl Mails pro Woche	Anzahl Antworten	Prozentuale Aufteilung	Gültige Prozente	Kumulierte Prozente
0	5	23,8%	23,8%	24%
1	3	14,3%	14,3%	38%
2	1	4,8%	4,8%	43%
2,5	1	4,8%	4,8%	48%
3,5	1	4,8%	4,8%	53%
5	1	4,8%	4,8%	57%
7	1	4,8%	4,8%	62%
10	6	28,6%	28,6%	91%
40	1	4,8%	4,8%	96%
75	1	4,8%	4,8%	100%
gesamt	21	100,0%	100,0%	

Aus heutiger Sicht wirkt diese geringe Zahl an eingehenden eMails schon fast unglaubwürdig, doch zeigt die folgende Untersuchung, die Analyse der bei Adtranz (Deutschland) eingegangenen eMails, ähnliche Zahlen und bietet eine weitergehende Aufgliederung der einzelnen Themenbereiche (vgl. Kapitel 3.5.4.2). Die PR-Manager wurden als nächstes gefragt, wie viele Mitarbeiter mit der Beantwortung der Mails beauftragt seien.

Wer beantwortet die eingehenden eMails?

Antwort	Anzahl	Prozentuale Aufteilung	Gültige Prozente	Kumulierte Prozente
Mehr als 1 Person	4	19%	25%	25%
Nur einer	9	42,9%	56%	81%
keiner	3	14,3%	19%	100%
gesamt	16	76,2%	100%	
Nicht beantwortet	5	23,8%		
Gesamt	21	100%		

Trotz der vergleichsweise geringen Zahl an eingehenden eMails erstaunt doch die Tatsache, daß in drei Unternehmen keiner für die Beantwortung von eMails verantwortlich zeichnete. Wenn man bedenkt, daß das Internet sich besonders durch die Schnelligkeit der Kommunikation auszeichnet, wirft die Beantwortung der folgenden Frage ein gewisses Licht auf das zumindest damals vorherrschende Bewußtsein für diese Kommunikationsform.

Wie lange dauert die Beantwortungszeit (in Tagen) ?

	Anzahl	Prozent	Gültige Prozente	Kumulierte Prozente
0,5	2	9,5%	25%	25%
1	3	14,3%	38%	63%
2	2	9,5%	25%	88%
5	1	4,8%	13%	100%
gesamt	8	38,1%	100%	
Nicht beantwortet	13	61,9%		
Gesamt	21	100%		

Vielleicht resultierten diese Beantwortungszeiten aus der Tatsache, daß immerhin elf Teilnehmer angaben, daß sie die eMails zur Beantwortung weiterleiteten, einer gab sogar an, die Mails an externe Agenturen zur Beantwortung weiterzuleiten. Nur drei Teilnehmer antworteten, daß sie keine Weiterleitung vornehmen. Einen genaueren Aufschluß bietet die folgende Tabelle, die die Weiterleitung genauer aufschlüsselt.

Welche eMails werden weitergeleitet ?

	Anzahl	Prozent	Gültige Prozente	Kumulierte Prozente
alle	0	0%	0%	0%
einige	7	33%	70%	70%
schwierige	3	14%	30%	100%
Automatische Weiterleitung	0	0%	0%	
Keine Weiterleitung	0	0%	0%	
gesamt	10	48%	100%	
Nicht beantwortet	11	52%		
Gesamt	21	100%		

Zusammenfassend läßt sich sagen, daß zum Zeitpunkt der Untersuchung das Verständnis und in gewisser Weise auch die Akzeptanz für das neue Medium unter den anwesenden Presseverantwortlichen der einzelnen nationalen Gesellschaften noch relativ gering war. So läßt sich zwar eine gewisse Motivation erkennen, sich mit den Neuen Medien zu beschäftigen, doch zeigt sich gleichermaßen, daß zum Teil weder die persönlichen noch die infrastrukturellen Voraussetzungen geschaffen waren, wie die Beurteilung der eigenen EDV-Kenntnisse oder die Tatsache beweisen, daß einige gar keinen Internet-Zugang besaßen. Auch macht im Nachhinein nachdenklich, daß einige Teilnehmer nur unzureichend über ihren eigenen Internet-Auftritt und damit über eine wichtige Presse- und Marketing-Maßnahme informiert waren, obwohl ein Großteil der Anwesenden persönlich für diese Unternehmensbereiche verantwortlich zeichnete.

3.5.4.2 Adtranz eMail Untersuchung

Im Rahmen der Tätigkeit des Autors als Webmaster für die Adtranz Deutschland GmbH wurde im August 1998 über alle in der Zeit von Dezember 1997 bis Juli 1998 über das Kontaktformular der Internet-Seite der Adtranz Deutschland eingegangenen eMails eine Analyse durchgeführt.

Ziel dieser Auswertung war es, einen genauen Überblick über die Form und die Inhalte der eingehenden Kommunikation zu erhalten.

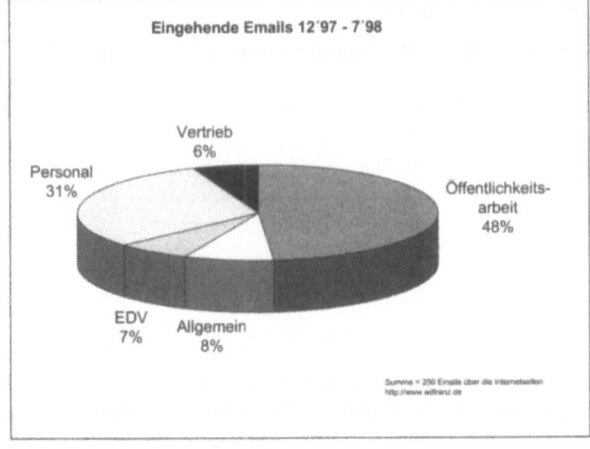

Abbildung 3.5-5: Aufteilung der eingegangenen eMails nach Fachabteilungen (vgl. Müller 1998c)

Leider können in diesem Zusammenhang keine Aussagen über die Beantwortung dieser eMails getroffen werden, da das damalige Kontaktformular eine automatische Weiterleitung an benannte Ansprechpartner in den Fachabteilungen durchführte. Diese Weiterleitung erfolgte durch die bei der Eingabe durch den Verfasser ausgewählten Zielbereiche. Ob und wann diese Mitarbeiter reagierten, ist demnach nicht zu evaluieren.

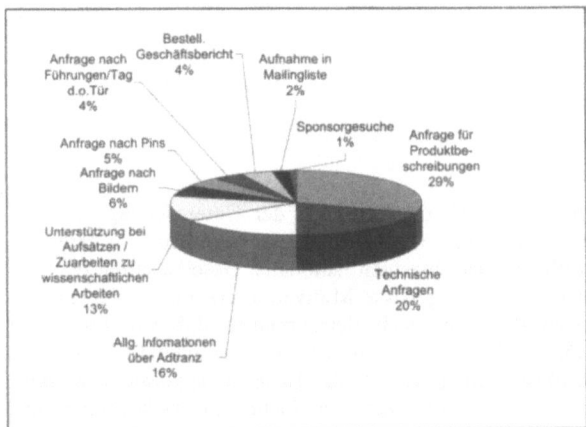

Abbildung 3.5-6: Thematische Gliederung der an die Öffentlichkeitsarbeit weitergeleiteten eMails (vgl. Müller 1998c)

Für die Analyse wurden die in einer Zeitspanne von 243 Tagen (Dezember bis Juli) eingegangenen eMails thematisch den entsprechenden Fachabteilungen zugeordnet. Insgesamt gingen 21 eMails mit allgemeinem Inhalt ein, das heißt Anfragen oder persönliche Stellungnahmen. Erfreulicherweise waren darunter 12 positive Stellungnahmen zum durch den Autor gestalteten Internet-Auftritt und keine kritische Bemerkung. Sogar ein Vorstandsmitglied schickte zu Beginn des Webauftritts eine eMail von seinem privaten Mailkonto, in dem er den neuen Webauftritt offen lobte und weiterhin viel Erfolg wünschte. Interessanterweise blieb jedoch eine entsprechende Reaktion auf den traditionellen Informationswegen aus. Auch Testanfragen waren unter den eingegangen eMails, wie die folgende Mail vom damaligen Pressesprecher der Adtranz Konzernholding belegt[61]:

Weitergeleitete Daten aus dem Internet:

Ich habe mir jetzt zum ersten mal die detra-Seiten angeschaut, die sind sehr gut und vor allem besser als die konzerndarstellung. Glückwünsche. Jetzt bin ich mal gespannt, wie lange es dauert, bis ich eine kurze rückmeldung zu diesem mail von wem ? bekomme.
viele grüße

Aber auch für Kritik an der Unternehmensführung wurde das Medium genutzt. So schickte ein Mitarbeiter anonym folgende Nachricht, welche an die zuständigen Führungskräfte weitergeleitet wurde.

Weitergeleitete Daten aus dem Internet:

Ich möchte hiermit der Mannschaft der ADtranz Mannheim gratulieren, daß sie trotz widrigster äußerer Umstände, den EINHUNDERSTEN Stomrichter der BR 101 ausgeliefert hat. Da es sonst niemand für nötig hält.
!!!!Herzlichen Glückwunsch!!!!

Ein anderer Mitarbeiter schickte sogar eine Mail, in der er sich in ironischer Form für seine bevorstehende Kündigung beim Unternehmen bedankte.

Die größte Anzahl der Anfragen, insgesamt 126 (48,6 %), wurde automatisch an die Öffentlichkeitsarbeit weitergeleitet. Die folgende Grafik veranschaulicht die weitere Aufteilung nach Themengebieten.

Weitere 80 eMails (30,9 %) wurden an die Personalabteilung weitergeleitet. Von diesen waren 23 Reaktionen auf Stellenausschreibungen, weitere 21 Praktikumsanfragen und 15 Anfragen über Einstiegsmöglichkeiten. Demgegenüber fällt die Anzahl der 15 (5,8 %) an den Vertrieb gerichteten eMails eher gering aus. Davon stammten 7 vom externen Dienstleistern, die ihre Angebote offerierten. Weitere vier bezogen sich auf Bezugsquellen von Zubehörteilen, so wurde z.B. nach einer Bezugsquelle für Lokomotivfahrhebel gefragt.

Nur vier der an den Vertrieb gehenden eMails waren konkrete Angebotswünsche. Allerdings sollte man dieses nicht unterschätzen, denn eine dieser konkreten Anfragen stammte von einer hohen Führungskraft im Verkehrsministerium eines arabischen Staates. Der Inhalt dieser Nachfrage überraschte viele, denn es wurde nach einem konkreten Angebot für ein schienengebundenes Nahverkehrssystem gefragt, was täglich 40.000 Menschen transportieren sollte. Leider ist über den Ausgang dieses Projektes

---

[61] Dieses eMail ist ein typisches Beispiel für die geänderten Kommunikationsgewohnheiten, z.B. Verzicht auf die Großschreibung, beim Umgang mit elektronischen Medien. Vergleiche Kapitel 4.3.

keine Information vorhanden. Das Beispiel zeigt, daß selbst in den Anfangszeiten des Internets schon Möglichkeiten der Umsatzsteigerung bestanden haben. Aus heutiger Sicht erscheint eine solche eMail schon unwirklich, besonders wenn man sich vorstellt, wie ungläubig die entsprechenden Vertriebsbereiche auf eine solche Nachricht reagiert haben. Zu diesem Zeitpunkt war den Vertriebsmitarbeitern der Internet-Zugang sowohl technisch als auch administratorisch noch nicht möglich und damit die Akzeptanz des Mediums als Vertriebskanal nicht vorhanden.

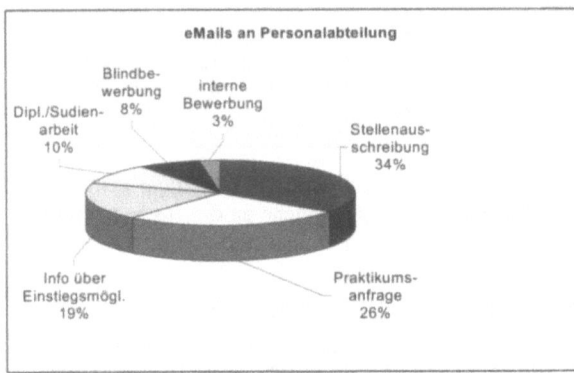

Abbildung 3.5-7: Thematische Gliederung der an die Personalabteilung weitergeleiteten eMails (vgl. Müller 1998c)

Die Auswertung der e-Mails gibt einen guten Einblick in die Anfänge der elektronischen Kommunikation eines Großunternehmens. Aus heutiger Sicht erscheint der Mail-Eingang von durchschnittlich einer eMail pro Tag als vernachlässigbar gering, doch bedeutete dies damals auf Grund nicht vorhandener organisatorischer Strukturen eine große Herausforderung.

Im übertragenen Sinne weist dies darauf hin, daß auch heute ohne entsprechende Organisation die Möglichkeiten einer Kommunikation über den Internet-Auftritt in keiner Weise ausgeschöpft werden. Wie das Angebotsbeispiel zeigt, können auch in einer geringen Anzahl von Informationen relevante oder geschäftskritische Nachrichten enthalten sein.

3.5.5 Eigene Studie der Medienakzeptanz im Opel Autovertrieb

Ein weiteres Beispiel dafür, wie unbeholfen deutsche Unternehmen mit dem Medium Internet umgehen, kann auch das folgende Beispiel verdeutlichen. Im Rahmen einer Erhebung von unterschiedlichen Preisangeboten wurden im Juni 1999 alle Opelhändler im Umkreis von 70 km um Berlin per eMail um ein Angebot für eine besondere Autoausstattung gebeten. Die Firma Opel bietet auf ihrer Internetseite eine Suchmöglichkeit für den nächsten Autohändler an. Aus diesem Suchservice wurden 65 Händler in Berlin und im Umland in Brandenburg ausgewählt. Die Anzahl stellt die Grundgesamtheit aller in diesem Gebiet zu findenden Opelhändler dar.

Für alle diese Vertriebspartner stellt der Opel-Konzern eine einheitliche eMail-Domain, „xxx.yyyy@opelhaendler.de", zur Verfügung. An alle ausgewählten Mail-Adressen wurde der folgende Text versendet, nachdem ein Referenzmodell aus der gehobenen Mittelklasse exemplarisch ausgewählt wurde.

An: autohaus-xy@opelhaendler.de
Gesendet: Mittwoch, 9. Juni 1999 12:45
Betreff: Angebot
Dipl.-Ing. Ralph Müller

Angebot für Vectra Elegance Caravan

Sehr geehrte Damen und Herren,
ich möchte zukünftig meine Fahrzeugflotte erneuern und suche als nächstes Fahrzeug einen Vectra Caravan (Neuwagen) mit folgender Ausstattung:
• Vectra Caravan 1,8 16V Elegance Ausstattung
• Farbe Metallic
• Schiebedach
• Telefoneinbausatz
• Diebstahlwarnanlage

Bitte senden Sie mir Ihren speziellen Hauspreis
via Internet
an Email-Adresse.
oder
Mit freundlichen Grüßen
R. Müller

Mit einer Zeitverzögerung von mehreren Tagen wurde an die gleichen Opelhändler das folgende Fax verschickt. Hierbei handelt es sich um den gleichen Inhalt, aber eine völlig andere Form.

Abbildung 3.5-8: Darstellung des zur Faxanfrage benutzten Briefbogens

Zum einen wurde hier das Fax als Kommunikationsmedium benutzt, zum anderen bewußt die Anfrage mit einer ausgeprägten, weiblichen Handschrift in formloser Aufmachung gewählt. Für die Untersuchung wurden folgende Hypothesen aufgestellt:

1. Auf den Eingang einer Anfrage wird mit dem gleichen Medium geantwortet, das heißt eine eMail-Anfrage wird auch per eMail beantwortet.
2. Es läßt sich ein Unterschied in der Preisgestaltung erkennen, der in Abhängigkeit von der Form der gestellten Anfrage ist.

In der Auswertung wurden daher folgende Dimensionen untersucht:

• Medienakzeptanz (Antwort als Fax oder eMail)
• Reaktionszeit
• Qualität und Form der Rückantwort
• Angebotspreis

- **Medienakzeptanz**

Von den 65 angeschriebenen Händlern antworteten nur 32 (49,2 %) auf die eMail-Anfrage, und 23 (35 %) reagierten auf die handschriftliche Anfrage per Fax.

Antwort auf:	Anzahl	Prozent
Nur auf eMail	21	32,3%
Nur auf Fax	11	16,9%
Auf Fax und eMail	11	16,9%
Nicht geantwortet	14	21,5%
Verschiedene Händler	51	78,5%
gesamt	65	100,0%

Erfreulich ist, daß 51 Händler (78,5 %) in irgendeiner Form reagiert haben. Trotzdem stimmt nachdenklich, daß nur 11 (16,9 %) auf beide Anfragen antworten. Erschreckend dagegen war die vorgefundene Akzeptanz für die Neuen Medien. Von den 65 per eMail angesprochenen Händlern reagierten nur sieben mit einer elektronischen Rückantwort, von denen zwei formlos, die anderen fünf in einer formellen Art, das heißt mit Geschäftsadresse, Angebotsgliederung, etc., formuliert waren.

Der größte Anteil des Rücklaufes traf per Fax ein. Davon waren 22 (43,1 %) formelle Ausdrucke aus dem von der Firma Opel zur Verfügung gestellten Preiskalkulationsprogramm, welche aus dem PC ausgedruckt, unterschrieben und ins Faxgerät gesteckt worden waren. Weitere 15 Rückantworten (29,4 %) waren frei formulierte Faxanschreiben, einige von ihnen sogar entgegen jeglicher Geschäftspraxis ausschließlich in handschriftlicher Form. Eine Autofirma schickte sogar zweimal ein nicht lesbares Fax, obwohl die Firma nach der ersten Übertragung per Telefon auf die schlechte Qualität ihrer Faxübertragung aufmerksam gemacht wurde.

	Anzahl	Prozent	Kumulierte Prozente
Fax frei formuliert	15	29,4%	29,0%
Fax Standard Angebot	22	43,1%	72,1%
eMail frei formuliert	2	3,9%	76,1%
eMail förmliche Antwort	5	9,8%	85,9%
Per Bote	1	2,0%	87,8%
Brief	6	11,8%	99,6%
gesamt	51	100,0%	

Die restlichen Angebote wurden in Papierform per Brief geschickt oder in einem Fall sogar persönlich in den Briefkasten geworfen.

- **Reaktionszeit**

Die durchschnittliche Antwortzeit beträgt 12 Stunden und 36 Minuten, wobei das erste frei formulierte Fax bereits 41 Minuten nach der Übertragung eintraf und das ebenfalls frei formulierte letzte Fax erst 45 Stunden später. Für sechs Rückmeldungen konnte keine minutengenaue Reaktionszeit ermittelt werden, da diese per Post eintrafen.

Reaktionszeiten

Reaktionszeit	Anzahl	Prozent	Kumulierte Prozente
< 2 Stunden	12	23,5%	23,50%
2-5 Stunden	10	19,6%	43,11%
5-10 Stunden	0	0,0%	43,11%
10-20 Stunden	10	19,6%	62,72%
20-30 Stunden	11	21,6%	84,28%
> 30 Stunden	1	2,0%	86,25%
per Post	6	11,8%	98,01%
nicht ermittelt	1	2,0%	100,00%
gesamt	51	100,0%	

Im Gegensatz zur durchschnittlichen Antwortzeit für Faxantworten von 11 Stunden und 23 Minuten lag die durchschnittliche Reaktionszeit für die eMail-Antworten bei 7 Stunden und 34 Minuten. Unter der Voraussetzung, daß die Autohäuser über keinen ständigen Internetzugang verfügen, sondern sich jedes Mal per Telefonleitung ins Internet einwählen müssen, ist dies eine durchaus akzeptable Zeit.

- **Qualität und Form der Rückantwort**

Wie bereits beschrieben bestand ein großer Teil der Rückantworten aus automatisch produzierten Kalkulationsblättern aus dem PC. Der größte Teil der Antworten bezog sich auf die gewünschten Ausstattungsmerkmale. Nur wenige Händler verzichteten auf eine Übermittlung konkreter Preise und schickten stattdessen frei formulierte Angebotsschreiben, aus denen das folgende ganz besonders hervorsticht.

Das besondere an diesem verlockenden Angebot stellte sich beim persönlichen Termin nicht unbedingt als „Schnäppchen" dar. Der Verkäufer sah sich nicht in der Lage, den billigsten evaluierten Kaufpreis zu unterbieten, in Gegenteil, denn in einer wenig kundenfreundlichen Art wurde dem Testkäufer ein Preis angeboten, der eher in das gehobene Mittelfeld der ermittelten Preise fällt. In diesem Beispiel zeigt sich, daß die Neuen Medien nicht von allen Händlern als seriöser Vertriebskanal angesehen werden.

- **Angebotspreise**

Die durch diese Umfrage ermittelten Kaufpreise differierten in großem Maße, im Durchschnitt lagen die Preise um 9,58 Prozent unter dem vom Hersteller vorgeschriebenen Listenpreis, wobei der geringste Nachlaß 6 Prozent, der höchste 13,42 Prozent betrug. In Bezug auf die zweite Hypothese konnte ermittelt werden, daß für die geschäftlich formulierte Anfrage eines Mannes im Durchschnitt 10,29 Prozent sowie diverse Extras, wie z.B. Überführung, Zulassung, Fußmatten oder ein Warndreieck angeboten worden. Die Händler beschränkten sich bei den Rabatten für das Fax mit dem weiblichen Absender auf einen durchschnittlichen Rabatt von 8,87 Prozent, wobei die Ausstattungsextras deutlich geringer als bei der eMail-Anfrage des Mannes ausfielen.

Übersicht Angebotspreise (ohne zusätzlich angebotene Extras)

	Prozent Listenpreis
Listenpreis	100,00 %
Durchschnittlicher Angebotspreis	90,42 %
Niedrigster Angebotspreis	86,58 %
Höchster Angebotspreis	94,00 %
Durchschnittlicher Angebotspreis für eMail-Anfrage	89,71 %
Durchschnittlicher Angebotspreis für Fax-Anfrage	91,13 %

- **Zusammenfassung**

Diese nicht repräsentative Umfrage gibt einen Einblick, wie hoch die Akzeptanz für die Neuen Medien in deutschen Unternehmen ist. Damit ist die erste Annahme falsifiziert, daß auf eingehende eMails auch per eMail geantwortet wird. Vielmehr ist der Griff zu dem traditionellen Mittel, Fax, die am häufigsten gewählte Variante gewesen. Auffällig bei dieser Untersuchung ist weiterhin, daß der größte Teil der antwortenden Händler aus dem Umland Berlins stammt, während die Händler aus Berlin nur zurückhaltend antworteten. Aus diesem Grunde wurde eine Nachfrage bei dem Vertriebschef eines der größten Opelhändler in Berlin unternommen, warum denn nicht auf eine e-Mail geantwortet würde? Daraufhin entgegnete dieser, erstaunt, daß er von keiner e-Mail-Adresse seines Unternehmens wüßte.

Die zweite Annahme scheint sich jedoch bestätigt zu haben, da deutliche Unterschiede bei der Preiskalkulation zwischen den beiden Anforderungen beobachtet werden konnten. Besonders deutlich wurde dies bei den 11 Händlern, welche sowohl auf die eMail als auch auf die Faxmitteilung reagiert haben.

3.5.6 Ergebnis

Die in diesem Kapitel vorstellten Studien zeigen in vielen Punkten auf, daß die Akzeptanz, die die Nutzer den elektronischen Medien entgegenbringen, noch relativ gering ist. Auch scheint die Integration der Neuen Medien in den Unternehmenskontext noch nicht vollständig vollzogen zu sein. Dabei stehen die vorgenommenen Investitionen im krassen Gegensatz zu den genutzten Funktionalitäten. Obwohl viele hauptsächlich betriebswirtschaftlich orientierte Analysen zu dem Schluß kommen, daß erhebliche Einsparungen durch den Einsatz der Neuen Medien möglich seien, zeigen spezifische Untersuchungen, welche die Auswirkungen auf die Umgebung untersuchen, Gegenteiliges.

Alle gefundenen Untersuchungen beschäftigen sich ausschließlich mit nur einem Themenbereich; so sind einige Forscher damit beschäftigt, Kommunikationsgewohnheiten aufzudecken, andere damit, die Akzeptanz zu erforschen oder wieder andere damit, die wirtschaftlichen Vorteile aufzudecken. Keine der Studien aus der Literaturrecherche versuchte mit Hilfe eines systemischen Ansatzes, komplexe Systeme der Organisation zu untersuchen.

3.6 Modell zur innovativen Unternehmenskommunikation mit Neuen Medien

Wie das letzte Kapitel anschaulich darstellen konnte, betrachtet keine der rezipierten Untersuchungen das gesamte System der Organisation, sondern immer nur einzelne Teilbereiche. Aus diesem Grunde soll mit dem in diesem Kapitel vorgestellten Modell der Versuch unternommen werden, einen ganzheitlichen Blickwinkel zu beschreiben. Dieser soll Unternehmen die Möglichkeit geben, die Neuen Medien erfolgreich in die Organisationsstrukturen zu integrieren und so die getätigten Investitionen zu sichern.

3.6.1 Einflüsse der vier Dimensionen

Um einen ganzheitlichen Blick auf die Neuen Medien zu erhalten, ist es zu allererst nötig, die vier direkt an der Nutzung der elektronischen Medien beteiligten Dimensionen aufzuzeigen und deren Ordnung grundsätzlich zu hinterfragen (vgl. Fulk 1990, S. 13). Die wichtigste Dimension ist mit Sicherheit das Unternehmen selbst, welches der auslösende Faktor für die Nutzung elektronischer Medien in der Organisation ist. An zweiter Stelle sind die Menschen, die Mitarbeiter mit ihren individuellen Bedürfnissen und Akzeptanzschwellen, eine weitere nicht zu vernachlässigende Größe in der Betrachtung eines erfolgreichen Einsatzes der Neuen Medien im Unternehmen.

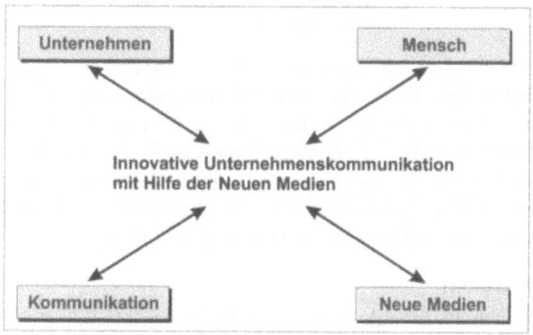

Abbildung 3.6-1: Der Einfluß der vier Dimensionen auf die Neuen Medien

Hinzu kommt eine genaue Analyse der Kommunikationsprozesse in der Dimension Kommunikation. Nur wer die Grundlagen der zwischenmenschlichen Kommunikation kennt, kann eine erfolgreiche Kommunikation mit elektronischen Medien aufbauen und vorprogrammierte Kommunikationskonflikte rechtzeitig entschärfen. Die vierte und letzte zu betrachtende Dimension stellt die Neuen Medien selbst dar.

In Form ihrer technischen Umsetzung beeinflussen diese selbstverständlich ihren erfolgreichen Einsatz. Für alle Projektbeteiligten bedeutet dies, daß ohne entsprechende Fachkenntnisse eine effiziente technische Umsetzung der geforderten Kommunikationsformen nicht möglich ist.

Aus diesem Grunde wurde im Kapitel 4 ausführlich auf die Geschichte, die Grundlagen und die Möglichkeiten der vier Dimensionen eingegangen. Der folgende Abschnitt soll daher nur noch die für die Modellentwicklung notwendige Zusammenfassung darstellen.

3.6.1.1 Einflüsse durch das Unternehmen

Bedingt durch den Internet-Boom der letzten Jahre wird die Nutzung der Neuen Medien immer interessanter für Unternehmen. Das Internet als neuer Markt und Informationsquelle für Kunden, Geschäftspartner und Mitarbeiter wird von Unternehmens- und Marketingexperten immer höher bewertet (vgl. z.B. Campbell 1996). Obwohl, wie gezeigt werden konnte, diese Art von Studien nicht immer wissenschaftlichen Ansprüchen entspricht, sorgt sie doch dafür, daß sich viele Manager in den Top-Etagen der Unternehmen Gedanken über mögliche Einsparungspotentiale und neue Geschäftsfelder machen.

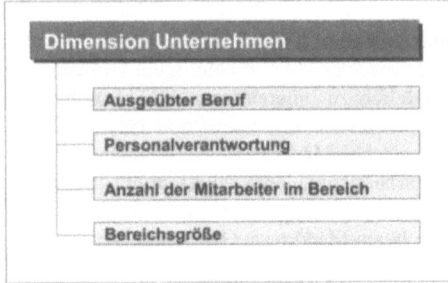

Nachdem bisher die meisten Aktivitäten im Bereich Business to Consumer (B2C) unternommen wurden, wird in den nächsten Jahren verstärkt in den Bereich Business to Business (B2B) und damit in eine direkte Verknüpfung verschiedener Unternehmenssysteme investiert werden.

Abbildung 3.6-2: Wechselbeziehung Unternehmen – erfolgreiche Nutzung der Neuen Medien

In diesem Zusammenhang fungiert das Unternehmen durch das Management primär als Auslöser für den Veränderungsprozeß. Es ist damit direkt verantwortlich für die betriebswirtschaftlichen und technischen Einflüsse, welche auf die Neuen Medien in Unternehmenskontext wirken. Ebenso zeichnet das Unternehmen für die gesamte Infrastruktur, die Aus- und Fortbildung, sowie bei einer wie auch immer gearteten Hilfestellung bei Problemen verantwortlich. Für eine genauere Beschreibung dieser Dimension können die in der Abbildung genannten Merkmale herangezogen werden.

3.6.1.2 Einflüsse durch den Menschen

Der Mitarbeiter und damit der Mensch als Interaktionspartner der Neuen Medien steht ebenfalls als wichtiger Einflußfaktor im Zentrum der Betrachtungen. Nachdem die Einführung einer neuen elektronischen Kommunikationsplattform durch die Unternehmensführung beschlossen wurde, sind hier zum einen die Menschen, welche das Produkt herstellen und anpassen, zum anderen natürlich die Mitarbeiter, welche im täglichen Arbeitsalltag mit der elektronischen Anwendung arbeiten müssen, gemeint. „Hersteller, Berater und auch die Organisatoren unterschätzen oft das Ausmaß der wahrgenommenen Veränderungen bei den betroffenen Mitarbeitern, die von einer scheinbar kleinen Innovation ... ausgelöst werden. Sorgfältige Einweisung und auch begleitende Betreuung sind Erfolgsfaktoren für die Einführung einer technischen Innovation" (Picot 1984, S. 170-172).

Erschwerend kommt bei der Betrachtung der Dimension Mensch hinzu, daß jedes Individuum über unterschiedliche Voraussetzungen verfügt. Natürlich wird jeder auch durch sein jeweiliges Lebensalter und den eigenen Erfahrungsschatz geprägt. Neben den persönlichen Kompetenzen besitzt jeder Mitarbeiter zum Beispiel eine eigene He-

Modell innovativer Unternehmenskommunikation 243

rangehensweise an Probleme, welche die Nutzung der Neuen Medien unter Umständen mit sich bringt. Die Herausforderung für den erfolgreichen Einsatz der Neuen Medien besteht demnach darin, möglichst viele Anforderungen dieser inhomogenen Gruppe der Mitarbeiter zu erfüllen.

Abbildung 3.6-3: Wechselbeziehung Mensch – erfolgreiche Nutzung der Neuen Medien

Diese subjektiven Anforderungen werden am besten durch die in Abbildung 3.6-3 genannten Merkmale ausgedrückt. Neben den demographischen Daten wie Alter, Geschlecht oder Schulbildung sind hier besonders Kenntnisse aus Fortbildungen und der Umgang mit EDV-Problemen zu nennen. Ebenfalls ein wichtiger Punkt ist die subjektive Einschätzung der Neuen Medien, welche ausschlaggebend für den Erfolg bei der Nutzung ist.

3.6.1.3 Einflüsse der Kommunikation

Jegliche Art der Interaktion mit den Neuen Medien ist durch einen Kommunikationsprozeß zu beschreiben. Egal, ob die Neuen Medien nur als reiner Übertragungskanal oder als eigenes Kommunikationsmedium angesehen werden, es findet immer eine Mensch-Maschine-Interaktion statt. Exemplarisch ist hier die Informationsgewinnung aus dem Internet zu nennen. Der Nutzer kommuniziert mit dem Informationsangebot im Internet mit Hilfe des Browsers und erhält Informationen. Im gleichen Zusammenhang muß auch die Menge der erhaltenen Fehlinformationen betrachtet werden, welche z.B. durch fehlerhafte Kommunikationsprozesse bedingt ist oder durch falsche Informationsergebnisse im Internet.

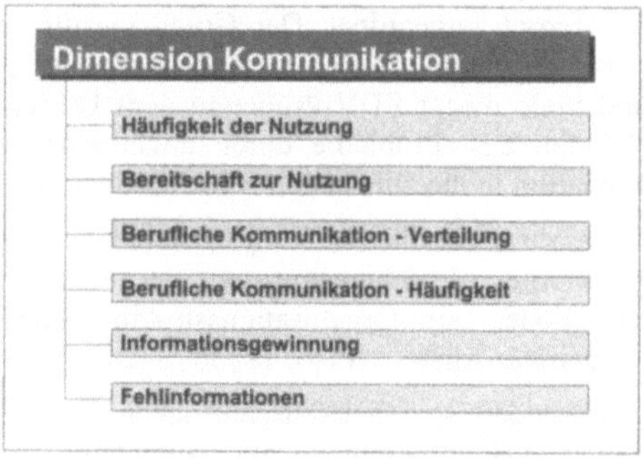

Ebenso ist bei der Nutzung der elektronischen Medien die Bereitschaft zu deren Verwendung und die Häufigkeit ihrer Anwendung weitere wichtige Merkmale zur Beschreibung der Neuen Medien.

Abbildung 3.6-4: Wechselbeziehung Kommunikation – erfolgreiche Nutzung der Neuen Medien

Genauso wichtig aus dem Blickwinkel der Kommunikation ist die Frage, wie sich die berufliche Kommunikation auf die zur Verfügung stehenden Kommunikationskanäle verteilt.

3.6.1.4 Einflüsse der Nutzung der Neuen Medien

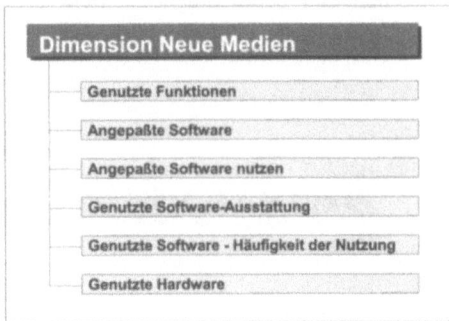

Abbildung 3.6-5: Wechselbeziehung Neue Medien – erfolgreiche Nutzung der Neuen Medien

Die Einführung der Neuen Medien wurde bisher vorrangig durch die IT-Fachabteilungen vorangetrieben. Auslöser waren häufig Mitarbeiter, die auf experimenteller Basis Anwendungen installierten. Erst später wurden diese Entwicklungen durch strategische Entscheidungen der Unternehmensführung legitimiert. Die Gesamtverantwortung liegt daher meist bei den Fachabteilungen für Informationstechnologie. Bis dato war es Technikern überlassen, existierende Systeme zu verbessern, Neue Medien einzuführen und deren Möglichkeiten im Unternehmen bekannt zu machen.

Aus der Sicht eines EDV-Spezialisten wirken Software-Anwendungen deutlich anders als aus der Sicht eines anderen Mitarbeiters. Aus diesem Grund erscheint es zwingend geboten, die in einer Applikation vorhandenen Funktionen den tatsächlich durch die Beschäftigten genutzten Funktionen gegenüber zu stellen. Ebenfalls interessant in diesem Zusammenhang ist die Frage, ob für die Mitarbeiter speziell angepaßte Software-Produkte zur Verfügung stehen. Natürlich spielt auch die Ausstattung an Hard- und Software-Produkten in der Wechselbeziehung zwischen den Neuen Medien und ihrem erfolgreichen Einsatz im Unternehmen eine wichtige Rolle.

3.6.2 Der systemisch-kulturelle Theorieansatz

Bei genauer Betrachtung der aufgezählten Merkmale in den vier Dimensionen fällt auf, daß diese untereinander in enger Beziehung stehen. So wurde zum Beispiel das Merkmal EDV-Probleme der Dimension Mensch zugeordnet. Der Grund hierfür ist primär in den persönlichen Kenntnissen und dem individuellen Herangehen an Problemlösungen zu finden. Andererseits sind viele dieser EDV-Probleme dem Umfeld geschuldet, in dem sie auftreten. So können z.B. Probleme durch unzureichende Hardwareausstattung auftreten, welche wiederum in die Dimension Neue Medien fällt.

„Der sogenannte sozio-technische Systemansatz, der die Wirkungszusammenhänge zwischen Umweltbedingungen und den internen Beziehungsmustern der Faktoren Technologie, Aufgaben, Organisationsmitglieder und Organisationsstruktur untersucht, gilt gemeinhin als „vollständigster situativer Ansatz" (Picot 1983b, S. 34).

Die systemische Betrachtungsweise stammt aus dem sozialwissenschaftlichen Systemansatz, der sich als relativ neue Disziplin in zwei Hauptrichtungen aufspalten läßt:

- die mathematische Systemtheorie mit ingenieurwissenschaftlicher Anwendung,
- die verbal-beschreibende Systemtheorie mit sozialwissenschaftlicher, philosophischer, biologischer etc. Anwendung.

„Allgemein versteht man unter „System" einen „ganzheitlichen Zusammenhang von Teilen, Einzelheiten, Dingen oder Vorgängen, die voneinander abhängig sind, ineinander greifen oder zusammenwirken. ... Allgemeiner gesagt besteht ein System also aus einer Menge von Elementen, die in bestimmter Weise miteinander in Beziehung stehen (miteinander interagieren). Der Beziehungszusammenhang dieser Elemente ist deutlich dichter als der zu anderen Elementen, so daß sich Systeme von ihrem Umsystem abgrenzen lassen" (Heinrich 1986, S. 7; Döring 1988, S. 30).

Das Interessante an dem Systemansatz ist die Überlegung, daß ein System aus einzelnen Elementen besteht, welche wiederum als eigenes System und gleichzeitig als Teilsystem des Ganzen angesehen werden müssen. Döring zählt als Merkmale eines solchen Systems folgende Punkte auf (vgl. Döring 1998, S. 30) :

- Definitheit (= Bestimmtheit)
- Relative Invarianz (= Beständigkeit)
- Interdependenz der Elemente (= Gegenseitige Abhängigkeit)

Alle diese drei genannten Merkmale treffen auf viele der weiter oben beschriebenen Merkmale der vier Dimensionen zu. Daher erscheint es sinnvoll, diese als ein System zusammenzufassen und so einen ganzheitlichen Blickwinkel zu erhalten. „Die Entwicklung eines Systems läßt sich insoweit auch als eine Modellentwicklung betrachten. Sie setzt als Vorgabe ein Systemprinzip voraus, mit Hilfe dessen man das formale System bzw. die Systemstruktur entwickeln, bestimmen und beschreiben kann" (Döring 1999, S. 100).

Aus diesem Grunde liegt es nahe, die gegenseitigen Abhängigkeiten der gefundenen Dimensionen in einem Systemrahmen zu erfassen und mit Hilfe eines Modells zu beschreiben. „Ein sozialwissenschaftliches Modell ist üblicherweise eine Reduktion der gesellschaftlichen Komplexität in Form einer grafischen, sprachlichen oder zahlentechnischen Darstellung" (Fredersdorf 1998, S. 148). In diesem Falle bietet sich eine grafische Darstellung an, welche durch Verbindungslinien die Abhängigkeiten darstellt.

3.6.2.1 Der technisch-ökonomische Blickwinkel

Die Überlegung, in welcher Form die gefundenen Merkmale neu gegliedert werden könnten, führt schnell zu der Erkenntnis, daß eine große Zahl der Merkmale durch technische oder ökonomische Einflüsse des Unternehmens geregelt werden. So ist die Hardware-Ausstattung genauso von dem vorgegebenen Organisationsrichtlinien abhängig, wie die Größe des Bereiches, die dort arbeitenden Mitarbeiter mit ihren individuellen Eigenschaften, die Unterstützung bei EDV-Problemen oder die Durchführung von Weiterbildungsmaßnahmen. Ohne direkte Vorgaben des Systems wären alle diese Merkmale nicht vorhanden. Ausschlaggebend für die Zuordnung der entsprechenden Merkmale zum technisch-ökonomischen Bereich ist die direkte Beeinflussbarkeit der Merkmale durch die Unternehmung. Das Unternehmen kann z.B. durch bewußte Entscheidungen die Zusammensetzung einer Abteilung verändern oder durch entsprechende Investitionen die technische Infrastruktur verbessern.

Der technisch-ökonomische Begriff und alle ihm zugeordneten Merkmale sind im Sinne des traditionellen Ansatzes einer wissenschaftlichen Betriebsführung zu verstehen, nach welcher „der Betrieb als Organisation ein transparentes, rationales System koordiniert steuerbarer Handlungen und Prozesse darstellt (Maschinen-Modell)" (Döring 1999, S. 206). Er spiegelt demnach die noch heute in vielen Betrieben vorherrschende Managementlehre wieder.

3.6.2.2 Die sozio-kulturelle Perspektive

Im krassen Gegensatz dazu steht die aktuelle Management-Auffassung des Corporate Identity (CI)- und Corporate Culture (CC)-Konzeptes. Diese Theorien betrachten das Unternehmen nicht nur als ein in Zahlen zu fassendes Gebilde, sondern als komplexe Einheit. Diesem ganzheitlichen Gedanken verpflichtet, bildet sich eine Differenz zwischen dem traditionellen und dem modernen Unternehmensverständnis. Nunmehr wird klar, warum nicht alle der genannten Merkmale dem systemischen Blickwinkel zuzuordnen waren. Es fehlte die sozio-kulturelle Perspektive zu einer ganzheitlichen Abbildung der im Unternehmen herrschenden Einflüsse.

Konsequenterweise gehören demnach die nicht dem technisch-ökonomischen Blickwinkel zuzuordnenden Merkmale in den sozio-kulturellen Bereich. Es sind dies die Merkmale, die sind nicht direkt durch Unternehmensentscheidungen beeinflussen lassen, sondern höchstens indirekt durch administrative Maßnahmen über einen längeren Zeitraum hinweg verändert werden können. In diesem Zusammenhang ist u.a. die Unternehmensphilosophie zu nennen.

So kann z.B. die persönliche Bereitschaft, die neuen Medien zu nutzen, nicht durch Anweisungen des Unternehmens verändert werden, sondern resultiert primär aus der im Unternehmen herrschenden Kultur, welche dafür verantwortlich zeichnet, in welcher Form der Umgang mit den Neuen Medien unternehmensweit gepflegt wird. Als Beispiel hierfür sind innovative Unternehmen zu nennen, welche durch eine offene Unternehmenskultur für eine entsprechende Neugierde und damit für eine konfliktfreie Begegnung mit der neuen Technik sorgen. Unternehmen, die über eine wenig ausgeprägte Unternehmenskultur verfügen, haben demgegenüber Schwierigkeiten, Innovationen im Betrieb voran zu bringen.

3.6.3 Modellentwicklung

3.6.3.1 Modell innovativer Unternehmenskommunikation

„Sozialwissenschaftliche Modelle werden üblicherweise zwei- oder dreidimensional konstruiert. Sie dienen heuristischen oder statistischen Zwecken. ... Die Reduktion der gesellschaftlichen Komplexität erfolgt in ihnen anhand eines Meßvorgangs, der mittels sozialwissenschaftlicher Quantifizierungsmethoden (z.B. standardisierte Fragebogenuntersuchung) vorgenommen wurde. [...] Heuristische Modelle haben ... nicht den Zweck, statistische Zusammenhänge mathematisch darzustellen. Sie deuten vielmehr auf begründbare Zusammenhänge hin, die sie visualisieren, um das bereits sprachlich Ausgeführte anschaulicher zu vermitteln oder abschließend zusammenzufassen" (Fredersdorf 1998, S. 148).

Modell innovativer Unternehmenskommunikation

Das folgende heuristische Modell faßt den Gedanken zweier in Wechselwirkung stehender Bereiche auf und versucht so, das Spannungsfeld zwischen dem soziokulturellen und dem technisch-ökonomischen Bereich grafisch darzustellen. Die umfassende Grenze des Modells spiegelt demnach das Unternehmen entsprechend der ganzheitlichen Sichtweise der modernen Managementlehre wieder.

Im Mittelpunkt steht die erfolgreiche Nutzung der Neuen Medien, welche nur dann wirklich erreicht wird, wenn eine Ausgewogenheit zwischen den einzelnen Merkmalen vorherrscht.

Das Modell macht an Hand der unterschiedlichen Färbung der Blütenblätter deutlich, wie die aus den vier Dimensionen stammenden Merkmale in den sozio-kulturellen und den technisch-ökonomischen Bereich getrennt werden. Die Fläche in der Mitte und die Überlappungen vergegenwärtigen dabei, daß sich alle Merkmale in gegenseitiger Abhängigkeit befinden. Die Wahl einer blühenden Blume soll dabei die Analogie zu einer erfolgreich gedeihenden Nutzung der Neuen Medien in der Unternehmung repräsentieren.

Der in diesem Modell einer erfolgreichen Nutzung der Neuen Medien vorherrschende Grundgedanke, daß sich alle Faktoren in einem Gleichgewicht befinden müssen, ist die Voraussetzung für den erfolgreichen Einsatz elektronischer Medien im Unternehmen. Nur wenn dieses Gleichgewicht vorhanden ist und in allen weiteren Planungen eine genaue Berücksichtigung aller Merkmale stattgefunden hat, kann über den erfolgreichen Einsatz existierender Medien hinaus der Weg zu einer innovativen Unternehmenskommunikation mit Hilfe der Neue Medien gelingen, also die Blume weiter wachsen.

Die alleinige Analyse eines Merkmales, also die Herangehensweise der in Kapitel 3.5 zitierten Studien, kann nach diesem modellhaften Verständnis nur zu einem unzureichenden Einblick und damit nie zu einer wirklichen Weiterentwicklung der Unternehmenskommunikation führen.

Um diese Mängel auszuräumen, werden im folgenden Kapitel die Durchführung und die Ergebnisse einer auf diesem Modell basierenden Untersuchung mit ganzheitlicher Herangehensweise beschrieben.

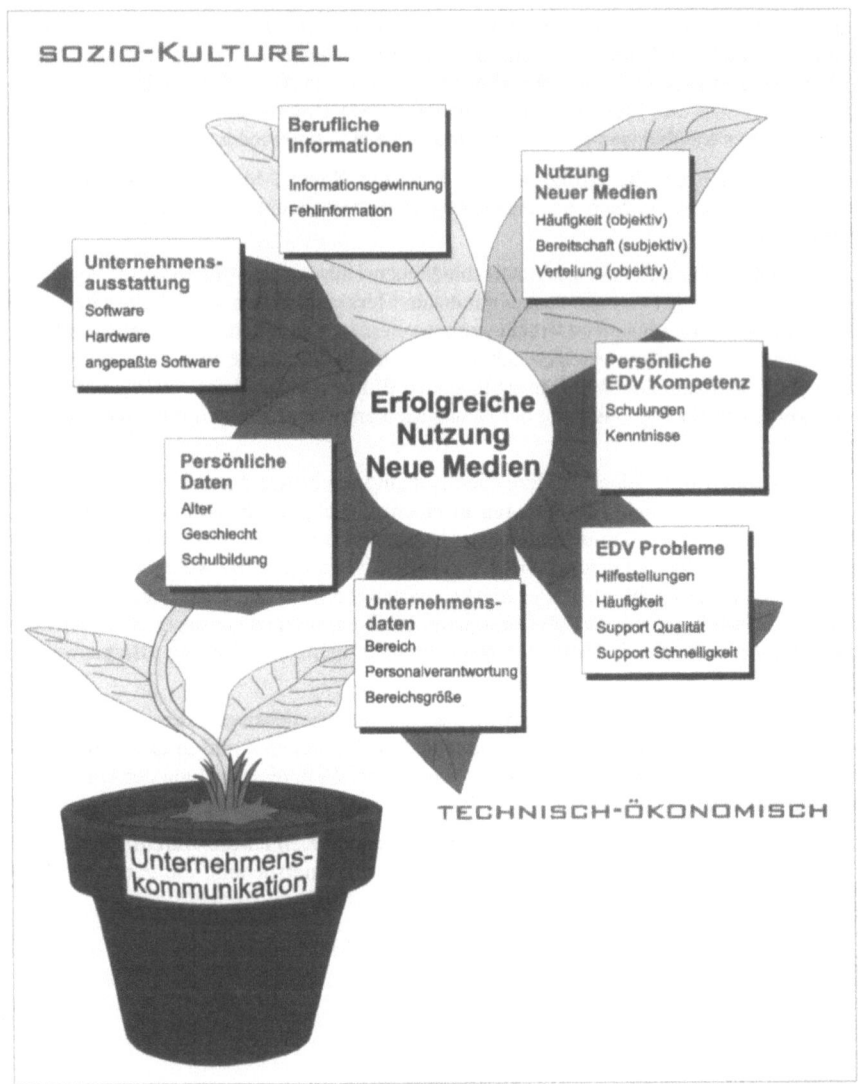

Abbildung 3.6-6: Modell innovativer Unternehmenskommunikation auf Grundlage eines sozio-kulturell – technisch-ökonomischen Blickwinkels

4. Empirische Umsetzung des Modells innovativer Unternehmenskommunikation

Ausgehend von der Annahme, daß die im Kapitel 4 beschriebenen Merkmale der beschriebenen vier Dimensionen in einem mehrdimensionalen Abhängigkeitsverhältnis zueinander stehen, wurde das Modell der innovativen Unternehmenskommunikation im letzten Abschnitt entwickelt. Grundlage hierfür ist die Annahme, daß die zur Beschreibung eines erfolgreichen Einsatzes der Neuen Medien in der Unternehmenskommunikation notwendigen Faktoren in einen sozio-kulturellen und einen techno-ökonomischen Bereich aufgeteilt werden können.

4.1 Methodologische Grundlagen zur Untersuchung

Basierend auf den im letzten Kapitel gemachten Vorüberlegungen kann folgende erkenntnisleitende These formuliert werden und den weiteren Verlauf dieser Arbeit begleiten:

„**Unternehmen, in denen die elektronischen Medien systemisch eingesetzt werden, haben eine verbesserte Kommunikationskultur.**"

Wie bereits hinreichend erklärt, ist die Herangehensweise zur innovativen Unternehmenskommunikation als *systemischer* Ansatz in der Organisation zu verstehen, als ein ganzheitlicher, den Bedürfnissen aller Beteiligten Rechnung tragender Ansatz. Das bedeutet, daß alle im Modell der innovativen Unternehmenskommunikation repräsentierten Dimensionen und Merkmale in die Betrachtung mit einbezogen werden müssen.

Demgegenüber steht der Begriff „*Kommunikationskultur*" für eine Symbiose aus innovativer Unternehmenskultur, einem offenen Kommunikationsstil und einer den Bedürfnissen aller angepaßten Mediennutzung. Der Begriff soll im Sinne des Corporate Culture-Gedankens für einen handlungsanleitenden, partizipativen Einsatz der Möglichkeiten der Neue Medien stehen (vgl. Döring 1999, S. 211 ff) und so Wege für den Aufbau zukünftiger Unternehmensstrukturen ermöglichen.

In Zusammenhang mit den in Kapitel 4 diskutierten Merkmalen lassen sich nach dem Prinzip der Gegenüberstellung der beiden sozio-kulturellen Merkmalsgruppen mit den fünf technisch-ökonomischen Gruppen folgende zehn Arbeitshypothesen formulieren (siehe Abbildung 4.1-1):

Berufliche Informationen

1. Je besser ein Arbeitsplatz ausgestattet ist, desto mehr verschiedene Kommunikationsmedien werden durch den Mitarbeiter benutzt.
2. Angestellte aus großen Bereichen informieren sich häufiger durch die elektronischen Kommunikationsmedien.
3. Jüngere Menschen erhalten bei ihrer Informationsbeschaffung weniger Fehlinformationen.
4. Durch die Reduzierung der EDV-Probleme läßt sich der Nutzen der Kommunikationsmedien erheblich steigern.
5. Auch die Teilnahme an Schulungen verbessert die Informationsgewinnung der Mitarbeiter.

Nutzung Neuer Medien

6. Durch eine qualitativ hochwertige Unternehmensausstattung wird eine hohe Bereitschaft zur Nutzung der Neuen Medien erreicht.
7. Mitarbeiter mit Personalverantwortung nutzen häufiger die Neuen Medien.
8. Die Bereitschaft zur Nutzung der Neuen Medien bei weiblichen Angestellten ist geringer.
9. Das Vorhandensein von EDV-Problemen verringert die Bereitschaft zu Nutzung der Neuen Medien.
10. Gut geschulte Mitarbeiter nutzen häufiger die Neuen Medien.

Die wissenschaftliche Analyse diese Arbeitshypothesen soll im Folgenden dazu dienen, die erkenntnisleitenden Thesen zu verifizieren bzw. falsifizieren.

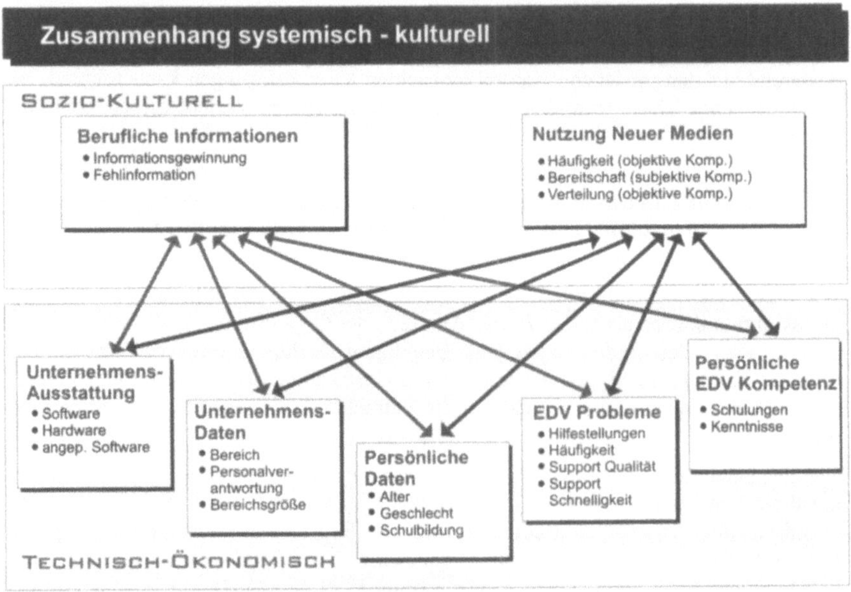

Abbildung 4.1-1: Zusammenhang sozio-kultureller / technisch-ökonomischer Merkmale

4.1.1.1 Induktiv / deduktiver Forschungsansatz

Ziel dieser aus dem Modell abgeleiteten Hypothesen ist es, die in Kapitel 4 gesammelten Kenntnisse zusammenzufassen, und daraus die Grundlage für eine empirische Untersuchung zur Überprüfung des Modells zu entwickeln. Hierfür stellt sich aus sozialwissenschaftlicher Sicht die Frage, welche die beste Möglichkeit ist, sich dieses bisher nur theoretisch erschlossenen Untersuchungsfeldes in der Praxis anzunähern. Aus methodologischer Sicht stehen dabei die deduktive oder die induktive Vorgehensweise zur Verfügung (vgl. u.a. Hildebrand 1983, S. 110ff).

Eine reine induktive Vorgehensweise, d.h. die Untersuchung eines Teiles mit anschließendem Rückschluß auf das Ganze, birgt viele Gefahren in sich, welche schnell zu Fehlinterpretationen oder Verallgemeinerungen führen können, die das Forschungsergebnis verfälschen (vgl. Diekmann 1998, S. 150f).

Eine deduktive Vorgehensweise hingegen erlaubt durch den „top-down-Ansatz" eine zielgerichtete Untersuchung, welche sowohl das Ganze als auch später das Detail in Augenschein nimmt. „Diese deduktive Vorgehensweise wird, in Anlehnung an Lamnek, damit begründet, daß der Forscher eben nicht eine tabula rasa sein kann, daß er sich nicht völlig theorie- und konzeptlos in das soziale Feld begibt und er immer schon entsprechende theoretische Ideen und Gedanken (mindestens implizit) entwickelt hat. Selbst wenn diese Vorstellungen nur seinem Alltagsverständnis entsprechen, werden sie in die empirische Untersuchung einfließen" (Fredersdorf 1998, S. 279). Aus diesem Grund wurden im vorangestellten Kapitel die Theorie und das Modell zur innovativen Unternehmenskommunikation hergeleitet, welche nunmehr ein um-

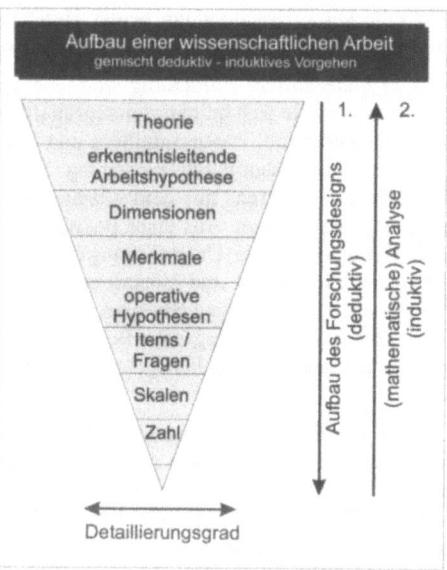

Abbildung 4.1-2: Gemischt induktiv-deduktives Vorgehen

grenztes Wissen um die Zusammenhänge und damit eine fundamentierte Ausgangsbasis für die empirische Untersuchung ermöglichen. In Analogie zu der durch Fredersdorf vorgestellten Herangehensweise sozialwissenschaftlicher Untersuchungen soll das Forschungsdesign in Form eines „gemischt deduktiv-induktiven Vorgehensmodells" entwickelt werden (vgl. Fredersdorf 1998a). Dabei ist zuallererst der deduktive Ansatz zu verfolgen, da nur so die in der Literatur beschriebenen Ungenauigkeiten verhindert werden können. Im Gegensatz dazu erscheint die Verfolgung eines induktiven Gedankens bei der Analyse und Interpretation der Forschungsergebnisse legitim, da so ein entsprechender Rückschluß auf die Untersuchungsobjekte ermöglicht wird. Somit wird sowohl ein deduktiver als später auch ein induktiver Forschungsansatz diese Arbeit kennzeichnen. Die Grafik veranschaulicht in geeigneter Weise die Strukturierung einer sozialwissenschaftlichen Untersuchung (vgl. u.a. Attesländer 1995, S. 63; Friedrichs 1990, S. 164). Ausgehend von einem deduktiven Ansatz wurden in dieser Arbeit bereits die ersten fünf Arbeitsschritte bis zur Formulierung der operativen Hypothesen (Arbeitshypothesen) ausgeführt. Alle weiteren Schritte werden in dem folgenden Abschnitt über das Forschungsdesign beschrieben.

4.1.1.2 Quantitative oder qualitative Forschungslogik

Die nächste in Bezug auf das zukünftige Forschungsdesign zu diskutierende Frage betrifft das zu verwendende Forschungsparadigma. Hierfür steht sowohl eine qualitative als eine quantitative Vorgehensweise zur Auswahl. Ziel dieser Arbeit ist es nicht, sich an der seit über 20 Jahren ausgetragenen Forschungsdebatte über die Vor- und Nachteile quantitativer bzw. qualitativer Forschungslogik zu beteiligen. Daher sei hier nur eine kurze Beschreibung beider Herangehensweisen wiedergegeben. Fredersdorf gibt eine gelungene Zusammenfassung beider Methoden in seinem Werk:

„Unter *quantitativer Forschung* sind jene sozialwissenschaftlichen Vorgehensweisen zu verstehen, die sich an naturwissenschaftliche Verfahren der Theoriebildung, Hypothesenkonstruktion, Datensammlung und -analyse anlehnen. Verkürzt wiedergegeben, entspricht die quantitative Forschung einem deduktiven bzw. gemischt deduktiv-induktiven Verfahren, mit dem soziale Gegebenheiten beschrieben, verglichen und prognostiziert werden. Aus einer Basistheorie kürzerer oder mittlerer Reichweite werden Hypothesen zum Untersuchungsgegenstand abgeleitet, inhaltlich wie mathematisch operationalisiert und anhand empirischer Daten überprüft, d.h. verifiziert bzw. falsifiziert. Die Daten gewinnt man durch standardisierte Untersuchungsverfahren wie Experiment, Beobachtung oder Befragung. Anhand der statistisch überprüften Hypothesen wird auf den Realitätsgehalt der Theorie rückgeschlossen" (Fredersdorf 1998, S. 283).

„Unter *qualitativer Forschung* sind jene sozialwissenschaftlichen Vorgehensweisen zu verstehen, die sich in der Auseinandersetzung mit Vertretern der sogenannten herkömmlichen empirischen Sozialforschung in den letzten 20 Jahren etablierten. Hierzu zählen z.B. die Verfahren der objektiven Hermeneutik, des soziologischen Narrativismus, der kommunikativen Sozialforschung, der Biographie- und Lebenslaufforschung (Garz 1991, S. 6-8), der Handlungs- und Aktionsforschung (von Saldern 1995, S. 339). Sie folgen unter anderem der abduktiven bzw. rein induktiven Forschungslogik, die nicht der Überprüfung sondern der Generierung von Hypothesen dient. Diese Ansätze werden in der Regel nicht konzipiert, um einen sozialen Tatbestand mathematisch zu überprüfen, der durch Literaturstudien und Rezeption themenspezifischer empirischer Forschung im voraus theoretisch entfaltet wurde. Vielmehr folgt qualitative Forschung dem Anliegen, den sozialen Tatbestand aus sich heraus zu verstehen und ideal- oder prototypisch kategorial zu beschreiben und zu erklären" (ebd.). Zu den Unterschieden beider Ansätze formuliert Atteslander: „Quantitative Studien unterscheiden sich von qualitativen in erster Linie durch die wissenschaftstheoretische Grundposition, den Status von Hypothesen und Theorien sowie des Methodenverständnis. Die quantitative Sozialforschung bezieht sich weitgehend auf den „Kritischen Rationalismus" Poppers, woraus das Postulat der Werturteilsfreiheit wissenschaftlicher Aussagen, die Trennung von Entdeckungs- und Begründungszusammenhang und die Theorieprüfung folgen. Soziale Realität wird als objektiv gegeben und mittels kontrollierter Methoden erfaßbar angesehen. Empirische Forschung soll theoriegeleitet Daten über die soziale Realität sammeln, wobei diese Daten den Kriterien der Reliabilität, der Validität sowie der Repräsentativität und der intersubjektiven Überprüfbarkeit zu genügen haben und in erster Linie der Prüfung der vorangestellten Theorien und Hypothesen dienen. Forscher haben den Status unabhängiger Wissenschafter, die die soziale Realität von außen und möglichst objektiv erfassen sollen. Diese Ansprüche äußern sich in der Entwicklung strukturierter Beobachtungsschemata, in intensiv geführten Diskussionen um Wahrnehmungsverzerrungen und in einer Forschungspraxis, die der Forderung nach intersubjektiver Überprüfbarkeit durch die personelle Trennung von Forschern und ‚Feldarbeitern' sowie die Erhebung großer Fallzahlen gerecht zu werden versucht (Atteslander 1995, S. 91f).

Diekmann hingegen beleuchtet die quantitative Sozialforschung mit den folgenden kritischen Worten: „Gilt in der quantitativen Sozialforschung die maximal mögliche Standardisierung von Fragebogen, Interviewerverhalten und Interviewsituation als Tugend, so wird dieser Forschungsstrategie in der qualitativen Sozialforschung mit erheblichem Mißtrauen begegnet. Die Einwände beziehen sich u. a. auf die Künstlichkeit der Interviewsituation und auf die mangelnde Offenheit der strukturierten Befragung. Kritisiert wird, daß soziale Phänomene, die außerhalb des Fragerasters und der vorgegebenen Antwortkategorien liegen, in standardisierten Interviews aus dem Blickfeld der Forschung ausgeblendet werden. Zudem können die interviewten Personen ihre Sichtweise nicht wie in Alltagsgesprächen frei formulieren. Das Interview wird quasi durch die Perspektive des Forschers dominiert. Qualitative Forschung ist an der Subjektperspektive, an den «Sinndeutungen» des Befragten interessiert" (Diekmann 1998, S. 443f).

Somit stehen sich zwei gegensätzliche Lager der sozialwissenschaftlichen Strömungen gegenüber: „Der Wert qualitativer Methoden ist von der quantitativen Sozialforschung nicht bestritten worden. Doch hat man ihre Anwendbarkeit in der Hauptsache auf explorative Untersuchungen beschränkt. Explorative Phasen dienen der Entwicklung von Typologien, Kategoriensystemen und der Generierung von Forschungshypothesen. Die Prüfung von Hypothesen hingegen sei die Domäne der quantitativen Sozialforschung. Vertreter qualitativer Methoden wollen sich auf diese Nischenposition nicht einlassen. Qualitative Verfahren werden als alternative, eigenständige Methoden zur Erhebung und Auswertung von Daten angesehen, die ihre Leistungsfähigkeit auch bei der Prüfung von Hypothesen unter Beweis stellen" (Diekmann 1998, S. 444 f).

Eine tabellarische Gegenüberstellung der Aspekte beider Forschungslogiken bietet Fredersdorf, welcher eine ausführliche Betrachtung der in der Forschungsdebatte geführten Diskussion durchführt (vgl. Fredersdorf 1998). Er nutzt die bei Lamnek bzw. von Saldern gefundenen Begriffe für seinen tabellarischen Vergleich, in dem er diese relevanten methodologischen Dimensionen sozialwissenschaftlicher Forschung in vier Ebenen gliedert.

Metatheoretische Hintergründe:

	Quantitativer Forschungslogik	Qualitativer Forschungslogik
1.	Naturwissenschaftlich (S)	(S) sozialwissenschaftlich
2.	deduktiv (L)	(L) induktiv
3.	erklären (L)	(L) verstehen
	erklärend (S)	(S) deskriptiv
4.	nomothetisch (L) (S)	(L) (S) ideographisch
5.	partikularistisch (L) atomistisch (S)	(L) (S) holistisch
6.	relativistisch (S)	(S) universalistisch
7.	theorieprüfend (L)	(L) theorieentwickelnd;
	Hypothesen testend (S)	(S) spekulativ, illustrierend
8.	objektiv (L)	(L) subjektiv
9.	ahistorisch (L)	(L) historisierend;
	empiristisch / behavioral / ethnographisch (S)	(S) phänomenologisch

Untersuchungsfeld:

	Quantitativer Forschungslogik	Qualitativer Forschungslogik
10.	Behaviorales Subjektmodell (S)	(S) Epistemiologisches Subjektmodell
11.	Prädetermination des Forschers (L)	(L) Relevanzsysteme der Betroffenen
	objektiv (S)	(S) subjektiv
12.	Distanz (L)	(L) Identifikation
	wertfrei (S)	(S) wertbehaftet
13.	starres Vorgehen (L)	(L) flexibles Vorgehen
	fixiert (S)	(S) flexibel
14.	Kontextunterbewertung (S)	(S) Kontext zentral

Datenform:

	Quantitativer Forschungslogik	Qualitativer Forschungslogik
15.	Datenferne (L)	(L) Datennähe
16.	Großuntersuchung (S)	(L) Einzelfallstudie
17.	Zufallsstichprobe (L)	(L) Theoretical Sampling
18.	geschlossen (L)	(L) offen
	hart (S)	(S) weich
19.	statisch (L)	(L) dynamisch-prozessual
20.	konkret (S)	(S) abstrakt

Auswertungsmethode:

	Quantitativer Forschungslogik	Qualitativer Forschungslogik
21.	Unterschiede prüfen (L)	(L) Gemeinsamkeiten prüfen
22.	Hohes Meßniveau (L)	(L) Niedriges Meßniveau
23.	Reduktive Datenanalyse (L)	(L) Explikative Datenanalyse
	Realitätsadäquanz (S)	(S) Rekonstruktionsadäquanz
24.	ätiologisch (L)	(L) interpretativ
	(L) gefunden bei Lamnek	(S) gefunden bei von Saldern

Tabelle 4.1-1: 24 quasi-paradigmatische Dichotomien aus quantitativer und qualitativer Sozialforschung (nach Lamnek 1995, Bd. 1, S. 244; von Saldern 1995, S. 340; zitiert nach Fredersdorf 1998, S. 287).

Für die Konzeption dieser Arbeit wurde ein deduktives Vorgehen ausgewählt, welches nach Lamnek eine qualitative Forschungslogik voraussetzt. Hierfür spricht auch das oben angeführte Zitat von Atteslander, in dem er ausführt, daß eine qualitative Vorgehensweise der Überprüfung von Theorien und den daraus abgeleiteten Hypothesen dient (Atteslander 1995, S. 91f.).

4.1.2 Untersuchungsmethode

Zur Durchführung einer empirischen Studie stehen verschiedene Methoden der Datenerhebung zu Verfügung. Die jeweilige Erhebungsmethode ist primär von dem gewünschten Umfang und Detaillierungsgrad der Untersuchung abhängig. Die folgende Tabelle gibt einen Überblick über verschiedene Datenerhebungsmethoden. Im Hinblick auf die bereits festgelegte Forschungsmethode eines deduktiven, qualitativen Ansatzes scheiden bereits viele der aufgelisteten Datenerhebungsmethoden aus. Weitere Methoden, wie z.B. technische Meßeinrichtungen, führen nicht zu dem gewünschten umfangreichen Datenmaterial. Zwar wäre mit etwas technischem Aufwand die Protokollierung der Nutzung der verschiedenen elektronischen Medien möglich, doch verstößt eine solche Vorgehensweise gegen geltendes Recht und würde nur einen kleinen Ausschnitt der gewünschten Erkenntnisse liefern. Besonders die subjektiven Einschätzungen könnten nicht durch eine automatische Protokollierung erfaßt werden.

Methode
• Beobachtung
• Beobachtung (Stichproben, Tests)
• Dokumentenanalyse (z.B. im Rechnungswesen, Akten)
• Experiment
• Expertenbefragung
• Gruppendiskussion
• Inhaltsanalyse
• Intensivinterview (Tiefeninterview)
• Interview
• Nonreaktive Verfahren (Lost Letter Technique)
• Schriftliche Befragung
• Sekundäranalyse
• Selbstaufschreibung (z.B. Laufzettel, Strichliste)
• autom. Selbstprotokollierung (im Kommunikationszusatz u. Textautomaten)
• Soziometrie
• subj. Erfahrung des Forschers
• techn. Meßeinrichtung (z.B. Zähler)
• Teilnehmende Beobachtung

Tabelle 4.1-2: Datenerhebungsmethoden (vgl. u.a. Friedrichs 1990; Picot 1979, S. 42)

Letztendlich wurde die Form der schriftlichen Befragung für die Durchführung der Datenerhebung ausgewählt. Dafür spricht, daß sich diese Methode für eine quantitative Erhebung verwenden läßt. Außerdem können die aus der Theorie hergeleiteten Dimensionen und die dazugehörenden Hypothesen leicht in einen Fragebogen umgesetzt werden. Die folgende Gegenüberstellung zeigt Vor- und Nachteile einer schriftlichen Befragung (vgl. u.a. Friedrichs 1990, S. 237; Diekmann 1998, S. 439).

Vorteile	Nachteile
• Geringe Kosten	• Niedrige Rücklaufquote
• Geringer Zeitaufwand	• Unkontrollierbarkeit der Erhebungssituation
• Befragung geographisch verstreuter Personen	• Unkenntnis der Art der Ausfälle
• Kein Einfluß des Interviewers	• Keine Erklärung der Fragen
• Stärkeres Durchdenken der Fragen, der Befragte hat mehr Zeit für jede Frage	

Alle von Diekmann und Fredersdorf genannten Vorteile sprechen für die Nutzung dieser Methode. So stand für die Untersuchung im Rahmen dieser Arbeit nur ein kleines Budget zur Verfügung, welches z.B. den Einsatz von Interviewern nicht erlaubt hätte. Der verhältnismäßig geringe Zeitaufwand sprach genauso für die Nutzung dieser Methode wie die Tatsache, daß es sich um geographisch getrennte Untersuchungsobjekte handelte, welche im folgenden Abschnitt genauer beschrieben werden. Außerdem sollte diese Umfrage während der Arbeitszeit in einem Industriebetrieb durchgeführt werden, so daß eine persönliche Befragung vor Ort alleine aus Terminschwierigkeiten oft nicht möglich gewesen wäre. Durch die schriftliche Form der Befragung konnten statt dessen die Mitarbeiter den Bogen zu einem ihnen genehmen Zeitpunkt ausfüllen und nötigenfalls genauer über die Inhalte nachdenken.

Um die genannten Nachteile zu minimieren, wurde versucht diesen entgegen zu wirken. So beschreibt u.a. die rezipierte Literatur Möglichkeiten, den Rücklauf zu steigern (vgl. u.a. Diekmann 1998, S. 441). So kann z.b. durch ein Begleitschreiben oder eine Nachfaßaktion die Rücklaufquote erhöht werden.

4.1.3 Untersuchungsobjekte

Um das Modell innovativer Unternehmenskommunikation in seiner Gesamtheit empirisch untersuchen zu können, wurde eine groß angelegte Studie in einem modernen Industriebetrieb durchgeführt. So fand Mitte 1999 mit der Unterstützung der Unternehmensführung in verschiedenen Werken des Eisenbahnherstellers Adtranz, damals noch ABB Daimler-Benz Transportation, eine Fragebogenaktion statt.

„Das internationale Unternehmen Adtranz ist einer der weltweit führenden Anbieter von Bahnsystemen und Lösungen für den Schienenverkehr. Das Unternehmen ging Anfang 1996 aus einem Joint Venture der ABB Asea Brown Boveri und Daimler-Benz (heute DaimlerChrysler) hervor und durchläuft zurzeit, nach Übernahme aller Anteile durch DaimlerChrysler, einen strukturellen Wandel. Als DaimlerChrysler Rail Systems kann Adtranz für seine Kunden auf Synergieeffekte und Know-how aus dem gesamten Transportsektor zurückzugreifen. Als eines der größten Unternehmen der Branche mit 24.000 Mitarbeitern in aller Welt ist Adtranz mit Marketing-, Entwicklungs- und Produktionsstätten in 60 Ländern und Vertretungen in weiteren 40 Ländern vertreten. 1998 konnte die Unternehmensgruppe einen Umsatz von rund 3,3 Milliarden verzeichnen" (Adtranz 1999). Seit 2001 gehört die Firma Adtranz nach Verkauf durch DaimlerChrysler zum Bombardier-Konzern und firmiert nun unter dem Namen Bombardier Transportation. Damit wurde ein weiterer Schritt des Konzentrationsprozesses der deutschen Eisenbahnhersteller vollzogen.

Die Firma Adtranz betrieb zum Untersuchungszeitpunkt neun Standorte in Deutschland. Gegründet wurde Adtranz 1996 durch den Zusammenschluß verschiedenster Eisenbahnhersteller zum größten Systemanbieter im Bereich spurgeführter Transportsysteme. In der Liste der Vorgängerfirmen finden sich so bekannte Namen, wie z.B. ABB, AEG, Henschel oder Schwarzkopf. Alle diese Firmen brachten ihre existierenden Standorte mit in das Gemeinschaftsunternehmen ein. Auf Grund dieser Tatsache konnten noch zum Zeitpunkt der Untersuchung 1999 trotz intensiver Bemühungen des Managements die ursprünglichen Unternehmenskulturen und Organisationsformen an den einzelnen Standorten erlebt werden. Für die durchgeführte Untersuchung bedeutete dies die interessante Möglichkeit, die daraus resultierenden unterschiedlichen Vorbedingungen genauer untersuchen zu können. Aus diesem Grunde wurden die Daten an zwei verschiedenen Standorten erhoben. Die Befragung wurde gleichzeitig am Standort Hennigsdorf bei Berlin und München durchgeführt. Für die Auswahl dieser beiden Standorte sprechen mehrere Kriterien:

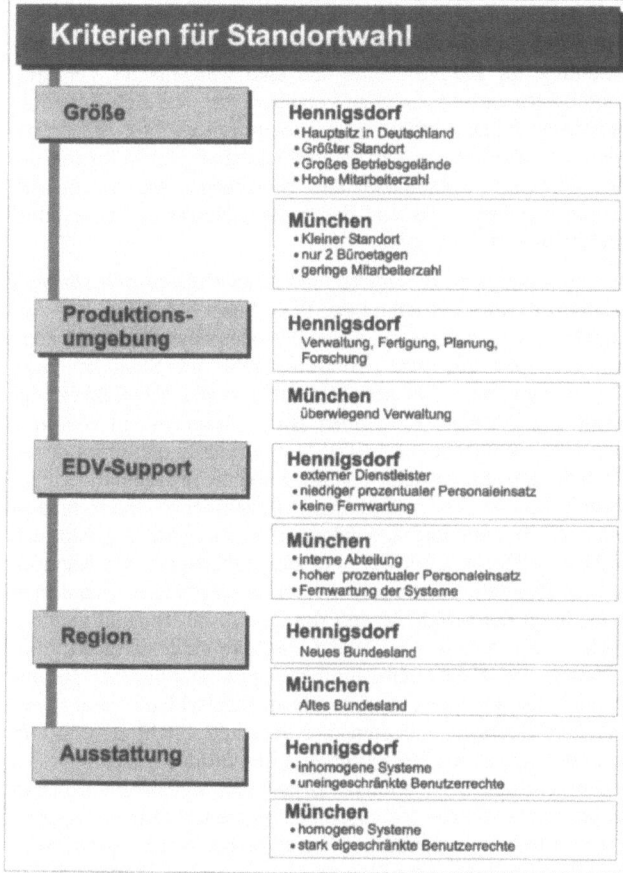

Die *Größe der Standorte* ist sehr unterschiedlich. In *Hennigsdorf* als Sitz der deutschen Gesellschaft befindet sich der größte Standort der Firma Adtranz. Zum Zeitpunkt der Untersuchung waren dort ca. 3000 Mitarbeiter beschäftigt. Auf einem großflächigen Gelände ist der Standort in viele Gebäudeteile untergliedert. Es werden dort elektrische und dieselbetriebene Triebwagen, wie z.B. der ICE Hochgeschwindigkeitszug der Deutschen Bahn AG, gebaut und auf der werkseigenen Prüfstrecke getestet.

Abbildung 4.1-3:
Kriterien für die Standortwahl

Am Standort in *München* hingegen befindet sich die Verwaltung für den Bereich Bahnstromsysteme (Deutschland). Dort sind in einem Bürogebäude zwei Etagen angemietet, woraus eine relative räumliche Nähe entsteht. Die Anzahl der Mitarbeiter betrug zum Zeitpunkt der Untersuchung ca. 80 Angestellte. Ein weiteres Kriterium für die Auswahl der Standorte war die *regionale Lage*. Es wurden durch die Auswahl je ein Standort aus den alten und den neuen Bundesländern ausgewählt. Für die Auswahl der Standorte war auch die *Produktionsumgebung* ausschlaggebend. Während in *Hennigsdorf* neben Verwaltungsbereichen auch Fertigungs-, Planungs- und Forschungsbereiche angesiedelt sind, beschränkt sich das Arbeitsspektrum in *München* ausschließlich auf Bürotätigkeiten. Somit stehen der reinen Büroarbeit in *München* sehr unterschiedliche Beschäftigungsarten in Hennigsdorf gegenüber. Die dortige Mitarbeiterzahl teilt sich zur Hälfte in Angestellte mit Büro- oder Planungstätigkeiten und in gewerbliche Arbeitnehmer auf, welche in der Fertigung tätig sind.

Die *Ausstattung der EDV-Arbeitsplätze* war ein weiterer Grund für die Auswahl beider Standorte. Während in *München* bedingt durch die lange ABB-Vergangenheit eine sehr rigide Beschaffungspolitik für EDV-Systeme und eine weitgehende Vereinfachung der PC-Wartung durch Fernwartungssysteme[62] etabliert war, war zum Zeitpunkt der Untersuchung in Hennigsdorf keine einheitliche Beschaffungspolitik erkennbar. Diese Unterschiede fanden sich ebenfalls in der unterschiedlichen Beschränkung der persönlichen Nutzerrechte auf dem Arbeitsplatzrechner. In München waren dem Nutzer fast alle Änderungsrechte entzogen, während die meisten Nutzer in Hennigsdorf sogar über das Administratorpaßwort[63] verfügten.

Als letzter signifikanter Unterschied sind die unterschiedlichen *Organisationsformen des EDV-Services* zu nennen: In *München* wurde der EDV-Support[64] durch eine Adtranz-eigene Abteilung gewährleistet, welche mit ca. 10 Personen eine prozentual hohe Personalausstattung gegenüber der gesamten Mitarbeiterzahl am Standort hatte. Außerdem wurde durch die homogene Systemlandschaft und die Möglichkeit der Fernwartung eine Unterstützung bei EDV-Problemen stark vereinfacht. In *Hennigsdorf* wurde zum Zeitpunkt der Untersuchung der EDV-Support durch die Firma debis-PCM[65] durchgeführt. Durch die große räumliche Trennung und die prozentual geringere Mitarbeiterzahl war zum Zeitpunkt der Untersuchung ein deutlicher Unterschied in der Qualität der Hilfestellungen zu bemerken, besonders unter dem Gesichtspunkt, daß für alle PC-Probleme ein Mitarbeiter des EDV-Services zum Arbeitsplatz des Adtranz-Mitarbeiters kommen mußte. Zusätzlich zu diesen beiden beschriebenen Standorten der Adtranz GmbH war es durch die Mitgliedschaft des Autors in der Doktorandengruppe der DaimlerChrysler AG möglich, die gleiche Umfrage unter deren Mitgliedern zu veranstalten. Dieser als Nachwuchsführungsgruppe gegründete Zusammenschluß aller Doktoranden der DaimlerChrysler AG in Deutschland veranstaltet regelmäßig Seminare und Fortbildungen und dient zur gezielten Qualifizierung und Netzwerkbildung innerhalb des Konzerns. Die Mitglieder der Gruppe setzen sich aus den verschiedensten wissenschaftlichen Richtungen zusammen, welche im Konzern vertreten sind. Das Spektrum reicht von den technisch-naturwissenschaftlichen Ingenieurwissenschaften über die betriebswirtschaftlichen Bereiche bis zu rein geisteswissenschaftlichen Fächern. Alle Mitglieder sind über das konzernweite Intranet per e-Mail verbunden und nutzen regelmäßig die im Rahmen dieser Dissertation entstandene Kommunikationsplattform in Intranet (vgl. Kapitel 6). Im Gegensatz zu den papiergebundenen Umfragen im Bereich der Adtranz GmbH wurde die Befragung der Doktorandengruppe mit Hilfe einer Online-Datenerfassung durchgeführt.

---

[62] **Fernwartungssysteme**: Moderne Computernetzwerke lassen einen direkten Systemzugriff auf jeden Arbeitsplatzcomputer zu. Mit entsprechender Software kann daher ein Mitarbeiter der EDV-Abteilung Fehler lokal beim Benutzer beheben, ohne direkt vor Ort sein zu müssen.

[63] Mit Hilfe des **Administratorpaßwortes** können alle Einstellungen am PC verändert werden und neue (eigene) Programme installiert werden.

[64] Der EDV-Support steht als eigenständige Abteilung für die Unterstützung der EDV-Nutzer zur Verfügung. Er ist auch für die gesamte EDV-Arbeitsumgebung, wie z.B. Netzwerke, Sicherheit und Beschaffung, verantwortlich.

[65] Die Firma debis PCM GmbH ist eine 100%-ige Tochterfirma des debis Systemhauses, welches zum Zeitpunkt der Untersuchung als direkte Tochter der debis AG zum DaimlerChrysler Konzern gehörte.

4.1.4 Untersuchungsinstrumente

Bei einer erwarteten Anzahl von ca. 3500 Befragten kam nur die Nutzung einer schriftlichen Befragungsmethode in Betracht. Es wurde als Instrument der Fragebogen gewählt (in Papierform und als Online-Variante), über den Atteslander schreibt: „Der Fragebogen ist die schriftlich fixierte Strategie einer strukturierten Befragung" (Atteslander 1995, S. 193). Da die finanziellen und personellen Mittel für diese Studie begrenzt waren, wurde bei der erwarteten Menge der Rückläufe die schriftliche Befragungsmethode als eine sehr strukturierte, weniger arbeitsintensive Untersuchungsmethode gewählt. Durch diese Technik konnte die Befragung durch den Autor in der Zeit von vier Wochen an verschiedenen Standorten gleichzeitig durchgeführt werden.

Der gesamte Aufbau des Fragebogens wurde konsequent aus den theoretischen Vorüberlegungen entwickelt. Alle Fragen wurden aus den beschriebenen Merkmalen formuliert, wobei besonders auf die Übereinstimmung der zugelassenen Antworten mit dem entsprechenden Merkmal geachtet wurde. (vgl. Friedrichs 1990, S. 209). Die genaue Zuordnung der einzelnen Fragen zu den Merkmalen ist im Anhang zu finden. Die Fragen sind in geschlossener Art formuliert und durch eine Anzahl von anzukreuzenden Antworten (Items) ergänzt. Je nach Frage sind Einzelantworten (ja/nein), Auswählen von verschiedenen Antworten, Mehrfachantworten und skalierte Antwortfelder vorhanden. Die skalierten Bewertungen sind immer in einer sechsstufigen Antwortskala abgebildet. Durch das Fehlen einer „mittleren" Antwortkategorie soll eine Gewichtung durch den Befragungsteilnehmer erzwungen werden. Außerdem können durch diese Art der Skalierung Schwierigkeiten bzw. Mißverständnisse bei der Auswahl der Antworten vermieden werden (vgl. Mummendey 1999, S. 56ff).

Auf eine vorgedruckte Codierung der Antworten auf dem Befragungsbogen wurde bewußt verzichtet, da durch die Codierung die Übersichtlichkeit des Bogens leidet und der Befragungsteilnehmer ggf. abgelenkt werden könnte. Zusätzlich erschien durch den Einsatz einer Datenbank, mit deren Hilfe die Rückläufe digitalisiert wurden, eine Codierung als nicht notwendig, da die Eingabemaske ein genaues grafisches Abbild des Fragebogens darstellt. Somit konnte leicht eine visuelle Überprüfung stattfinden (vgl. 5.2). Der gesamte Umfang des Befragungsdesigns wurde durch die Überlegung begrenzt, welche Anzahl von Fragen und damit von bedruckten Seiten durch die Untersuchungsteilnehmer gelesen, beantwortet und zurückgeschickt würde (vgl. Friedrichs 1990, S. 211). Auf Grund der entwickelten Dimensionen und Merkmale und der Forderung an den Fragebogen, daß dieser möglichst kurz sein solle, ergab sich bei der Zusammenstellung der Fragen und dem anschließenden Layout eine Länge von insgesamt drei DIN A4-Seiten. Ausgehend von der Überlegung, die Anzahl der Papierseiten möglichst gering zu halten und einen attraktiven Befragungsbogen zu entwerfen, wurde zusätzlich zu den drei Seiten mit Fragen noch eine Seite mit dem Einleitungstext und Grafik ergänzt. Somit konnte die Befragung auf zwei doppelseitig kopierten DIN A4-Seiten durchgeführt werden[66].

Der Einleitungstext wurde gezielt auf die bekannten unternehmensinternen Probleme ausgerichtet, um die Motivation zur Teilnahme zu heben. Außerdem wurde an die

---

[66] Der vollständige Fragebogen ist im Anhang abgedruckt.

Mithilfe der Mitarbeiter zur Unterstützung der Promotionsbemühungen des Autors appelliert und auf die Freiwilligkeit und Anonymität hingewiesen. Zusätzlich wurde eine Kontaktadresse für Rückfragen in Form einer Telefonnummer und einer eMail (Lotus-Notes)-Adresse angegeben, welche jedoch im Verlauf der Befragung nur durch sehr wenige Mitarbeiter (N=6) genutzt wurde.

Die einzelnen Fragen wurden in insgesamt fünf Gruppen zusammengestellt. Die erste Gruppe der Fragen dient als Eröffnungsfragen, sog. Eisbrecherfragen (vgl. Diekmann 1998, S. 414), welche ausschließlich allgemeine Inhalte erheben. Neben den allgemeinen Fragen zur Person, wie Alter und Geschlecht, werden in diesem Abschnitt auch die Schulbildung, der erlernte Beruf und die Stellung im Unternehmen erfragt.

Die zweite Gruppe befaßt sich mit der EDV-Ausstattung und deren Nutzung. Hier wurden die Fragen aus verschiedenen Dimensionen und Merkmalen thematisch und somit für den Befragungsteilnehmer in eine sinnvolle Reihenfolge gegliedert. Trotz der Menge der zu erhebenden Daten ist der Fragebogen somit übersichtlich und klar gestaltet (vgl. Atteslander 1995, S. 237 ff).

Die dritte Fragengruppe beschäftigt sich mit den Kommunikationsgewohnheiten des Mitarbeiters. Hervorzuheben ist hier die Antworttabelle für die Frage, in welchen Medien Informationen gesucht werden. Trotz eines sehr geringen Platzbedarfes stehen hier insgesamt 72 Antwortmöglichkeiten zur Verfügung.

In der vierten Gruppe werden Fragen zur Kenntnis der EDV-Umgebung und über die zur Verfügung stehende Beratung und Unterstützung gestellt. Neben einer subjektiven Einschätzung der persönlichen Kenntnisse werden auch die Anzahl der persönlich besuchten Schulungen und die prozentuale Aufteilung der Probleme in z.B. Hard- und Softwareprobleme erfragt. Einen weiteren wichtigen Bereich stellen auch die Fragen zur Unterstützung bei Problemen dar. Neben der Quelle der Unterstützung werden auch Fragen zur Qualität und zur Zeitdauer erfragt, bis der Befragte Unterstützung bekommt.

Abbildung 4.1-4: Einleitungsseite des Befragungsbogens

4.2 Durchführung der Studie

Das gewählte Fragebogendesign wurde in einem Pretest auf die Brauchbarkeit und Verständlichkeit getestet (vgl. Friedrichs 1990, S. 245 ff). Im Rahmen dieser Erhebung am Institut für Kommunikationswissenschaften der TU Berlin wurden insgesamt 26 Teilnehmer des Studiengangs für Weiterbildungsmanagement nach ihren Eindrücken zum Fragebogen befragt und gebeten, die Fragen zu beantworten. Die daraus resultierenden Ergebnisse führten zu geringen Veränderungen am ursprünglichen Fragebogendesign.

Der überarbeitete Fragebogen wurde daraufhin in einer Auflage von 3200 Stück gedruckt und an 2691 Mitarbeiter in Hennigsdorf und 100 in München verteilt. Um die Verteilung an alle Mitarbeiter zu gewährleisten, konnte mit Unterstützung der Personalabteilung der Fragebogen zusammen mit den monatlichen Gehaltsbescheinigungen ausgeteilt werden. Diese Verteilungsmethode war zum einen kostenneutral, da die Verteilung über die Hauspost stattfand, zum anderen gewann die Fragebogenaktion dadurch zusätzlich an Gewicht.

Die Rückläufe konnten durch die Mitarbeiter wahlweise über die Hauspost oder per Fax auf einen extra eingerichteten Fax-Server zurückgesendet werden. Der hauptsächliche Anteil der Fragebögen kam per Hauspost zurück (ca. 70 %). Um die Anzahl der Rückläufe zu erhöhen, wurde nach einer Zeit von vierzehn Tagen eine Nachfaßaktion durchgeführt (vgl. Diekmann 1998, S. 439 f). Der Fragebogen wurde in die für alle zugängliche Informationsdatenbank in digitaler Form mit der Bitte um Beantwortung eingestellt. Auf Grund dieser Nachfaßaktion konnte der Rücklauf um ca. 10 % gesteigert werden.

Gleichzeitig mit der schriftlichen Befragung wurde eine digitale Version des Fragebogens in Form einer Lotus Notes Datenbank erstellt. Diese konnte mit Unterstützung des zentralen Bereichs für elektronische Kommunikation der DaimlerChrysler AG, Stuttgart-Möhringen, in das DaimlerChrysler Intranet eingestellt werden. Der Zugriff auf diesen Bereich wurde jedoch nicht mit den vorhandenen Intranetseiten verlinkt.

Die Zielgruppe für diese digitale Befragung, die Doktorandengruppe der Daimler-Chrysler AG, wurde mit Hilfe eines Rundmails über die entsprechende Adresse informiert und in einem persönlichem Anschreiben gebeten, die Fragen zu beantworten. Somit wurde verhindert, daß andere Mitarbeiter die Fragen beantworteten und so die Grundgesamtheit verunreinigen. Auch bei der Gruppe der Doktoranden wurde nach 14 Tagen eine Nachfaßaktion mit Hilfe einer weiteren eMail an alle Mitglieder der Gruppe gestartet. Hier waren ebenfalls weitere Rückläufe zu verzeichnen. Im Gegensatz zur Gruppe der befragten Adtranz-Mitarbeiter wurde hier bewußt eine Online-Umfrage mit allen ihren Vor- und Nachteilen gewählt. Bei den Doktoranden war davon auszugehen, daß die Kommunikation via eMail und Intranet zum täglichen Arbeitsablauf gehört, da die gesamte Information zwischen den Gruppenmitgliedern über diese Medien abgewickelt wird.

Bei den befragten Adtranz-Mitarbeitern, welche z.T. nicht über eigene Computer am Arbeitsplatz verfügten, verbot sich eine Online-Umfrage. Auch ist bei einer Online-Umfrage über nicht ausschließlich das Thema Internet betreffende Dinge und einer zu untersuchenden Grundgesamtheit, die nicht aktiv im „Internet-Leben" teilnimmt, eine starke Verfälschung der Ergebnisse zu befürchten. Hemmungen, Akzeptanzprobleme oder Schwierigkeiten bei der Computernutzung der einzelnen Mitarbeiter würden dazu führen, daß diese ihre Meinung nicht in die Untersuchung einbringen würden.

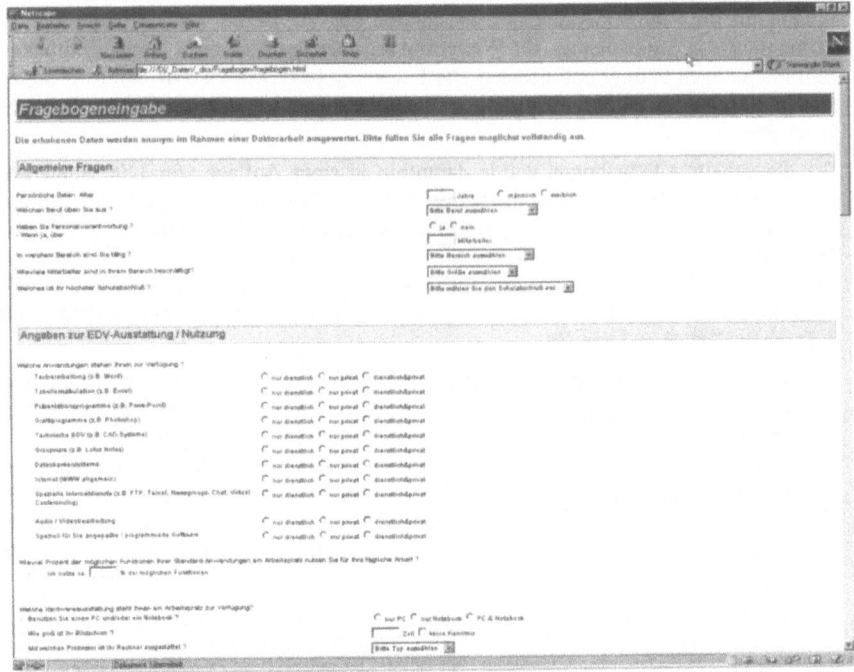

Abbildung 4.2-1: Bildschirmausschnitt der Online-Befragungsmaske

Die rücklaufenden Fragebögen wurden zur Datenerhebung in eine MS Access®-Datenbank eingegeben. Diese Datenbank wurde extra durch den Autor für die Auswertung der Studie erstellt. Durch die grafische Oberfläche und die leichte Bedienung mit der Maus wurde die Codierung der einzelnen Antworten deutlich erleichtert und die Fehlerquote gesenkt. Bei einer intensiven Rücklaufkontrolle (vgl. Atteslander 1995, S. 351 ff) konnten nur zwei Falscheingaben gefunden werden. Durch die farblich unterschiedliche Gestaltung der einzelnen Themenbereiche des Fragebogens (siehe Kopfleiste), die verschiedenen Pulldown-Menüs und durch die einfache optische Kontrolle speziell bei den skalierten Bewertungen wurde die Eingabe vereinfacht.

Im Vergleich zu einer konventionellen Codierung, bei welcher die gegebenen Antworten in Zahlencodes, wie z.B. 0 oder 1, manuell umgewandelt werden mußten, geschieht hier diese Codierung im Hintergrund automatisch durch die implementierte Datenbanklogik. Die gespeicherten Datentabellen lassen sich mit Hilfe der Importfunktion des statistischen Auswertungsprogrammes SPSS for Windows Version 9.0 in dieses Analyseprogramm integrieren.

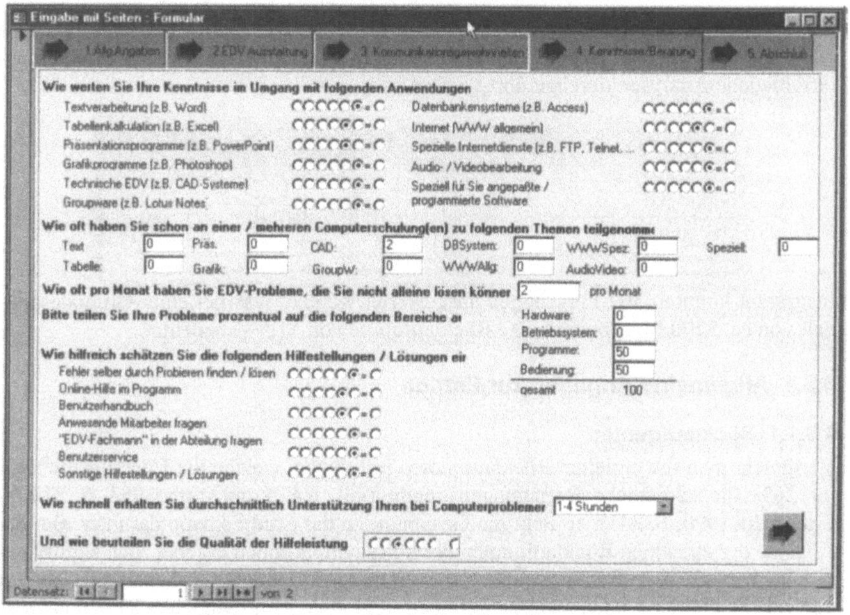

Abbildung 4.2-2: Bildschirmdarstellung der Access-Datenbank

Die online erhobenen Daten wurden in einer Lotus Notes Datenbank auf dem zentralen Intranet-Server gespeichert und konnten auf geeignetem Wege ebenfalls in das SPSS Programm zur Auswertung importiert werden.

4.3 Analyse der empirischen Studie

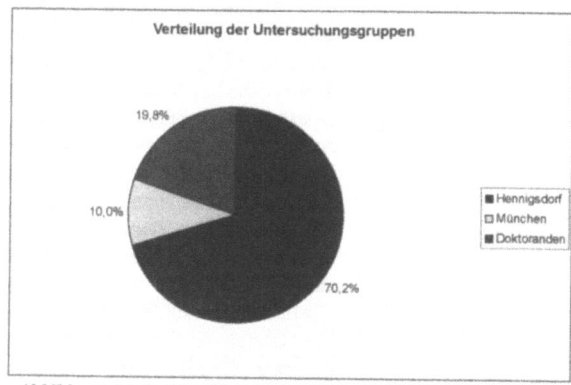

Abbildung 4.3-1: Kreisdiagramm - Verteilung der Befragten nach Gruppenzugehörigkeit

Die gesamte Auswertung der erhobenen Daten wurde mit Hilfe des statistischen Analyseprogramms SPSS für Windows durchgeführt. Im folgenden Kapitel werden die Ergebnisse entsprechend der Reihenfolge auf dem Fragebogen präsentiert und auf einzelne Auffälligkeiten hingewiesen. Für genauere Informationen sei auf den Anhang verwiesen, in dem die erhobenen Daten in grafischer und tabellarischer Form dargestellt werden. Eine Interpretation der Ergebnisse wird dann getrennt nach den entsprechenden Merkmalsgruppen im nächsten Kapitel vorgenommen. Zur

Unterscheidung der jeweiligen Befragungsgruppen wurde eine zusätzliche Variable eingeführt. So konnten sowohl gemeinsame Auswertungen als auch nach Gruppen unterschiedene Analysen durchgeführt werden.

	Häufigkeit	Prozent	Gültige Prozente	Kumulierte Prozente
Hennigsdorf	259	70,2 %	70,2 %	70,2 %
München	37	10,0 %	10,0 %	80,2 %
Doktoranden	73	19,8 %	19,8 %	100,0 %
Gesamt	369	100,0 %	100,0 %	

Insgesamt konnten 369 Fragebögen ausgewertet werden, was bei einer Grundgesamtheit von ca. 3200 Mitarbeitern eine Rücklaufquote von 11,5 % bedeutet.

4.3.1 Allgemeine Angaben zur Person

4.3.1.1 Rücklaufquoten

Vergleicht man die erzielten Rücklaufquoten mit denen, welche die Literatur mit 14% bis 26% für schriftliche Befragungen angibt (vgl. u.a. Longworth 1953, S. 310 ff; Friedrichs 1990, S. 241), so liegt die Gesamtquote der Studie knapp darunter. Bei der Analyse der einzelnen Rücklaufquoten der befragten Gruppen ergeben sich signifikante Unterschiede. Die Rücklaufquote der in Hennigsdorf befragten Mitarbeiter beträgt nur 9,62%, die der beiden anderen Gruppen liegt über 35% (München 37% und Doktoranden 36,5%).

4.3.1.2 Altersverteilung

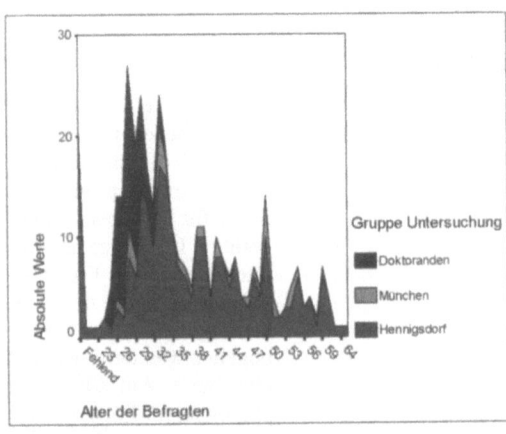

Abbildung 4.3-2: Flächendiagramm - Alter nach Gruppen in Prozent

In den insgesamt 369 zurückgegebenen Bögen wurde von 21 Mitarbeitern kein Alter angegeben. Aus den restlichen Fragebögen läßt sich ein Durchschnittsalter von 37,56 Jahren (Hennigsdorf: 39,81; München: 40,86; Doktoranden: 28,43) berechnen. Auffällig ist das fast identische Durchschnittsalter bei den Adtranz-Beschäftigten, welches sich dem realen Durchschnittsalter[67] von 42,4 Jahren sehr stark annähert. Wie aus der folgenden Grafik ersichtlich, ist eine auffällige Gleichverteilung der Altersgruppen zu beobachten.

---

[67] Reales Durchschnittsalter: Zum Zeitpunkt der Untersuchung lag nach Auskunft der Adtranz-Personalabteilung das Durchschnittsalter der am Standort Hennigsdorf Beschäftigten bei 42,4 Jahren.

Natürlich liegt auch in der Grafik die Altersverteilung der Doktoranden deutlich unter dem der fest angestellten Mitarbeiter. Der jüngste Teilnehmer der Befragung gab sein Alter mit 21 Jahren, der älteste mit 75 Jahren an.

4.3.1.3 Geschlechtsverteilung

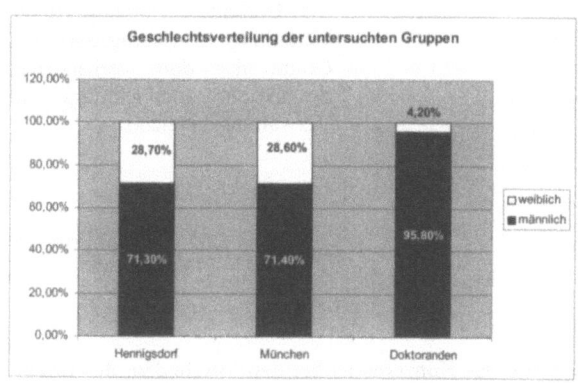

Auch in der Verteilung der Geschlechter sind signifikante Gleichverteilungen zwischen den untersuchten Adtranz-Standorten zu beobachten. Während in Hennigsdorf insgesamt 71,3% angaben, daß sie männlich sind, wurde diese Aussage in München von 71,4% getätigt.

Abbildung 4.3-3: Balkendiagramm - Geschlechtsverteilung

Dies entspricht der realen Geschlechtsverteilung[68] am Standort Hennigsdorf mit 74,4% männlichen Arbeitnehmern. Anders sieht es bei der Doktorandengruppe aus, dort gaben 95,8% an, daß sie männlich sind.

4.3.1.4 Ausgeübte Berufe

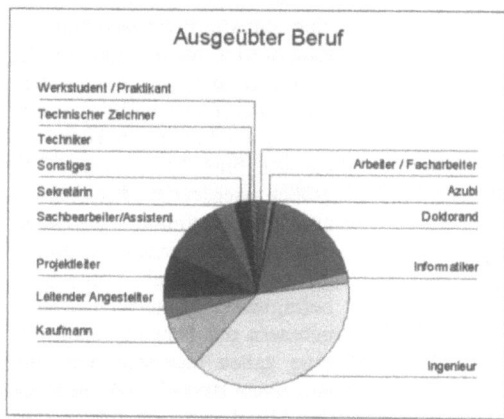

Von den 14 vorgegebenen verschiedenen Berufsgruppen wurden alle genannt. Auf Grund der industriellen Ausrichtung des Konzerns verwundert es nicht, daß die Liste der ausgeübten Berufe von 142 Ingenieuren angeführt wird. Gefolgt wird diese Berufsgruppe von 67 Mitgliedern der Doktorandengruppe und auf Platz 3 befinden sich die Sachbearbeiter/ Assistenten mit 40 Angestellten. Die Liste wird durch Auszubildende (2), technische Zeichner (1) und Techniker (1) beschlossen.

Abbildung 4.3-4: Kreisdiagramm – Verteilung der Berufsgruppen

---

[68] Reale Geschlechtsverteilung: Zum Zeitpunkt der Untersuchung lag nach Auskunft der Adtranz-Personalabteilung der Anteil der männlichen Arbeitnehmer bei 74,4%.

4.3.1.5 Untersuchte Tätigkeitsbereiche und Personalverantwortung

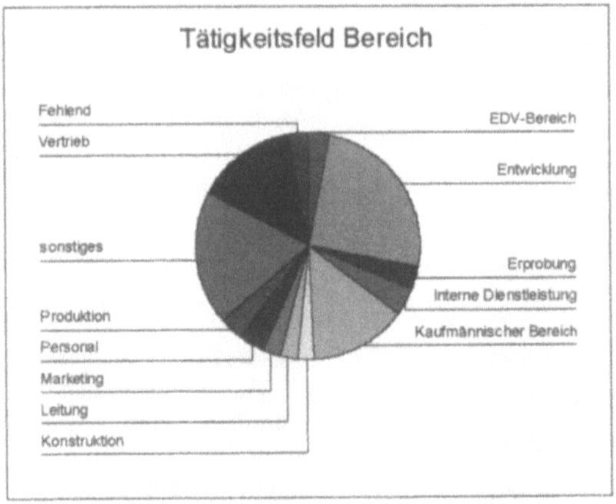

In den Untersuchungsobjekten werden Mitarbeiter in den verschiedensten Bereichen beschäftigt. Besonders vielfältig ist die Verteilung in Hennigsdorf, auf Grund der dort vorhandenen Produktions-, Entwicklungs- und Verwaltungsbereiche.

Abbildung 4.3-5: Kreisdiagramm - Tätigkeitsfelder der Befragten

Trotz der technischen Ausrichtung des Konzerns ist bei den Mitgliedern der Doktorandengruppe auffällig, daß mehr als ein Drittel (33,5%) aller Befragungsteilnehmer in nicht technisch orientierten Bereichen tätig sind. Die Größe der einzelnen Bereiche ist ebenfalls sehr unterschiedlich. Während rund 20% in Gruppengrößen mit weniger als 10 Mitarbeitern beschäftigt sind, gab knapp die Hälfte an, in Abteilungen zwischen 11 und 50 Mitarbeitern zu arbeiten. Die restlichen 22% sind in großen Bereichen mit über 50 Angestellten beschäftigt.

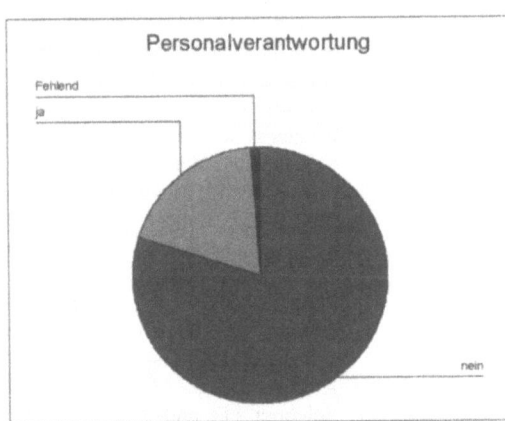

Bei der Frage, ob der Teilnehmer eine direkte Personalverantwortung besitzt, wurde von 19% der Befragten mit „ja" geantwortet. Fast zwei Fünftel (39%) dieser Mitarbeiter führen ein Team von bis zu fünf Mitarbeitern. Mit größer werdender Personalverantwortung nimmt verständlicherweise die Anzahl der Befragungsteilnehmer ab. Von den 70 befragten Untersuchungsteilnehmern mit Personalverantwortung gaben insgesamt nur fünf an, einen Bereich mit mehr als 100 Mitarbeitern zu führen. Die maximal angegebene Bereichsgröße lag bei 900 Beschäftigten.

Abbildung 4.3-6: Kreisdiagramm - Personalverantwortung – Größe der geführten Abteilungen

4.3.1.6 Persönlicher Schulabschluß

Interessant bei allen Umfragen sind die demografischen Daten, geben sie doch nicht zuletzt einen guten Aufschluß über die befragten Untersuchungsteilnehmer. Neben

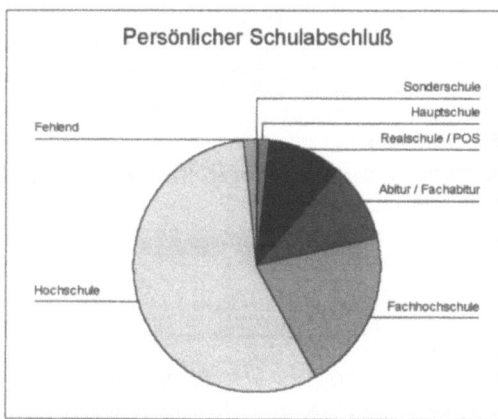

Abbildung 4.3-7: Kreisdiagramm - Aufteilung nach Schulabschlüssen

Alter und Geschlecht zählt auch die persönliche Qualifikation zu den entscheidenden Informationen. In dieser Untersuchung überwiegt die Zahl der Mitarbeiter mit Hochschulabschluß.

Insgesamt 56,4% verfügten über einen Hochschulabschluß, dicht gefolgt von 20,6% mit einem Fachhochschulabschluß. Die restlichen 33% teilen sich in Abitur/Fachabitur 10,0%), Realschule/POS[69] (9,8%) und Haupt- (1,4%) bzw. Sonderschule (0,3%) auf.

4.3.2 Angaben zur EDV-Ausstattung / Nutzung

4.3.2.1 Genutzte Funktionen im Groupware-System (Lotus Notes)

In diesem Bereich wurden Fragen zur persönlichen Nutzung des vorhandenen Groupware-Systems – Lotus Notes – gestellt. Neben der quantitativen Frage nach der Anzahl der täglichen Zugriffe wurde auch die Art der Nutzung erfragt. Diese Antworten geben Informationen über die qualitative Nutzung des Systems. So deutet eine ausschließliche Nutzung der Emailfunktion auf eine geringe Ausnutzung des vorhandenen Funktionsumfanges hin. Insgesamt gaben 96,2% an, daß sie regelmäßig die Mail-Funktionen zum Versenden und Empfangen von elektronischer Post benutzen würden. Der lesende Zugriff auf Datenbanken[70] wurde von 88,2% als genutzte Funktion angekreuzt. Deutlich geringer fällt die Nutzung des schreibenden Zugriffs auf Datenbanken aus (39,2%). Diese abnehmende Tendenz setzt sich in der Beantwortung der Frage fort, ob eine aktive Teilnahme an den Online-Diskussionsforen stattfinde. Nur 21,1% erklärten, daß sie diese interaktive Möglichkeit nutzen, Dinge zu diskutieren. Eine Nutzung der im System vorhandenen Möglichkeit für Workflow-Anwendungen wurde nur von 11,3% bejaht. Anders sieht es mit der Nutzung des elektronischen Kalenders aus. Von den Befragten gaben 58,8% an, daß sie die eingebaute Terminplanungsfunktion nutzen würden. Nicht erhoben wurde in diesem Zusammenhang, ob auch der interaktive Austausch von Termindaten und die automatische Terminabstimmung genutzt würden.

Eine weitere Frage in diesem Themenzusammenhang ist die Häufigkeit der Nutzung des Groupware-Systems. Von den Untersuchungsteilnehmern gaben 31,3% an, das System maximal zwei Mal pro Tag zu nutzen. Fast zwei Drittel gab an, das System

---

[69] POS: Polytechnische Oberschule – Ein aus dem Bildungssystem der ehemaligen DDR stammender Schulzweig, der mit einer Realschule gleichgesetzt werden kann.

[70] Hierbei ist die reine Informationsbeschaffung gemeint, da im Lotus Notes-System alle Informationen in Datenbanken abgelegt werden.

täglich zwischen drei und sechs Mal zu nutzen. Die restlichen 8% nutzen das System häufiger als sechs Mal. Die höchste Anzahl wurde mit 150 täglichen Zugriffen angegeben, was wohl der Angabe eines Notes-Administrators entspricht.

4.3.2.2 Auf die Benutzer angepaßte Software

Bei der Frage, ob speziell auf die Bedürfnisse der Nutzer angepaßte Software eingesetzt wird, wurden folgende Antworten gegeben.

	Hennigsdorf	München	Doktoranden	gesamt
ja	43,8%	51,4%	40,8%	44,0%
nein	56,2%	48,6%	59,2%	56,0%
gesamt	100,0%	100,0%	100,0%	100,0%

Tabelle 4.3-1: Kreuztabelle - Nutzen Sie angepaßte Software? (nach Gruppenzugehörigkeit)

Auffällig ist, daß der Einsatz von angepaßter Software im Unternehmen unterschiedlich stark ausgeprägt ist. Während am Standort Hennigsdorf nur 43,8% der Befragten angaben, angepaßte Software zu nutzen, gaben mehr als die Hälfte (51,4%) der Münchner Mitarbeiter an, mit solcher Software ausgestattet zu sein. Bei den keinem Standort direkt zuzuordnenden Doktoranden gaben 44% an, solche Software zu benutzen. Damit besteht zwischen den Doktoranden und den Hennigsdorfer Untersuchungsteilnehmern eine signifikante Übereinstimmung, welche darauf hindeutet, daß ohne konkrete Förderung des Unternehmens knapp die Hälfte der Befragten beider Gruppen ihre „Standardsoftware" als angepaßt empfinden. Des weiteren entsteht der Eindruck, daß am Standort München durch das Unternehmen aktiv an der Individualisierung gearbeitet wurde, da 8% mehr der Mitarbeiter angepaßte Software einsetzen können.

Interessant ist, daß die meisten der Befragten (29,5%) den Nutzen von angepaßter Software als hoch einschätzen. Nur 4% sahen diesen Nutzen als gering an. Von den Befragten, welche angepaßte Software nutzen, gaben sogar 68,1% an, daß sie den Einsatz als nützlich ansahen. Nur ein Teilnehmer (1,6%) setzte keine angepaßte Software ein und bewertete trotzdem den Einsatz als sinnvoll. Dafür bewerteten 50% der Untersuchungsteilnehmer, welche keine angepaßte Software einsetzen, deren Nutzen als gering. Demgegenüber gaben nur 5,7% an, angepaßte Software einzusetzen, doch ihren Nutzen als gering einzustufen. Dieses Ergebnis belegt eindeutig, daß Mitarbeiter, die bereits auf sie angepaßte Software einsetzen, deren Nutzen als hoch einstufen, während solche Mitarbeiter, welche noch keine solche Software einsetzen, den Nutzen nicht einschätzen können.

	Hennigsdorf	München	Doktoranden	gesamt
ja	59,3%	56,3%	51,5%	57,3%
nein	40,7%	43,8%	48,5%	42,7%
gesamt	100,0%	100,0%	100,0%	100,0%

Tabelle 4.3-2: Kreuztabelle - Möchten Sie mehr angepaßte Software nutzen? (nach Gruppenzugehörigkeit)

Wie die Tabelle zeigt, wünschten sich mehr als die Hälfte der Befragten zukünftig einen weiteren Einsatz von angepaßter Software. Auffällig ist, daß am Standort München, an dem bereits der höchste Einsatz dieser Software belegt ist, nur 4,9% zusätzlich einen vermehrten Einsatz wünschen, wohingegen fast 16% der Hennigsdorfer Mitarbeiter, welche noch keine solche Software einsetzen, sich zukünftig einen Einsatz vorstellen können.

4.3.2.3 Zur Verfügung stehende Anwendungen

Die zur Verfügung stehenden Anwendungsprogramme wurden in tabellarischer Form abgefragt. Es wurden auch Mehrfachantworten zugelassen. Es ergab sich das in der folgenden Tabelle dargestellte Ergebnis.

Anwendungsart	vorhanden				nicht vorhanden	gesamt
	dienstlich	dienstlich & privat	privat	gesamt vorhanden		
Textverarbeitung (z.B. Word)	35,5%	63,7%	0,3%	99,5%	0,5%	100,0%
Tabellenkalkulation (z.B. Excel)	38,5%	59,3%	0,3%	98,1%	1,9%	100,0%
Groupware (z.B. Lotus Notes)	81,8%	5,7%	0,3%	87,8%	12,2%	100,0%
Präsentationsprogramme (z.B. PowerPoint)	49,6%	35,2%	0,8%	85,6%	14,4%	100,0%
Internet (WWW-Browser – HTML - Informationsseiten)	32,2%	25,5%	8,1%	65,8%	34,2%	100,0%
Datenbanksysteme (z.B. Access)	43,1%	18,4%	1,4%	62,9%	37,1%	100,0%
Internet (eMail)	32,2%	19,5%	5,4%	57,1%	42,9%	100,0%
Grafikprogramme (z.B. Photoshop)	20,6%	20,3%	8,4%	49,3%	50,7%	100,0%
Speziell für Sie angepaßte / programmierte Software	29,8%	4,1%	3,0%	36,9%	63,1%	100,0%
Technische EDV (z.B. CAD-Systeme)	21,1%	6,0%	2,7%	29,8%	70,2%	100,0%
Spezielle Internetdienste (z.B. FTP, Telnet, Newsgroups, Chat, Virtual Conferencing)	12,2%	7,3%	6,2%	25,7%	74,3%	100,0%
Spiele	4,1%	1,4%	19,8%	25,3%	74,7%	100,0%
Sonstige Anwendungen	12,5%	4,1%	5,7%	22,3%	77,7%	100,0%
Audio- / Videobearbeitung	6,0%	3,0%	8,1%	17,1%	82,9%	100,0%

Tabelle 4.3-3: Zur Verfügung stehende Anwendungsprogramme

Es zeigte sich, daß fast alle (99%) der Befragten über die zur üblichen Grundausstattung gehörenden Text- und Tabellenverarbeitungsprogramme verfügen. Über 60% dieser Befragten nutzen diese Anwendungen auch auf ihren Computern im privaten Bereich. Auch Groupware, wie z.B. Lotus Notes oder Outlook, wurde von sehr vielen Anwendern (87,8%) eingesetzt, jedoch fast ausschließlich im dienstlichen Umfeld (81,8%). Ebenso werden Präsentationsprogramme sehr häufig genannt. Von den Befragten gaben 85,6% an, diese Anwendungen zu besitzen. Auch hier überwiegt der Anteil von ausschließlich dienstlicher Anwendung mit 49,6%. Auffällig ist, daß alle bisher genannten Anwendungsarten nur äußerst selten (<1%) ausschließlich im privaten Umfeld genutzt werden. Anders sieht es mit dem Internetzugang durch Browser

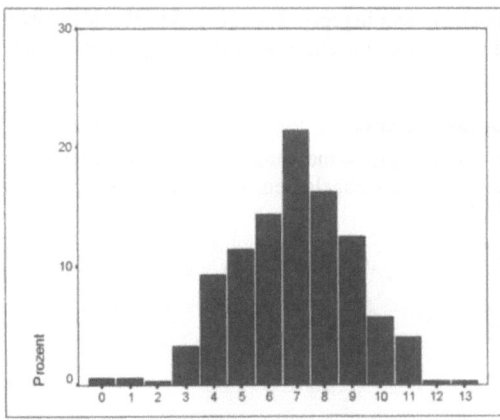

Abbildung 4.3-8: Balkendiagramm - Anzahl der dienstlich vorhandenen Anwendungsprogramme

aus. Von den insgesamt 65,8% der Teilnehmer, welche angaben, Browser einzusetzen, taten dies 8,1% nur zu Hause. Eine ähnlich hohe Zahl der ausschließlich privaten Nutzung ist bei Grafikprogrammen (8,4%), Audioprogrammen (8,1%) und speziellen Internetdiensten (6,2%) zu finden. Gerade in Hinblick auf das „multimediale Zeitalter" ein erstaunliches Ergebnis. Nicht überrascht hat dagegen, daß 21,2% der Befragten Spiele im privaten Bereich einsetzen. Wobei nur 5,5% Spiele im beruflichen Kontext nannten. Insgesamt verneinten demnach 74,7%, über Spiele auf den zur Verfügung stehenden Rechnern zu verfügen. Die beiden Grafiken zeigen eine Verteilung, die durch Addition der jeweils im privaten bzw. dienstlichen Umfeld zur Verfügung stehenden Anwendungen entstanden ist. Auffällig ist, daß im Durchschnitt für den dienstlichen Bereich fast sieben (6,9) verschiedene Anwendungen zur Verfügung stehen, wohingegen im privaten Bereich nur 3,4 Anwendungen zur Nutzung bereit stehen. Das zeigt, daß die Computer in Unternehmen mit deutlich mehr Software ausgestattet sind. Insgesamt gaben 35% der Befragten an, daß sie im privaten Umfeld keine Anwendungssoftware zur Verfügung hätten. Das läßt den Schluß zu, daß über ein Drittel der Befragten keinen eigenen Homecomputer besitzen.

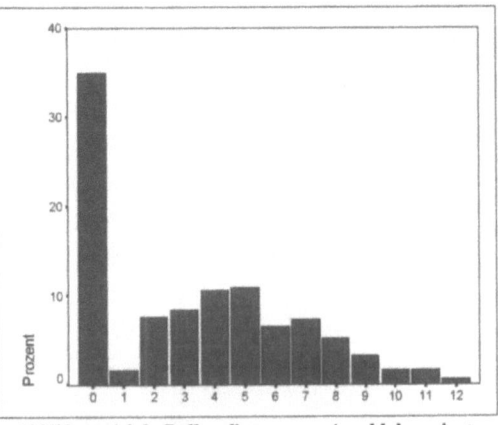

Abbildung 4.3-9: Balkendiagramm - Anzahl der privat vorhandenen Anwendungsprogramme

Bei der letzten im Themenzusammenhang stehenden Frage nach der prozentualen Verteilung zwischen insgesamt zur Verfügung stehenden Funktionen und persönlich genutzten Funktionen der Anwendungen wurden sehr unterschiedliche Angaben gemacht. Diese sehr subjektive Frage diente zur Identifikation, wie sich die Befragungsteilnehmer im Bezug auf ihre Computerkenntnisse einschätzen. Die große Standardabweichung von 27 % belegt die sehr unterschiedliche Beantwortung dieser Frage.

Im Mittel schätzen die Befragten, daß sie 42,8 % (Hennigsdorf 45,0%; München 41,76 % und Doktoranden 36,14 %) der möglichen Funktionen für ihre tägliche Arbeit nutzen. Interessant ist diese Frage besonders dahingehend, daß mit Sicherheit davon auszugehen ist, daß jeder der Befragten eine andere Gesamtmenge der vorhandenen Funktionen zur Beantwortung herangezogen hat. Daher hat diese Antwort hauptsächlich einen richtungsweisenden Charakter.

Auf Grund der eigenen Beobachtungen des Autors in seiner täglichen Arbeit im Untersuchungsobjekt wäre eine deutlich geringere Angabe der Nutzung des Funktionsumfanges zu erwarten gewesen. Dies erweckt den Eindruck, daß auf Grund des nicht bekannten Gesamtumfanges der sehr komplexen Standardanwendungen eine gewisse Überschätzung der persönlichen Fähigkeiten stattfinden könnte.

4.3.2.4 Eingesetzte Hardware

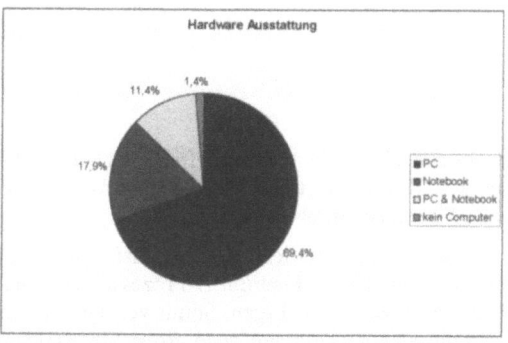

Der nächste größere Abschnitt des Fragebogens beschäftigte sich mit der Hardwareausstattung der Arbeitsplatzrechner. Von den 369 Befragten gaben 69,4 % an, über einen PC als Arbeitsplatzrechner zu verfügen. Hierzu gehören alle stationären Geräte, wie z.B. Desktop- oder Towergeräte. Weitere 17,9% nannten ein Notebook als Arbeitsplatzrechner.

Abbildung 4.3-10: Kreisdiagramm – Hardwareausstattung am Arbeitsplatz

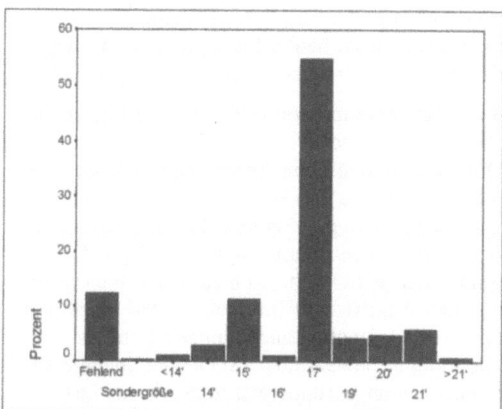

Insgesamt 11,4% der Teilnehmer konnten sogar einen stationären PC und ein Notebook am Arbeitsplatz nutzen. Nur 5 Mitarbeiter (1,4%) gaben weder PC noch Notebook als Arbeitsgerät an. Somit standen für die 369 befragten Mitarbeiter 406 Computer zur Nutzung zur Verfügung, was im Durchschnitt 1,1 Computer pro Person bedeutet.

Abbildung 4.3-11: Balkendiagramm – Vorhandene Bildschirmgrößen

Der Größenvergleich der zur Verfügung stehenden Bildschirme zeigt deutlich, daß die Bildschirmdiagonale von 17" die mit weitem Abstand am häufigsten (54,7%) vertretene Monitorgröße darstellt. Das beweist, daß sich diese Monitorgröße, welche den derzeit geforderten ergonomischen Bedingungen entspricht und beim Einsatz im Büro noch „platzsparend" mit dem Schreibtischplatz umgeht, als die Standardgröße für Arbeitsplatzausstattungen etabliert hat. Andere Größen spielen deutlich geringere Rollen, wobei eine Tendenz eher zu größeren Modellen geht.

Nur zwei der Befragten gaben an, keine Ahnung von der Größe ihrer Monitore am Arbeitsplatz zu haben. Dies zeigt, daß die Mitarbeiter genau über diese technischen Spezifikationen und ihre Bedeutung Bescheid wissen.

Prozessortyp	Hennigsdorf	München	Doktoranden	gesamt
386	0,8%	8,3%		1,4%
486	4,3%	25,0%	2,8%	6,0%
Pentium	42,8%	25,0%	29,6%	38,5%
Pentium II	44,4%	30,6%	62,0%	46,4%
anderer	1,2%		4,2%	1,6%
keine Ahnung	6,6%	11,1%	1,4%	6,0%
gesamt	100,0%	100,0%	100,0%	100,0%

Tabelle 4.3-4: Ausstattung Hardware Prozessortyp

Etwas anders sieht es bei der Befragung über die im Einsatz befindlichen Prozessortypen aus. Hier antworteten 6,0%, daß sie keine Kenntnis über den in ihrem Computer befindlichen Hauptprozessor hätten.

Die Tabelle zeigt deutlich, daß die meisten (45,8%) der Befragten über moderne[71] Geräte mit einem Intel Pentium II Prozessor verfügten. Weitere 37,9 % nannten einen Pentium Prozessor ihr Eigen. Somit verfügten insgesamt 83,7% über Geräte, in welchen die Standardsoftware ohne große Einschränkungen genutzt werden konnte. Nur 7,4% der befragten Mitarbeiter mußten mit veralteten Geräten der 386/486er Klasse arbeiten. Besonders auffällig ist, daß doppelt so viele Doktoranden über einen Pentium II Computer verfügten wie die befragten Mitarbeiter am Standort München. Diese Tendenz ist auch bei den anderen Prozessortypen zu beobachten, damit sind Doktoranden signifikant besser im Bereich der Computer (Prozessor-Technik) ausgestattet.

Fast alle Computer der Befragten sind in Netzwerke integriert. Von den befragten Adtranz-Mitarbeitern gaben 98,3% aus Hennigsdorf und 97,1% aus München an, über einen Netzwerkzugang zu verfügen. Diese erstaunlich hohe Anzahl unterscheidet sich kaum von der Gruppe der Doktoranden, welche, da die Befragung dieser Untersuchungsgruppe via Intranet geschehen ist, bei 100% liegt. Von den Befragten antworteten 329 Personen auf die Frage, ob ihr PC über einen Internetzugang verfüge. Auffällig ist, daß 14,3% der Untersuchungsteilnehmer nicht wußten, ob sie einen Internetzugang besaßen. Weitere 11,9% hatten keinen Zugriff zum Internet, so daß insgesamt 26,2% der Befragten das Internet von ihren Computern nicht nutzen konnten oder wollten. Sehr wenige (4,5%) nutzen eine mobile Einwahl über ISDN oder analoge Telefonleitungen. Dem größten Teil der Untersuchungsgruppe wurde durch das Firmennetz ein ständiger Internetzugang gewährt. Somit verfügten zum Zeitpunkt der Untersuchung mehr als zwei Drittel über einen persönlichen Internetzugang.

---

[71] Zum Zeitpunkt der Untersuchung im Frühjahr 1999 war der Pentium II Prozessor der Firma Intel der rechenstärkste Prozessor für den Büroeinsatz in PCs.

4.3.3 Kommunikationsgewohnheiten

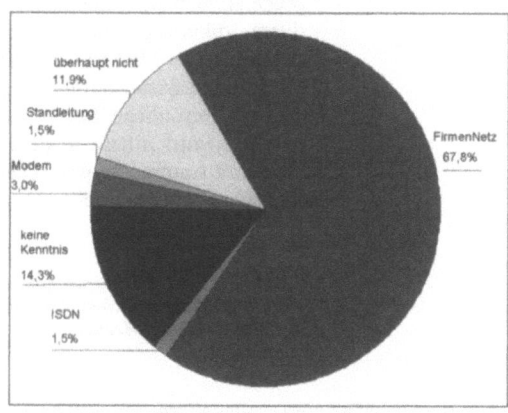

In dem folgenden Bereich wurde versucht über die Kommunikationsgewohnheiten der Untersuchungsteilnehmer Aufschluß zu erhalten. Während ein Teil der Fragen sich allgemein auf den Nutzen und die persönliche Einstellung zu den Neuen Medien bezieht, wurde in anderen detailliert Auskunft über die genutzten Kommunikationswege und benutzten Informationsmedien eingeholt.

Abbildung 4.3-12: Kreisdiagramm – Anschluß ans Internet

4.3.3.1 Nutzung elektronischer Medien

	Hennigsdorf	München	Doktoranden	gesamt
ja, dienstlich	62,2%	48,6%	26,0%	53,7%
ja, dienstlich + privat	35,5%	35,1%	69,9%	42,3%
ja, privat	0,4%	2,7%	2,7%	1,1%
nein	2,0%	13,5%	1,4%	2,9%
gesamt	100,0%	100,0%	100,0%	100,0%

Tabelle 4.3-5: Nutzen Sie elektronische Medien? (nach Gruppenzugehörigkeit)

Die Tabelle gibt Auskunft über die hohe Zahl der Nutzung der elektronischen Medien. Insgesamt gaben 96% der Befragten an, diese Medien zu nutzen. Auffällig ist, daß im Gegensatz zu den befragten Adtranz-Mitarbeitern die Doktoranden doppelt so häufig diese Medien auch privat nutzen. Während die dienstliche Nutzung mit dem Durchschnitt übereinstimmt, nutzen 72,60% der Doktoranden die neuen Medien auch privat (Hennigsdorf 35,9% und München 37,8%). Dafür unterscheidet sich die Häufigkeit der täglichen Nutzung nur gering. Von allen drei untersuchten Gruppen nutzen insgesamt 35,2% die elektronischen Medien 1-5 mal pro Tag. Weitere 20,1% nutzen diese 6-10 mal pro Tag. Nur 20,7% geben an, häufiger als 10 mal pro Tag die Medien zu nutzen. Von den 345 gültigen Antworten der Befragten waren 17,6% im Übrigen der Meinung, die Medien weniger als einmal pro Tag zu nutzen. Insgesamt gesehen erscheint die Zahl der täglichen Nutzungen als gering. Offensichtlich werten die Untersuchungsteilnehmer die Nutzung der Groupware-Systeme mit ihren eMail-Funktionen nicht als Nutzung der elektronischen Medien.

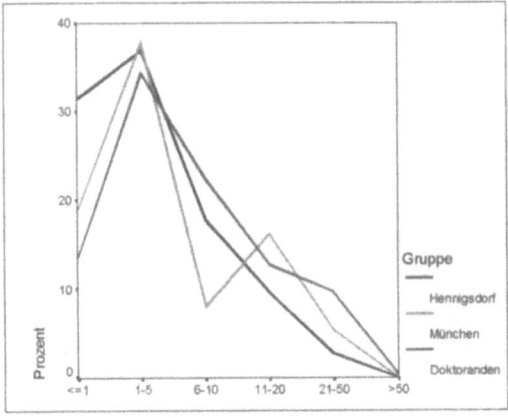

Insgesamt 92,2% aller Befragten gaben an, daß sie sich eine intensivere zukünftige Nutzung der elektronischen Medien vorstellen können. Die dazugehörige Frage, wie die persönliche Bereitschaft gewertet würde, diese modernen Medien zu nutzen, wurde ebenfalls sehr positiv beurteilt.

Abbildung 4.3-13: Kurvendiagramm – Häufigkeit der täglichen Nutzung der elektronischen Medien

Bei einem Mittelwert von 5,6 wurde die sechsfach intervallskalierte Frage sehr hoch bewertet. Nur 2,7% der Teilnehmer schätzten ihre Bereitschaft als gering ein.

	Persönliches Gespräch	eMail intern	eMail extern	Newsgroups	Fax	Briefe	Telefon	Videokonferenz	Datenbank	sonstige
0 %	0,9%	4,9%	37,9%	89,2%	5,2%	19,7%	0,3%	85,1%	54,1%	73,5%
1 - 10%	13,6%	31,9%	53,9%	10,5%	74,1%	74,2%	14,0%	14,9%	40,4%	23,0%
11-20%	26,1%	35,7%	5,8%		18,6%	4,6%	33,1%		4,7%	2,0%
21-30%	25,8%	17,7%	1,7%	0,3%	1,7%	1,2%	34,0%		0,6%	1,2%
31-40%	13,6%	4,6%			0,3%	0,3%	9,6%		0,3%	
41-50%	13,0%	3,2%	0,6%				5,5%			0,3%
51-60%	2,0%	1,7%					2,6%			
61-70%	2,9%	0,3%					0,6%			
71-80%	1,4%						0,3%			
81-90%	0,3%									
91-100%	0,3%									
Mittelwert										
Hennigsdorf	26,5%	19,8%	3,4%	0,48%	8,6%	5,2%	25,2%	0,6%	4,1%	2,1%
München	28,3%	13,6%	3,4%	0,37%	11,4	7,2%	28,1%	1,5%	2,9%	3,4%
Doktoranden	37,85%	13,1%	10,65%	1,3%	7,5%	4,6%	22,5%	1,48%	2,2%	3,0%
gesamt	28,9%	17,8%	4,8%	0,64%	8,7%	5,3%	24,9%	0,85%	3,6%	2,4%

Tabelle 4.3-6: Verteilung der beruflichen Kommunikationswege

Diese Tabelle veranschaulicht übersichtlich, wie sich die berufliche Kommunikation der Untersuchungsteilnehmer aufteilt. Am häufigsten wurde persönlich kommuniziert. Im Durchschnitt gaben die Befragten an, daß 28,9% ihrer Kommunikation durch persönliche Gespräche stattfinden würde. Zählt man die 24,9% des Telefons dazu, dann wurden 53,8% der beruflichen Kommunikation in direkter, auditiver Form durchgeführt. Dem gegenüber wurden nur 22,6% der Informationen mit Hilfe von eMails ausgetauscht. Abgelöst als Kommunikationsmedium scheinen das Fax (8,7%) und der Brief (5,3%) zu sein. Newsgroup, Datenbank oder Videokonferenzen sind dagegen noch nicht in der beruflichen Kommunikation relevant. Auffällig ist, daß die Gruppe der Doktoranden deutlich häufiger in persönlichen Gesprächen Informationen (37,8%) austauscht als die Mitglieder der anderen beiden Gruppen (Hennigsdorf 26,5% - München 28,3%). Auch in der Kommunikation mit Externen durch eMails liegen die Doktoranden vorn. Hierdurch spiegelt sich deren lose Bindung an das Unternehmen und die prozentual größere Menge der externen Kontakte wieder. Auf diese Ursache weist auch die deutlich geringere Kommunikation mit internen Emailpartnern hin.

4.3.3.2 Arbeitszeitverteilung

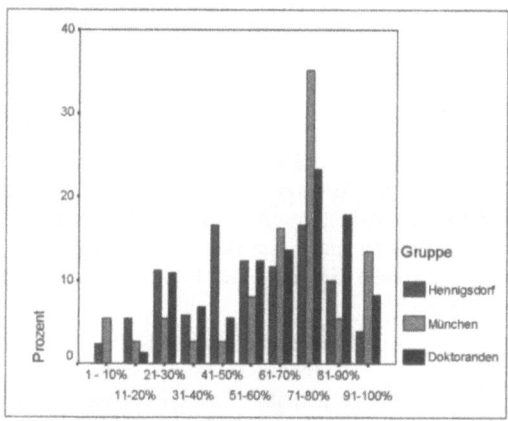

Die Abbildung veranschaulicht, welche Angaben die einzelnen Gruppe zur prozentualen Arbeitszeit am Computer gemacht haben. Gefragt war, wieviel Prozent der täglichen Arbeitszeit der Untersuchungsteilnehmer am Computer verbringt.

Abbildung 4.3-14: Balkendiagramm – Prozentuale Arbeitszeit am Computer nach Gruppen

Wie aus der Grafik und der Mittelwerttabelle zu erkennen ist, unterscheiden sich die einzelnen Gruppen in der Intensität der Computer- bzw. Internetnutzung. Auffällig ist, daß die Mitarbeiter des Hennigsdorfer Standortes ca. 10% weniger ihrer Arbeitszeit mit Computern verbringen, dafür aber etwas mehr Informationen aus dem Internet beziehen. In dieser Kategorie führen die Doktoranden, welche im Mittel 8,9% ihrer Arbeitszeit im Internet verbringen.

Gruppen	Zeit am PC	Internet Arbeitszeit
Hennigsdorf	58,9 %	5,9 %
München	68,7 %	4,3 %
Doktoranden	68,0 %	8,9 %
Insgesamt	61,8 %	6,6 %

Tabelle 4.3-7: Mittelwertvergleich der prozentualen Arbeitszeiten

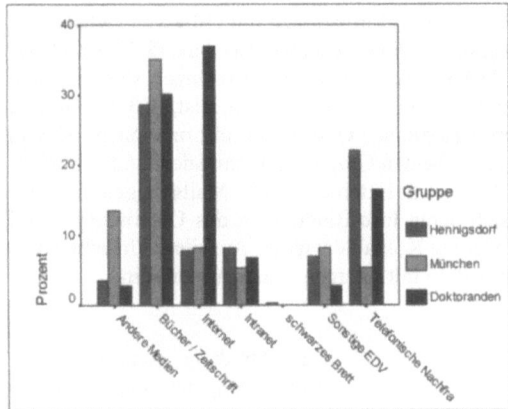

Abbildung 4.3-15: Balkendiagramm – Prozentuale Arbeitszeit im Internet nach Gruppen

4.3.3.3 Informationsquellen

Für den nächsten Fragenkomplex stand das wissenschaftliche Interesse an der Herkunft der beruflich benötigten Informationen im Vordergrund. In Form einer Tabelle wurde der Teilnehmer gefragt, in welchen der sieben vorgegebenen Medien er Informationen zu neun verschiedenen Themengebieten sucht. Am Beispiel der Suche nach Fachinformationen läßt sich der unterschiedliche Gebrauch der Informationsmedien darstellen.

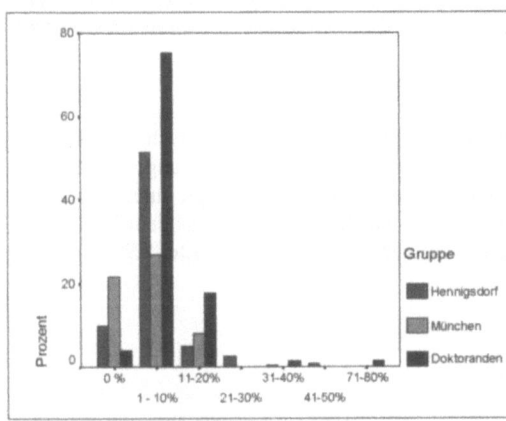

Abbildung 4.3-16: Balkendiagramm – Informationssuche in verschiedenen Medien

Während zum Beispiel die Mitarbeiter in München hauptsächlich ihre Fachinformationen aus Büchern und Zeitschriften beziehen, nutzen die Doktoranden primär das Internet zur Fachinformationsgewinnung. Auch die telefonische Nachfrage hat als Quelle für Fachinformationen bei der Gruppe aus München und den Doktoranden einen deutlich höheren Stellenwert als bei den Mitarbeitern aus Hennigsdorf. Weitere Balkendiagramme dieser Art zum Thema Informationssuche befinden sich im Anhang.

Interpretation der empirischen Studie 277

	unter-nehmens-interne	Technische Informationen	Hintergrundwissen	Bilder	Computer	Veröffentlichungen	Aktuelle Informationen	organisatorisches Wissen	Fachinformationen
Andere Medien	1,5%	5,0%	4,9%	8,4%	4,7%	0,6%	3,6%	3,5%	5,4%
Bücher / Zeitschriften	3,3%	42,9%	52,4%	22,6%	34,8%	15,3%	6,8%	1,5%	60,4%
Internet	7,1%	6,3%	17,6%	30,1%	33,3%	15,6%	41,7%	4,1%	16,8%
Intranet	67,6%	13,4%	9,4%	21,7%	11,5%	64,9%	14,6%	71,2%	9,4%
schwarzes Brett	17,6%	0,4%			0,4%	0,8%	0,6%	1,2%	0,3%
Sonstiges Medium						0,3%	8,9%		
Sonstige EDV	0,9%	4,2%	2,6%	11,1%	5,0%	2,0%	8,9%	2,6%	7,7%
Telefonische Nachfrage	2,1%	27,7%	13,0%	6,2%	10,4%	0,6%	23,8%	15,9%	

Tabelle 4.3-8: Verteilung der Informationssuche nach Medien

Die vorangestellte Tabelle gibt einen Überblick über die Antworten aller Befragungsteilnehmer. Hervorgehoben wurden die maximalen Häufigkeiten pro Informationsmedium. So werden z.B. unternehmensinterne Informationen zu 67,6% aus dem Intranet bezogen. Diese im Vergleich zu anderen Medien sehr hohe Prozentzahl zeigt eindeutig, wie wichtig heute das Intranet als firmeneigene Informationsquelle ist. Auch Veröffentlichungen und organisatorisches Wissen werden durch die Befragten primär aus dem Intranet bezogen. Das Intranet ist damit das zweitwichtigste Informationsmedium. Als häufigste Quelle für Informationen wurden Bücher und Zeitschriften genannt. Die Teilnehmer beziehen aus diesen papierbasierenden Medien Hintergrundwissen, technische Informationen, Wissenswertes über Computer und Fachinformationen. Bedeutsam für diese Untersuchung ist die Tatsache, daß aktuelle Informationen zu 41,7% aus dem Internet und 14,6% aus dem Intranet bezogen werden, wogegen nur 6,8% der aktuellen Informationen aus Büchern und Zeitschriften stammen. Somit werden 65,2% der aktuellen Informationen aus elektronischen Medien bezogen.

4.3.3.4 Fehlinformationen

Eine weitere Frage zum Thema Kommunikationsgewohnheiten bezog sich auf Fehlinformationen. Die Teilnehmer der Befragung sollten in Form einer freien Antwort angeben, wieviel Prozent der erhaltenen Informationen für sie nicht nutzbar und damit Fehlinformationen waren. Die Gruppe der Mitarbeiter in München bekommt nach dieser Studie deutlich mehr Fehlinformationen zurück als die anderen beiden Gruppen. Während die meisten der Münchner Adtranz-Mitarbeiter (28,6%) angeben, zwischen 20-30% der erhaltenen Informationen paßten nicht auf ihre Suchanfrage, geben genauso viel Prozent der Hennigsdorfer (28,8%) an, daß die Anzahl der erhaltenen Fehlinformationen nur zwischen 0-10% liegt.

Anteil der Fehlinformationen	Hennigsdorf	München	Doktoranden	gesamt
<=10 %	28,8%	25,0%	42,9%	31,7%
10-20 %	21,6%	25,0%	21,4%	21,9%
20-30 %	15,4%	28,6%	8,6%	15,0%
30-40 %	7,2%	3,6%	4,3%	6,2%
40-50 %	14,4%	3,6%	8,6%	12,1%
50-60 %	1,0%	3,6%	1,4%	1,3%
60-70 %	4,8%		2,9%	3,9%
70-80 %	2,9%	10,7%	5,7%	4,2%
80-90 %	2,9%		1,4%	2,3%
90-100 %	1,0%		2,9%	1,3%
gesamt	100,0%	100,0%	100,0%	100,0%

Tabelle 4.3-9: Anteil erhaltene Fehlinformationen pro Informationsabfrage nach Gruppenzugehörigkeit

Dafür ist auffällig, daß die Streuung der Angaben der Münchner Gruppe geringer ist. Die Kategorien zwischen 60-70% und über 80% fehlen ganz. Dies kann entweder an der geringeren Anzahl der zurückgegebenen Fragebögen aus München liegen oder – unter der Annahme, daß die objektiv erhaltenen Fehlinformationen gleich sind – darin begründet sein, daß die in München beschäftigten Mitarbeiter ein objektiveres Bewertungskriterium für Fehlinformationen entwickelt haben.

4.3.4 Kenntnisse und Beratung

Im folgenden Abschnitt werden die Antworten der Teilnehmer bezüglich ihrer Anwendungskenntnisse, der absolvierten Schulungen und der Probleme mit ihrer Computerausstattung wiedergegeben.

4.3.4.1 Persönliche Anwendungskenntnisse

In der ersten Frage in diesem Abschnitt sollten die Untersuchungsteilnehmer ihre persönliche Wertung bezüglich ihrer Kenntnisse im Umgang mit verschiedenen Programmen bewerten. Die Tabelle mit den gleichen Anwendungsgruppen wie in Abschnitt zwei läßt eine Wertung in sechsfacher Intervallskalierung zu.

eigene Kenntnisse	spezielle Software	Audio-programme	WWW speziell	WWW allgemein	Datenbanksysteme	Groupware-systeme	CAD Systeme	Grafik-Programme	Präsentations-programme	Tabellenkalkulation	Textverarbeitung
eher gut	23,6%	1,6%	6,4%	12,0%	5,8%	14,7%	10,6%	7,8%	15,7%	22,3%	30,6%
	34,5%	6,8%	10,2%	31,4%	17,2%	40,8%	13,7%	18,1%	26,1%	43,7%	50,6%
	14,3%	8,8%	11,7%	23,3%	23,4%	26,3%	10,6%	20,2%	24,1%	17,5%	15,6%
	7,4%	12,0%	14,7%	9,1%	19,8%	8,1%	9,1%	16,0%	15,4%	8,9%	2,5%
	4,4%	16,5%	16,5%	12,0%	16,2%	4,6%	13,7%	14,5%	11,0%	3,9%	0,6%
eher schlecht	15,8%	54,2%	40,6%	12,3%	17,5%	5,5%	42,2%	23,4%	7,8%	3,6%	0,3%
Mittelwert (Note)	2,82	4,98	4,47	3,15	3,76	2,64	4,28	3,82	3,03	2,39	1,93

Tabelle 4.3-10: Verteilung eigener Kenntnisse im Umgang mit Softwareanwendungen

Interpretation der empirischen Studie 279

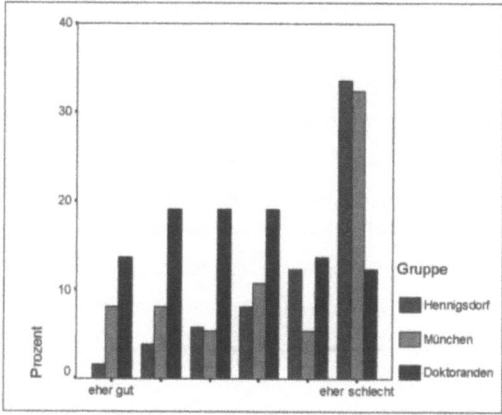

Die Tabelle beschreibt die unterschiedlichen Wertungen, welche die Teilnehmer über ihre Kenntnisse abgegeben haben. Während Standardprogramme, wie z.B. Textverarbeitung (1,93), noch gut abschneiden, werten die Teilnehmer ihre Kenntnisse über allgemeine Internetprogramme nur noch als befriedigend (3,15).

Abbildung 4.3-17: Balkendiagramm – Eigene Kenntnisse im Bereich spezieller Internet-Anwendungen

Das Wissen über spezielle Internet-Anwendungen wird kaum noch als ausreichend (4,47) empfunden. Schlechter schneiden nur noch Audio- und Videobearbeitungsprogramme (4,98) ab. Hier zeigt sich, daß bei den befragten Konzernmitarbeitern Wissen ausschließlich über Standardprogramme, nicht jedoch über Multimedia- und Internetanwendungen vorhanden ist. Diese Grafik soll exemplarisch[72] die auch unter den Gruppen unterschiedliche Bewertung der eigenen Kenntnisse aufzeigen. Gut zu erkennen ist, daß sich die Gruppe der Doktoranden besser mit ihren eigenen Kenntnissen einschätzt als die übrigen Gruppen. So bewerten die Doktoranden ihre Kenntnisse in dem Bereich durchschnittlich mit 3,38, während die anderen Gruppen ihr Wissen mit 4,35 (München) und 4,94 (Hennigsdorf) bewerten.

4.3.4.2 Schulungen

In direktem Zusammenhang mit den persönlichen Kenntnissen steht die Anzahl der besuchten Schulungen. Daher wurde in der nächsten Frage die Anzahl der absolvierten Schulungen zu den gleichen Themen abgefragt.

Die folgende Tabelle gibt einen Eindruck davon, wie wenig die Mitarbeiter auf die Nutzung der Softwareprodukte vorbereitet werden. Nur im Bereich der Groupware-Systeme scheint eine Schulung regelmäßig angeboten und besucht worden zu sein. So zeigt eine Kreuztabelle, daß insgesamt 73,0% der Hennigsdorfer Mitarbeiter an einer Schulung im Bereich Groupware teilgenommen haben. Relativiert wird dieser Wert jedoch, wenn bekannt wird, daß jeder Mitarbeiter mit Netzwerkanschluß in Hennigsdorf zum Zeitpunkt der Untersuchung an einem Notes-Kurs (Groupware) teilnehmen mußte, um ein eMail-Konto zu erhalten. Somit hätte diese Zahl eigentlich noch höher sein müssen. Alle weiteren Kurse beruhten nach Kenntnis des Autors auf freiwilliger Teilnahme. Somit scheint ein prozentualer Wert von ca. 25% für Textverarbeitungs- und Tabellenkalkulationsschulungen als hoch, da somit jeder Vierte sich freiwillig in diesen Bereichen weiterbilden ließ.

---

[72] Weitere Balkendiagramme dieser Art befinden sich im Anhang.

Anzahl Schulungen	speziel-le Software	Audio-Programme	WWW speziell	WWW allgemein	Datenbank Systeme	Groupware Systeme	CAD Systeme	Grafikprogramme	Präsentationsprogramme	Tabellenkalkulation	Textverarbeitung
0	75,3%	99,4%	97,8%	95,9%	84,2%	40,4%	76,8%	97,5%	82,7%	59,1%	64,0%
1	14,7%	0,3%	1,9%	3,8%	11,2%	55,6%	9,6%	1,9%	14,6%	25,9%	23,1%
2	6,9%			0,3%	3,0%	4,1%	6,1%		2,3%	12,2%	10,7%
3	1,3%		0,3%		0,6%		2,9%	0,3%		1,7%	1,4%
4	0,6%				0,3%		1,6%		0,3%	0,9%	0,3%
>4	1,3%	0,3%			0,6%		3,2%	0,3%		0,3%	0,6%
Mittelwert	0,41	0,02	0,03	0,04	0,23	0,64	0,53	0,04	0,20	0,60	0,53

Tabelle 4.3-11: Anzahl der absolvierten Schulungen

Im Bereich der Multimedia- und Internetprogramme wurden so gut wie keine Schulungen von den Teilnehmern wahrgenommen.

4.3.4.3 EDV-Probleme

Den letzten großen Abschnitt des Bogens nahmen Fragen zum Thema EDV-Probleme ein. Es sollte untersucht werden, wo die Probleme auftauchen und wer sie in welcher Zeit lösen kann. Dazu wurde zuerst gefragt, wie viele Probleme der Teilnehmer pro Monat bekommt.

Anzahl Probleme pro Monat	Hennigsdorf	München	Doktoranden	gesamt
< 1	39,7%	44,1%	39,4%	40,1%
1-2	22,3%	20,6%	22,5%	22,2%
2-5	24,4%	20,6%	28,2%	24,8%
5-10	10,7%	11,8%	7,0%	10,1%
>10	2,9%	2,9%	2,8%	2,9%
gesamt	100,0%	100,0%	100,0%	100,0%

Tabelle 4.3-12: EDV-Probleme pro Monat nach Gruppenzugehörigkeit

Die Tabelle zeigt deutlich, daß es keine großen Unterschiede zwischen den einzelnen Gruppen in der Anzahl der EDV-Probleme pro Monat gibt. Fast die Hälfte (40,1%) hat weniger als ein Problem, welches die Befragten nicht alleine lösen konnten.

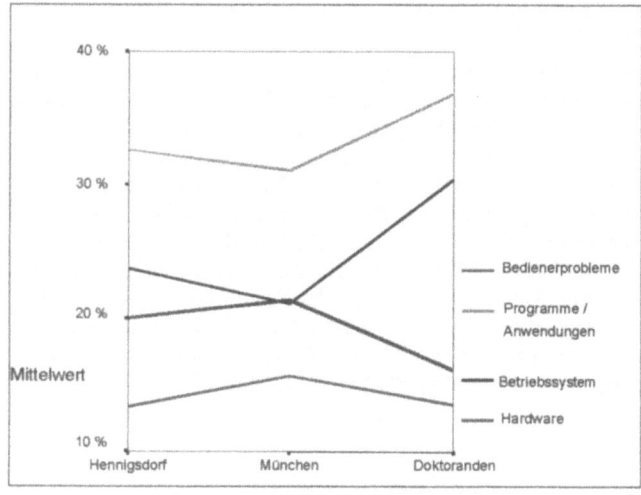

Abbildung 4.3-18: Liniendiagramm – Verteilung der EDV-Probleme nach Art und

Diese Grafik zeigt, wie sich die Aufteilung der verschiedenen Problemarten unterscheidet. Während in Hennigsdorf weniger Probleme aus Bedienungsfehlern resultieren (20%), liegen Probleme mit dem Betriebssystem bei 24%. Anders bei den Münchner Mitarbeitern.

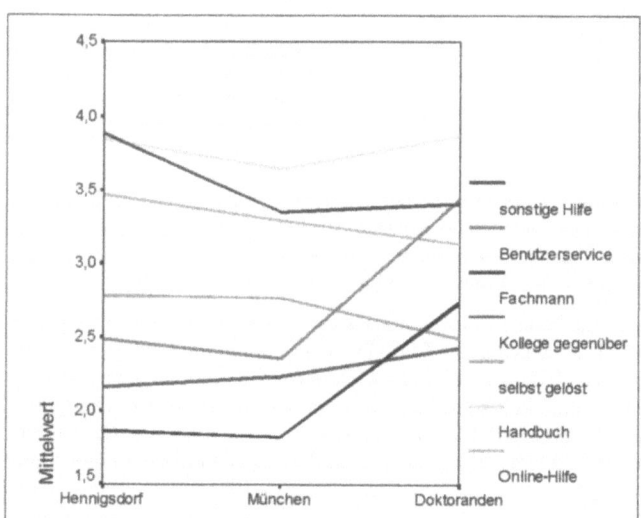

Abbildung 4.3-19: Liniendiagramm – Unterschiedliche Bewertung verschiedener Unterstützungsarten nach Gruppenzugehörigkeit (Schulnoten)

Hier überwiegen leicht die Bedienerprobleme gegenüber den Betriebssystemproblemen. So läßt sich an dieser Grafik die deutlich geringere Anzahl an Bedienerproblemen bei der Gruppe der Doktoranden aufzeigen.

Interessant ist bei dieser Gruppe die dafür deutliche höhere Anzahl von Betriebssystemproblemen, was eventuell auf die unterschiedlichsten im Gebrauch befindlichen Betriebssysteme zurückzuführen ist. Das Diagramm veranschaulicht die Wertung der Befragungsteilnehmer nach Schulnoten. So kann z.B. deutlich nachgewiesen werden, daß die Mitarbeiter an beiden Adtranz-Standorten den EDV-Experten in der eigenen Abteilung als beste Unterstützung bei EDV-Problemen ansehen. Gefolgt wird dieser nicht institutionelle Mitarbeiter als Unterstützungsquelle von dem „Kollegen gegenüber", womit ein zweites Mitglied der Abteilung für EDV-Probleme gerufen wird. Erst an dritter Stelle in den Adtranz-Niederlassungen wird der Benutzerservice gerufen. Ein nicht unbedingt betriebswirtschaftlich sinnvoller Zustand, da mit der Hinziehung von Abteilungsmitarbeitern, deren Aufgabe es nicht ist, EDV-Probleme zu lösen, eine deutliche Einbuße von Arbeitszeit dieser Angestellten einher gehen muß.

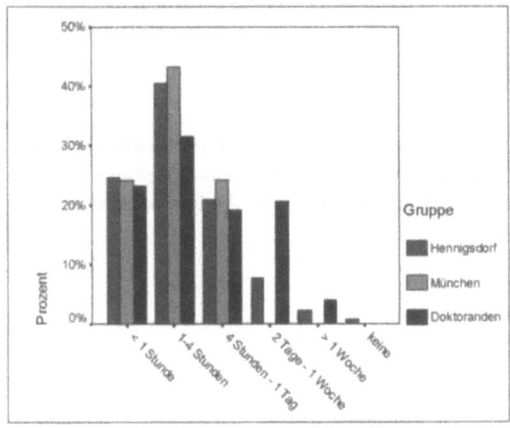

Abbildung 4.3-20: Balkendiagramm – Geschwindigkeit der Unterstützung bei EDV-Problemen nach Gruppenzugehörigkeit

Anders sieht die Verteilung bei der Gruppe der Doktoranden aus. Der „Fachmann in der Abteilung" wird erst an dritter Stelle genannt. Primär wird der „Kollege gegenüber" gefragt, bevor die befragten Doktoranden selber Hand anlegen. Hier wird wieder der nicht in das Unternehmen eingebundene Status der Doktoranden deutlich.

Der durch den Konzern angebotene Service des User-Helpdesks[73] als Institution wird erst an sechster Stelle mit der Lösung der EDV-Probleme durch die befragten Doktoranden betraut. Neben der Herkunft der EDV-Unterstützung für den Anwender ist auch die Frage der Geschwindigkeit sehr interessant, in der geholfen wird. Die Grafik veranschaulicht, daß in ca. 25% der Fälle Hilfe innerhalb einer Stunde vor Ort ist. Die meisten Probleme (ca. 40%) werden in einem Intervall zwischen einer und vier Stun-

---

[73] User-Help-Desk (UHD): Abteilung des EDV-Services, welche direkt für Benutzerprobleme zur Verfügung steht.

den gelöst. Auf Grund des Kurvenverlaufs scheinen die Probleme in Hennigsdorf geringfügig schneller gelöst zu werden als in München. Besonders langsam werden die Probleme der Doktoranden gelöst, denn 20,8% der Probleme werden erst nach zwei Tagen gelöst. Fraglich bleibt in diesem Zusammenhang auch, warum 0,8% der Hennigsdorfer Probleme überhaupt nicht gelöst werden.

Note	Hennigsdorf	München	Doktoranden	Gesamt
sehr gut	8,5%	27,3%	12,5%	11,0%
gut	36,3%	24,2%	29,2%	33,7%
befriedigend	37,9%	36,4%	29,2%	36,0%
ausreichend	10,9%	9,1%	8,3%	10,2%
schlecht	4,8%	3,0%	12,5%	6,2%
sehr schlecht	1,6%		8,3%	2,8%
Mittelwert	2,72	2,36	3,04	2,75

Tabelle 4.3-13: Qualität der EDV-Unterstützung

Auch die letzte Frage nach der Qualität der erhaltenen Hilfeleistungen wurde unterschiedlich bewertet. So gaben die Mitarbeiter vom Standort Hennigsdorf der für sie zur Verfügung stehenden Unterstützung eine Durchschnittsnote von 2,72, deren Münchner Kollegen eine 2,36 und die Doktoranden eine 3,04.

Wichtig ist bei dem Vergleich dieser Zahlen, daß hier als am häufigsten genutzte Unterstützungsquelle der „Fachmann in der Abteilung" bzw. der „Kollege gegenüber" bewertet wurden. Die vergebenen Noten lassen keinen Rückschluß auf die Qualität des Benutzerservices zu.

4.3.5 Abschlußfragen

Die letzten zwei Fragen beschäftigen sich mit der Arbeitsmotivation und dem Nutzen der neuen Medien im Unternehmen.

4.3.5.1 Erhöhung der Arbeitsmotivation durch die Neuen Medien

Im Rahmen einer sechsfach intervallskalierten Antwort wurden die Teilnehmer der Untersuchung befragt, ob ihrer Meinung nach die Einführung der Neuen Medien zur Erhöhung der Arbeitsmotivation beiträgt.

Durchschnittlich beantworteten die Mitarbeiter aus Hennigsdorf diese Frage mit 2,68, die Münchner mit 3,03 und die Doktoranden mit 2,88. Diese befriedigende Aussage täuscht jedoch nicht darüber hinweg, daß mit den Antworten eher ein verhaltener Optimismus als eine feste Überzeugung geäußert wird.

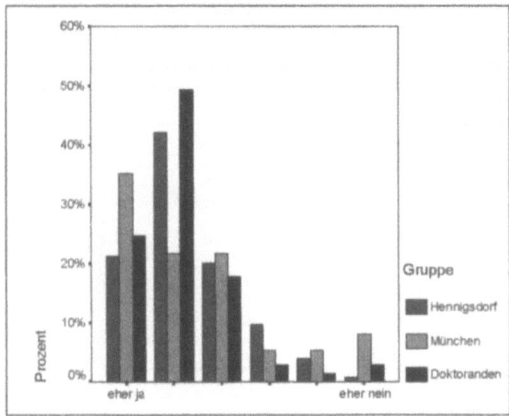

Abbildung 4.3-21: Balkendiagramm - Erhöhung der Arbeitsmotivation durch Neue Medien nach Gruppenzugehörigkeit

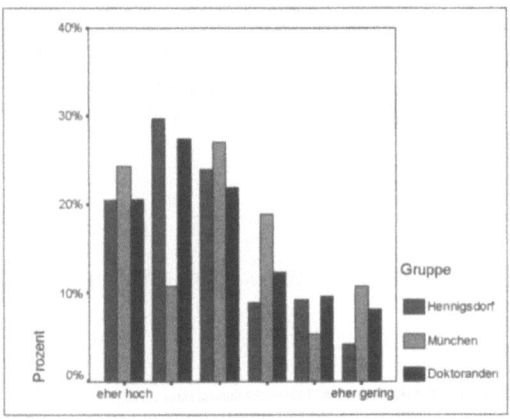

Abbildung 4.3-22: Balkendiagramm – Nutzen der Neuen Medien für das Unternehmen nach Gruppenzugehörigkeit

Anders erscheint das Meinungsbild bezüglich des Nutzens für das Unternehmen. Insgesamt waren 66,2% der Befragten der Überzeugung, daß der Nutzen für das Unternehmen hoch sein würde. Besonders die Gruppe der Münchner Adtranz-Beschäftigten schätzt den Nutzen für ihr Unternehmen als sehr hoch ein.

4.4 Interpretation der empirischen Studie

4.4.1 Einführung zur Interpretation

Die in Papierform erhaltenen Untersuchungsergebnisse aus Hennigsdorf und München wurden in eine speziell für diesen Zweck erstellte Access-Datenbank[74] eingegeben. Dies erleichterte die Eingabe und reduzierte die Fehlerquote, da die Eingabe mit Hilfe der Maus auf einer grafisch aufbereiteten Bildschirmseite stattfand. Kompliziertes Codieren der einzelnen Ergebnisse für die Eingabe in die Tabellenform konnte damit entfallen. Die digitalisierten Daten wurden mit den aus der Online-Umfrage der Doktoranden stammenden Datensätzen der Lotus-Notes Datenbank zusammengestellt und in das Statistik Programm SPSS für Windows 9.0 importiert.

Alle darauf folgenden Auswertungen wurden mit den statistischen Funktionen des Analyseprogrammes SPSS für Windows durchgeführt. Die im vorherigen Kapitel präsentierten Ergebnisse wurden mit Hilfe von Häufigkeitsauszählungen, Kreuztabellen und weiteren deskriptiven Statistikfunktionen ausgewertet. Um das Modell innovativer Unternehmenskommunikation empirisch untersuchen zu können, mußten noch diverse zusätzliche Variablen eingeführt und deren Werte aus bereits bestehenden Werten berechnet werden. Diese sog. Metavariablen entsprechen den im Modell genannten einzelnen Merkmalen. So wurde z.B. die Metavariable „Nutzung Neuer Medien – Verteilung der Kommunikation auf Neue Medien" mit der Bezeichnung „MNMVERT" aus dem Mittelwert der prozentualen Häufigkeit der Nutzung folgender elektronischer Medien ermittelt: Datenbank, Videokonferenzsystem, interner und externer eMail. Als mathematische Formel geschrieben:

MNMVERT= Summe(VKDB + VKVIDEOK + VKNEWSG + VKMAILE + VKMAILI) * 100 / VKGESAMT

Das erhaltene Ergebnis wurde wiederum in eine dreistufige Intervallskala umgerechnet, so daß folgende Wertebereiche durch die Zahlen 1-3 recodiert wurden:

1: gering (0 - 33,3%)
2: mittel (33,3% - 66,6%)
3: hoch (66,6% - 100%)

Mit Hilfe dieser bzw. ähnlicher Umrechnungsoperationen wurden alle rund 60 ermittelten Einzelvariablen in die 20 Metavariablen, zugehörig zu den einzelnen Merkmalen des Modells innovativer Unternehmenskommunikation, umgerechnet. Zusätzlich wurden, wo es mathematisch möglich war, diese in sog. Gruppen-Metavariablen zusammengefaßt. Diese Zusammenfassung war nur bei Metavariablen möglich, welche die oben erwähnte dreistufige Intervallskala besaßen. Eine Kombination einer Variablen mit einer dreistufigen Intervallskala mit einer Variablen mit Nominalskala[75] war nach dem beschriebenen Prinzip nicht möglich.

---

[74] Siehe dazu Kapitel 5.2 Durchführung der Studie
[75] **Nominalskala**: Werteskala, welche nur eine Einstufung in Kategorien zuläßt und deren Unterschiede nicht wie bei der Intervallskala durch eine Reihenfolge (gering-mittel-hoch), sondern nur durch die Unterschiede in den Klassen (männlich(1), weiblich(2)) begründet werden.

Daher konnten nur fünf der sieben im Modell vorkommenden Themenbereiche durch eine eigene Gruppen-Metavariable beschrieben werden. Somit ist die Reduzierung von 22.140 Einzelwerten (60 Variablen x 369 Fragebögen) auf elf[76] die Studie repräsentierende statistische Variablen gelungen.

Da diese Zusammenfassung eine aus Sicht des Autor zu grobe Kategorisierung darstellte, wurden für die Korrelationsanalyse zusätzlich zu den sieben Gruppen-Metavariablen ebenfalls die Korrelationen der Metavariablen untereinander geprüft. Im folgenden Abschnitt sollen zunächst für die Untersuchung wichtige Ergebnisse aus dem letzten Kapitel diskutiert und danach die Präsentation und Interpretation der Korrelationsergebnisse vorgenommen werden.

4.4.2 Interpretation wichtiger Untersuchungsergebnisse

4.4.2.1 Geringe Rücklaufquote in Hennigsdorf

Von den in der Literatur (vgl. u.a. Friedrichs 1990, S. 241) beschriebenen Rücklaufquoten unterscheiden sich die bei dieser Studie erzielten Rücklaufquoten. Während die Ergebnisse der Untersuchung in München (35%) und bei den Doktoranden (36,5%) deutlich über den beschriebenen 14% bis 26% liegen, ergibt sich für die Untersuchungsgruppe Hennigsdorf nur eine Rücklaufquote von 9,62%.

Für eine Analyse dieser auffälligen Unterschiede muß die wirtschaftliche Lage am Standort Hennigsdorf zum Zeitpunkt der Untersuchung in Betracht gezogen werden. Der Standort Hennigsdorf mit seinen 2769 Mitarbeitern zum Untersuchungszeitraum wurde durch gravierende wirtschaftliche und organisatorische Probleme des Unternehmens erschüttert. Durch den geplanten Arbeitsplatzabbau besonders im Bereich der gewerblichen Mitarbeiter und die daraus resultierende Verunsicherung könnte die Rücklaufquote an diesem Standort beeinträchtigt worden sein. Hinzu kommt, daß nur sehr wenige dieser gewerblichen Mitarbeiter über einen eigenen Zugang zum Computernetz verfügen und nicht die damit verbundenen Möglichkeiten und Probleme beurteilen können. So konnte auch die via Lotus Notes-Informationsdatenbank versendete Nachfassung diese Mitarbeiter nicht erreichen. Aus diesem Grunde lag der Rücklauf aus dem Bereich der gewerblichen Arbeit nur bei 6%. Würde für die Berechnung der Rücklaufquote nur die Anzahl der Angestellten (1486 Mitarbeiter) zur Anrechnung kommen, so würde die Rücklaufquote bei 17,43% liegen, welche den Angaben der Literatur entspricht.

Die deutlich höheren Rückläufe der beiden anderen Gruppen lassen sich für die Gruppe der Doktoranden aus der Tatsache erklären, daß diese auf Grund ihrer eigenen Promotionsbemühungen eine sehr hohe Motivation besaßen, die Untersuchung zu unterstützen. Zusätzlich kann die unkomplizierte Möglichkeit der Online-Beantwortung als motivationsfördernd angenommen werden. Die Doktoranden wurden mit Hilfe mehrerer eMails auf die Untersuchung aufmerksam gemacht. Im Text wurde mit Hilfe eines

---

[76] Die Zahl elf ergibt sich aus fünf Gruppen-Metavariablen und sechs nicht zusammenlegbaren Metavariablen der Bereiche Unternehmens- und Persönliche Daten.

Hyperlinks[77] direkt zum Online-Fragebogen verzweigt, welcher sehr einfach durch Mausklicks ausgefüllt werden konnte. Da die Ergebnisse direkt nach der Eingabe in einer Datenbank gespeichert wurden, entfiel auch das Zurückschicken des Fragebogens. Am Standort München waren zum Zeitpunkt der Untersuchung nur 100 Mitarbeiter beschäftigt. Durch die Unterstützung der Chefsekretärin und deren persönliche Ansprache konnte auch hier eine überdurchschnittliche Rücklaufquote erzielt werden.

4.4.2.2 Überprüfung auf Repräsentativität

Um die Repräsentativität einer Studie zu untersuchen, müssen möglichst viele Ergebnisse der Analyse mit den realen Gegebenheiten vergleichbar sein. Aus diesem Grunde wurden in der Arbeit verschiedene Fragen in das Forschungsdesign aufgenommen, die eine Prüfung auf ein möglichst reales Abbild der Untersuchungsobjekte ermöglichten.

In diesem Falle wurden u.a. die Teilnehmer der Untersuchung nach Alter und Geschlecht befragt. Wie bereits im letzten Kapitel beschrieben wurde, stimmt die Alters- und Geschlechtsverteilung der Stichprobe mit den Informationen aus dem Personalbereich über die Grundgesamtheit überein. Als weitere Vergleichsmöglichkeit konnte von dem Personalbereich die Anzahl der Mitarbeiter mit einer höheren Wochenarbeitszeit als 36 Stunden in Erfahrung gebracht werden. Mit Hilfe dieser Zahl und der Annahme, daß alle Mitarbeiter außerhalb der tarifvertraglichen Wochenarbeitszeit von 36 Stunden Leitungskräfte sind und über Personalverantwortung verfügen, konnte eine weitere Übereinstimmung festgestellt werden: Während in der Untersuchung 22,8% der befragten Hennigsdorfer Mitarbeiter angeben, Personalverantwortung zu besitzen, werden nach den realen Zahlen 22,1% der Angestellten in Hennigsdorf als Leitende Angestellte geführt.

Wie die Vergleiche der erhobenen Daten mit den von den Personalbereichen gelieferten Daten beweisen, entsprechen die aus der Befragung resultierenden Ergebnisse den realen Verhältnissen. Es kann daher davon ausgegangen werden, daß die Teilnehmer der Untersuchung ein repräsentatives Bild für beide Standorte des Unternehmens widerspiegeln.

4.4.3 Signifikanzuntersuchung der Metavariablen

Wie bereits in der Einführung beschrieben, wurden die einzelnen erhaltenen Variablen, d.h. die Antworten aus den Fragebögen, durch Umrechnung zu Antwortgruppen, sog. Metavariablen, transformiert. Diese Transformation fand mit Hilfe von genauen statistischen bzw. rechnerischen Methoden statt und ermöglichte durch diese Verallgemeinerung einen mathematischen Vergleich zwischen den verschiedenen Themen.

Dieser Vergleich, die sog. Korrelationsanalyse, berechnet mit Hilfe einer 3x3 Matrix, einer sog. Kreuztabelle, ob signifikante Zusammenhänge vorliegen. Am Beispiel einer vereinfachten 2x2 Matrix läßt sich das Prinzip leichter erläutern.

---

[77] **Hyperlink**: Im Text befindliche Adresse einer weiteren Internet-Seite, welche durch einfaches Anklicken des Textes aufgerufen werden kann.

Stadt	Wetterlage		gesamt
	Sonnenschein	Regentag	
Berlin	137 78,5 %	43 21,5 %	180 100 %
Hamburg	43 21,5 %	137 78,5 %	180 100 %
gesamt	180 100 %	180 100 %	

Die beiden Variablen *Wetterlage* und *Stadt* werden in die Zeile bzw. Spalte der Matrix eingetragen. Durch Vergleich der Häufigkeiten läßt sich bei dieser exemplarischen Darstellung leicht erkennen, daß es in Hamburg signifikant häufiger regnet als in Berlin.

Da im Gegensatz zu dieser einfachen Berechnung die Ermittlung realer Zusammenhänge und größerer Matrixformen deutlich schwieriger ist, wurden verschiedene mathematische Verfahren entwickelt, die Ergebnisse auf Signifikanz zu testen. Der sog. Signifikanzkoeffizient kann z.B. durch den Chi-Quadrat-Test ermittelt werden. Die eigentliche Berechnung wird heute durch EDV-Statistikprogramme erleichtert. Für mathematisch Interessierte sei hier auf die entsprechende Fachliteratur verwiesen. Eine einfache Erklärung der Zusammenhänge findet sich z.B. bei Bühl (vgl. Bühl 1999, S. 223).

Wichtiger als die Berechnungsformel ist die richtige Interpretation der Ergebnisse.

Die Signifikanzwerte können zwischen 0 und 1 liegen, wobei erst ab Werten unter 0,05 ein signifikanter Zusammenhang zwischen den Variablen vorliegt. Für Werte zwischen 0,051 und 0,25 kann auf Grundlage der Berechnung keine Interpretation vorgenommen werden und Werte zwischen 0,251 und 1 deuten auf das Fehlen eines nachweisbaren Zusammenhanges hin (vgl. Fredersdorf 1998a).

Zwei Variablen korrelieren, wenn folgende Chi^2-Koeffizienten ausgemacht werden können:

- signifikant: $Chi^2 <= 0,05$
- hoch signifikant: $Chi^2 <= 0,01$
- höchst signifikant $Chi^2 <= 0,001$

Zusätzlich ist es durch einen weiteren Berechnungsschritt möglich, die Korrelationsrichtung sowie die Stärke der Korrelation zu ermitteln. Dazu wird die Berechnung des Korrelationskoeffizienten z.B. nach Pearson durchgeführt. Ein positives Ergebnis des Koeffizienten beschreibt einen gleichgerichteten Zusammenhang zweier Variablen, d.h. wird die eine größer, dann vergrößert sich auch die andere. Ist der Koeffizient hingegen negativ, gehen niedrige Werte bei einer Variablen mit hohen Werten bei der anderen einher und umgekehrt (vgl. Bühl 1999, S. 223).

Die Größe des Korrelationskoeffizienten gilt zusätzlich noch als Maß für die Stärke der Korrelation, d.h. wie eng beide Variablen miteinander verbunden sind.

Interpretation der empirischen Studie

Werte des Korrelationskoeffizienten

- 0 <   r   <= 0,2   sehr geringe Korrelation
- 0,2 < r   <- 0,5   geringe Korrelation
- 0,5 < r   <= 0,7   mittlere Korrelation
- 0,7 < r   <= 0,9   hohe Korrelation
- 0,9 < r   <= 1   sehr hohe Korrelation

Insgesamt wurden 412 verschiedene Korrelationstests unternommen, welche sich durch die Permutationen der Meta- und Gruppen-Metavariablen in Bezug auf alle Daten und die jeweiligen Daten der einzelnen Teilnehmergruppen ergeben. Die einzelnen Ergebnisse können interessierte Leser im Anhang nachschlagen (vgl. Anhang). Im Sinne der erkenntnisleitenden These und der daraus resultierenden Arbeitshypothesen kann an dieser Stelle aus Platzgründen nur eine Ergebnisvorstellung und Interpretation der zugehörigen Daten stattfinden.

Arbeitshypothese 1: *„Je besser ein Arbeitsplatz ausgestattet ist, desto mehr verschiedene Kommunikationsmedien werden durch den Mitarbeiter benutzt."*

Für den Nachweis dieser Hypothese wurde der statistische Zusammenhang zwischen der Gruppen-Metavariablen *Unternehmensausstattung* und *Berufliche Informationen* getestet. Für die Auswertung wurde zum einen die gesamte Anzahl der vorhandenen Datensätze miteinander verglichen, aber auch die Daten der einzelnen Gruppen. Die nachstehende Tabelle zeigt die Ergebnisse der vorgenommenen Berechnungen, wobei die Buchstaben A-C für die mathematischen Signifikanzberechnungen, Chi-Quadrat-Test nach Pearson, Likelihood-Quotient und Mantel-Haenszel stehen. Der Buchstabe R steht für das Ergebnis des Korrelationskoeffizienten-Tests nach Pearson.

Variable1	Variable 2	Alt	HEN	MUE	DOK	ALLE	HEN	MUE	DOK
Gruppen-Metavariable: Unternehmensausstattung	Gruppen-Metavariable: Berufliche Informationen	4	3	4	4	A=0,094 B=0,097 C=0,307 R=	A=0,043 B=0,049 C=0,184 R=-0,103	A=0,241 B=0,119 C=0,736 R=	A=0,514 B=0,399 C=0,834 R=

Bedeutung der Zahlen: 1: Höchst signifikant; 2: Hoch signifikant; 3: Signifikant 4: Nicht signifikant 5: Nicht berechenbar

Für die Überprüfung dieser ersten Hypothese bedeutet das berechnete Ergebnis, daß in diesem Falle ein Zusammenhang der beiden Gruppenvariablen nachzuweisen war, allerdings ist durch das negative Vorzeichen des Korrelationskoeffizienten R ein sehr geringer, gegenläufiger Zusammenhang nachgewiesen. Die Hypothese ist demnach für die gesamte Datenerhebung zu falsifizieren. Für die Gruppe der in Hennigsdorf tätigen Mitarbeiter ist jedoch durch alle drei Testverfahren eine Signifikanz ermittelt worden, womit zumindest für die größte der befragten Gruppen die erste Hypothese verifiziert werden konnte. Es konnte demnach nachgewiesen werden, daß Mitarbeiter, je besser ihr Arbeitsplatz ausgestattet ist, desto mehr verschiedene Kommunikationsmedien benutzen. Dieses Ergebnis läßt sich durch eine beliebig tiefgehende Betrachtung unterstützen. Für die Überprüfung der ersten Hypothese wurden die beiden Gruppen-Metavariablen *Unternehmensausstattung* und *Berufliche Information* getestet. Würde die formulierte Hypothese auf Metavariablen (zur Erinnerung: Gruppen-Metavariablen bestehen aus verschiedenen, gruppierten Metavariablen) heruntergebrochen, so würde diese z.B. folgendes Ergebnis zeigen.

Variable1	Variable 2	Al	HEN	MUE	DOK	ALLE	HEN	MUE	DOK
Metavariable: Informationsgewinnung Summe der gültigen Kommunikationswege	Metavariable: Unternehmensausstattung Software	1	1	4	4	A=0,000 B=0,000 C=0,000 R=0,2	A=0,000 B=0,000 C=0,000 R=0,27	A=0,552 B=0,440 C=0,464 R=0,126	A=0,454 B=0,369 C=0,212 R=

Bedeutung der Zahlen: 1: Höchst signifikant; 2: Hoch signifikant; 3: Signifikant 4: Nicht signifikant 5: Nicht berechenbar

In diesem Falle wurde die Metavariable *Informationsgewinnung Summe der gültigen Kommunikationswege* mit der Metavariablen *Unternehmensausstattung Software* verglichen. Auch hier zeigt sich ein Zusammenhang zwischen beiden Variablen, in diesem Fall ließ sich sogar ein höchst-signifikantes Ergebnis nachweisen, welches durch den positiven Korrelationskoeffizienten in diesem Falle gleichläufig ist. Es kann daher formuliert werden, daß eine gute Software-Ausstattung am Arbeitsplatz mit sehr hoher Wahrscheinlichkeit dafür sorgt, daß möglichst viele Kommunikationsmedien zur Informationsgewinnung und -weitergabe genutzt werden.

Arbeitshypothese 2: *„Angestellte aus großen Bereichen informieren sich häufiger über die Kommunikationsmedien."*

Analog zur ersten Hypothesenprüfung wurde für alle weiteren verfahren. Im Falle der zweiten Arbeitshypothese konnten allerdings nicht zwei Gruppenvariablen direkt miteinander verglichen werden, da, wie bereits oben beschrieben, keine solche Variable für den Bereich Unternehmensdaten berechnet werden konnte. Aus diesem Grunde wurden für die Überprüfung der zweiten Hypothese die Gruppen-Metavariable *Berufliche Information* mit den Metavariablen *Bereich, Personalverantwortung* und *Bereichsgröße* verglichen.

Für die Verifizierung der Hypothese ist das Ergebnis der ersten Überprüfung relevant.

Variable1	Variable 2	Al	HEN	MUE	DOK	ALLE	HEN	MUE	DOK
Metavariable: Informationsgewinnung Summe der gültigen Kommunikationswege	Metavariable: Unternehmensdaten – Bereichsgröße	2	4	4	4	A=0,026 B=0,022 CC=0,027 R=0,1	A=0,307 B=0,269 C=0,309 R=	A=0,616 B=0,544 C=0,217 R=	A=0,706 B=0,649 C=0,566 R=

Bedeutung der Zahlen: 1: Höchst signifikant; 2: Hoch signifikant; 3: Signifikant 4: Nicht signifikant 5: Nicht berechenbar

Auch hier konnte ein hoch signifikanter Zusammenhang nachgewiesen werden. Die Hypothese ist demnach verifiziert. Die Ergebnisse der weiteren Überprüfungen können dem Anhang entnommen werden.

Arbeitshypothese 3: *"Jüngere Menschen erhalten bei ihrer Informationsbeschaffung weniger Fehlinformationen."*

Auch hier war kein Test der Gruppen-Metavariablen möglich, da im Bereich der Persönlichen Daten das Geschlecht eine nominal-skalierte Variable darstellt. Aus diesem Grunde wurden die Metavariable: *Berufliche Informationen – Fehlinformationen* und die Metavariable: *Alter der Befragten* getestet.

Variable1	Variable 2	Ale	HEN	MUE	DOK	ALLE	HEN	MUE	DOK
Metavariable: Berufliche Informationen – Fehlinforma-tionen	Metavariable: Alter der Befragten	4	4	4	4	A=0,696 B=0,704 C=0,327	A=0,488 B=0,519 C=0,093 R=	A=0,584 B=0,408 C=0,348 R=	A=0,557 B=0,354 C=0,330 R=

Bedeutung der Zahlen: 1: Höchst signifikant; 2: Hoch signifikant; 3: Signifikant 4: Nicht signifikant 5: Nicht berechenbar

Obwohl die Hypothese 3 nicht nachgewiesen werden konnte, zeigt ein Vergleich der Altersvariable mit der Häufigkeit und der Bereitschaft zur Nutzung der Neuen Medien, daß hier mindestens hoch signifikante Zusammenhänge vorherrschen. Der Korrelationskoeffizient zeigt einen gegenläufigen Zusammenhang, d.h. je jünger, desto höher die Häufigkeit bzw. Bereitschaft. Als Ergebnis kann demnach formuliert werden: „Junge MA nutzen hoch signifikant häufiger die Neuen Medien und besitzen eine hoch signifikant höhere Bereitschaft zur Nutzung der Neue Medien als ältere.

Variable1	Variable 2	Ale	HEN	MUE	DOK	ALLE	HEN	MUE	DOK
Metavariable: Nutzung Neuer Medien – Häufigkeit	Metavariable: Alter der Befragten	1	2	4	4	A=0,002 B=0,003 C=0,017 R=-0,12	A=0,032 B=0,031 C=0,251 R=-0,076	A=0,151 B=0,085 C=0,244 R=	A=0,538 B=0,557 C=0,433 R=
Metavariable: Nutzung NM - Bereitschaft	Metavariable: Alter der Befragten	2	4	4	4	A=0,016 B=0,006 C=0,002 R=-0,15	A=0,295 B=0,206 C=0,128 R=	A=0,197 B=0,108 C=0,032 R=	A=0,325 B=0,187 C=0,328 R=

Bedeutung der Zahlen: 1: Höchst signifikant; 2: Hoch signifikant; 3: Signifikant 4: Nicht signifikant 5: Nicht berechenbar

Arbeitshypothese 4: *"Durch die Reduzierung der EDV-Probleme läßt sich die Nutzung der Kommunikationsmedien erheblich steigern."*

In diesem Falle war der Test zwischen beiden den gesamten Bereich repräsentierenden Gruppen-Metavariablen möglich, doch konnte auf Grund der erhaltenen Ergebnisse kein Zusammenhang nachgewiesen werden. Nur der feinere Vergleich der Metavariablen für *Fehlinformationen* und *Häufigkeit von EDV-Problemen* konnte in der Verbindung zwischen *Beruflichen Informationen* und *EDV-Problemen* einen Zusammenhang für die Gruppe der Doktoranden aufzeigen.

Variable1	Variable 2	Alle	HEN	MUE	DOK	ALLE	HEN	MUE	DOK
Metavariable: Berufliche Informationen – Fehlinformationen	Metavariable: EDV-Probleme pro Monat	4	4	4	2	A=0,426 B=0,381 C=0,685	A=0,712 B=0,725 C=0,985 R=	A=0,687 B=0,472 C=0,611 R=	A=0,004 B=0,000 C=0,294 R=0,128

Bedeutung der Zahlen: 1: Höchst signifikant; 2: Hoch signifikant; 3: Signifikant 4: Nicht signifikant 5: Nicht berechenbar

Arbeitshypothese 5: *„Auch die Teilnahme an Schulungen verbessert die Informationsgewinnung der Mitarbeiter."*

Auch in diesem Falle lieferte der Vergleich beider Gruppen-Metavariablen kein signifikantes Ergebnis. Dahingegen konnte zumindest gezeigt werden, daß Schulungen die Menge der Fehlinformationen reduzieren können. Das Testergebnis zeigt für die Münchner Stichprobe eine Signifikanz mit der Gruppen-Metavariablen *EDV-Kompetenz* (Schulungen & eigene Kenntnisse) und ein hoch signifikantes Ergebnis im Vergleich der Metavariablen *Fehlinformationen* mit der „normalen" Variable *Schulungen*. Die Hypothese ist also verifiziert, Schulungen verbessern die Informationsgewinnung, indem sie helfen, die Fehlinformationen zu verringern.

Variable1	Variable 2	Alle	HEN	MUE	DOK	ALLE	HEN	MUE	DOK
Metavariable: Berufliche Informationen – Fehlinformationen	Gruppen – Metavariable: Persönliche EDV – Kompetenz	4	4	3	4	A=0,241 B=0,204 C=0,183	A=0,250 B=0,213 C=0,235 R=	A=0,047 B=0,159 C=0,041 R=0,394	A=0,870 B=0,843 C=0,837 R=
Metavariable: Berufliche Informationen – Fehlinformationen	Schulungen Gesamtzahl – (KEINE METAVARIABLE)	2	2	4	4	A=0,015 B=0,006 C=0,626 R=0,028	A=0,009 B=0,003 C=0,858 R=0,012	A=0,366 B=0,293 C=0,037 R=	A=0,881 B=0,909 C=0,947 R=

Bedeutung der Zahlen: 1: Höchst signifikant; 2: Hoch signifikant; 3: Signifikant 4: Nicht signifikant 5: Nicht berechenbar

Arbeitshypothese 6: *„Durch eine qualitativ hochwertige Unternehmensausstattung wird eine hohe Bereitschaft zur Nutzung der Neuen Medien erreicht."*

In diesem Falle konnte durch den Vergleich der Gruppen-Metavariablen ein höchstsignifikanter Zusammenhang berechnet werden, sowohl für die gesamte Untersuchung als auch für die untersuchte Teilnehmergruppe aus München. Die Hypothese ist demnach erfolgreich verifiziert worden.

Interpretation der empirischen Studie 293

Variable1	Variable 2	Alle	HEN	MUE	DOK	ALLE	HEN	MUE	DOK
Gruppen Metavariable: Unternehmens-ausstattung	Gruppen-Metavariable: Nutzung Neuer Medien	1	4	2	4	A=0,004 B=0,004 C=0,001 R=0,199	A=0,165 B=0,162 C=0,058 R=	A=0,008 B=0,002 C=0,002 R=0,587	A=0,354 B=0,352 C=0,261 R=

Bedeutung der Zahlen: 1: Höchst signifikant; 2: Hoch signifikant; 3: Signifikant 4: Nicht signifikant 5: Nicht berechenbar

Arbeitshypothese 7: *„Mitarbeiter mit Personalverantwortung nutzen häufiger die Neuen Medien."*

Die Überprüfung des Zusammenhanges dieser beiden Variablen unterscheidet sich von dem oben beschriebenen Kreuztabellen-Vergleich. Da es sich bei der Variablen *Mitarbeiter mit Personalverantwortung* um eine nominal-skalierte Variable handelt, d.h. eine Variable welche nur Kategorien und keine Rangreihenfolge ausdrückt, mußte hier ein anderes Testverfahren angewendet werden, die sog. Varianzanalyse. „Die Varianzanalyse gehört zu den Signifikanztests. Sie (engl.: ANOVA = analysis of variance) ist ein statistisches Verfahren, durch das im allgemeinen geprüft wird, ob die Mittelwerte μ zweier oder mehrerer Stichproben aus Grundgesamtheiten gezogen wurden, die denselben Mittelwert besitzen. Das Verfahren ist eine Erweiterung der Zweistichprobentests, z.B. des t-Tests" (Lübbert 1999).

Das Ergebnis spiegelt ebenfalls einen Signifikanzwert wieder, der Aufschluß über den Zusammenhang zweier Variablen gibt.

Für die siebente Hypothese bedeuten die angegebenen Werte, daß Führungskräfte höchst signifikant weniger die Neuen Medien nutzen als Mitarbeiter ohne Führungsverantwortung. Dieses negative Ergebnis ergibt sich aus dem Vergleich der errechneten Mittelwerte (nein: 2,43 - ja: 1,89). Dem gegenüber steht der zweite Mittelwertvergleich, welcher auf einen gleichlaufenden Zusammenhang hindeutet (Mittelwert ja: 2,90 - nein: 2,78). Daher kann als Ergebnis festgehalten werden, daß Mitarbeiter mit Führungsverantwortung eine höhere Bereitschaft zur Nutzung der Neuen Medien vorgeben, im Gegensatz dazu aber im täglichen Arbeitsleben seltener mit elektronischen Medien kommunizieren.

Variable1	Variable 2	Alle	HEN	MUE	DOK	ALLE	HEN	MUE	DOK
Metavariable: Nutzung Neuer Medien - Häufigkeit	Metavariable: Personalverantwortung	1	1	3	4	ANOVA =0,000	ANOVA =0,000	ANOVA =0,053	ANOVA =0,761
Metavariable: Nutzung NM - Bereitschaft	Metavariable: Personalverantwortung	3	2	4	4	ANOVA =0,046	ANOVA =0,018	ANOVA =0,797	ANOVA =0,408

Bedeutung der Zahlen: 1: Höchst signifikant; 2: Hoch signifikant; 3: Signifikant 4: Nicht signifikant 5: Nicht berechenbar

Arbeitshypothese 8: *„Die Bereitschaft zur Nutzung der Neuen Medien bei weiblichen Angestellten ist geringer."*

Auch für die Überprüfung dieser Hypothese mußte die Varianzanalyse verwendet werden. Die Überprüfung dieser Hypothese kann ebenfalls verifiziert werden, da sowohl ein hoch signifikanter Zusammenhang nachgewiesen werden konnte, als auch der Vergleich der Mittelwerte (Mittelwert m: 2,83 - w: 2,68) deutlich zeigt, daß Männer eine signifikant höhere Bereitschaft zur Nutzung der Neuen Medien haben.

Variable1	Variable 2	Alle	HEN	MUE	DOK	ALLE	HEN	MUE	DOK
Metavariable: Nutzung NM - Bereitschaft	Metavariable: Geschlecht	2	2	4	4	ANOVA =0,008	ANOVA =0,033	ANOVA =0,708	ANOVA =0,216

Bedeutung der Zahlen: 1: Höchst signifikant; 2: Hoch signifikant; 3: Signifikant 4: Nicht signifikant 5: Nicht berechenbar

Interessant ist in diesem Zusammenhang, daß ein Vergleich der Geschlechtergruppen mit der Variablen *Nutzung der Neuen Medien* aufzeigt, daß Frauen angaben, häufiger die Neuen Medien zu nutzen als Männer (Mittelwert M: 2,26 - w: 2,55). Dafür nutzen männliche Mitarbeiter hoch signifikant mehr unterschiedliche Medien zur Informationsgewinnung.

Ein Grund für dieses Ergebnis ist in der Tatsache zu vermuten, daß weibliche Angestellte primär im Bürobereich bzw. Sekretariatsbereich tätig sind und daher häufiger kommunizieren als ihre männlichen Kollegen, welche eher in der Produktion, Forschung oder Konstruktion beschäftigt sind und dort mit anderen EDV-Programmen, z.B. CAD-Systemen, arbeiten. Demnach ist zu vermuten, daß die überdurchschnittliche Nutzung auf den häufigen eMail-Gebrauch zurückzuführen ist.

Variable1	Variable 2	Alle	HEN	MUE	DOK	ALLE	HEN	MUE	DOK
Metavariable: Nutzung Neuer Medien - Häufigkeit	Metavariable: Geschlecht	1	1	4	4	ANOVA =0,004	ANOVA =0,000	ANOVA =0,579	ANOVA =0,657
Metavariable: Informationsgewinnung Summe der gültigen Kommunikationswege	Metavariable: Geschlecht	2	3	4	4	ANOVA =0,002	ANOVA =0,053	ANOVA =0,489	ANOVA =0,175

Bedeutung der Zahlen: 1: Höchst signifikant; 2: Hoch signifikant; 3: Signifikant 4: Nicht signifikant 5: Nicht berechenbar

Arbeitshypothese 9: *„Das Vorhandensein von EDV-Problemen verringert die Bereitschaft zur Nutzung der Neuen Medien."*

Auch diese Hypothese konnte verifiziert werden, da mit Ausnahme des Tests bezüglich der Doktorandengruppe alle anderen Vergleiche signifikante Zusammenhänge ergaben. Es wird hier besonders offensichtlich, wie sehr die Nutzung der Neuen Medien von einem problemlosen Arbeiten abhängt.

Variable1	Variable 2	Alle	HEN	MUE	DOK	ALLE	HEN	MUE	DOK
Gruppen-Metavariable: EDV-Probleme	Gruppen-Metavariable: Nutzung Neuer Medien	1	1	2	4	A=0,000 B=0,038 C=0,725 R=0,020	A=0,000 B=0,037 C=0,195 R=0,091	A=0,023 B=0,022 C=0,025 R=0,043	A=0,228 B=0,131 C=0,920 R=

Bedeutung der Zahlen: 1: Höchst signifikant; 2: Hoch signifikant; 3: Signifikant 4: Nicht signifikant 5: Nicht berechenbar

Arbeitshypothese 10: *„Gut geschulte Mitarbeiter nutzen häufiger die Neuen Medien."*

Bei der letzten Arbeitshypothese konnte ebenfalls für die gesamte Gruppe und die Gruppe der Hennigsdorfer Mitarbeiter ein signifikanter Zusammenhang nachgewiesen werden, d.h. eine vermehrte Schulung der MA führt hoch signifikant zu einer häufigeren Nutzung der Neuen Medien.

Variable1	Variable 2	Alle	HEN	MUE	DOK	ALLE	HEN	MUE	DOK
Metavariable: Nutzung Neuer Medien - Häufigkeit	Metavariable: Persönliche EDV Kenntnisse - Schulungen	2	1	4	4	A=0,008 B=0,008 C=0,004 R=0,15	A=0,001 B=0,001 C=0,001 R=0,212	A=0,883 B=0,868 C=0,461 R=	A=0,204 B=0,126 C=0,048 R=0,233

Bedeutung der Zahlen: 1: Höchst signifikant; 2: Hoch signifikant; 3: Signifikant 4: Nicht signifikant 5: Nicht berechenbar

4.5 Abschluss

Die Ergebnisse dieser umfangreichen Studie belegen, daß die erkenntnisleitende These verifiziert werden konnte:

„Unternehmen, die die Neuen Medien systemisch einsetzen, besitzen tatsächlich eine bessere Kommunikationskultur !"

Von den zehn zur Überprüfung formulierten Arbeitshypothesen konnten acht verifiziert werden. Nur zwei waren im ersten Ansatz zu falsifizieren. Bei genauerer Betrachtung, d.h. bei Hinzuziehung ähnlicher Variablen, konnte dann doch ein Zusammenhang nachgewiesen werden. Somit konnte für alle Annahmen eine direkte bzw. indirekte Verbindung nachgewiesen werden, was die Aussage erlaubt, daß die in Kapitel 4 gemachten Annahmen und damit das Modell innovativer Unternehmenskommunikation richtig sind.

Mit dem Ergebnis der Untersuchung konnte die konsequent durch die theoretische Herleitung gestützte Erhebung erfolgreich zu Ende geführt werden. Ob die gewonnenen Ergebnisse auch im Praxisbezug standhalten können, soll das folgende Kapitel zeigen. Im Rahmen von zwei prototypischen Anwendungen sollen die Ergebnisse im direkten Praxisbezug noch zusätzlich überprüft werden.

5. Prototypische Projekte innovativer Unternehmenskommunikation

Im Rahmen dieser Untersuchung wurde in Kapitel 4 der theoretische Hintergrund für diese Studie und im Kapitel 5 die Durchführung der empirischen Untersuchung beschriebenen. Als Ergebnis kann festgehalten werden, daß das Modell innovativer Unternehmenskommunikation mit Hilfe der Neuen Medien tatsächlich die Nutzung elektronischer Kommunikation im Unternehmen positiv beeinflußt. Unternehmen, die sowohl eine technisch-ökonomische als auch eine sozio-kulturelle Bewertung anwenden, nutzen ihre Medien erfolgreicher.

Da aus Sicht der Industrie eine rein theoretische Untersuchung nicht das Gewicht einer praktischen Erfahrung besitzt, wurden im Rahmen dieser Arbeit noch zusätzlich zwei prototypische Projekte durch den Autor realisiert. Durch diese Anwendungen sollten zum einen die theoretischen Ergebnisse überprüft, zum anderen Beispiele für eine entsprechende Umsetzung des Modells geschaffen werden.

Im folgenden werden die Projekte vorgestellt, wobei diese Beschreibung in klar strukturierter Form zum besseren Überblick stattfinden soll.

5.1 Projekt 1- Internationales Stellenausschreibungssystem

5.1.1 Hintergründe

Das erste Projekt beschreibt ein System, welches im Jahr 1998 für die Firma Adtranz realisiert wurde. Auslöser für den Projektbeginn war der Start der Internet-Präsentation der Firma. Auf statischen HTML-Seiten wurden damals einzelne Stellenausschreibungen in Web präsentiert, welche bei jeder Aktualisierung per Hand geändert werden mußten – eine sehr aufwendige und langwierige Prozedur, da eine Zugriffsmöglichkeit der Personalbereiche nicht gegeben war und dort keine Mitarbeiter mit HTML-Kenntnissen zur Verfügung standen. Aus diesem Grund nahm der Autor in seiner Funktion als Webmaster Kontakt mit dem Personalbereich auf.

In den ersten Gesprächen zeigte sich schnell, daß nicht nur Bedarf für eine dynamische Internetdarstellung, sondern für ein komplexes unternehmensweites System bestand.

5.1.2 Ursprünglicher Zustand

Die Firma Adtranz wurde, wie bereits beschrieben, im Jahre 1996 durch den Zusammenschluß verschiedener zuvor eigenständiger Eisenbahnhersteller gegründet. Das damalige Management hatte es bis zum Entstehungszeitpunkt der hier beschriebenen Anwendung nicht geschafft, die Prozesse im Personalbereich standortübergreifend zu vereinheitlichen. Aus diesem Grund wurden Ausschreibungsformalitäten an den einzelnen Standorten sehr unterschiedlich gehandhabt. So wurden z.B. die vorgeschriebenen Aushänge von Stellenausschreibungen auf unterschiedlichen Vordrucken erstellt, per Fax von einem zum anderen Standort geschickt und per Hand an die diversen schwarzen Bretter verteilt. Für den Eingang interner und externer Bewerbungen waren an den verschiedenen Standorten auch keine einheitlichen Abläufe implementiert.

5.1.3 Zielsetzung

Die beschriebenen Aufgaben sollten in ein integriertes Stellenausschreibungs- und Bewerberverwaltungsprogramm implementiert werden, welches eine standortübergreifende elektronische und vor allem einheitliche Verwaltung ermöglichen sollte. Dieses System sollte sowohl interne Stellenausschreibungen auf dem zur Verfügung stehenden internen Groupware-System als auch externe Ausschreibungen im Internet präsentieren, die Eingabe einer Online-Bewerbung ermöglichen und eine einheitliche Bewerberverwaltung möglich machen.

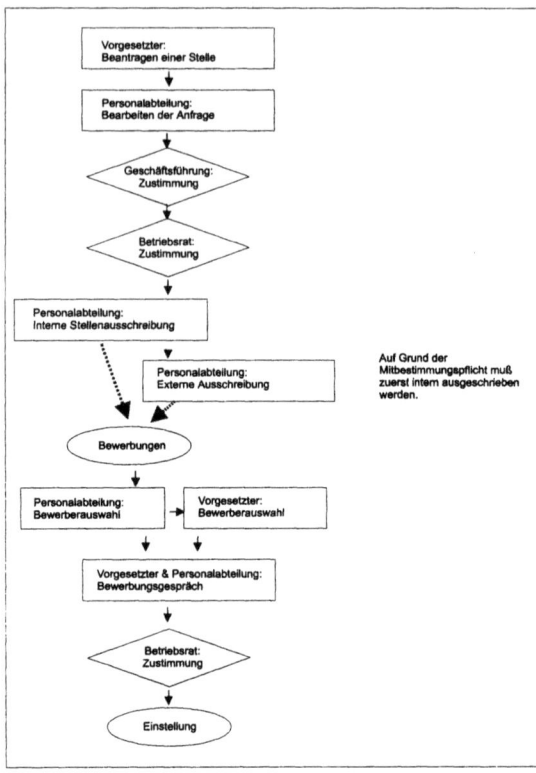

Außerdem war geplant, die gesamte Prozeßkette einer Stellenausschreibung in Form eines Workflowsystems in diesem System abzubilden. Dafür sollten verschiedene Eingabe- und Zugriffsmöglichkeiten zur Verfügung gestellt werden. Im geplanten Endausbau sollte der gesamte Genehmigungs- und Ausschreibungsprozeß durch das „Vacancies International Assignments" (kurz VIA) genannte System abgewickelt werden und dies für die internationale Verwendung in verschiedenen Sprachen.

Abbildung 5.1-1: Prozeßablauf einer Stellenausschreibung (Müller 1998b)

5.1.4 Vorgehensweise

Im Sinne des Modells innovativer Unternehmenskommunikation wurde versucht, einen systematischen Ansatz zu finden. Dazu wurden die bereits mehrfach genannten sieben Bereiche mit ihren Merkmalen im Hinblick auf die neu zu erstellende Anwendung genau untersucht. Zusätzlich wurde besonderes Augenmerk auf die Integration bestehender Prozeßabläufe gelegt. Die Herausforderung bestand demnach darin, den beschriebenen systematischen Ansatz mit einer Reorganisation der Business-Prozesse zu kombinieren.

Die mit geeigneten Mitteln durchgeführte Evaluation der Bereiche zeigte z.B., auf welche infrastrukturellen Ausstattungsmerkmale Rücksicht genommen werden mußte. Ein großer Teil der zuständigen Mitarbeiter hatte keinen Internetzugang oder besaß einen schlecht ausgestatteten Computerarbeitsplatz. Im Rahmen der Benutzerbeteiligung wurden während der Planungsphase verschiedene Workshops und Einzelgespräche mit Teilen der Personalabteilungen durchgeführt. Mit Hilfe dieser Workshops wurden die einzelnen, existierenden Abläufe identifiziert und mit den Teilnehmern eine geeignete Umsetzung mit Hilfe der Neuen Medien diskutiert. Es konnte so ein präzises, die Bedürfnisse der Anwender respektierendes Pflichtenheft erstellt werden.

5.1.5 Umsetzung

Im gesamten Adtranz-Konzern wurde Lotus Notes als Groupware-System eingesetzt. Jeder Mitarbeiter, der über einen Computerarbeitsplatz verfügte, hatte zum Zeitpunkt der Umsetzung dieser prototypischen Anwendung auch einen Lotus Notes-Zugang. Im Gegensatz dazu besaßen zur damaligen Zeit nur die wenigsten einen Internetzugang. Bedingt durch diesen Umstand wurde die Entscheidung getroffen, das Stellenausschreibungssystem in Form einer Lotus Notes-Datenbank zu realisieren.

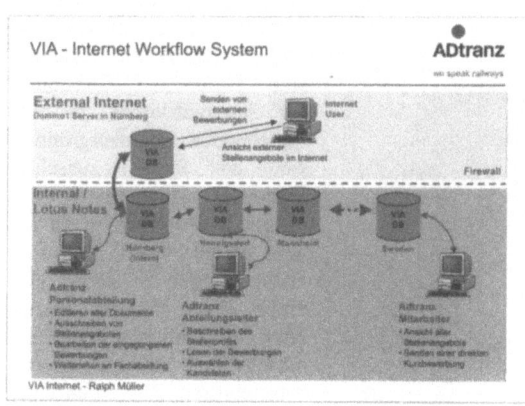

Das Grundkonzept des Lotus Notes Systems besteht in dem automatischen Abgleich von existierenden Datenbanken (der sog. Replikation). Die Grafik veranschaulicht den Aufbau des VIA-Internet Workflow Systems. An jedem Standort wird eine Replik der Lotus Notes-Datenbank installiert, auf der die Mitarbeiter der Niederlassung arbeiten können. Der Datenaustausch zwischen den einzelnen Standorten wird durch das Replikationskonzept von Lotus Notes automatisch durchgeführt.

Abbildung 5.1-2: Aufbau des integrierten Stellenausschreibungssystems (Müller 1998b)

Somit ist gewährleistet, daß nach einer Zeit von ungefähr einem Tag alle Änderungen weltweit zur Verfügung stehen. Außerdem wurde ein weiterer Lotus Notes-Server in Nürnberg für die Internetdarstellung installiert. Dieser Server konnte durch Nutzung der sog. Domino-Technologie, dem Lotus Notes-Webserver ausgewählte Daten auch im Internet für den Zugriff mit Browsern zu Verfügung stellen.

Um eine möglichst leichte, intuitive Bedienung der Anwendung zu ermöglichen, wurde im Sinne des Modells innovativer Unternehmenskommunikation versucht, eine der realen Welt entsprechende Darstellung zu finden. Die Wahl fiel auf einen Schaukasten, ein schwarzes Brett, auf welchem die Stellenausschreibungen im Lotus Notes System quasi ausgehängt werden konnten. Im Gegensatz zu den bisher existierenden textbasierenden Lotus Notes-Anwendungen sollte hier erstmals eine grafische Oberfläche verwirklicht werden.

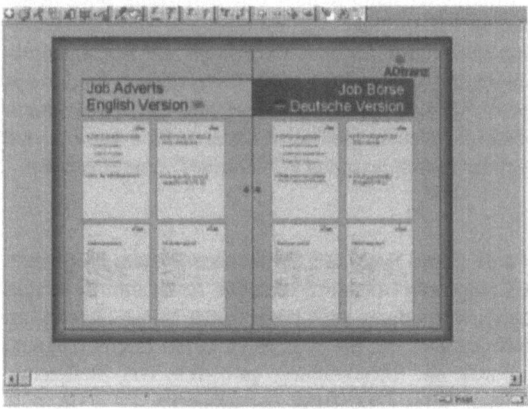

Abbildung 5.1-4: Einstiegsseite des VIA-Systems (Müller 1998b)

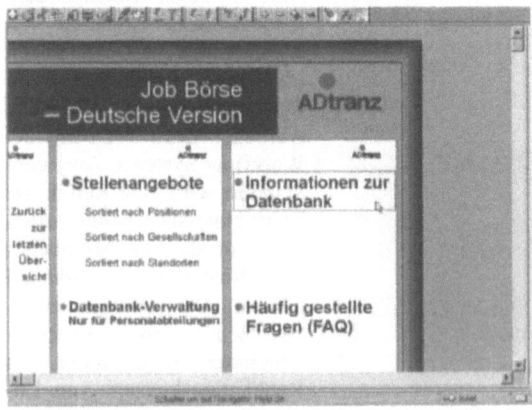

Abbildung 5.1-3: Auswahlseite des VIA-Systems in Deutsch (Müller 1998b)

Auf der dargestellten Einstiegsseite kann durch einfachen Mausklick die Sprache ausgewählt werden. Im Sinne einer weltweiten Anwendung kann hier zwischen Englisch und der jeweiligen Nationalsprache gewählt werden. Die nächste Seite stellt einen vergrößerten Ausschnitt aus diesem Schwarzen Brett dar, auf dem die einzelnen Aushänge lesbar dargestellt werden, im Gegensatz zu der vorherigen Seite, auf welcher nur die für die Auswahl relevanten Informationen in ausreichend großer Schrift zu erkennen sind. Durch die Zuordnung der Anmeldenamen zu entsprechenden Benutzergruppen kann das System zwischen normalen Mitarbeitern und Mitgliedern der Personalabteilung unterscheiden. Der normale Mitarbeiter kann jetzt durch einen weiteren Mausklick Informationen über Stellenangebote oder zur Datenbank abrufen. Zusätzlich wurde ein FAQ-Bereich für häufig gestellte Fragen in das System integriert.

Durch die Auswahl einer Sortierreihenfolge gelangt der Mitarbeiter auf die nächste Seite. Hier wird eine Liste der aktuellen Stellenausschreibungen dargestellt. Auf der linken Seite ist die untere Ecke des Schwarzen Brett gerade noch zu erkennen. Diese soll zusätzlich zu dem dort befindlichen Zurückbutton die intuitive Bedienung unterstützen und den Bezug zum Gesamtsystem (Schwarzes Brett) herstellen. Nach dem Anklicken einzelner Positionen erscheint ein Dokument mit den zugehörigen Detailinformationen.

Internationales Stellenausschreibungssystem 301

Der Aufbau dieser Stellenausschreibung ist bewußt in Form eines DIN A4-Papierblatts konzipiert, da diese Darstellung ebenfalls als elektronische Vorlage für den Ausdruck für die realen Schwarzen Bretter genutzt werden sollte. Diese Präsentation in Papierform ist nötig, da die in der Produktion beschäftigten Mitarbeiter nicht über einen Zugang zu den elektronischen Medien verfügen. Mit Hilfe dieses Vordruckes sollte erstmals eine einheitliche Form für innerbetriebliche Ausschreibungen zur Verfügung stehen.

Abbildung 5.1-5: Darstellung einer internen Stellenausschreibung im VIA Lotus Notes System (Müller 1998b)

Im Fußbereich des elektronischen Dokumentes befindet sich eine Auswahlleiste, mit deren Hilfe der interessierte Mitarbeiter entweder eine Online-Bewerbung eingeben oder elektronisch weitere Informationen anfordern kann.

Mit Hilfe der Eingabemaske kann ein potentieller Bewerber Kontakt mit der zuständigen Personalabteilung aufnehmen und seine Qualifikationen übermitteln. Im Rahmen der Benutzerbeteiligung wurde über die Form dieser Online-Bewerbung sehr intensiv diskutiert.

Die Kernfrage, wie viele Informationen ein Bewerber bereit ist, in ein solches Formular einzutragen, und wie viele davon für die Personalabteilungen relevant sind, wurde durch Einführung eines alle Textformen und Dokumente speichernden Feldes für Qualifikationen gelöst.

Somit steht es jedem Bewerber frei zu entscheiden, welche Informationen er online an die Personalabteilung schicken möchte. Auf lange Fragebögen mit Ankreuzmöglichkeiten wurde daher bewußt verzichtet.

Für Mitarbeiter in den Personalabteilungen steht eine weitere Auswahlseite zur Verfügung. Hier können administrative Aufgaben erledigt und Informationen über eingegangene Bewerbungen in der Bewerber-Datenbank nachgeschlagen werden. Um Geheimhaltungsansprüchen gerecht zu werden, können die eingegangenen Bewerbungen gefiltert dargestellt werden. Das bedeutet, daß ein Sachbearbeiter nur die für ihn relevanten Bewerbungen zu sehen bekommt.

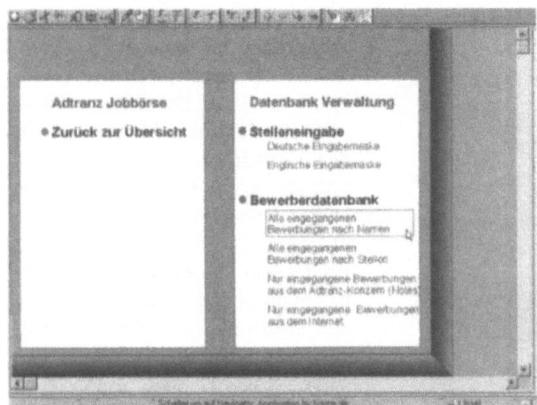

Abbildung 5.1-6: Auswahlseite für Mitarbeiter der Personalabteilungen (Müller 1998b)

5.1.6 Geplante Ausbaustufen

Zusätzlich zu den hier bereits beschriebenen Funktionen war geplant, neben den Personalabteilungen auch Führungskräfte, die Geschäftsführung und den Betriebsrat an dem Stellenausschreibungssystem zu beteiligen. Die grundlegende Funktion des Systems ist die Abbildung aller mit der Schaffung einer neuen Stelle einhergehenden Prozesse in einem elektronischen Workflow-System. Wie in Abbildung 5.1-1 bereits gezeigt, beginnt der eigentliche Prozeßablauf mit der Beantragung einer Stelle durch den lokalen Vorgesetzten. Dieser richtet seinen Antrag an die Personalabteilung, welche nach entsprechender Prüfung die Genehmigung der Geschäftsführung und des Betriebsrates einholt und eine interne Stellenausschreibung veranlaßt. Diese muß nach Mitbestimmungsrecht in Deutschland mindestens 14 Tage für alle Mitarbeiter im Konzern zugänglich ausgehängt werden. Erst danach darf eine externe Ausschreibung stattfinden.

Nach dem Eingang von Bewerbungen werden diese zuerst vom Personalbereich begutachtet und dann an den späteren Fachvorgesetzten zur Prüfung weitergeleitet. Einzelne interessante Kandidaten werden daraufhin zum Vorstellungsgespräch eingeladen und persönlich begutachtet. Nach Auswahl eines Kandidaten durch den Vorgesetzten und die Personalabteilung muß der Betriebsrat über die Einstellung abstimmen. Erst dann kann der zukünftige Mitarbeiter eingestellt werden.

Das VIA-Bewerbersystem ist von vornherein für die Abbildung des gesamten soeben aufgezählten Prozesses ausgelegt worden, welcher in einer zweiten Ausbaustufe integriert werden sollte.

5.1.7 Zusammenfassung

Das vorgestellte VIA-Bewerbersystem wurde im Jahre 1998 in der ersten Ausbaustufe bei Adtranz eingeführt und wird seitdem erfolgreich im Unternehmen eingesetzt. Dafür wurde eine Betriebsvereinbarung zwischen Geschäftsführung und Betriebsrat geschlossen.

> **Gesamtbetriebsvereinbarung Nr. 18**
>
> **Elektronische Stellenausschreibung**
>
> **1. Geltungsbereich**
>
> Diese Gesamtbetriebsvereinbarung (GBV) gilt für alle Arbeitnehmer im Sinne des § 5 I BetrVG der Betriebe der ABB Daimler-Benz Transportation (Deutschland) GmbH (nachfolgend Adtranz (D)) mit Ausnahme der leitenden Angestellten.
>
> **2. Zweckbestimmung**
>
> Zweck dieser GBV ist es, bezüglich zu besetzender Stellen größtmögliche Transparenz für alle Beschäftigten zwischen allen Adtranz-Konzernbetrieben in Deutschland herzustellen. Als DV-Basis dient dazu eine Lotus Notes Datenbank.
>
> **3. Zu verwendende Formulare**
>
> Die Stellenangebote haben folgenden Inhalt:
>
> > Allgemeine Beschreibung
> > > Land, Standort, Nummer, Gesellschaft, Standort, Bereich, Position
> >
> > Informationen zur Stelle
> > > Beginn, Dauer, Stellenbeschreibung, Aufgabenbereich, Verantwortung
> >
> > Voraussetzungen
> > > Erfahrungen, Ausbildung, Fremdsprachen, weitere Voraussetzungen
> >
> > Ansprechpartner
> > > Name, Adresse, E-mail
>
> Die Stellenangebote werden für den Aushang in den betrieblichen Schaukästen ausgedruckt und ausgehängt.
>
> Die Präsentation entspricht der in Anlage 1 dargestellten Form. Es wird das in Anlage 2 dargestellte Bewerbungsformular angeboten.
>
> **4. Weitergeltung bestehender Vereinbarungen**
>
> Örtlich bestehende Betriebsvereinbarungen (BV) zu Stellenausschreibungen gelten weiter und werden durch die Regelung dieser GBV ergänzt.
>
> Bezüglich des Zugriffes zu den Daten der elektronischen Bewerbung gelten die örtlichen Regelungen.
>
> **5. Schlußbestimmungen**
>
> Diese GBV tritt am Tage nach ihrer Unterzeichnung in Kraft.
>
> Hennigsdorf, 01.06/99
>
> Für die Geschäftsführung   Für den Gesamtbetriebsrat
> Stohwasser   Schmücke   Wobst   Kayser
>
> Anlagen: 1. Stellenangebot
> 2. Bewerbungsformular

Abbildung 5.1-7: Gesamtbetriebsvereinbarung über das elektronische Stellenausschreibungssystem VIA

Die Datenbank wurde an alle Standorte der Firma Adtranz weltweit verteilt. Somit hatte jeder der damals ca. 55.000 Mitarbeiter die Möglichkeit, die veröffentlichten Daten einzusehen. Zusätzlich können alle Benutzer des Internets auf die entsprechenden Seiten zugreifen.

Das System ist in der Bedienung durch seinen einfachen Aufbau leicht zu nutzen und hat in der Folge keine Probleme bei den Mitarbeitern verursacht. Auch die Stellenausschreibung im Internet verursachte keine nennenswerten Probleme.

Obwohl die Mitarbeiter in den Personalabteilungen noch immer nicht über einen direkten Zugriff zu dem Internetserver verfügen, auf dem die Präsentation für das Internet gespeichert wird, funktioniert die Aktualisierung und Änderung durch die automatische Replikation ohne Probleme.

5.1.8 Bewertung im Sinne des Modells innovativer Unternehmenskommunikation

Das beschriebene Projekt wurde im gesamten Umfang auf den theoretischen und empirischen Ergebnissen dieser Studie aufgebaut. Die Konzeptionsphase und der Betrieb des Systems in der ersten Ausbauphase verliefen ohne Komplikationen. Leider ist die geplante zweite Ausbaustufe nicht realisiert worden. Dies hat verschiedene Gründe, zum einen war offensichtlich aufgrund der wirtschaftlichen Situation des Unternehmens (offiziell herrschte zum Zeitpunkt der Untersuchung ein externer Einstellungsstop) der Bedarf für ein elektronisches Stellenausschreibungssystem nicht im Vordergrund, zum anderen muß jedoch rückwirkend festgestellt werden, daß die notwendige Unterstützung des Managements für das Projekt nicht in vollem Umfang vorhanden war.

Die gesamte Planung und Realisierung wurde auf Initiative des Autors durchgeführt und auf operativer Ebene in den Fachabteilungen voll und ganz unterstützt, jedoch wurde dem Projekt nie eine offizielle Unterstützung vom Management zuteil. Diese Unterstützung wäre notwendig gewesen, um den beschriebenen Workflow-Prozeß für die Führungskräfte, Geschäftsführung und den Betriebsrat im Unternehmen einzuführen.

Hier fehlte offensichtlich die systemische Sichtweise, denn im Nachhinein betrachtet wurde die Datenbank bisher nur als Informationsplattform und nicht als übergreifendes Workflow-System betrachtet und eingesetzt. Übertragen auf das Modell kann rückgefolgert werden, daß die Analyse der technischen Möglichkeiten durch das Management nicht ausreichend durchgeführt wurde, da sonst die Fähigkeiten eines solchen Systems besser genutzt worden wären.

Abschließend kann demnach als Ergebnis festgehalten werden, daß in der praktischen Anwendung das Modell innovativer Kommunikation mit Hilfe der Neuen Medien voll und ganz überzeugen konnte. Es mußte jedoch festgestellt werden, daß ein Erfolg der elektronischen Medien im Unternehmen nur dann Wirklichkeit werden kann, wenn auch das Topmanagement im Sinne des Modells handelt.

5.2 Projekt 2 - Interaktive Kommunikationsplattform der DC Doktoranden

Das zweite Projekt zur praktischen Überprüfung des Modells innovativer Unternehmenskommunikation ist die intranetgestützte interaktive Kommunikationsplattform der DaimlerChrysler Doktoranden.

5.2.1 Hintergründe

Im DaimlerChrysler-Konzern wird überdurchschnittlichen Hochschulabsolventen die Möglichkeit geboten, im Rahmen einer zeitlich begrenzten Anstellung ihre Promotion im Unternehmen durchzuführen. In diesem Rahmen hat sich Anfang der neunziger Jahre eine Gruppe der Doktoranden in Süddeutschland gebildet, welche durch regelmäßige Treffen einen regen Informationsaustausch auf lokaler Ebene pflegt. Schnell gründeten sich auch an anderen Standorten Doktorandengruppen. Nach kurzer Zeit wurde diese Idee vom zentralen Personalbereich aufgegriffen und ein Förderungskonzept für die Mitglieder der Doktorandengruppen als Führungsnachwuchs entwickelt. In den Jahren 1996 bis 2000 wurden in regelmäßigen Abständen Seminare für die Mitglieder der Doktorandengruppen auf Konzernebene durchgeführt. Heute sind alleine in Deutschland über 500 Doktoranden im DaimlerChrysler Konzern tätig.

5.2.2 Ursprünglicher Zustand

Im DaimlerChrysler Konzern ist es üblich, daß Doktoranden durch die lokalen Fachbereiche angestellt werden. Auf Konzernebene existiert keine Liste der im Unternehmen tätigen Doktoranden oder ihrer Dissertationsthemen. Aus diesem Grund begann der durch die verschiedenen regionalen Doktorandengruppen gewählte Doktorandensprecher, solche Übersichten zu führen. Nunmehr war es erstmals möglich Informationen auszutauschen. Dies wurde anfänglich mit Hilfe einer Liste aller eMail-Adressen der Mitglieder versucht, welche jedoch sehr schnell veraltete. Zur gleichen Zeit wurde damit begonnen, die Gruppe und ihre Ideen im firmeneigenen Intranet vorzustellen. Es entstanden statische HTML-Seiten, auf welchen auch einige Doktoranden sich und ihr Dissertationsthema vorstellen konnten. Diese Vorstellung wurde auf Standortebene durchgeführt, so daß sehr unterschiedliche Qualitäten und Aktualitäten existierten. Die Pflege und Aktualisierung wurde meist durch einen Doktoranden übernommen und mußte manuell durchgeführt werden.

5.2.3 Zielsetzung

Im Verlauf der Neugestaltung der Intranetseiten der Doktorandengruppen entstand die Idee, eine elektronische Kommunikationsplattform für alle Doktoranden aufzubauen. Im Rahmen dieser Arbeiten und der Mitgliedschaft des Autors in einer diese Gruppen bot es sich an, die zukünftige Kommunikationsplattform mit Hilfe des Modells innovativer Unternehmenskommunikation zu errichten. Es sollte eine möglichst automatische Anwendung entstehen, die den einzelnen Mitgliedern möglichst umfangreiche Funktionen zur Verfügung stellt. Außerdem sollte zukünftig jeder für die Aktualität seiner Daten verantwortlich sein.

Zusätzlich sollte ein Informationsbereich für die Vorstellung der Arbeit der Gruppen und für geplante Veranstaltungen integriert werden. Für die standortübergreifende Kommunikation war ein Diskussionsforum geplant.

5.2.4 Vorgehensweise

Nach entsprechender Analyse der sieben Bereiche des Modells innovativer Unternehmenskommunikation wurde auch hier eine Datenbankanwendung realisiert. Die bereits beschriebenen Funktionen resultieren aus einer weitgehenden Analyse des Informationsbedarfes der Doktoranden und vieler durchgeführter Interviews.

5.2.5 Umsetzung

Ähnlich wie das oben beschriebene Projekt konnte die entstandene Lotus Notes-Datenbank durch die Unterstützung auf operativer Ebene auf einem zentralen Server des DaimlerChrysler-Intranets installiert werden.

Durch eine gelungene Strukturierung des DaimlerChrysler-Intranets ist es möglich, von der offiziellen Portalseite (Homepage) des Intranets, (intra.daimlerchrysler.com), direkt auf die Begrüßungsseite der entstandenen Doktorandenplattform zu verzweigen. Dort bietet ein umfangreicher Informationsbereich Hinweise zu den Doktorandengruppen.

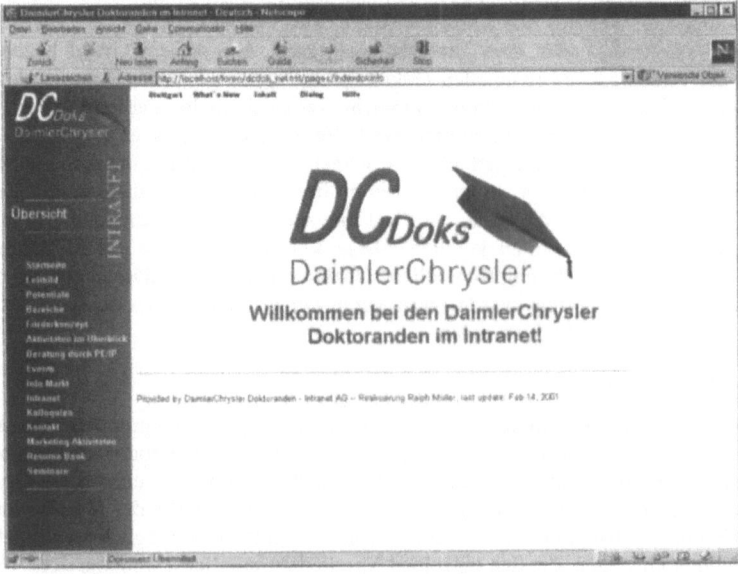

Abbildung 5.2-1: Einstiegsseite der Doktoranden-Kommunikations-Plattform

Ein weiterer Bereich der Kommunikationsplattform bietet die Möglichkeit, die Mitglieder der Doktorandengruppe und ihre Dissertationsthemen in Augenschein zu nehmen. Für diesen Zweck werden ausgewählte Daten über den Doktoranden und seine Dissertation aus der Datenbank für die Öffentlichkeit zugänglich gemacht.

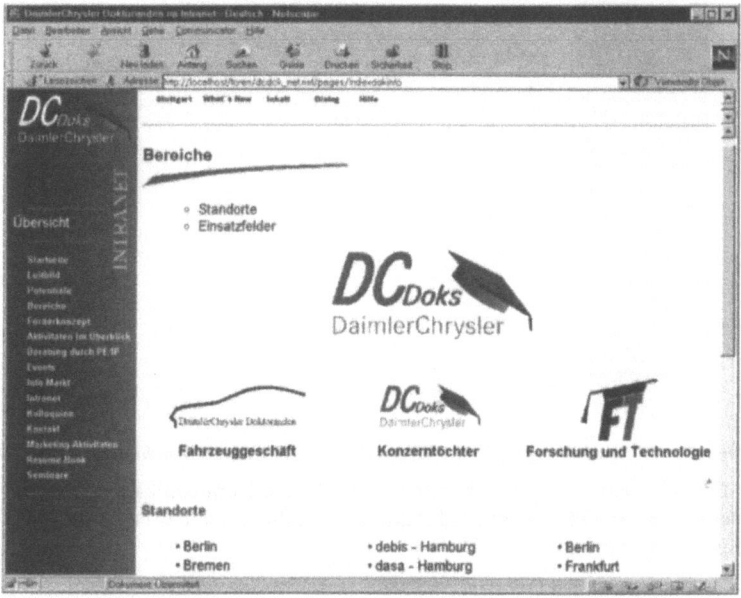

Abbildung 5.2-2: Informationsbereiche der Kommunikationsplattform

Für die Eingabe und Aktualisierung dieser Daten ist jeder Doktorand selbst verantwortlich. Zusätzlich zu den persönlichen Darstellungen der Doktoranden bietet die Kommunikationsplattform aktuelle Informationen über geplante Veranstaltungen der Doktorandengruppen. Diese geplanten Aktivitäten werden durch die jeweilige Planungsgruppe in die Datenbank eingetragen.

Der neue Eintrag wird in der Datenbank gespeichert und gleichzeitig an alle registrierten Doktoranden per Mail verschickt. Somit ist gewährleistet, daß jeder über bevorstehende Veranstaltungen schnellstmöglich informiert wird (Push- und Pull-Methode).

Die Eingabe von Daten kann nur in dem geschützten internen Bereich durch die Doktoranden stattfinden. Der Zugang wird durch die Eingabe eines Anmeldenamens und eines Paßwortes geregelt. Dort befindet sich z.B. das Diskussionsforum, an dem sich jeder registrierte Doktorand beteiligen kann. Auch besteht die Möglichkeit, hier im Mitteilungsforum Nachrichten in die Datenbank einzugeben, welche diese speichert und automatisch an alle hinterlegten eMail-Adressen verschickt.

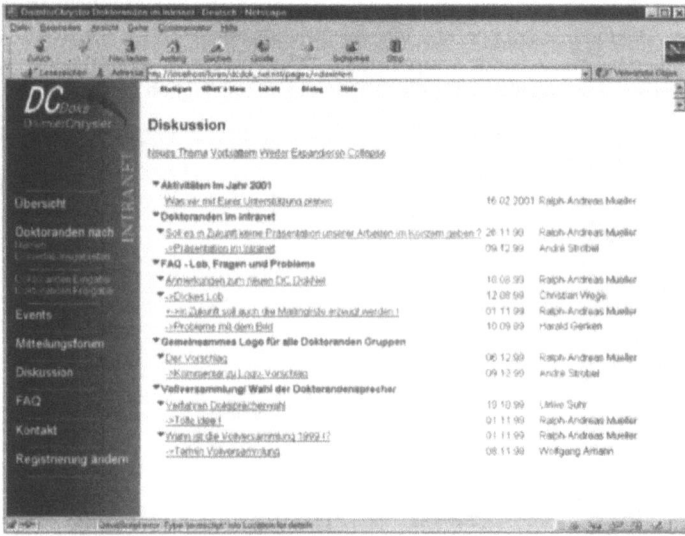

Abbildung 5.2-3: Öffentlich zugängliche Präsentation der Forschungsbemühungen

Diese Funktion entspricht der früheren eMail-Listen-Kommunikation, nur mit dem Unterschied, daß die Pflege der Mail-Adressen nun dezentral, das heißt durch die Doktoranden selbst, stattfindet.

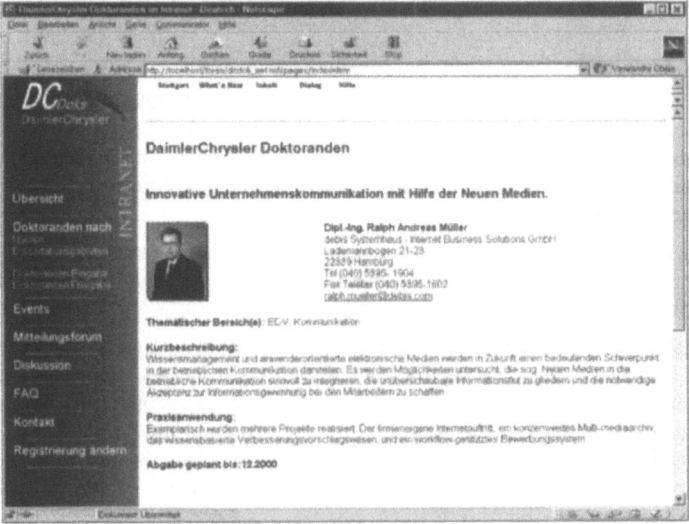

Abbildung 5.2-4: Diskussionsforum der Doktorandenplattform

Die Eingabe der persönlichen Daten findet ebenfalls ausschließlich im internen Bereich statt. Jeder registrierte Doktorand hat die Möglichkeit, seine eigenen Dateien zu verändern. Für die Veröffentlichung besteht in dieser Datenbank eine Zustimmungspflicht der Administratoren, da vermieden werden soll, daß unvollständige oder falsche Informationen dem Publikum in Intranet zugänglich gemacht werden. Diese Freigabe wird durch einfachen Mausklick durch die zuständigen Doktoranden-Sprecher durchgeführt.

5.2.6 Ergebnis

Die Internet-Präsentation der Doktoranden im DaimlerChrysler-Intranet wurde zur zentralen Plattform der Doktoranden. Mit ihrer Hilfe ist es erstmals möglich, einen aktuellen Überblick über alle aktiven Doktoranden zu erhalten und ihre Forschungsbemühungen im Konzern zu veröffentlichen. Während des Betriebes ist es zu keinen nennenswerten Störungen gekommen und die Resonanz der Mitglieder der Doktorandengruppen war durchweg positiv. Für die Kommunikationsplattform spricht ebenfalls, daß sie gleichwertig neben allen durch den Konzern offiziell geförderten Nachwuchsgruppen im Intranet zu finden ist.

Sehr kritisch ist jedoch anzumerken, daß der zentrale Personalbereich des Konzerns seit 1999 die finanzielle Unterstützung der Doktorandengruppen eingestellt hat. Offensichtlich sieht das Unternehmen keine Notwendigkeit mehr, Doktoranden zu unterstützen. Daher fanden in der letzten Zeit auch keine Seminare mehr statt. Genauso sieht sich trotz intensiver Bemühungen der Konzern nicht in der Lage ein Budget für die Kommunikationsplattform der Doktoranden zur Verfügung zu stellen. Eine Weiterentwicklung und Pflege dieser Anwendung ist demnach nicht mehr möglich.

Auch dieses Beispiel beweist erfolgreich die Tauglichkeit des Modells innovativer Unternehmenskommunikation im praktischen Einsatz. Ebenso wie in dem Beispiel des ersten Projektes konnte hier durch den Einsatz des Modells eine erfolgreiche Anwendung elektronischer Medien erstellt werden. Leider zeigt auch dieses Beispiel, daß ein erfolgreicher Einsatz nur dann möglich ist, wenn alle am Prozeß Beteiligten im Sinne des Modells handeln. Analog zum ersten Beispiel versagte auch hier das Unternehmen in Form der Personalbereiche dem Projekt die Unterstützung.

5.3 Zusammenfassung

Zusammenfassend für die praktische Überprüfung des Modells innovativer Unternehmenskommunikation kann festgestellt werden, daß in beiden prototypischen Projekten die Praktikabilität des Ansatzes erfolgreich bewiesen werden konnte. Mit Hilfe der theoretischen Herleitung, der erfolgreichen empirischen Untersuchung und der ebenfalls erfolgreich verlaufenden praktischen Erprobung kann nunmehr festgestellt werden, daß die dem Modell zugrunde liegende erkenntnisleitende These und damit die hergeleitete Theorie eines systemischen Ansatzes verifiziert werden konnte.

Bezeichnend ist allerdings der Verlauf der beschriebenen Projekte. Beide Projekte konnten nur solange erfolgreich betrieben und weiterentwickelt werden, solange die am Prozeß Beteiligten im Sinne des Modells handelten. Sobald weitere Gruppen an dem Projekt beteiligt wurden, welche den Gedanken des Modells entgegen handelten, verringerten sich die Möglichkeiten eines erfolgreichen Einsatzes deutlich. Im ersten Beispiel wurden durch das Topmanagement die Möglichkeiten, welche ein solches System bietet, nicht erkannt und dementsprechend die Weiterentwicklung nicht weiter gefördert.

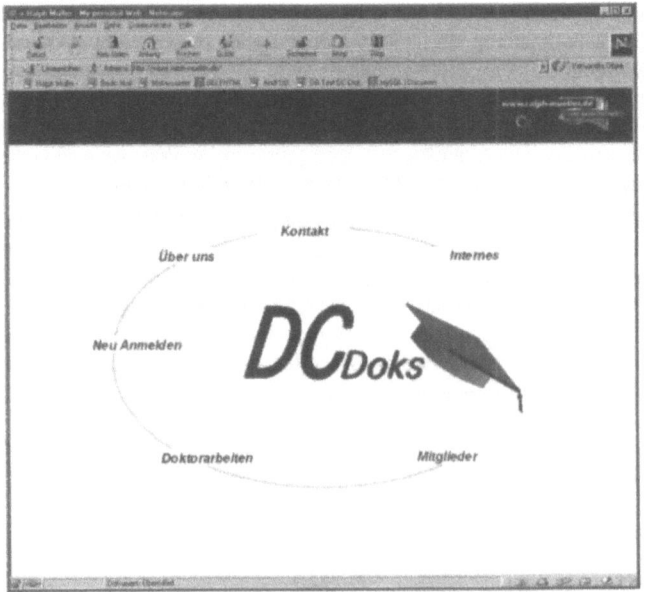

Abbildung 5.3-1: Doktorandenplattform im Internet als selbständige Präsentation

Im zweiten Beispiel versagte ebenfalls die Unternehmensführung ihre Unterstützung, da offensichtlich kein Interesse an einem konzernweiten Zusammenschluß der Doktorandengruppen vorhanden ist und so eine elektronische Kommunikationsplattform unnötig erscheint. Das Unternehmen verzichtet durch die unterbleibende Förderung auf ein vorhandenes Potential an hoch qualifizierten Fachkräften.

Als Konsequenz zeigen jüngste Statistiken, daß mittlerweile drei Viertel der Doktoranden nach ihrem Abschluß den DaimlerChrysler-Konzern verlassen und zu Konkurrenzunternehmen wechseln.

6. Perspektiven innovativer Unternehmenskommunikation

6.1 Zusammenfassung der Arbeit

Der Fortschritt im Bereich der elektronischen Medien hat in den letzten Jahren dazu geführt, daß diese aus dem täglichen Arbeitsleben nicht mehr wegzudenken sind. Der Gebrauch eines PC gehört mittlerweile sowohl am Arbeitsplatz als auch zu Hause zum normalen Alltag. Genauso gehören die elektronischen Medien, wie z.b. das Internet, heute zum täglichen Leben. Diese sog. Neuen Medien erobern immer mehr Bereiche des betrieblichen und auch privaten Lebens, wobei der Begriff Neue Medien, wie bereits ausgeführt, als Synonym für die neuesten elektrischen bzw. elektronischen Kommunikationsformen steht.

Heute gibt es fast kein Unternehmen mehr, welches nicht im Internet präsent ist. Viele Firmen haben sich besonders zum Ende des letzten Jahrhunderts von dem angeblich schnellen Erfolg im Bereich des eBusiness, des elektronischen Handels über das Internet, den schnellen Gewinn versprochen. Doch trotz immenser Investitionen wollte sich der erhoffte Erfolg nicht einstellen. Sowohl innerbetriebliche als auch kundenorientierte Projekte im Bereich Internet brachten nicht die gewünschten Ergebnisse oder scheiterten sogar.

Im Rahmen dieser Arbeit wurde versucht, dafür Ursachen zu finden und Lösungsvorschläge zu unterbreiten. Dazu wurde die elektronische Unternehmenskommunikation aus den Blickwinkeln Unternehmen, Mensch, Kommunikation und Neue Medien/Technik betrachtet und in einem theoretischen Ansatz untersucht. Diese Betrachtungsweise hat verschiedene Hintergründe und Ursachen für existierende Probleme während der Erstellung und des Betriebs von elektronischen Kommunikationsmitteln zu Tage gefördert.

Als Ergebnis aus den gewonnenen theoretischen Betrachtungen wurde ein sozialwissenschaftliches Modell entwickelt, welches die komplexen Zusammenhänge und Abhängigkeiten bei der Planung, der Erstellung und dem Betrieb elektronischer Medien im Unternehmen anschaulich wiedergibt. Dieses Modell „Innovativer Unternehmenskommunikation mit Hilfe der Neuen Medien" schließt bewußt die nicht in betriebswirtschaftlichen Zahlen faßbaren Bereiche, wie z.B. die Unternehmenskultur, mit ein.

Es werden demnach sowohl die sozio-kulturellen Bereiche als auch die technisch-ökonomischen Faktoren in der sozialwissenschaftlichen Abbildung berücksichtigt. Im Sinne des Modell kann eine erfolgreiche Nutzung der Neuen Medien in Unternehmenskontext nur durch eine ausgewogene Berücksichtigung aller im Modell genannten Dimensionen stattfinden.

Aufbauend auf den theoretischen Vorüberlegungen wurde eine groß angelegte empirische Untersuchung an verschiedenen Standorten eines großen deutschen Industriebetriebes der Verkehrsbranche durchgeführt. Aufgabe dieser Fragebogenevaluation war die Überprüfung der im Rahmen des Modells *Innovativer Unternehmenskommunikation mit Hilfe der Neuen Medien* gemachten Annahmen. Aus den Ergebnissen der ca. 3500 Befragten konnten erfolgreich die für das Modell gemachten Annahmen verifiziert werden. Es wurde gezeigt, daß für den erfolgreichen Einsatz nicht nur ökonomisch bestimmbare Faktoren ausschlaggebend sind, sondern die individuellen Einflüsse aus dem sozio-kulturellen Bereich mindestens genauso viel Einfluß auf den Erfolg haben. Außerdem wurde durch die Untersuchungsergebnisse deutlich, welche komplexen Abhängigkeiten zwischen den vier im Modell beschriebenen Dimensionen herrschen. Es ist daher davon auszugehen, daß Untersuchungen, welche nur einzelne Dimensionen und deren Merkmale in Zusammenhang mit den Neuen Medien betrachten, nicht zum gewünschten Erfolg führen können. Dieses Ergebnis beweist die Richtigkeit des ganzheitlichen Ansatzes der vorliegenden Untersuchung.

Als zusätzliche Überprüfung der im Modell gemachten Annahmen wurden durch den Autor mehrere prototypische Projekte im Bereich der elektronischen Kommunikation mit Neuen Medien ausgeführt. Zum einen konnte die modelltypische Herangehensweise an einem komplexen Stellenausschreibungs- und Bewerbersystem erfolgreich erprobt werden. Hierbei konnte die im Modell beschriebene Herangehensweise unter praktischen Bedingungen erfolgreich verifiziert werden. Auch das zweite in dieser Arbeit beschriebene Projekt, die elektronische Kommunikationsplattform der Daimler-Chrysler Doktoranden, wurde ausschließlich auf den Grundlagen des Modells innovativer Unternehmenskommunikation mit Hilfe der Neuen Medien erstellt.

Auch diese erfolgreiche Anwendung unterstreicht die Richtigkeit der theoretischen Überlegungen und die Übereinstimmung mit den Evaluationsergebnissen. Auch zeigte die praktische Überprüfung der theoretischen Annahmen die Konsequenzen, welche entstehen, wenn einige der beschriebenen Voraussetzungen des Modells nicht erfüllt werden. In den betrachteten Fällen handelte es sich z.B. um die fehlende Unterstützung des Topmanagements für die entstandenen Anwendungen. Somit entstanden für den Betrieb Defizite in dem im Modell geforderten sozio-kulturellen Bereich, welche die Nutzungsmöglichkeiten der Anwendung einschränkten.

Zusammenfassend läßt sich formulieren, daß durch die fundamentierte theoretische Herleitung im Kapitel 4 ein Modell zum erfolgreichen Einsatz elektronischer Kommunikationsmittel in der Unternehmenskommunikation geschaffen wurde. Die Ergebnisse des Modells innovativer Unternehmenskommunikation mit Hilfe der Neuen Medien konnten sowohl durch die empirische Untersuchung als auch durch die prototypische Verwendung in der Praxis untermauert werden.

6.1.1 Ausblick

Der Einsatz von elektronischen Kommunikationsmedien im Bereich eBusiness wird in der Zukunft noch weiter zunehmen. Aus diesem Grunde erscheint eine Neuorientierung des gesamten Bereiches im Sinne des *Modells innovativer Unternehmenskommunikation mit Hilfe der Neuen Medien* als dringend geboten. Mit Hilfe des Modells wurde in dieser Arbeit die Komplexität der Unternehmenskommunikation mit Hilfe der Neuen Medien verdeutlicht, wobei die heutigen Anwendungen bei genauer Betrachtung nur einen geringen Informationstransfer zulassen. Die meisten der heute existierenden Anwendungen dienen primär der reinen (Sach-) Informationsweitergabe. Die folgende Grafik in Anlehnung an die Information-Richness-Theory (vgl. Kapitel 4.3) soll die Menge der zu transferierenden Informationen für im Unternehmen notwendige Kommunikationsaufgaben darstellen.

Zusammenfassung der Arbeit 313

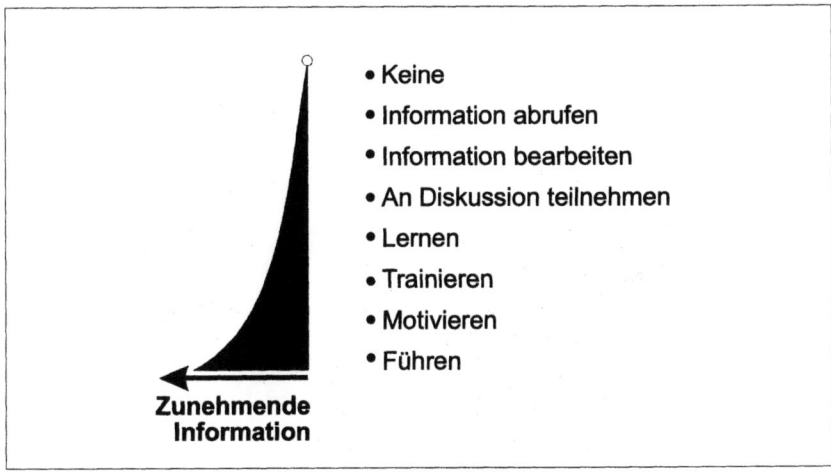

Abbildung 6.1-1: Informationsmenge der Unternehmenskommunikation

Wie Watzlawick kommentierte, ist eine „Nicht-Kommunikation" unmöglich; somit startet die Kurve unter Auslassung des Nullpunktes und versucht, eine Wertung der betrieblichen Kommunikationsaufgaben im Hinblick auf die zu übertragende Informationsdichte vorzunehmen.

Wie bereits erwähnt, transportieren die meisten der heute in Anwendung befindlichen elektronischen Kommunikationsmedien reine (Sach-) Informationen. Nur in seltenen Fällen werden heutige elektronische Medien durchgängig zum Lernen oder Trainieren genutzt. Die Möglichkeit Mitarbeiter mit Hilfe der Neuen Medien zu motivieren oder zu führen, ist auf Grund der dazu notwendigen großen Informationsmengen und der heutigen technischen Möglichkeiten noch nicht sinnvoll möglich. Für derart komplexe Kommunikationsaufgaben im Rahmen der Unternehmenskommunikation müssen die eingesetzten Medien in der Lage sein, nicht nur Sachinformationen sondern auch individuelle Informationen, wie Appell, Selbstoffenbarung und die Beziehungsebene, übertragen zu können.

Eine solche umfangreiche Übermittlung ist mit den heute gebräuchlichen text- und grafikbasierten elektronischen Kommunikationsmedien nicht möglich. Aus diesem Grunde finden derzeit erste Versuche mit virtuellen, animierten Figuren im Internet statt.

Abbildung 6.1-2: Software-Roboter der Firma Artificial Live (Reseller 2000)

Erste Einsatzbereiche sollen die Endkundenberatung in Dienstleistungsangeboten und eCommerce-Shops im Internet seien. Der Versuch dem Kunden vor seinem Bildschirm einen automatischen, künstlich erzeugten Berater mit menschlichen Eigenschaften zur Seite zu stellen, soll zum einen die Akzeptanz des Mediums erhöhen und zum anderen das elektronische Geschäft weiter vorantreiben. Solche mit künstlicher Intelligenz ausgestatteten virtuellen Charaktere können z.B. durch Mienenspiel auch „nonverbale" Informationen übermitteln und eröffnen so erstmals diesen subtilen Bereich der Informationsweitergabe für die Kommunikation mit den Neuen Medien.

Es ist wahrscheinlich, daß zukünftig diese Figuren immer realistischer, d.h. menschlicher, dargestellt werden können. Mittelfristig ist sogar davon auszugehen, daß durch geeignete Präsentationsgeräte eine dreidimensionale Darstellung im Raum möglich wird, wie sie heute bei Computerspielen mit Hilfe einer dreidimensionalen Brille bereits Realität ist.

Abschließend bleibt festzuhalten, daß die Neuen Medien zukünftig noch weiter in alle Bereiche unseres täglichen Lebens vordringen werden, wobei ein Ende noch lange nicht abzusehen ist. Aus diesem Grunde ist es dringend geboten, diesen Fortschritt nicht ausschließlich von den jeweiligen technischen Möglichkeiten bestimmen zu lassen, sondern alle relevanten Einflußfaktoren zu betrachten. Diese Arbeit und das Modell innovativer Unternehmenskommunikation mit Hilfe der Neuen Medien sollen dazu einen nicht unerheblichen Beitrag leisten.

7. Anhang

7.1.1 Abbildungsverzeichnis

Abbildung 2.3-2: Aufbau der Arbeit 24
Abbildung 3.1-2: Beobachtbare Merkmale der Unternehmenskultur (vgl. Neuberger, 1987, S. 46) 28
Abbildung 3.1-4: Wertepolaritäten der Unternehmenskultur (Döring 1988, S. 193-194) 29
Abbildung 3.1-5: Ausrichtung von Kommunikation im Unternehmen 31
Abbildung 3.1-12: Typischer Beschaffungsprozeß 41
Abbildung 3.1-18: Möglichkeiten einer Internet-gestützten Krisenkommunikation 48
Abbildung 3.1-19: Mögliche Internetpräsentation des Krisenkommunikationssystems (Müller 1993a, S. 9) 49
Abbildung 3.2-7: Nutzen und Barrieren von Telearbeit (Zusammengestellt nach Picot 1996, S. 376ff) 71
Abbildung 3.2-8: Zusammenhang Arbeitszufriedenheit und Benutzerverhalten (Müller 1986, S. 30/33) 73
Abbildung 3.3-1: Elementares Kommunikationsmodell 86
Abbildung 3.3-3: Erweitertes Kommunikationsmodell 88
Abbildung 3.3-4: Modell interaktiver menschlicher Kommunikation 88
Abbildung 3.3-8: Codierungs-verfahren nach Shannon-Fano (Fellbaum 1991, S. 2-9) 94
Abbildung 3.3-9: Entscheidungsprozeß (Koreimann 1971, S. 118) 97
Abbildung 3.4-2: Techniksystematisierung nach Grünewald und Koch (Grünewald 1981, S. 21) 112
Abbildung 3.4-5: Aktuelle Techniksystematisierung und zukünftige Entwicklung zum Gesamtsystem 114
Abbildung 3.4-10: Die Entwicklung von Prozessorgeschwindigkeit und Speicherausstattung von Mikrocomputern (in Fortschreibung nach Picot 1996, S. 138) 119
Abbildung 3.4-40: Ein typisches Beispiel für einen Chatroom im Internet (Müller 2000; S. 23) 179
Abbildung 3.5-8: Darstellung des zur Faxanfrage benutzten Briefbogens 237
Abbildung 3.6-6: Modell innovativer Unternehmenskommunikation auf Grundlage eines sozio-kulturell – technisch-ökonomischen Blickwinkels 248
Abbildung 4.1-1: Zusammenhang sozio-kultureller / technisch-ökonomischer Merkmale ... 250
Abbildung 4.2-1: Bildschirmausschnitt der Online-Befragungsmaske 262
Abbildung 4.2-2: Bildschirmdarstellung der Access-Datenbank 263
Abbildung 4.3-3: Balkendiagramm - Geschlechtsverteilung 265
Abbildung 4.3-12: Kreisdiagramm – Anschluß ans Internet 273
Abbildung 4.3-14: Balkendiagramm – Prozentuale Arbeitszeit am Computer nach Gruppen 275
Abbildung 4.3-21: Balkendiagramm – Erhöhung der Arbeitsmotivation durch Neue Medien nach Gruppenzugehörigkeit 284
Abbildung 4.3-22: Balkendiagramm – Nutzen der Neuen Medien für das Unternehmen nach Gruppenzugehörigkeit 284
Abbildung 5.1-1: Prozeßablauf einer Stellenausschreibung (Müller 1998b) 298
Abbildung 5.1-5: Darstellung einer internen Stellenausschreibung im VIA Lotus Notes System (Müller 1998b) 301
Abbildung 5.2-1: Einstiegsseite der Doktoranden-Kommunikations-Plattform 306
Abbildung 5.2-2: Informationsbereiche der Kommunikationsplattform 307
Abbildung 5.2-3: Öffentlich zugängliche Präsentation der Forschungsbemühungen 308
Abbildung 5.2-4: Diskussionsforum der Doktorandenplattform 308
Abbildung 6.1-1: Informationsmenge der Unternehmenskommunikation 313
Abbildung 6.1-2: Software-Roboter der Firma Artificial Live (Reseller 2000) 314

7.1.2 Tabellenverzeichnis

Tabelle 3.2-1: Verschiedene Lernformen (vgl. Döring 1988) ... 65
Tabelle 3.2-2: Allgemeine Neuerungsbarrieren (Vgl. u.a. Hofmeister 1981, S. 103ff u. S. 120; Picot 1983a, S. 30) ... 81
Tabelle 3.2-3: Spezielle Akzeptanzbarrieren (Picot 1983a, S. 16) ... 82
Tabelle 3.3-1: Axiome der Kommunikation nach Watzlawick, Beavin, Jackson (Watzlawick 1969) ... 90
Tabelle 3.3-2 : Vier Grundanforderungen an jeden Vorgang der Bürokommunikation (Picot 1984, S. 46ff) ... 99
Tabelle 3.3-3: Grundanforderungen an einen Kommunikationskanal aus der Sicht des Anwenders (Picot 1984, S. 47) ... 99
Tabelle 3.3-4: Beurteilungsprofil und Schlußfolgerungen über Kommunikationsmedien (Picot 1984, S. 49) ... 100
Tabelle 3.3-5: Bedeutung der bekanntesten Smilies ... 102
Tabelle 3.3-6: Kommunikationsbezogene Merkmale des Mensch-Rechner-Dialogs (nach Cyranek, 1988) (vgl. Ulrich 1993, S. 19) ... 105
Tabelle 3.4-1: Grundmerkmale des Teletex-Dienstes (Picot 1984, S. 20-21) ... 138
Tabelle 3.4-2: Technische Unterscheidungsmerkmale verschiedener Gruppen von Telefaxgeräten (vgl. Fellbaum 1990, S. 8-36) ... 140
Tabelle 3.4-3: Thematische Domains im Internet (vgl. April 1996a) ... 152
Tabelle 3.4-4: Internet-Statistik vom 10.6.2001 – Registrierte Domains pro Land (domainstats.com) ... 155
Tabelle 3.4-5: Systematisierung der Telekommunikationsnetze und ihrer ursprünglichen Anwendung (Zerdick 1999, S. 61) ... 158
Tabelle 3.4-6: Geschwindigkeiten verschiedener Datenübertragungen (Zerdick 1999, S. 86) ... 160
Tabelle 3.4-7: Vergleich der Kommunikation im Computernetzwerk mit anderen Kommunikationstechnologien (Sproull 1991a, S. 182) ... 168
Tabelle 3.4-8: Speicherbedarf digitalisierter Informationen (Picot 1996, S. 155) ... 168
Tabelle 3.4-9: Dimensionen von Informations- und Kommunikationstechnik und ihre Ausprägungen (Nitschke 1996, S. 109 ff) ... 170
Tabelle 3.4-10: Die „Hauptrubriken" der News-Gruppen (April 1996, S. 181) ... 178
Tabelle 3.4-12: Umsätze eBusiness in den USA 1996-1999 (Zerdick 1999, S. 154) ... 204
Tabelle 4.1-1: 24 quasi-paradigmatische Dichotomien aus quantitativer und qualitativer Sozialforschung (nach Lamnek 1995, Bd. 1, S. 244; von Saldern 1995, S. 340; zitiert nach Fredersdorf 1998, S. 287) ... 254
Tabelle 4.1-2: Datenerhebungsmethoden (vgl. u.a. Friedrichs 1990; Picot 1979, S. 42) ... 255
Tabelle 4.3-1: Kreuztabelle - Nutzen Sie angepaßte Software? (nach Gruppenzugehörigkeit) ... 268
Tabelle 4.3-2: Kreuztabelle - Möchten Sie mehr angepaßte Software nutzen?(nach Gruppenzugehörigkeit) ... 268
Tabelle 4.3-3: Zur Verfügung stehende Anwendungsprogramme ... 269
Tabelle 4.3-4: Ausstattung Hardware Prozessortyp ... 272
Tabelle 4.3-5: Nutzen Sie elektronische Medien? (nach Gruppenzugehörigkeit) ... 273
Tabelle 4.3-6: Verteilung der beruflichen Kommunikationswege ... 274
Tabelle 4.3-7: Mittelwertvergleich der prozentualen Arbeitszeiten ... 275
Tabelle 4.3-8: Verteilung der Informationssuche nach Medien ... 277
Tabelle 4.3-9: Anteil erhaltene Fehlinformationen pro Informationsabfrage nach Gruppenzugehörigkeit ... 278
Tabelle 4.3-10: Verteilung eigener Kenntnisse im Umgang mit Softwareanwendungen ... 278
Tabelle 4.3-11: Anzahl der absolvierten Schulungen ... 280
Tabelle 4.3-12: EDV-Probleme pro Monat nach Gruppenzugehörigkeit ... 280
Tabelle 4.3-13: Qualität der EDV-Unterstützung ... 283

7.2 Literaturverzeichnis

ADTRANZ 1999 Adtranz Presseabteilung : *Allgemeine Presseerklärung der Adtranz (Deutschland) GmbH;* Hennigsdorf, 1999.
AFP 2001 *Florida will nicht mehr lochen . In: Hamburger Abendblat 5/6.05.2001: S. 4;* Hamburg, 2001.
AHRENS 2000 Ahrens, Volker: *Besser geht's im Intranet;* München, 2000.
ALEXY 1999 Alexy, Antje; Turhan, Ayfer; Vetter, Christina: *Reaktionen auf Veränderungen im Unternehmen;* Seminarabschlußarbeit, Persönlichkeitspsychologie, Studiengang Weiterbildungsmanagement, Technische Universität, Berlin, 1999.
ANTHOFER 1999 Anthofer, Jörg; Bohn, Pierre: *Betriebs- und Redaktionskonzept VTC-Intranet . Ein Konzept zur Einführung eines Benutzerorientierten Intranets;* Internes Papier, DaimlerChrysler AG, Stuttgart, 1999.
APRIL 1996 April, Konstantin: *Einstieg World Wide Web . Entdecken Sie das faszinierende WORLD WIDE WEB;* Köln, 1996.
APRIL 1996A April, Konstantin: *Einstieg Internet . Infos und Tools fürs Internet mit Windows 3.x und Windows 95;* Köln, 1996.
ATTESLANDER 1995 Atteslander, Peter : *Methoden der empirischen Sozialforschung;* Berlin, New York, 1995.
ATTIA 1999 Attia, Karim H. : *Persistenz in offenen, verteilten Anwendungssystemen . Network Computing und die Bedeutung von Datenbanksystemen im Rahmen offener, verteilter Informationssysteme;* Diplomarbeit, Fachbereich Informatik, Universität Hamburg, 1999.
BABATZ 1995 Babatz, Robert: *Internet für die obersten Bundesbehörden . Studie des BMI;* Bonn, 1995.
BALZERT 1996 Balzert, Helmut: *Lehrbuch der Softwaretechnik . Software-Entwicklung;* Heidelberg, Berlin, 1996.
BALZERT 1998 Balzert, Helmut: *Lehrbuch der Software-Technik . Software-Management, Software-Qualitätssicherung, Unternehmensmodellierung;* Heidelberg, Berlin, 1998.
BALZERT 1999 Balzert, Helmut: *Lehrbuch Grundlagen der Informatik . Konzepte, Notationen in UML, Java, C++, Algorithmik und Softwaretechnik;* Heidelberg, Berlin, 1999.
BARNET 1982 Barnet, Correlle, et.al.: *Vom Faustkeil zum Laserstrahl- Die Erfindungen der Menschheit von A-Z;* Stuttgart, Zürich, Wien, 1982.
BAUER 1997 Bauer, Siegfried : *Auswirkungen der Informationstechnologie auf die vertikale Integration von Unternehmen;* Frankfurt am Mail, Berlin, Bern, New York, Paris, Wien, 1997.
BEGER 1989 Beger, Rudolf; Gärtner, Hans D.; Mathes, Rainer (Hg.): *Unternehmenskommunikation . Grundlagen, Strategien und Instrumente;* Wiesbaden, 1989.
BEHME 1998 Behme, Henning; Mintert, Stefan: *XML in der Praxis. Professionelles Web-Publishing mit der Extensible Markup Language;* Hannover, Bochum, Dortmund, 1998.
BENJAMIN 1995 Benjamin, R.; Wiegand, R. : *Electronic Markets and Virtual Value Chains on the Information Superhighway;* In: Sloan Management Reviews, Nr. 2, 1995 , S. 62-72.
BENJES 1998 Benjes, Immo; Philipps, Holger: *Multimediakommunikation auf integrierten Netzen und Terminals . Abschlußbericht über die Arbeiten am BMBF-geförderten Vorhaben; Teilvorhaben: PC-gestütztes Endgerät;* Braunschweig: Techn. Univ., Inst. für Nachrichtentechnik, 1998.
BENSBERG 2000 Bensberg,Frank, Dewanto, Lofi: *Schürfrechte gefällig . Data Mining: Methoden effizienter Datenauswertung;* In: Java Magazin, Heft 2 , 2000 , S. 57-73.
BENTRUP 2000 Bentrup, Uwe: *Auf dem Weg zu einer neuen Lernkultur;* Weinheim, 2000.
BERGFIEBER 2001 Mitterer, Thomas: *Geschichte des Marathonlaufes;* http://www.bergfieber.de/laufen/eigene_laeufe/kurioses/geschichte.htm, 2001.
BERGMANN 2000 Bergmann, J.; Geiger, M.: *Audiovisuelle Kommunikation als Basis für kooperatives Arbeiten;* Studie, Zentralbereich Forschung und Entwicklung, ZFE ST SN 11 Siemens AG, München, 2000.

BILDUNG 1996 Bundesministerium für Bildung, Wissenschaft, Forschung und Technologie: *Lernen und Kommunikationsverhalten von Männern und Frauen in der Weiterbildung . Werkstattgespräch am 22. Und 23. November 1995 in Bonn;* Bonn, 1996.
BLEICH 2000 Bleich, Holger: *Post für dich . Freemailer als Kommunikationszentralen;* In: CT Computer Magazin, Heft 11, 2000 , S. 140-148.
BMJ 1997 BMJ, Bundesministerium der Justiz: *Bundesanzeiger . Richtlinien zur Förderung der kommerziellen Nutzung von Informations- und Kommunikationstechniken durch kleine und mittlere Unternehmen;* Bonn, 1997.
BOOCH 1999 Booch, Grady: *Das UML Benutzerhandbuch;* Bonn, 1999.
BOOTH 1988 Booth, Anthony: *Qualitative evaluation of information technology in communication systems;* London, Los Angeles, 1988.
BÖSSER 1987 Bösser, Tom: *Learning in Man-Computer Interaction . A Review of the Literature;* Berlin, Heidelberg, New York, London, 1987.
BRAND 1998 Brand, Ulrike: *Krisenmanagement - In Sekunden zerstört . PR-Strategien in Unternehmen reagieren oft zu langsam - das schnelle Internet macht ihnen zusätzlich zu schaffen;* In: Wirtschaftwoche, Heft 45, 1998.
BRAUN 1994 Braun, Ingo: *Der Schopf des Münchhausen . Eine sozialwissenschaftliche Annäherung an das Internet;* Berlin, 1994.
BREDFELDT-ZEDER 1999 Bredfeldt-Zeder, Iris; Fröhlich, Cerstin; Schröder, Evelyne: *Widerstände im Unternehmen;* Seminarabschlußarbeit, Persönlichkeitspsychologie, Studiengang Weiterbildungsmanagement, Technische Universität, Berlin, 1999.
BRUHN 1992 Bruhn, Manfred: *Integrierte Unternehmenskommunikation . Ansatzpunkte für eine strategische und operative Umsetzung integrierter Kommunikationsarbeit;* Stuttgart, 1992.
BUCHHOLZ 2000 Buchholz, Andreas; Wördemann, Wolfram: *Der Wachstum-Code;* München, 2000.
BÜHL 1999 Bühl, Achim, Zöfel, Peter : *SPSS Version 8 . Einführung in die moderne Datenanalyse unter Windows;* Bonn, 1999.
BUNDESAMT 2000 Statistisches Bundesamt: *Datenreport 1999 . Zahlen und Fakten über die Bundesrepublik Deutschland;* Bonn, 2000.
BUSCH 1995 Busch, Carsten: *Metaphern in der Informatik . - Theorie, Besonderheiten und Beispiele;* Berlin, 1995.
BUSSMANN 1990 Bußmann, Hadumod: *Lexikon der Sprachwissenschaft;* Stuttgart, 1990.
CAMPBELL 1996 Campbell, Ian: *The Intranet Slashing the Cost of Business;* Marketingpapier, IDC Datenreport, 1996.
CAPITAL 1999 Capital: *Dolmetscher gesucht . Public Relations: Manager wollen das Land verändern, Politiker und gewerkschaften wehren sich. Öffentlichkeitsarbeiter suchen neue Wege zwischen Konsens und Konflikt. Viele scheitern kläglich;* In: Capital, Heft 7 , 1997 , S. 36-45.
CAS 2000 CAS Consult Informationssysteme GmbH: *Terminologie des Internet;* Marketingpapier, CAS Consult Informationssysteme GmbH, 2000.
CASH 1985 Cash, James I.; Konsynski, Benn R.: *IS Redraws Competitive Boundaries;* In: Harvard Business Review 64 (Mar.-Apr.), 1985, S 132-134.
CILAN 1998 Cilan, Mary J. : *Information Technologies;* Frankfurt am Main, Berlin, Bern, New York, Paris, Wien, 1998.
CORNISH Cornish: *Word Future Society: Kleiner Geschichtsabriss zur Computer-, Technik-, Kommunikations- und Mediengeschichte;* http://ods.dokom.net/mbr/inform/geschichte.htm, .
DAIMLER-BENZ 1998 Daimler-Benz AG: *Projekt well-Kom . Weiterentwicklung der elektronischen Kommunikationsmedien im Konzern;* Internes Papier, DaimlerChrysler AG, Stuttgart, 1998.
DAIMLER-BENZ 1999 Daimler-Benz AG: *Systeminformation Daimler-Benz Medienarchiv;* Internes Papier, Daimler-Benz AG, Stuttgart , 1999.
DBG-LEXIKON 1957 Deutsche Buch Gemeinschaft: *Das DGB-Lexikon in drei Bänden Dritter Band;* Berlin, Darmstadt, 1957.

DEMUTH, 1988 Demuth, Alexander: *Corporate Identity = Corporate Culture + Corporate Communications;* In: Manager Magazin: Imageprofile '88 , 1988 , S. 14-23.
DERIETH 1996 Derieth, Anke: *Unternehmenskommunikation . Eine theoretische und empirische Analyse zur Kommunikationsqualität von Wirtschaftsorganisationen;* Oplanden, 1996.
DICHANZ 1998 Dichanz, Host: *Handbuch Medien: Medienforschung . Konzepte Themen Ergebnisse;* Bonn, 1998.
DIEBOLD 2000 Diebold: *Digitales Informationsmanagement;* Studie, Unternehmensberatung Diebold, 2000.
DIEKMANN 1998 Diekmann, Andreas: *Empirische Sozialforschung . Grundlagen, Methoden, Anwendungen;* Reinbek bei Hamburg, 1998.
DIERKES 1997 Dierkes, Meinolf: *Technikgenese . Befunde aus einem Forschungsprogramm;* Berlin, 1997.
DIETERICH 2000 Dieterich, Hartmut; Schneider-Hufschmidt, Matthias; Vejrup, Niels: *Adaptierbare Benutzungsschnittstellen für elektronische Netzdienste;* Studie, Zentralbereich Forschung und Entwicklung, Siemens AG ZFESTSN51, München, 2000.
DÖRING 1987 Döring, Klaus W.: *System Weiterbildung ;* Weinheim, 1987.
DÖRING 1988 Döring, Klaus W.: *Weiterbildung im System . Zur Professionalisierung des quartären Bildungssektors;* Weinheim, 1988.
DÖRING 1989 Döring, Klaus W. : *Lehrerverhalten . Ein Lehr- und Arbeitsbuch;* Weinheim, 1989.
DÖRING 1989a Döring, Klaus W.; Ziep, Klaus-Dieter : *Mediendidaktik in der Weiterbildung;* Weinheim, 1989.
DÖRING 1991 Döring, Klaus W.: *Praxis der Weiterbildung . Analysen - Reflexionen - Konzepte;* Weinheim, 1991.
DÖRING 1994 Döring, Klaus W.: *Fabrikinnovation durch Technologietransfer;* Weinheim, 1994.
DÖRING 1995 Döring, Klaus W.: *Lehren in der Weiterbildung . Ein Dozentenleitfaden;* Weinheim, 1995.
DÖRING 1995a Döring, Ulrich; Buchholz, Rainer: *Buchhaltung und Jahresabschluß;* Hamburg, 1995.
DÖRING 1996 Döring, Klaus W.: *Führen und Qualifizieren;* Weinheim, 1996.
DÖRING 1998 Döring, Klaus W.: *Professionelles Bildungscontrolling zwischen Anspruch und betrieblicher Wirklichkeit;* Weinheim, 1998.
DÖRING 1998a Döring, Klaus W., Ritter-Mamczek, Bettina: *Medien in der Weiterbildung;* Weinheim, 1998.
DÖRING 1999 Döring, Klaus W.; Ritter-Mamczek, Bettina: *Weiterbildung im lernenden System;* Weinheim, 1999.
DORNAUS 1997 Dornaus, Wolfgang; Krügermann, Jörg; Schulze, Andreas: *INTRANET: Feasability Study für Adtranz Bahnfahrwegsysteme;* Internes Papier, Adtranz (Deutschland) GmbH, München, 1997.
DOVERMANN 1998 Dovermann, Ulrich: *Interkulturelles Lernen;* Bonn, 1998.
DRUCKER 1988 Drucker, Peter: *The Coming of the New Organization;* In: Harvard Business Review, 66 (Jan.-Feb.), 1988, S 35-53.
DUCHARME 1987 DuCharme, Bob: *The Operating Systems - Handbook . UNIX, OpenVMS, OS/400, VM, MVS;* New York, 1987.
DUFNER 2000 Dufner: *Herzlichen Glückwunsch - Vor 25 Jahren schlug die Geburtsstunde des PC;* In: Hamburger Abendblatt 11.2.2000, 2000.
DURAND 1997 Durand, Ulrike: *Das Informationsverarbeitungskonzept und der konstruktivistische Einwand;* Weinheim, 1997.
EASYNET 1998 Easynet GmbH: *Leitfaden Für Internet-Entscheider . Die praxisorientierte Entscheidungshilfe zur Entwicklung maßgeschneiderter Kommunikationslösungen auf Basis zukunftsweisender Internet Technologie;* Marketingpapier, easynet GmbH, 1998.
EBELING 1999 Ebeling, Adolf: *Geist aus der Maschine . Das erste Jahrtausend des Computers neigt sich seinem Ende zu;* In: CT Computer Magazin, Heft 26 , 1999 , S. 74-81.

ECCLES 1998 Eccles, Robert: *Face-to-Face: Making Network Oranizations Work;* Frankfurt am Main, Berlin, Bern, New York, Paris, Wien, 1998.
ECO 1993 Eco, Umberto : *Wie man eine wissenschaftliche Abschlußarbeit schreibt;* Heidelberg, 1993.
EICHENBERG 1999 Eichenberg, Christiane; Ott, Ralf: *Suchtmaschine . Internet Abhängigkeit: Massenphänomen oder Erfindung der Medien;* In: CT Computer Magazin, Heft 19, 1999, S. 106-111.
ELTING 2001 Elting, Andreas, Huber, Walter: *Immer im Plan? . Programm zwischen Chaos und Planwirtschaft;* In: CT Computer Magazin, Heft 2 , 2001, S. 184-191.
ENZINGER 1997 Enzinger, Christoph: *Softwareergonomische Evaluation und Redesign am Beispiel des Bibliotheksverwaltungsprogramms BIBOS . Eine Benutzungsfreundlichkeitsanalyse;* www.cosy.sbg.ac.at/~leo/diplomarbeit/struktur.htm, 1997.
FALLER 1999 Faller, Heike: *Der Mensch im Netz der Medien . Info-Sucht;* Hamburg, 1999.
FELLBAUM 1990 Fellbaum: *Grundzüge Fernmeldetechnik . Teil 2 WS 1990/91;* Berlin, 1990.
FELLBAUM 1991 Fellbaum: *Grundzüge der Fernmeldetechnik . Teil 1 WS 1990/91;* Berlin, 1991.
FELLBAUM 1992 Fellbaum: *Kommunikationsnetze . Vorläufiges Skript – Teil 1 WS 1992/1993;* Berlin, 1991.
FINK 1995 Fink, Reinhard: *Mailboxen optimal nutzen . Das komplette Wissen für die routinierte Anwendung von Mailbox-Netzen;* Poing, 1995.
FISCHER 1993 Fischer, Marc: *Make-or-buy-Entscheidungen im Marketing . Neue Investitionslehre und Distributionspolitik;* Wiesbaden, 1993.
FISCHER 2000 Fischer, Artur, et al.: *Jugend 2000 Band 1 . 13. Shell Jugendstudie;* Opladen, 2000.
FISCHER 2000a Fischer, Artur, et al.: *Jugend 2000 Band 2 . 13. Shell Jugendstudie;* Opladen, 2000.
FOCHER 1998 Focher, Klaus; Perc, Primoz; Ungermann, Jörg : *Electronic Commerce mit Lotus Domino;* Bonn, 1998.
FOCHER 1998a Focher, Klaus; Perc, Primoz; Ungermann, Jörg: *Lotus Domino 4.6 . Internet- und Intranetlösungen mit dem Lotus Domino Server;* Bonn, 1998.
FREDERSDORF 1998 Fredersdorf, Frederic: *Bildung und Sucht . Eine biographische Studie zu den pädagogischen Aspekten der Suchtbewältigung;* Geesthacht, 1998.
FREDERSDORF 1998a Fredersdorf, Frederic: *Statistisches Grundwissen , Seminarunterlagen WBM – Bildungscontrolling, TU-Berlin 1998;* Berlin, 1998.
FREDERSDORF 1998b Fredersdorf, Frederic: *Irgendwann ist wieder Alltag . Gespräche mit langzeitabstinenten Suchtkranken;* Geesthacht, 1998.
FREMEREY 2001 Fremerey, Frank: *Nicht nur Spielzeug . 3 D-Anwendungen erobern das Web;* In: CT Computer Magazin, Heft 8, 2001, S. 132-134.
FREYERMUTH 2000 Freyermuth, Gundolf S. : *Kommunikette . Verbindliche Regeln im digitalen Verkehr steigern die Effizienz;* In: CT Computer Magazin, Heft 12, 2000, S. 92-97.
FREYERMUTH 2000a Freyermuth, Gundolf S.: *Digitales Tempo . Computer und Internet revolutionieren das Zeitempfinden;* In: CT Computer Magazin, Heft 14, 2000, S. 74-81.
FRIEDRICHS 1990 Friedrichs, Jürgen : *Methoden empirischer Sozialforschung;* Opladen, 1990.
FRITZ 1997 Fritz, Jürgen; Fehr, Wolfgang: *Handbuch Medien: Computerspiele . Theorie Forschung Praxis;* Bonn, 1997.
FULK 1990 Fulk, Janet; Steinfeld, Charles : *Organizations and Communication Technology;* Beverly Hills, London, New Dehli, 1990.
GAJEK 1997 Gajek, Henning: *Wer wird überleben . Online-Dienste in der Krise;* In: Internet World, Heft Juli 1997, 1997.
GARZ 1991 Garz, D.; Kraimer, K.: *Qualitativ-empirische Sozialforschung;* Opladen, 1991.
GATES 2000 Gates, Bill: *Business @ The Speed of Thought . Using a digital Nervous System;* London, New York [u.a.], 2000.

Anhang - Literaturverzeichnis

GAY 1998 Gay, Friedbert: *DISG-Persönlichkeits Profil;* Offenbach, 1998.
GLOGER 2000 Gloger, Axel: *Mail verdrängt Telegramm: Telekom stellt Dienst ein;* In: Die Welt, 13.09.2000, 2000.
GOLEMANN 1997 Golemann, Daniel: *Emotionale Intelligenz;* München, 1997.
GRAZ 1998 UNI Graz: *Einführung in die Welt der Statistik;* bhgw15.kfunigraz.ac.at/lehre/Grundkurs/script..., 1998.
GRÖTSCHEL 1996 Grötschel, Martin; Lügger, Joachim: *Wissenschaftliche Information und Kommunikation im Umbruch . Über das Internet zu neuen wissenschaftlichen Informationsinfrastrukturen;* In: Forschung & Lehre, Heft 1 , 1996, S. 194-198.
GRÜNEWALD 1981 Grünewald, U.; Koch, R.: *Informationstechnik in Büro und Verwaltung,* Heft 32 der Berichte zur beruflichen Bildung des Bundesinstituts für Berufsbildungsforschung; Berlin, 1981.
GUNZENHÄUSER 2000 Gunzenhäuser, Rul; Dilly, Willi; Ressel, Matthias: *Auf dem Weg zur wissensbasierten Mensch-Computer-Mensch-Kommunikation;* Institut für Informatik, Universität Stuttgart, 2000.
GUTOWSKI 2000 Gutowski, Katja: *Gnadenlos durchleuchtet . Das Internet revolutioniert die Wirtschaft. Bald ist alles E oder gar nicht.;* In: Sonderdruck WIRTSCHAFTSWOCHE, Heft NR. 7, 2000.
HAARMANN 1991 Haarmann, Harald: *Universalgeschichte der Schrift;* Frankfurt / Main, New York, 1991, 2.Auflage.
HABERMAS 1981 Habermas, Jürgen: *Theorie des kommunikativen Handelns . Band 1 zur Kritik der funktionalistischen Vernunft;* Frankfurt / Main, 1981.
HADERS 1996 Fix, Harald; Haders, Peter-U.: *Neue Bildung braucht das Land;* Weinheim, 1996.
HADERS 1998 Haders, Peter; Heilmann, Jürgen : *Die medizinisch-biologischen Grundlagen des Alter(n)s und ihre Auswirkungen auf die Lernfähigkeit im Alter;* Weinheim, 1998.
HEBESTREIT 1991 Hebestreit, F. : *Historische Technik;* Kommunikationsmuseum Berlin, 1991.
HEINRICH 1986 Heinrich, L.P.; Burgholzer, P.: *Systemplanung;* München, Wien, 1986.
HELMREICH 1980 Helmreich, R.: *Was ist Akzeptanzforschung?;* In: Elektronische Rechenanlagen, 22. Jahrgang, 1980, S. 21-24.
HERBECK 1997 Herbeck, Lars: *Der Einsatz Neuer Medien in der Weiterbildung;* Weinheim, 1997.
HERBECK 1999 Herbeck, Lars: *Die Neuen Medien in der Weiterbildung;* Weinheim, 1999.
HERZBERG 1968 Herzberg, F.: *One more time: How Do You Motivate Employees ?;* In: Harvard Business Review, Nr.1, 1968, S. 53-62.
HILDEBRAND 1983 Hildebrand, Werner: *Informationsmarketing in der Kommunikation zwischen Hersteller und Handelsvertreter;* Frankfurt / Main, Bern, New York, 1983.
HOFMEISTER 1981 Hofmeister , E; Ulbricht, M. (Hrsg.): *Von der Bereitschaft zum technischen Wandel;* Berlin, München, 1981.
HOLTERMANN 2001 Holtermann, Carola: *GFK-Online-Monitor 7.Welle;* Marketinguntersuchung der Bertelsmann eCommerce Group, 2001.
HUBER Huber, Georg P. : *A Theory of the Effects of Advanced Informations Technologies on Organizational Design, Intelligence, and Decision Making;* ohne Ort, ohne Jahr.
HUHN 1985 Huhn, Wolfgang: *Kommunikation und Neue Medien;* Düsseldorf, 1985.
INTERNATIONAL 2001 Arthur D.Little International, Inc.: *eCommerce im Zeichen des Mobilfunks;* Strategiepapier, Unternehmensberatung Arther D.Little, 2001.
JÄGER 1998 Jäger, W.: *Wissensressourcen nutzen – Ergebnisse einer Umfrage;* In: Personalwirtschaft, Heft Juli, 1998, S. 20.
JANETZKO 2000 Janetzko, Dietmar; Zugenmaier, Dirk: *Viele Gesichter . Personalisierte Websites stellen sich auf Besucher ein;* In: CT Computer Magazin, Heft 18, 2000, S. 88-92.
JORDAN 1993 Jordan, Petra: *Brauchen Frauen spezielle Computerliteratur . Ein Gespräch mit Karin Heidl, der Autorin von „Das Frauen-Computerbuch: Word 5.0 und 5.5";* Weinheim, 1993.

KAMENZ 1998 Kamenz, Uwe: *Internet-Studie VDMA 1998 . ProfNet Praxis-Studien zum Internet;* Internet-Studie, Verband Deutscher Maschinen- und Anlagenbau e.V., Dortmund, 1998.
KAMP 1997 Kamp, Ulrich: *Handbuch Medien: Offene Kanäle;* Bonn, 1997.
KEEN 1992 Keen, Peter G. W. : *Informationstechnologie . Der Weg in die Zukunft;* Cambridge, Massachusetts, 1992.
KILLAT 2000 Killat, U.: *ATM-Netze - die Infrastruktur für Multimediakommunikation?;* Fachbereich Informatik, Technische Universität, Hamburg-Harburg, 2000.
KLIMSA 1994 Klimsa, Paul: *Aufgaben betrieblicher Weiterbildung beim Einsatz von Neuen Medien;* Weinheim, 1994.
KNEER 1997 Kneer, Volker: *Computernetze und Kommunikation;* Diplomarbeit, Universität Hohenheim, 1997.
KOCH 1996 Koch, Olaf G.; Zielke, Frank : *Workflow Managment . Prozeßorientiertes Arbeiten mit der Unternehmens-DV;* Haar bei München, 1996.
KÖHN 1996 Köhn, Michael: *E-Mail betriebswirtschaftlich betrachtet . Wie gezielte Fortbildung das Bibliothekswesen beeinflußt;* http://cosmic.rrz.uni-hamburg.de/webcat/sonstiges/koehn/ koe00001/koe00001.html, 1996.
KOREIMANN 1971 Koreimann, Dieter S. : *Methoden und Organisation von Management Informationssystemen;* Berlin, New York, 1971.
KÖRNER 1988 Körner, Martin: *Unternehmenskultur, Unternehmensidentität und Unternehmensphilosophie . Versuch einer Systematisierung;* In: Sparkasse, 105. Jg., Heft 6, 1998, S. 251-256.
KRALLMANN 1994 Krallmann, Herrmann: *Systemanalyse in Unternehmen . Geschäftsprozeßoptimierung, Partizipative Vorgehensmodelle, Objektorientierte Analyse;* München, Wien, 1994.
KRÄMER 1998 Krämer, Walter: *So lügt man mit Statistik;* Frankfurt / Main, New York, 1998.
KREMPISK 2001 Krempisk, Stefan: *Internet 2: Fortsetzung Folgt;* In: NET Investor, Heft 01.06.1999, 1999.
KROKER 1998 Kroker, Michael: *Informationsrecherche und Data Warehouse. Die Nadel im Daten-Heuhaufen;* In: IT-Services, Heft 12/98, 1998 , S. 30-32.
KROKER 1998a Kroker, Michael: *Machtverlust und Ängste durch Workflow? . Automatisierte Sachbearbeitungsprozesse;* In: IT-Services, Heft 12, 1998, S. 30-32.
KUBICEK 1993 Kubicek, Herbert: *Steuerung in die Nichtsteuerbarkeit . Die erstaunliche Geschichte des deutschen Telekommunikationswesens;* Berlin, 1993.
KUBICEK 1998 Kubicek, Herbert: *Kabel im Haus - Satellit überm Dach;* Reinbek bei Hamburg, 1984.
KUBICEK 1999 Kubicek, Herbert; Hagen, Martin: *Internet und Multimedia in der öffentlichen Verwaltung . Gutachten;* Bonn, 1999.
KUHLEN 1991 Rainer Kuhlen: *Hypertext. Ein nicht-lineares Medium zwischen Buch und Wissensbank;* Berlin, Heidelberg, New York, 1991.
KURI 2000 Kuri, Jürgen: *Strippenzieher . Kabel, Karten und Verteiler für das eigene Netzwerk;* In: CT Computer Magazin, Heft 18, 2000, S. 132-134.
LADWIG 2000 Ladwig, Frank: *Viele Wege führen nach Rom . Multichanneling;* In: e-commerce, Heft 11, 2000, S. 144-146.
LANG 2000 Lang, Robert: *BMEcat: neuer Standard für den elektronischen Handel;* Internes Papier, debis Systemhaus, Leinfelden, 2000.
LASSWELL 1948 In: Lexikon der Sprachwissenschaften; Bußmann, 1990.
LAUFER 1999 Laufer, Jürgen; Mikos, Lothar; Thiele, Günter A. : *Handbuch Medien: Medienkompetenz . Modelle und Projekte;* Bonn, 1999.
LEHNER 1992 Lehner, Martin; Ziep, Klaus-Dieter : *Phantastische Lernwelt . Vom Wissensvermittler zum Lernhelfer;* Weinheim, 1992.
LEIPZIGER 1993 Leipziger, J.W.: *Das Management von Public Relations . In: Berndt, R./ Hermanns, A. (Hrsg.): Handbuch Marketing-Kommunikation.., S. 619-624.;* Wiesbaden, 1993.
LEWIN 1963 Lewin, K.: *Feldtheorie in den Sozialwissenschaften;* Bern, 1963.

LIPPS 1998 Lipps, Yvonne: *Neue Wege der Unternehmenskommunikation unter Einbeziehung der interaktiven Medien*. *Am Beispiel der Pressekommunikation des debis Systemhauses;* Diplomarbeit, Universität Stuttgart, 1998.
LONGMUß 1998 Longmuß, Jörg: *Projektarbeit in der Konstruktionsausbildung. Organisation und Bewertung;* Düsseldorf, 1998.
LONGMUSS 1999 Longmuß, Jörg; Rummler, Monika : *Interkulturelles Projektmanagement - Probleme und Lösungsansätze*. *Lösungsansätze am Beispiel von EU-Projekten;* Weinheim, 1999.
LONGWORTH 1953 Longworth, D.S.: *Use of a Mailquestionnaire*. *ASR 18- 310-313;* ohne Ort, 1953.
LOVISCACH 2000 Loviscach, Jörn: *Klick-Collage*. *Gestalten für Multimedia;* In: CT Computer Magazin, Heft 16, 2000.
LOVISCACH 2000a Loviscach, Jörn: *Formen mit Normen*. *Internet Standards für Multimedia - nicht nur online;* In: CT Computer Magazin, Heft 18, 2000, S. 108-117.
LÜBBERT 1999 Lübbert, Dorthe: *Allgemeine Theorien und Begriffe zu Statistik A und B (Testverfahren)* ; http://www.luebbert.net/uni, 1999.
LUHMANN 1973 Luhmann, N. : *Soziale Kommunikation*. *In: Handwörterbuch der Organisation, Hrsg: Grochla, E., S. 831-838;* Stuttgart, 1973.
LUTHANS 1973 Luthans, F. : *Organizational behavior;* Tokyo, 1973.
MAASS 2001 Fittkau; Maaß: *Stellenmärkte online;* Studie, www.wuv.de, 2001.
MACHER 1999 Macher, Thomas: *DNS - Überblick für Mitarbeiter*. *DNS - WINS - DHCP Beschreibung;* Internes Papier, Adtranz (Deutschland) GmbH, Nürnberg, 1999.
MAISS 1999 Maiss, Michael; Müller, Ralph: *Communication Management*. *Adtranz Konzept zum einheitlichen Kommunikationsmanagement;* Internes Papier, Adtranz (Deutschland) GmbH. Hennigsdorf, 1999.
MALONE 1991 Malone, Thomas W.; Rockhardt, John F.: *Computer, Networks, and the Corporation*. *Computer Networks are forgeing new kinds of markets and new ways to manage organizations;* In: Scientific American 265(3), 1991, S. 128-137.
MANAGERMAGAZIN 1998 Manager Magazin: *Lernen ohne Limit*. *Traditionelle Weiterbildung ist out: -Vor allem in den USA schulen immer mehr Firmen ihre Mitarbeiter über Intranets - und sparen damit Zeit und Geld;* In: Manager Magazin, Heft März, 1998, S. 230-242.
MANHART 2001 Manhart, Klaus: *Personalisierungs-Funktionen liegen im Trend*. *Der Trend zu Personal Isolierung macht sich auch bei Content-Management-Systemen bemerkbar;* In: CT Computer Magazin, Heft 8, 2001, S. 100-106.
MÄNNER 1999 Männer, Sigfried: *Gestaltungsparameter innovativer Organisationen*. *Das Modell zentraler Dimensionen eines sozial-integrativen 'Unternehmens';* Nicht veröffentlicht, 1999.
MÄNNER 2000 Männer, Sigfried: *Das Modell zentraler Dimensionen eines sozial-integrativen 'Unternehmens';* Nicht veröffentlicht, 2000.
MARCO 1998 de Marco, Tom : *Der Termin*. *Ein Roman über das Projektmanagement;* München, 1998.
MARTIN 1992 Martin, T.: *Das Verhältnis von Mensch und Automatisierung bei der Gestaltung der Produktion;* In: Reichwald, R. (Hrsg.): Marktnahe Produktion, Wiesbaden, 1992, S. 178-187.
MARTINY 1990 Martiny, L.; Klotz, M.:*Strategisches Informationsmanagement - Bedienung und organisatorische Umsetzung;* München, 1990.
MARX 1968 Marx, Karl; Engels, Friedrich: *Karl Marx - Friedrich Engels - Werke* . *Band 23, „Das Kapital", Bd. I;* Berlin/DDR, 1968.
MASLOW 1954 Maslow, A.H.: *Motivation and Personality;* New York [u.a.], 1954.
MATTHIES 1997 Matthies, Peter : *Telearbeit*. *Das Unternehmen der Zukunft - Umwälzungen in der Arbeitswelt;* Haar bei München, 1997.
MATTSUBA 1999 Mattsuba, Steffen N.; Roehl, Bernie: *VRML - Das Kompendium*. *Einführung-Arbeitsbuch-Nachschlagewerk;* Haar bei München, 1999.

MAUSNER 1959 Mausner, B.; Herzberg, F.; Snyderman, B. : *The Motivation to Work;* New York, London, 2. Auflage, 1959.
MAY 2000 May, Hermann: *Wirtschaftsbürger-Taschenbuch : wirtschaftliches und rechtliches Grundwissen;* München, Wien, 2000.
MAY 2000A May, Hermann: *Lexikon der ökonomischen Bildung;* München, Wien, 2000.
MAYO 1945 Mayo, E.: *Probleme industrieller Arbeitsbedingungen;* Frankfurt / Main, 1945.
MCKENNEY 1998 McKenney, James L. : *Complementary Communication Media . A Comparison of Electronic Mail an Face-To-Face Communication in a Programming Team;* Frankfurt am Main, Berlin, Bern, New York, Paris, Wien, 1998.
MEDIFAN 1998 Medifan GmbH: *Unterlagen zum Seminar „Team Ressource Management" (TRM);* Freiburg, 1998.
MERTEN 1977 Merten, Klaus: *Kommunikation;* Opladen, 1977.
MIEDL 1999 Miedl, Wolfgang: *Hosts und Domains in Zahlen;* In: Internet World, Heft September 1999, 1999.
MOCKER 1997 Mocker, Helmut; Mocker, Ute: *Intranet - Internet im betrieblichen Einsatz: Grundlagen, Umsetzungen, Praxisbeispiele;* Frechen, 1997.
MONGE 1987 Monge, Peter R. : *A Social Information Processing Model of Media Use in Organisations;* Frankfurt am Main, Berlin, Bern, New York, Paris, Wien, 1987.
MÜLLER 1986 Müller, Michael: *Benutzerverhalten beim Einsatz automatischer betrieblicher Informationssysteme;* München, Wien, 1986.
MÜLLER 1997 Müller, Ralph A.: *Konzept Nutzung Internet . Studie zur Einführung eines Intranets bei Adtranz;* Internes Papier, Adtranz (Deutschland) GmbH, Hennigsdorf, 1997.
MÜLLER 1997a Müller, Ralph A.: *Pflichtenheft Adtranz Fotoarchiv / Fotodatenbank . Version 1;* Internes Papier, Adtranz (Deutschland) GmbH, Hennigsdorf, 1997.
MÜLLER 1997b Müller, Walter Wenzel: *Groupware auf Basis Internet-Technologie vs. Lotus Notes;* Interne Studie, Daimler-Benz AG, Stuttgart, 1997.
MÜLLER 1998 Müller, Ralph A.: *Adtranz Electronic Multimedia Archive . General System Description;* Internes Papier, Adtranz (Deutschland) GmbH, Hennigsdorf, 1998.
MÜLLER 1998a Müller, Ralph A.: *Internetgestützte Krisenkommunikation;* Internes Papier, Adtranz (Deutschland) GmbH. Hennigsdorf, 1998.
MÜLLER 1998b Müller, Ralph A.: *VIA-Vacancies International Assignment . Stellenausschreibungen online verwalten und publizieren;* Internes Papier, Adtranz (Deutschland) GmbH, Hennigsdorf, 1998.
MÜLLER 1998c Müller, Ralph A.: *Untersuchung der eMailkommunikation der Adtranz Deutschland . Analyse der über die Internetplattform eingegangenen eMailkorrespondenz;* Internes Papier, Adtranz (Deutschland) GmbH, Hennigsdorf, 1998.
MÜLLER 1998d Müller, Ralph A.: *Evaluation of the Adtranz PR-Mangager Team;* Interne Studie, Adtranz (Deutschland) GmbH, Oslo, 1998.
MÜLLER 1999 Müller, Ralph A.: *Warum brauchen wir ein Intranet . Studie zur Einführung eines Intranets bei Adtranz;* Internes Papier, Adtranz (Deutschland) GmbH, Hennigsdorf, 1999.
MÜLLER 1999a Müller, Ralph A.: *Adtranz IT Communication Problems;* Internes Papier, Adtranz (Deutschland) GmbH, Hennigsdorf, 1999.
MÜLLER 1999b Müller, Ralph; Kopplow, Gabriele; Phiel, Claudia: *Statistische Datenanalyse mit SPSS;* Seminarabschlußarbeit, Bildungscontrolling, Studiengang Weiterbildungsmanagement, Technische Universität Berlin, Berlin, 1999.
MÜLLER 1999c Müller, R.A; Bertschat, F.-L.(Hrsg.): *Lehrbuch für den Rettungsdienst . Funk, Kommunikation;* Berlin, New York, 1999.
MÜLLER 1999d Müller, Ralph A.: *Der Einsatz von Business TV im Zusammenhang mit interaktivem Lernen im Daimler-Chrysler Konzern;* Studienarbeit, Studiengang Weiterbildungsmanagement, Technische Universität Berlin, Berlin, 1999.
MÜLLER 2000 Müller, Ralph A.: *Internet und seine Dienste . Geschichte und Technik;* Berlin, 2000.

MUMMENDEY 1999 Mummendey, Hans Dieter: *Die Fragebogen-Methode: Grundlagen und Anwendung . Persönlichkeits-, Einstellungs- und Selbstkonzeptforschung;* Göttingen, Bern, Toronto, Seattle, 1999.
MÜNZ 1997 Münz, Stefan: *Hypertext;* www.teamone.de/selfhtml/htxt.htm, 1997.
NEUBERGER 1987 Neuberger, Oswald; Kompa, Ain: *Wir, die Firma : Der Kult um die Unternehmenskultur;* ohne Ort, 1987.
NEUBURGER 1998 Neuburger, R.; Picot, Arnold; Jaros-Sturhahn, A.: *Electronic Commerce;* Vorlesungsunterlagen, Fachbereich Betriebswirtschaftslehre, SS 1998, Universität München, 1998.
NIKOLAI 2000 Nikolai, Dirk; Daniel, Klaus; Kühn, Edgar: *Turbolader für Funk-Bits . Zehnfach schneller drahtlos surfen mit EDGE;* In: CT Computer Magazin, Heft 19, 2000, S. 190-196.
NISKANEN 2000 Niskanen, Pekka: *Inside WAP . Nokia WAP Gateway;* Helsinki, 2000.
NITSCHKE 1996 Nitschke, Ulrich Klaus : *Medialisierte interne Kommunikation in internationalen Unternehmungen . Möglichkeiten und Auswirkungen von Informations- und Kommunikationssystemen für globale Netzwerkorganisationen;* Bamberg, 1996.
OBERLIESEN Oberliesen, Rolf: *Information, Daten und Signale . Geschichte technischer Informationsverarbeitung;* Reinbek bei Hamburg, 1987.
OESTEREICH 1998 Oestereich, Bernd: *Objektorientierte Softwareentwicklung . Analyse und Design der Unified Modeling Language;* München, 1998.
OTT 1999 Ott; Corsten; Diettrich: *Geschichte der Arbeit / Geschichte der Führungskultur;* Seminarabschlußarbeit, Studiengang Weiterbildungsmanagement, Veranstaltung Führungskräfte als TeamentwicklerInnen, Technische Universität Berlin, WS 1998/99, Berlin, 1999.
PALLAK 1984 Pallak, Michael S. : *Social Psychological Aspects of Computer-Mediated Communication;* Frankfurt am Main, Berlin, Bern, New York, Paris, Wien, 1984.
PETERS 1991 Peters, Sönke: *Betriebswirtschaftslehre . Eine Einführung;* München, Wien, 1991.
PETERS 1999 Peters, Claudia: *DaimlerChrysler Business TV . Umfrageergebnisse Day One am 17. November 1998;* Stuttgart, 1999.
PICOT 1979 Picot, Arnold; Reichwald, Ralf: *Untersuchung der Auswirkungen neuer Kommunikationstechnologien im Büro auf Organisationsstruktur und Arbeitsinhalte . Technologische Forschung und Entwicklung - Entwicklungslinien der technischen Kommunikation;* Bonn, 1979.
PICOT 1983 Picot, Arnold; Reichwald, Ralf: *Kommunikationstechnik und Nutzerverhalten . Die Wahl zwischen Kommunikationsmitteln in Organisationen;* München, 1983.
PICOT 1983a Picot, Arnold; Reichwald, Ralf: *Kommunikationstechnik und Anwender . Akzeptanzbarrieren, Bedarfsstrukturen, Einsatzbedingungen;* München, 1983.
PICOT 1983b Picot, Arnold; Reichwald, Ralf: *Kommunikationstechnik und Organisation . Perspektiven für die Entwicklung der organisatorischen Kommunikation;* München, 1983.
PICOT 1984 Picot, Arnold; Reichwald, Ralf: *Forschungsprojekt Bürokommunikation . Leitsätze für den Anwender;* München, 1984.
PICOT 1996 Picot, Arnold: *Die grenzenlose Unternehmung . Information, Organisation und Management;* Wiesbaden, 1996.
POLATSCHEK 1999 Polatschek, Klemens: *Die Revolution der Rechner;* Hamburg, 1999.
PROBST 1997 Probst, G.; Raub, S.; Romhardt, K.: *Wissen managen: Wie Unternehmen ihre wertvollste Ressource optimal nutzen;* Wiesbaden, 1997.
PROJEKT DC-TV 1999 DaimlerChrysler AG: *Projekt DaimlerChrysler Business TV, Fragen und Anworten zu Business TV;* Stuttgart, 1999.
RAABE 1998 Raabe, Uta; Saß, Sabine : *Soziale Kompetenz - Schlüsselqualifikation für die Karriere ? . Am Beispiel des Förderprojekts „Firmenweiter Informationsverbund";* Weinheim, 1998.
RADEMACHER 2001 Rademacher, Cay: *Internet - Das Netz der Netze . In: GEO Heft 3/2001;* Hamburg, 2001.

RAUENBERG 1994 Rauenberg, Matthias : *Benutzerorientierte Software-Entwicklung . Konzepte, Methoden und Vorgehen zur Benutzerbeteiligung;* Zürich, 1994.
REESE 1979 Reese, Jüren: *Gefahren der informationstechnologischen Entwicklung . Perspektiven der Wirkungsforschung;* Frankfurt / Main, New York, 1979.
REIBOLD 2000 Reibold, Holger: *Websites auf dem Prüfstand . Website-Test-Tools;* ohne Ort, 2000.
RESELLER 2000 Unbekannt: *Jetzt kommt Leben ins E-Commerce;* In: Computer Reseller News, Heft 15, 2000, S. 24-27.
RICE 1984 Rice, Roland E. : *The New Media . Communication, Research and Technology;* Beverly Hills, London, New Delhi, 1984.
RIESS 1999 Rieß, Joachim: *Der Konzernbeauftragte für den Datenschutz DC AG: Gesetzliche Anforderungen bei Informations- und Kommunikationsangeboten im Inter- und Intranet . Gestaltungshinweise;* Internes Papier, DaimlerChrysler AG, Stuttgart, 1999.
ROETHLISBERGER 1939 Roethlisberger, F.J.; Dickson, W.J.: *Management and the Worker;* Cambridge, Massachusetts, 1939.
ROGERS 1981 Rogers, E.M.; Kincaid, D.L.: *Communications networks. Toward a new paradigm for Research;* New York, 1981.
RÖHM 1982 Röhm, Wolfgang: *Tageszeitung und Neue Medien . Eine absatzwirtschaftliche Analyse der Konsequenzen und Handlungsmöglichkeiten für den lokalen Tageszeitungsverlag durch den Eintritt der „Neuen Medien" in den Medienmarkt;* Dissertation, Universität Mannheim, Mannheim, 1982.
RÖSSLER 2000 Rößler, Frank: *WAP muß sein . Mobile Kommunikation;* In: e-commerce, Heft 11, 2000, S. 122-125.
RUMLER-BALOG 1999 Rumler-Balog, Sylvie: *CBT aus Sicht der Trainer;* Weinheim, 1999.
SCHARZ 1999 Scharz, Evan I.: *The Economics of the Web . Folienvortrag mit guten Grundsätzen zum Thema Web;* Nicht veröffentlicht, 1999.
SCHATZ 1999 Schatz, Doris: *Menschenkenntnis . Die Kunst andere richtig zu beurteilen;* Seminarabschlußarbeit, Persönlichkeitspsychologie, Studiengang Weiterbildungsmanagement, Technische Universität Berlin, Berlin, 1999.
SCHEWE 2000 Schewe, Kim: *Business im virtuellen Raum . In: UNI-Zeitung 5/2000, S. 55-58;* Hamburg, 2000.
SCHIMMECK 2001 Schimmeck, Tom : *Wegweiser im World Wide Web. Die Herscher der Portale . In: Geo Wissen Heft 27/2001, S. 130-137;* Hamburg, 2001.
SCHMALE 1999 Schmale, Bernd: *Multimedia Kommunikation auf integrierten Netzen und Terminals (MINT);* Projektbericht, Robert Bosch GmbH, Hildesheim, 1999.
SCHMIDT 1997 Schmidt, Susanne; Maaß, Kerstin; Krüger, Simone; Dühnelt, Frank: *Projekt alphaLINK GmbH;* Marktstudie, Fachhochschule Eberswalde, 1997.
SCHMIDT 2001 Schmidt, Michael: *Geld in der Luft . Wie sicher ist eCommerce über Mobilfunk?;* In: CT Computer Magazin, Heft 9, 2001, S. 222-226.
SCHNEIDER 1990a Schneider, U.: *Kulturbewusstes Informationsmanagement . Ein organisationstheoretischer Gestaltungsrahmen für die Infrastruktur betrieblicher Informationsprozesse;* München, 1990.
SCHRADER 1990 Schrader, Stephan: *Zwischenbetrieblicher Informationstransfer . Eine empirische Analyse kooperativen Verhaltens;* Berlin, 1990.
SCHÜLER 2000 Schüler, Peter: *Schöne neue Bürowelt . Informationstechnik und Gespräche prägen das Büro von morgen;* In: CT Computer Magazin, Heft 11, 2000, S. 54.
SCHULT 2000 Kurzidim, Michael; Schult, Thomas J.: *MultiMediaMacher . Autorensysteme aller Preisklassen;* In: CT Computer Magazin, Heft 18, 2000, S. 98-109.
SCHULZ 1999 Schulz, Günter; Neurath, Achim: *Wissensmanagement - Visualisierte Prozeßmodellierung von Unternehmens- und Prozeßwissen am Beispiel des Förderprojekts „Firmenweiter Informationsverbund";* Weinheim, 1999.
SCHUSTER 2000 Schuster, Elisabeth: *Auf der Suche nach Diamanten . Wer einen E-Shop sucht, steht nahezu unzähligen Angeboten gegenüber.;* In: e-commerce, Heft 11, 2000, S. 42-47.

SEIWERT 1998 Seiwert, Lothar J.; Gay, Friedbert : *Das 1x1 der Persönlichkeit;* Offenbach, 1998.
SHANNON 1976 Shannon, Claude E.; Weaver, Warren: *Mathematische Grundlagen der Informationstheorie;* München, 1976.
SIEMENS 1984 Siemens AG: *Bauelemente – Technische Erläuterungen und Kenndaten für Studierende – Siemens AG - Bereich Bauelemente;* München, 1984, 4.Auflage.
SIKORA 1976 Sikora, J. : *Handbuch der Kreativmethoden;* Heideberg, 1976.
SOHLENKAMP Sohlenkamp, Markus: *Das virtuelle Büro als Benutzungsschnittstelle für kooperatives Arbeiten;* Sankt Augustin, ohne Jahr .
SONS 1997 Wiley, John: *Using Lotus Notes as an Intranet;* München, 1997.
SOUCOUP 1999 Soucoup, Christoph: *Wissen ist Wert - Mehr-Wert durch Wissensmanagement;* Dissertation, unveröffentlicht, 1999.
SOUKUP 2000 Soukup, Christoph: *Wissensmanagement . Bausteine, Methoden und Instrumente eines Beratungsansatzes zum Aufbau von Wissen über Wissen;* Nicht veröffentlicht, 2000.
SPROULL 1991 Sproull, Lee: *Computer, Networks and Work . Electronic interactions differ significantly from face-to-face exchanges. As a result, computer networks will profoundly affect the structure of organisations and the conduct of work;* Frankfurt am Main, Berlin, Bern, New York, Paris, Wien, 1991.
SPROULL 1991a Sproull, Lee: *Connections: new ways of working in the networked organization;* Cambridge, Massachusetts, 1991.
STAHR 2001 Stahr, Volker S.: *Wie sieht die Zukunft des Internets aus? . Experten streiten über die künftige Art der Datenlagerung;* In: Hamburger Abendblatt, 02.01.2001, 2001.
STAISCH 1977 Staisch, Erich: *Zug um Zug . Ein Rückblick auf das Jahrhundert der Eisenbahn;* Augsburg, 1977.
STANDOP 1990 Standop, Ewald: *Die Form der wissenschaftliche Arbeit;* Heidelberg, Wiesbaden, 1990.
STANLEY 2000 Stanley, Peter: *Klare Sache . Content Management;* In: e-commerce, Heft 11, 2000, S. 30-32.
STIEFEL 1983 Stiefel, R.; Mühlhoff, R.: *Chefs müssen Mitarbeiter wieder selbst trainieren;* Kempten, 1983.
STOJEK 2000 Stojek, Michael: *Mehr Profit durch Nähe zum Kunden;* Frankfurt / Main, 2000.
STOJEK 2000a Stojek, Michael: *CRM? Nein danke!;* Frankfurt / Main, 2000.
STOJEK 2000b Stojek, Michael: *CRM-Anbieter und Systemintegratoren;* Frankfurt am Main, 2000.
STOJEK 2000c Stojek, Michael: *Personalausweis als Smart Card . ICL entwickelt für die finnische Regierung ein Online-Identifikationssystem;* Frankfurt / Main, 2000.
STROHBORN 2000 Strohborn, Karsten: *IWW-Bezahl-Methoden in Internet;* Studie, Institut für Wirtschaftspolitik und Wirtschaftsforschung, Universität Karlsruhe, 2000.
TAYLOR 1913 Taylor, F.W.: *Die Grundsätze wissenschaftlicher Betriebsführung;* München, Berlin, 1913.
TEUCHER 1997 Teucher, Renate: *Neue Medien für die Umsetzung von Qualitätswissen . Multimediales und modulares Medienpaket „Qualitätsförderliche Organisations- und Führungsstrukturen";* Medienwerkstatt Berlin e.V., 1997.
THEIS 2000 Theis, Werner; Korneck, Regina: *Dem Kraken abgeguckt . Das Internet als Marketinginstrument gewinnt an Bedeutung;* In: e-commerce, Heft 11, 2000, S. 50-56.
THIMM 1997 Thimm, Wolfgang: *Entwurf und Implementierung einer Sprache zur statistischen Auswertung eines Medienarchivs im Internet;* Diplomarbeit, Fachbereich Informatik, Universität Ulm, 1997.
THOMSON 1883 Thomson, S.P.: *Philipp Reis, Inventor of the Telephone . dtsch. Übersetzung von G. Fricke in: Archiv für deutsche Postgeschichte 1963, H. 1, S. 3-67;* New York, 1983.
TREBBE 1999 Lederbogen, Utz; Trebbe, Joachim : *Die Rezeption von Wissenschaft im Netz . Ergebnisse einer Online-Befragung;* Freie Universität Berlin, Berlin, 1999.

TREVINO 1991 Trevino, L.K.; Draft, R.L.; Lengel, R.H: *Understanding managers´ media choices: a symbolic interactionist perspective;* In: Fulk, J.; Steinfield, C., 1990, S. 71-94.
TSB TSB Technologiestiftung Innovationsagentur Berlin GmbH: *Fragen und Antworten rund um den Elektronischen Geschäftsverkehr;* Berlin, ohne Jahr .
TV 2001 Bereich DC TV: *Wir über uns - DCTV . Überblick über das DaimlerChrysler TV;* Werbebroschüre, DaimlerChrysler AG, Stuttgart, 2001.
UEBELHÖER 2000 Uebelhör, Stephan: *Klopapier online . Supply Management;* In: e-commerce, Heft 11, 2000, S. 6.
UEBELHÖER 2000a Uebelhör, Stephan: *Kenne deinen Kunden . Data Mining;* In: e-commerce, Heft 11, 2000, S. 8.
UEBELHÖER 2000b Uebelhör, Stephan: *Wir wissen, was Sie wollen . Customer Relation Management;* In: e-commerce, Heft 11, 2000, S. 12.
ULRICH 1986 Ulrich, P.: *Transformation der ökonomischen Vernunft . Fortschrittsperspektiven der modernen Industriegesellschaft;* Bern, Stuttgart, 1986.
ULRICH 1993 Ulrich, Eberhard: *Schneller, Besser, Anders Kommunizieren . Die vielen Gesichter der Büro-Kommunikation;* Stuttgart, 1993.
VETTER 1989 Vetter, Max: *Aufbau betrieblicher Informationssysteme mittels konzeptioneller Datenmodellierung;* Stuttgart, 1989.
VON SALDERN 1995 Von Saldern, M.: *Zum Verhältnis von qualitativen zu quantitativen Methoden . In: König, E.; Zedler, P. (Hg.): Bilanz qualitativer Sozialforschung – Band: Grundlagen qualitativer Forschung 1995, S. 331-371;* Weinheim, 1995.
VON VOIGT 2000 Von Voigt, Eckhard: *So ist das Gesetz . Rechtsstreit im eBusiness ist auch von gesetzlicher Seite ein heißes Thema;* In: e-commerce, Heft 11, 2000, S. 82-85.
VON THUN 1996 Von Thun, Friedemann Schulz: *Miteinander Reden 1 . Störungen und Klärungen;* Reinbek bei Hamburg, 1996.
VON THUN 1996a Von Thun, Friedemann Schulz: *Miteinander Reden 2 . Stile, Werte und Persönlichkeitsentwicklung;* Reinbek bei Hamburg, 1996.
VON THUN 1998 Von Thun, Friedemann Schulz: *Miteinander Reden 3 . Das innere Team und situationsgerechte Kommunikation;* Reinbek bei Hamburg, 1998.
VON THUN 2000 Von Thun, Friedemann Schulz : *Miteinander Reden 4 . Kommunikationspsychologie für Führungskräfte;* Reinbek bei Hamburg, 2000.
WALTON 1989 Walton, Richard E.: *Up And Running: Integration Information Technology and the Organization;* Boston, 1989.
WARKENTIN 1997 Warkentin, Merrill E. : *Virtual Teams versus Face-to-Face Teams: An exploratory Study of a Web-based Conference System;* Frankfurt am Main, Berlin, Bern, New York, Paris, Wien, 1997.
WARNECKE 1999 Warnecke, Hans-Jürgen; Braun, Jochen: *Vom Fraktal zum Produktionsnetzwerk . Unternehmenskooperationen erfolgreich gestalten;* Berlin, Heidelberg, New York, London, 1999.
WATZLAWICK 1969 Watzlawick, Paul; Beavin, Janet H.; Jackson, Don D.: *Pragmatics of human communication . Dt.   Menschliche Kommunikation : Formen, Stoerungen, Paradoxien;* Bern, Stuttgart, 1969.
WEGE 2000 Wege, Christian: *eBusiness - Herausforderungen und Ansätze . Konferenz-Ergebnisse DaimlerChrysler AG - 6. November 2000;* Kolloquium eBusiness - Herausforderungen und Ansätze, 6. November 2000, DaimlerChrysler AG, Stuttgart, 2000.
WEIDNER 2001 Weidner, Ingrid: *E-Learning beflügelt die Phantasie der Branche;* In: Computerwoche, Heft 6, 2001.
WEINER 2000 Weiner, Laurenz: *Gigabytes im Überfluß . Große Festplatten richtig nutzen;* In: CT Computer Magazin, Heft 16, 2000.
WELL-KOM 1998 Daimler-Benz AG: *Verschiedene Projektberichte zum Thema well-Kom aus den Jahren 1997-1999;* Stuttgart, 1998.
WESSELS 2000 Wessels, Wolfgang: *Europa von A-Z . Taschenbuch der europäischen Integration;* Bonn, 2000.
WESTENKIRCHNER 1999 Westenkirchner, Robert J. : *Praxiskonzepte für Neue Medien in der Aus- und Weiterbildung;* Weinheim, 1999.

WIEST 1994 Wiest, Georg: *Computergestützte Kommunikation am Arbeitsplatz . Die Aneignung neuer Kommunikationstechniken in der Organisation am Beispiel von Electronic Mail;* Weiden, 1994.

WILKE 1999 Wilke, Jürgen: *Mediengeschichte . Der Bundesrepublik;* Bonn, 1999.

WITTMANN 1959 Wittmann, W.: *Unternehmung und unvollkommene Information;* Köln, 1959.

WOHAK 1993 Wohak, Bertram: *Superlearning mit dem Personalcomputer;* Weinheim, 1993.

WOLFINGER 1994 Wolfinger, Bernd: *Innovationen bei Rechen- und Kommunikationssystemen . Eine Herausforderung für die Informatik;* Berlin, New York, 1994.

WOLSING 1999 Wolsing, Theo; Zander-Hayat, Helga: *Verbraucherschutzfragen und neue Medien;* Bonn, 1999.

WOYKE 2000 Woyke, Wichard: *Handwörterbuch des politischen Systems der Bundesrepublk Deutschland;* Opladen, 2000.

WWW.W3.ORG 1995 www.w3.org: *A little History of the World Wide Web;* www.w3.org, 1995.

ZAKON 2001 Zakon, Robert Hobbes: *Hobbes' Internet Timeline v5.3;* http://www.zakon.org/robert/internet/timeline/, 2001.

ZEC 1996 Zec; Elbel, Dirk; Iffarth, Raik; et al: *Unternehmenskommunikation im Internet;* Seminarunterlagen, Technische Universität Berlin, 1996.

ZELAZNY 1999 Zelazny, Gene: *Wie aus Zahlen Bilder werden . Der Weg zur visuellen Kommunikation;* Wiesbaden, 1999.

ZERDICK 1999 Zerdick, Axel; Picot, Arnold et al: *Die Internet-Ökonomie . Strategien für die digitale Wirtschaft;* Berlin, Heidelberg, New York, London, 1999.

ZUBOFF 1988 Zuboff, Shoshana: *In the Age of the Smart Machine . The Future of Work and Power;* New York, 1988.

7.3 Index

A

Abbildungsverzeichnis............................315
Advanced Research Projects Agency
 (ARPA)..................................144
Akzeptanzbarrieren........................80, 82
Anhang..315
Arbeitszufriedenheitstheorie nach
 Herzberg.................................53
ARPANet...................................145, 146
Asymmetric Digital Subscriber Line
 (ADSL)..................................157
Asynchronous Transfer Mode (ATM)..157
Aufbau der Arbeit........................22, 23
Aushang...181
Axiome der Kommunikation................90

B

B2B Marktplätze...............................202
Backend-Integration............................39
Bildschirmtext (Btx)..........................141
Brief..171
Bürofernschreiben.............................138
Business to Business (B2B)............13, 188
Business to Consumer (B2C).........12, 188
Business-TV......................................183

C

CERN..163
Chat-Programme..............................179
Codierung..93
Computer Based Training (CBT)........195
Computer Supported Cooperative Work
 (CSCW)..................................189
Corporate Culture (CC)........................27
Corporate Identity (CI)........................27
Customer Relation Management (CRM)
199

D

DataMining......................................199
Datenübertragungsgeschwindigkeiten..160
Dienste im Internet
 Gopher..................................161
Digital Power Line (DPL).....................159
Diskussionsforen...............................177
Domain Name Server (DNS)
 Geschichte............................151

Domains....................................151, 152
Durchführung der Studie...................261

E

eCommerce......................................202
Einführung in die Problematik..............15
Einleitung...11
Elektronische Anzeigesysteme............181
eMail..175
Empirische Untersuchungen zur
 Kommunikation mit elektronischen
 Hilfsmitteln...........................210
Entropie...94
Entscheidung......................................96
Entscheidungsgehalt H_0..................93
Entscheidungsprozeß..........................97
Ethernet...158
Extranet...186

F

Fabriken...56
Fackeltelegrafie................................120
Fehlinformationen............................107
Fernschreibemaschine.......................137
Fernschreibnetz................................135
Fernwartungssysteme........................258
Formelle Kommunikation.....................30
Forschungsansatz
 Induktiv / deduktiver.............250
Forschungslogik................................251
Fragebogen der empirischen Untersuchung
333
Funktechnik.....................................139

G

Generationenproblem.........................68
Gopher...161
Groupwaresysteme...........................188
GSM-Standard..................................159

H

HTML-Norm.....................................164
Human Relations-Bewegung................58

I

Information..96
Informationsdichte...........................107
Informationsfluß................................30

Informationsgehalt 33
Informationsgeschwindigkeit 105
Informationsmittel
   Traditionelle 33
Informationsqualität 108
Informationstheorie
   nachrichtentechnische 93
Informationsverarbeitung 31
Informationsvermittlung - Arten von 33
Informelle Kommunikation 36
Innovation 72
Innovative Unternehmenskommunikation
   - Dimension Unternehmen 25
Innovative Unternehmenskommunikation
   - Dimension Kommunikation 85
Innovative Unternehmenskommunikation
   - Dimension Mensch 51
Internet 143
   Auslöser 144
   Domains 152
   Entstehung 153
   Entwicklung in Europa 154
Internet-
   Statistik 155
Internet 2 – Die neue Generation 166
Internet Protocol 147
Interpretation der Studie 285
Intranet 186

J

Java 164

K

Kernforschungszentrum (CERN) 163
Kommunikation
   durch Neue Medien 37
   Dyadische 32
   Formelle 30
   Informelle 36
   interpersonelle 31
   intrapersonelle 31
   Menschliche 101
Kommunikationsebenen
   Verschiebung der 102
Kommunikationsformen 35
Kommunikationskultur 27, 28
Kommunikationsmedien
   Entwicklung 110
   Vergleich 168
Kommunikationsmodell 87
   Elementares 86
   Erweitertes 88

Kommunikationsprozeß
   Betriebswirtschaftliche Modelle 98
Kommunikationssysteme
   Computergestützte 188
Kommunikationswissenschaften
   Aufgaben 89

L

LCD 182
Lebenslanges Lernen 62
LED 182
Literaturverzeichnis 317
Local Area Network (LAN) 153

M

Mailboxen 162
Management Informationssysteme 193
Manufakturen 25, 55
Mensch und Arbeitswelt 51
Menschliche Kommunikation
   Grundmerkmale 86
Mensch-Technik-Interaktion
   Merkmale 72
Merkmale
   der Neuen Medien 205
Merkmale der Kommunikation mit Neuen
   Medien 103
Methodologische Grundlagen 249
Metropolitan Area Network (MAN) 153
Mitarbeiterzeitungen 34
Modell innovativer
   Unternehmenskommunikation
   Empirische Umsetzung 249
Modell zur innovativen
   Unternehmenskommunikation mit
   Neuen Medien 241
Morsealphabet 132

N

Nachrichtentechnik 92
Nachrichtenübertragung
   Funkbasierende 139
National Science Foundation (NSF) 155
Neue Medien
   Begriffsbestimmung 110
   Krisenkommunikation 45
   Verbesserungspotentiale 40
Neuen Medien
   Motivation zur Anwendung 73
Newsgroups 177

O

online-Dienste 162

P

PDF 164
Personalisierung 40
Perspektiven innovativer
  Unternehmenskommunikation 311
Portallösungen 39
Projekt 1- Internationales
  Stellenausschreibungssystem 297
Projekt 2- Interaktive
  Kommunikationsplattform der DC
  Doktoranden 305
Prototypische Projekte 297
Provider 163
PULL-Verfahren 34
PUSH-Verfahren 34

R

Radio 139
Rechenmaschine
  mechanische 115
Rechentechnik
  Ursprünge 115
Requests for Comments (RFC) 145
Rohrpost 85

S

Schulung
  Anwenderorientierte 74
Schwarzes Brett 34, 181
Soziales Klima 72
Soziales System 73
sozio-kulturelle Perspektive 246

T

Tabellenverzeichnis 316
Taylorismus 57
TCP/IP 147
Technikakzeptanz 78
Technikbetrachtung 69
Techniknutzung 68
Techniksystematisierung 112, 114
Technisch-ökonomischer Blickwinkel .. 245
Telearbeit 71

Telefax 140, 174
Telefon 172
  Entstehung 133
Telekommunikationssysteme
  Entstehung 120
Teletex 138
Teletext 142
Telnet 146
T-Online 142
Transmissions-Control-Protocol 147

U

Übertragungskapazität 208
Unified Modelling Language (UML) ... 205
Universal Mobile Telecommunications
  System (UMTS) 159
Unternehmenskommunikation 25
Unternehmenskultur 27
  Merkmale der 28
  Wertepolaritäten 29
Untersuchungsinstrumente 259
Untersuchungsmethode 254
Untersuchungsobjekte 256
URL
  Beispiel 151
URL-Adresse 152

V

Videokonferenz 185
Videotext 142
Virtuelle Räume 179
VRML 164

W

W3-Consortium 164
Web Based Training (WBT) 195
Web-Browser 163
Web-Cam 185
Weiterbildung 63
Wide Area Network (WAN) 153
Wissensmanagement 198
Workflow Management 191
World Wide Web 161
  Entstehung 163

Z

Zeigertelegrafie 125

7.4 Anhang: Fragebogen der empirischen Untersuchung

**Sehr geehrte Adtranz-Mitarbeiterin,
sehr geehrter Adtranz-Mitarbeiter,**

im Rahmen meiner Doktorarbeit benötige ich Ihre Mithilfe.

Unterstützt durch unsere EDV- und Personal - Bereiche untersuche ich die Möglichkeiten, die uns die Neuen Medien bieten, unser bisheriges Angebot an elektronischer Kommunikation zu verbessern. Primär sollen die gespeicherten Informationen (z.B. Notes Datenbanken) übersichtlicher und damit schneller zugänglich werden. Auch an eine verstärkte Nutzung von Informationsterminals, Internet- und Intranet-Technologien wird gedacht.

Um unser Angebot für Sie zu optimieren, brauchen wir Ihre Unterstützung. Bitte nehmen Sie sich einen Moment Zeit, diesen Fragebogen vollständig auszufüllen und senden diesen an mich zurück.

Die Daten werden im Rahmen meiner Doktorarbeit anonym ausgewertet. Die Ergebnisse der Umfrage sollen u.a. in die weitere Entwicklungen von Datenbanken, Schulungen und Anwendungen einfließen. Eine Veröffentlichung der Ergebnisse wird voraussichtlich im Mai stattfinden.

Die Beantwortung der Fragen ist freiwillig, doch freue ich mich auf Ihre Mithilfe und somit auf viele ausgefüllte Fragebögen.

Für Fragen stehe ich Ihnen unter **Telefon 03302/89-3130** oder per **Notes Ralph Mueller/HE/ASF** gerne zur Verfügung.

Schon jetzt vielen Dank für Ihre Unterstützung.

Ihr Ralph Müller K/I

FRAGEBOGEN zur elektronischen Kommunikation

Die erhobenen Daten werden anonym ausgewertet. Bitte vollständig ausfüllen und zurückschicken.

Per Hauspost oder per FAX
an Ralph Müller K/I   an 03302 / 89-5673.

1. Allgemeine Angaben zur Person

Persönliche Daten: Alter ____ in Jahren   männlich   weiblich
Welchen Beruf üben Sie aus ?
- ☐ Arbeiter / Facharbeiter
- ☐ Azubi
- ☐ Informatiker
- ☐ Ingenieur
- ☐ Kaufmann

- ☐ Leitender Angestellter
- ☐ Meister
- ☐ Projektleiter / Teilprojektleiter
- ☐ Sachbearbeiter/Assistent
- ☐ Sekretärin

- ☐ Techniker
- ☐ Technischer Zeichner
- ☐ Werkstudent / Praktikant
- ☐ Sonstiges ____

Haben Sie Personalverantwortung ?   ☐ ja, über ____ Mitarbeiter   ☐ nein

In welchem Bereich sind Sie tätig ?
- ☐ Entwicklung
- ☐ Erprobung / Inbetriebnahme
- ☐ Interner Service
- ☐ Kaufmännischer Bereich
- ☐ Konstruktion

- ☐ Leitung
- ☐ Marketing
- ☐ Personal
- ☐ Produktion
- ☐ Vertrieb

- ☐ Werbung
- ☐ sonstiges ____

Wieviele Mitarbeiter sind in Ihrem Bereich beschäftigt?
☐ <5   ☐ 6-10   ☐ 11-25   ☐ 26-50   ☐ 51-100   ☐ >100 Mitarbeiter

Welches ist Ihr höchster Schulabschluß ?
- ☐ Sonderschule
- ☐ Hauptschule

- ☐ Realschule / POS
- ☐ Abitur / Fachabitur

- ☐ Fachhochschule
- ☐ Hochschule

2. Angaben zur EDV-Ausstattung / Nutzung

Welche Funktionen nutzen Sie bisher in Ihrem Lotus-Notes Programm ?
Mail empfangen und verschicken ?   ☐ ja ☐ nein   Diskussionsbeiträge schreiben ?   ☐ ja ☐ nein
Informationen in Datenbanken lesen ?   ☐ ja ☐ nein   Kalender und Terminplanung ?   ☐ ja ☐ nein
Informationen in Datenbanken eingeben ?   ☐ ja ☐ nein   Komplexe Arbeitsabläufe / Workflow ?   ☐ ja ☐ nein

Wie viele Notes-Datenbanken nutzen Sie im Durchschnitt pro Tag?   ca.: ____ Notes Datenbanken pro Tag
Benutzen Sie besonders auf Ihre Bedürfnisse angepaßte Software-Anwendungen ?   ☐ ja   ☐ nein
Wenn ja, wie hoch ist der Nutzen dieser angepaßten Anwendung für Sie ?   eher gering ☐ ☐ ☐ ☐ ☐ eher hoch
Würden Sie gerne mehr speziell für Sie angepaßte Anwendungen nutzen ?   ☐ ja   ☐ nein

Welche Programme / Anwendungen stehen Ihnen zur Verfügung ?
(Bitte kreuzen Sie an wo Sie die entsprechende Anwendung nutzen.)

Anwendung	dienstlich	privat
Textverarbeitung (z.B. Word)		
Tabellenkalkulation (z.B. Excel)		
Präsentationsprogramme (z.B. PowerPoint)		
Grafikprogramme (z.B. Photoshop)		
Technische EDV (z.B. CAD-Systeme)		
Groupware (z.B. Lotus Notes)		
Datenbankensysteme (.z.B. Access)		
Internet (WWW-Browser – HTML - Informationsseiten)		
Internet (eMail)		
Spezielle Internetdienste (z.B. FTP, Telnet, Newsgroups, Chat, Virtual Conferencing)		
Audio / Videobearbeitung		
Speziell für Sie angepaßte / programmierte Software		
Spiele		
Sonstige Anwendungen		

Wieviel Prozent der möglichen Funktionen Ihrer Standard-Anwendungen am Arbeitsplatz nutzen Sie für Ihre tägliche Arbeit ?   Ich nutze ca. ____ % der möglichen Funktionen.

Welche Hardwareausstattung steht Ihnen am Arbeitsplatz zur Verfügung?
- Benutzen Sie einen PC und/oder ein Notebook ?   ☐ PC   ☐ Notebook
- Wie groß ist Ihr Bildschirm?   ____ Zoll   ☐ keine Kenntnis
- Mit welchem Prozessor ist Ihr Rechner ausgestattet ?
    ☐ 386   ☐ 486   ☐ Pentium   ☐ Pentium II   ☐ anderer   ☐ keine Kenntnis

Ist Ihr Computer an ein Netzwerk angeschlossen ?   ☐ ja   ☐ nein   ☐ keine Kenntnis

Wie erhalten Sie Anschluß an das Internet ?
    ☐ analoges Modem   ☐ ISDN   ☐ Standleitung   ☐ Firmennetz   ☐ überhaupt nicht   ☐ keine Kenntnis

Anhang - Fragebogen der Studie 335

3. Kommunikationsgewohnheiten

Nutzen Sie die elektronischen Medien (z.B. Notes, Internet, ...) ?
☐ Ja, nur dienstlich ☐ Ja, nur privat ☐ Ja, dienstlich und privat ☐ Nein

Wenn ja, wie häufig nutzen Sie diese Medien ? (Bitte die Anzahl eintragen und die Periode ankreuzen.)
Ca.: _____ mal ☐ pro Tag ☐ pro Woche ☐ pro Monat ☐ pro Quartal

Wie schätzen Sie Ihre Bereitschaft ein, die Möglichkeiten der modernen elektronischen Kommunikation zu nutzen ?
eher gering ☐ ☐ ☐ ☐ ☐ eher hoch
und können Sie sich zukünftig eine intensivere Benutzung dieser Medien vorstellen?
☐ ja ☐ nein

Wie verteilt sich Ihre berufliche Kommunikation auf die untenstehenden Medien / Wege?
(Geben Sie bitte in etwa die prozentuale Verteilung an.)

Persönliches Gespräch	%
Telefon	%
FAX	%
Brief	%
eMail (intern) mit Lotus Notes / im Intranet	%
eMail (extern) ins Internet	%
Newsgroups / Diskussionsforen	%
Datenbanken	%
Videokonferenz	%
Sonstige Kommunikation	%
GESAMT	100 %

Wieviel Prozent Ihrer täglichen Arbeitszeit nutzen Sie a) Ihren Computer und b) die modernen elektronischen Kommunikationsmedien?

a) _____% Prozent meiner wöchentlichen Arbeitszeit verbringe ich am Computer.
b) _____% Prozent meiner wöchentlichen Arbeitszeit nutze ich das Internet.

In welchen Medien suchen Sie vorwiegend die folgenden Informationen ?
(Bitte kreuzen Sie das Medium an, in dem Sie es zuerst suchen würden.)

Informationen suche ich zuerst in:	Telefonische Nachfrage	Bücher / Kataloge / Zeitschrift	Intranet / Lotus Notes o.ä.	Sonst. betriebliche EDV	Internet WWW	Schwarzes Brett	Sonst. Medium	Suche ich nie
Aktuelle Informationen (z.B. Fahrplanauskünfte)								
Veröffentlichungen (z.B. Pressemitteilungen)								
Computer (z.B. Software)								
Bilder (Bilddateien / Infos / für Publikationen)								
Hintergrundwissen (z.B. Beschreibungen, Gesetze)								
Technische Informationen								
Unternehmensinterne Informationen (z.B. Stellen)								
Spezielle Fachinformationen (z.B. Kataloge, Bestellnummern)								
Organisatorisches Wissen (z.B. Strukturen, Ansprechpartner)								

Wieviel Prozent der erhaltenen Informationen sind nicht nützlich / überflüssig pro Informationsabfrage ?

Ich erhalte ca. _____% Fehlinformationen bei einer Informationssuche.

4. Kenntnisse und Beratung

Wie werten Sie Ihre Kenntnisse im Umgang mit folgenden Anwendungen ?
(Bitte kreuzen Sie für jede Anwendung Ihre Wertung an.)

	eher gut	++	+	+o	o-	-	--	eher schlecht
Textverarbeitung (z.B. Word)								
Tabellenkalkulation (z.B. Excel)								
Präsentationsprogramme (z.B. PowerPoint)								
Grafikprogramme (z.B. Photoshop)								
Technische EDV (z.B. CAD-Systeme)								
Groupware (z.B. Lotus Notes)								
Datenbanksysteme (z.B. Access)								
Internet (WWW allgemein)								
Spezielle Internetdienste (z.B. FTP, Telnet, Newsgroups, Chat, Video Konferenz)								
Audio- / Videobearbeitung								
Speziell für Sie angepaßte / programmierte Software								

Wie oft haben Sie schon an einer / mehreren Computerschulung(en) zu folgenden Themen teilgenommen?
(Bitte kreuzen Sie für jede Anwendung die Anzahl der Schulungen an.)

Anzahl der Schulungen	0	1	2	3	4	>4
Textverarbeitung (z.B. Word)						
Tabellenkalkulation (z.B. Excel)						
Präsentationsprogramme (z.B. PowerPoint)						
Grafikprogramme (z.B. Photoshop)						
Technische EDV (z.B. CAD-Systeme)						
Groupware (z.B. Lotus Notes)						
Datenbanksysteme (z.B. Access)						
Internet (WWW allgemein)						
Spezielle Internetdienste (z.B. FTP, Telnet, Newsgroups, Chat, Video Konferenz)						
Audio- / Videobearbeitung						
Speziell für Sie angepaßte / programmierte Software						

Wie oft pro Monat haben Sie EDV-Probleme, die Sie nicht alleine lösen können?

Ich habe ca. _____ x pro Monat EDV-Probleme.

Bitte teilen Sie Ihre Probleme prozentual auf die folgenden Bereiche auf:
(Bitte tragen Sie die entsprechende Prozentzahl ein.)

Hardware	%
Betriebssystem	%
Programme / Anwendungen	%
Benutzer- / Bedienungsprobleme	%
Summe	100 %

Wie hilfreich schätzen Sie die folgenden Hilfestellungen / Lösungen ein?
(Bitte kreuzen Sie für jede Anwendung Ihre Wertung an.)

	sehr hilfreich	++	+	+o	o-	-	--	überhaupt nicht hilfreich
Fehler selber durch Probieren finden / lösen								
Online-Hilfe im Programm								
Benutzerhandbuch								
Anwesende Mitarbeiter fragen								
„EDV-Fachmann" in der Abteilung fragen								
Benutzerservice								
Sonstige Hilfestellungen / Lösungen								

Wie schnell erhalten Sie durchschnittlich Unterstützung Ihren bei Computerproblemen?

☐ kürzer als 1 Stunde ☐ 1-4 Stunden ☐ 4 Stunden - 1 Tag ☐ 2 Tage - 1 Woche ☐ länger als eine Woche ☐ keine

Und wie beurteilen Sie die Qualität der Hilfeleistung? sehr gut ☐ ☐ ☐ ☐ ☐ sehr schlecht

---

5. Abschlußfragen

Trägt Ihrer Meinung nach die Einführung der neuen Medien im Unternehmen zur Erhöhung Ihrer Arbeitsmotivation bei?

Eher ja ☐ ☐ ☐ ☐ ☐ eher nein

und wie schätzen Sie den Nutzen der neuen Medien im Unternehmen ein?

Eher hoch ☐ ☐ ☐ ☐ ☐ eher niedrig

Haben Sie herzlichen Dank für Ihre Mühe.
Bitte senden Sie jetzt diesen Fragebogen an:

Per Hauspost   oder   per FAX
an Ralph Müller K/I   an 03302 / 89-567